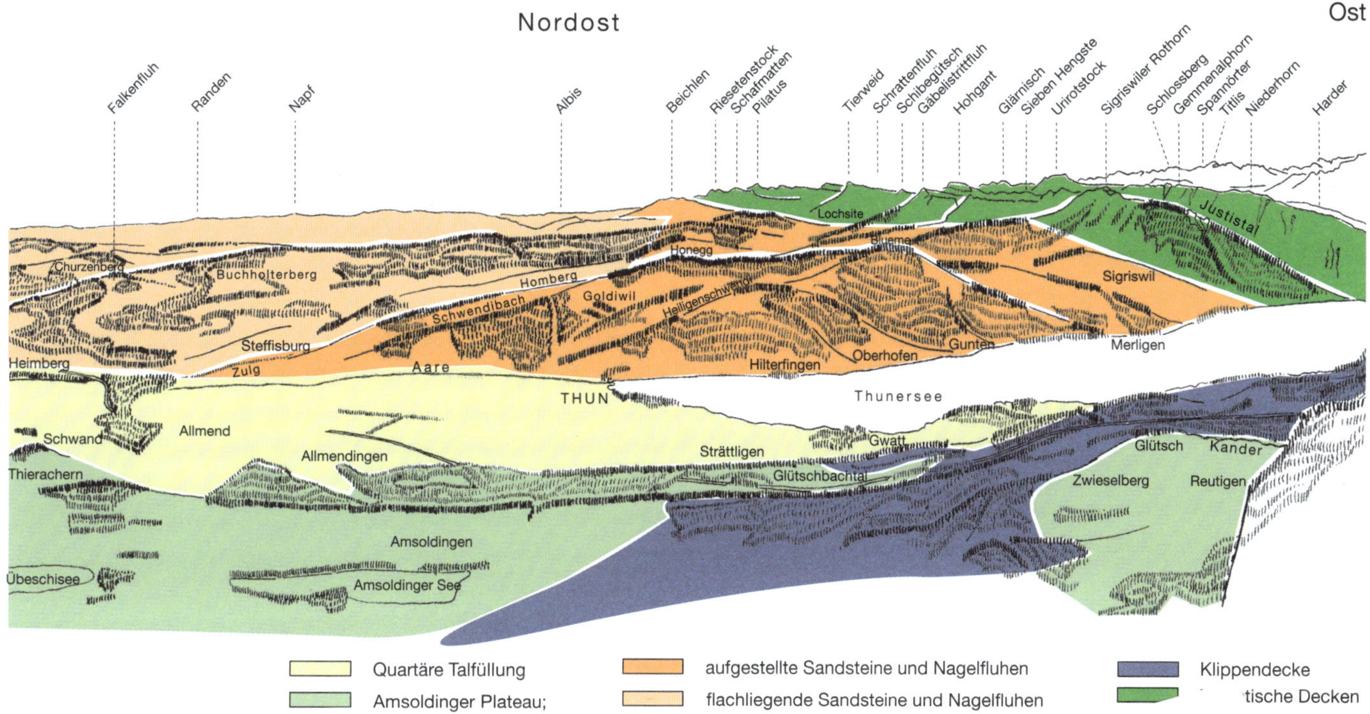

Blick aus dem westlichen Auge auf das Mittelland und das Juragebirge (vgl. Tour 13).

Naturforschende Gesellschaft in Bern (Hrsg.)

GEOLOGISCHE SPURENSUCHE

Haupt
NATUR

Naturforschende Gesellschaft in Bern (Hrsg.)
Thomas Burri, Jürgen Abrecht (Redaktoren)

GEOLOGISCHE SPURENSUCHE

30 erdwissenschaftliche Ausflüge und Touren im Kanton Bern

Mit Beiträgen von:
Jürgen Abrecht,
Naki Akçar,
Flavio Anselmetti,
Thilo Arlt,
Andreas Bayer,
Corinne Blum,
Daniel Bollinger,
Cornelia Brönnimann,
Thomas Burri,
Wili Finger,
Barbara Gantner,
Christian Gisler,
Ueli Gruner,
Philipp Häuselmann,
Peter Heitzmann,
Roger Heinz,
Christian Isenschmid,
Hans Rudolf Keusen,
Toni P. Labhart,
Jan Willem Menkveld,
Ursula Menkveld-Gfeller,
Jürg Meyer,
O. Adrian Pfiffner,
Urs Schaltegger,
Thomas Scheuner,
Christian Schlüchter,
Michael Soom,
Willy Tinner,
Roger Widmer und
Konrad Zehnder

Haupt Verlag

INHALTSVERZEICHNIS

Ein Vorwort zur Bescheidenheit

1

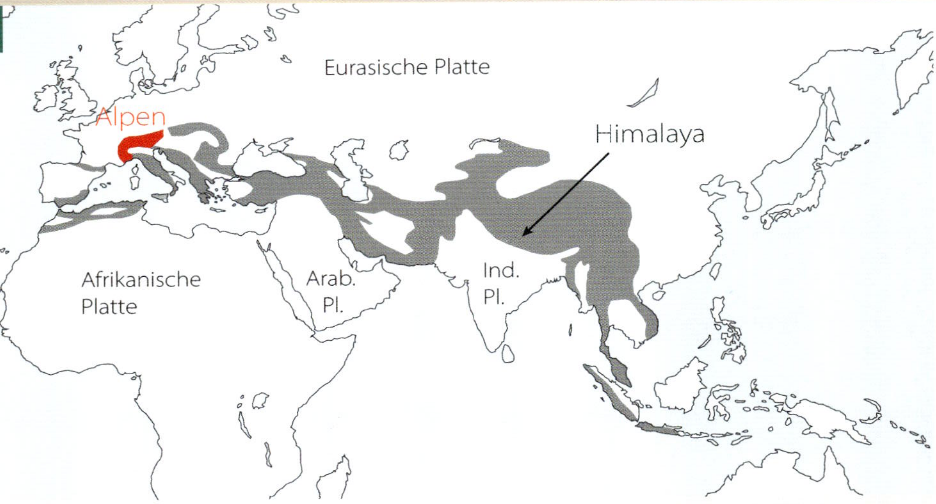

Die Geologie des Kantons Bern ist unglaublich vielseitig und dies auf einer Fläche von gerade mal 5 959 km². Trotz dieser geologischen Vielfalt betrachten wir in diesem Buch bloss einen kleinen Ausschnitt der gesamten Alpen und ihrem nördlich anschliessenden Vorland. Weitere wichtige Baueinheiten der Alpen finden wir ausserhalb des Kantons, im Wallis, im Tessin oder in Graubünden – es handelt sich um ganz andere, aber nicht weniger faszinierende geologische Welten. Diese verwirrende geologische Vielfalt setzt sich über die Grenzen der Schweiz und der Alpen hinaus fort im viel grösseren, komplexeren und schlicht grossartigen Gesamtkunstwerk der Alpidischen Gebirge, die sich von Spanien bis in den Süden von Indonesien erstrecken (Abb. 1).

2

Dennoch finden wir in unserem winzigen Ausschnitt geologische Beschaffenheiten, die typisch sind für viele Gebirge der Erde. Lernen wir sie hier zu verstehen, wird uns auch die Geologie des Himalayas nicht mehr so fremd vorkommen. Wir würden dort auf ähnliche Gesteine, Strukturen und tektonische Vorgänge treffen. Unser Kanton hat auf seiner kleinen Fläche doch sehr viel zu bieten!

Der vorliegende geologische Wanderführer nimmt uns mit auf eine Entdeckungsreise durch den Kanton Bern, durch die Jahrmilliarden der Erd- und Lebensgeschichte – hin zu den persönlichen Highlights der Autorenschaft. Mit diesem Buch möchten wir die Neugier und Lust wecken, einige dieser Plätze in der Natur mit eigenen Augen, Lupe, Hammer und Händen zu erforschen.

Wir wünschen Ihnen viele Entdeckungen und spannende Erlebnisse!

Abb. 1: *Die Alpen (rot) im Gesamtkunstwerk der Alpidischen Gebirge (Abb. CSI Alps).*
Abb. 2: *Ein Hammer gehört auf (fast) jeder Tour mit dazu, auch eine Lupe ist ein Muss. Ein Meissel kann ebenfalls nützlich sein, ebenso eine Brille gegen querfliegende Abschläge.*

Einführende Informationen

THOMAS BURRI, O. ADRIAN PFIFFNER, JÜRGEN ABRECHT, JÜRG MEYER

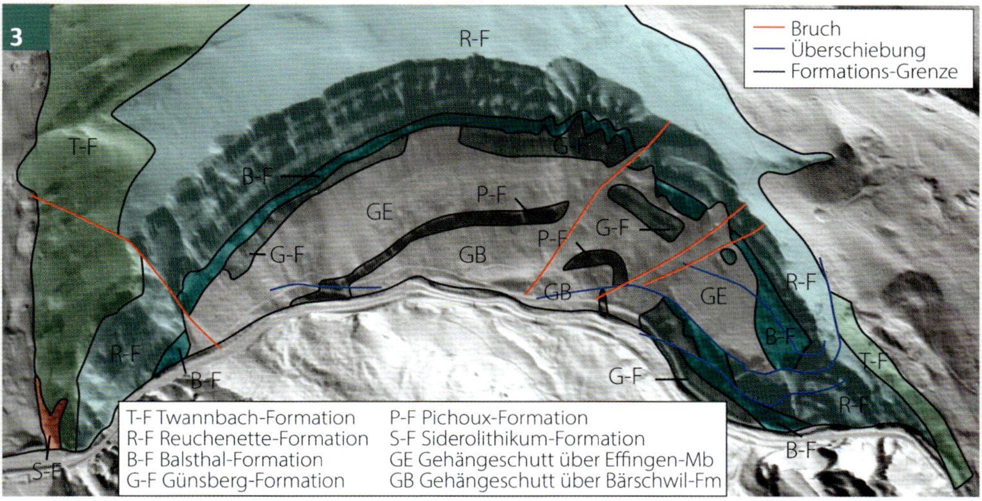

Geologische Karten immer mit dabei

Neben Hammer und Lupe gehört auf eine geologische Wanderung immer auch eine gedruckte oder digitale geologische Karte. Das Bundesamt für Landestopografie **swisstopo** bietet nicht nur die topografischen, sondern auch die geologischen Landeskarten auf dem Kartenportal **map.geo.admin.ch** an. Um netzunabhängig zu sein, kann das gewünschte Kartenmaterial heruntergeladen und (digital oder ausgedruckt) offline verwendet werden. Besonders für die Topografie im Gebirge ist die **swisstopo-App** sehr zu empfehlen, zeigt uns doch dank GPS der Punkt auf der Karte jederzeit, wo wir uns befinden.

Ergänzende Informationen zum Gebrauch und den vorhandenen Datenebenen von map.geo.admin.ch erhalten sie auf **www.haupt.ch/geologische_spurensuche**

Geologenkauderwelsch

Wie in allen Fachgebieten, gibt es auch in der Geologie «Slang»-Ausdrücke, die nicht alle verstehen. Geologen sprechen zum Beispiel von einem **Aufschluss**, wenn das Gestein sichtbar, also **aufgeschlossen** ist. Typische Aufschlüsse sind beispielsweise Steinbrüche oder Felswände. Ganz ähnlich ist die Bedeutung eines **anstehenden** Gesteins. Ein **Gestein anschlagen** bedeutet, mit dem Hammer ein Stück Gestein wegschlagen, um sein unverwittertes Inneres zu sehen. Wenn Geologinnen **ein Gestein ansprechen**, plaudern sie nicht mit ihm, sondern beschreiben und klassieren es.

Wichtig sind auch die Begriffe **Formation**, **Member** und **Bank**. Sie sind die Grundeinheiten einer jeden geologischen Karte (Abb. 3). Sie bezeichnen im Gelände von Auge abgrenzbare, kartierbare Gesteinseinheiten, in aufsteigendem Detaillierungsgrad. In der Regel sind die meist mächtigeren Formationen auf der geologischen Karte als Flächen dargestellt, Member als Flächen oder als Linien und die geringmächtigen Bänke als Linien oder Signaturen.

Als **Tektonische Einheiten** bezeichnen Geologen Gesteinsverbände mit einer gemeinsamen Verformungsgeschichte und meist auch einer gemeinsamen *paläogeografischen* Herkunft.

Abb. 3: *Blick auf die Westseite der Klus von Court mit den eingezeichneten Formationen und Member (vgl. Tour 1, Grundlage swisstopo).*

4a

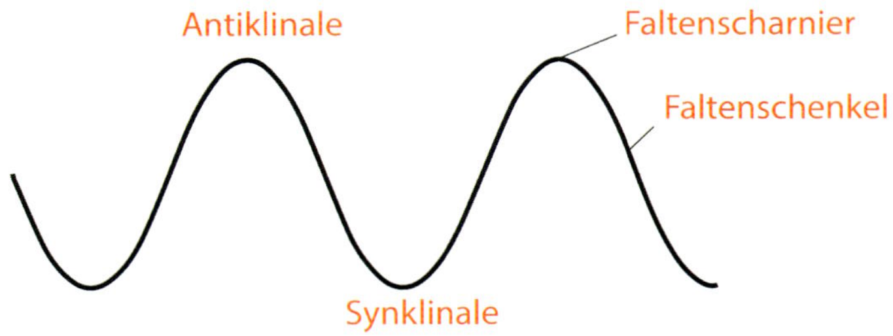
Antiklinale
Faltenscharnier
Faltenschenkel
Synklinale

4b

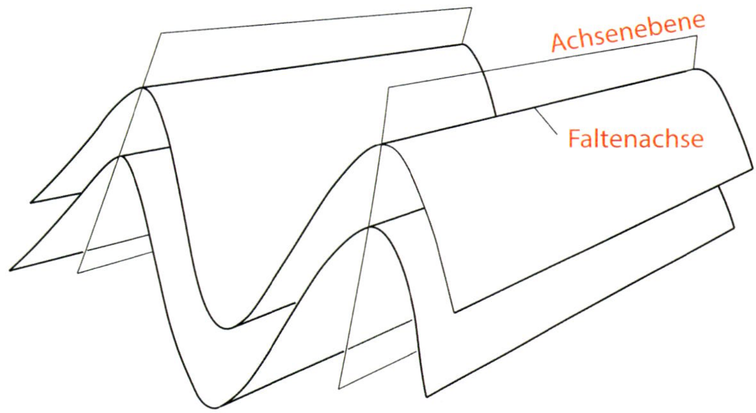
Achsenebene
Faltenachse

4c

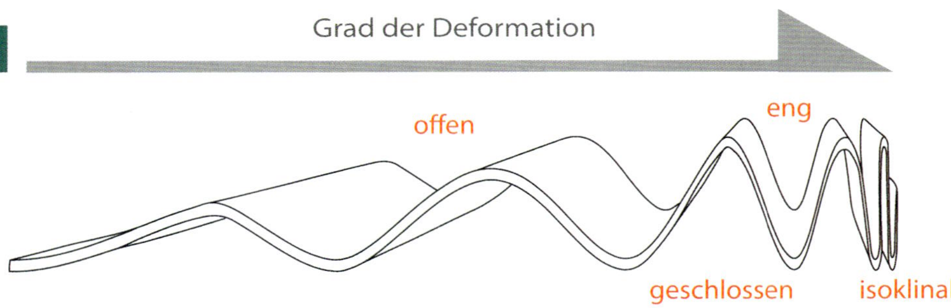
Grad der Deformation
offen
eng
geschlossen
isoklinal

4d

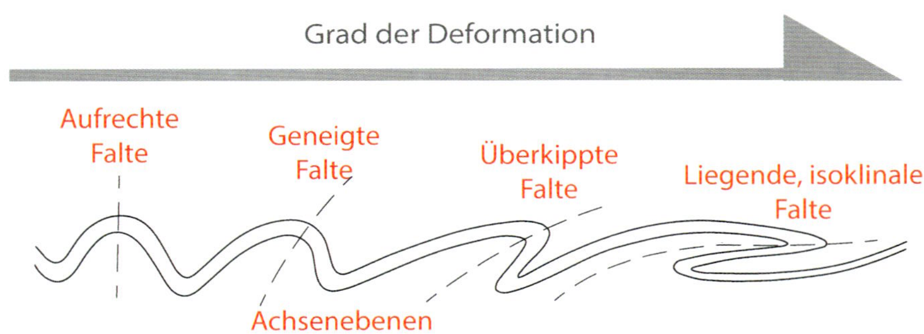
Grad der Deformation
Aufrechte Falte
Geneigte Falte
Überkippte Falte
Liegende, isoklinale Falte
Achsenebenen

Decken sind das zentrale Bauelement der Alpen. So werden übereinander geschobene und meist intern verfaltete, grosse Gesteinspakete bezeichnet, die bei Gebirgsbildungen in *Subduktionszonen* entstehen. Sie können von einigen Zehnermetern bis mehrere Kilometer mächtig sein und auch in der flächigen Ausdehnung höchst unterschiedliche Dimensionen aufweisen. **Deckenabscherungen und -überschiebungen** erfolgen meist entlang von leichter verformbaren Gesteinseinheiten, die als Gleitschichten funktionieren, z.B. tonige Gesteine oder *Evaporite* wie Gips oder Salz.

Da in einigen Beiträgen **Falten** und deren Geometrie detailliert beschrieben werden, erläutern wir sie hier in Kürze anhand der nebenstehenden Abbildungen. Falten gibt es in höchst unterschiedlichen Grössenordnungen – von mm bis km-Massstab! Sie werden aufgrund ihrer Geometrie beschrieben und klassiert (Abb. 4). Wichtige Begriffe sind **Anti**- und **Synklinale,** Faltenscharnier, **Faltenachse** und **Faltenschenkel**. Sie beschreiben die generelle Faltenstruktur (Abb. 4a und b). Die plastische Verfaltung von an sich harten, spröden und festen Gesteinen erfolgt bei erhöhter Temperatur und erhöhtem Druck und bei sehr langsamer Veformungsgeschwindigkeit im Bereich von mm bis cm pro Jahr – alles Bedingungen, die in aktiven Gebirgsgürteln gegeben sind. Der Faltungsstil ist dabei abhängig vom Grad der Deformation (Abb. 4c und d).

Im Gegensatz zu Falten sind **Brüche** Zeugen einer spröden Verformung von Gesteinsverbänden. Sie entstehen bei tieferer Temperatur und Druck und/oder höherer Verformungsgeschwindigkeit. In einer Gebirgsbildung sind Brüche meist jünger als Überschiebungen und Falten und können diese auch versetzen. Es gibt allerdings auch Beispiele, wo Falten, Überschiebungen und Brüche gleichzeitig erfolgen – beispielsweise im Juragebirge. Generelle Bruchformen sind **Ab-** und **Überschiebungen** oder **Querverschiebungen** (Abb. 5).

5a

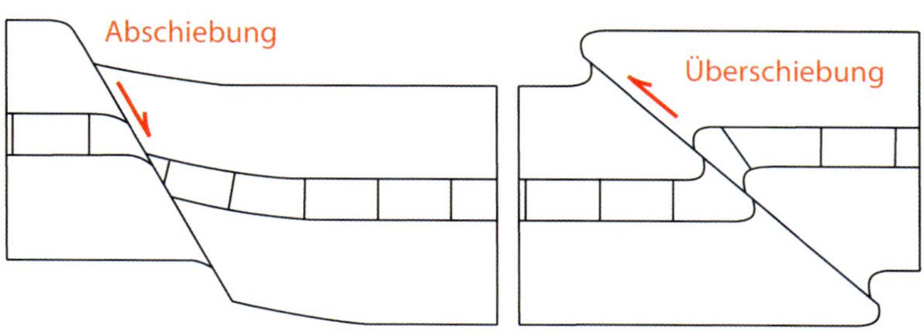

5b

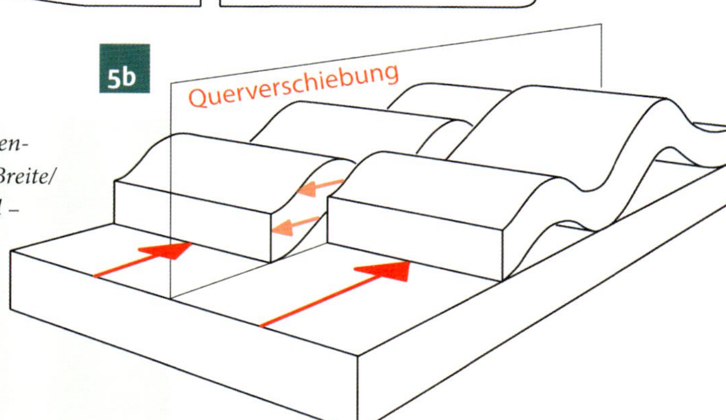

Abb. 4: *a und b) Generelle Faltennomenklatur, c) Faltungsstil – Breite/Enge von Falten, d) Faltungsstil – Lage der Falte (Abbildungen abgeändert nach Burg, ETHZ).*
Abb. 5: *Die wichtigsten Bruchstrukturen (Abbildungen abgeändert nach Burg, ETHZ).*

Naturräumliche Gliederung – eine Annäherung

Schauen wir uns das Gebiet des Kantons Bern aus der Vogelperspektive etwas genauer an. Dazu werfen wir einen vertieften Blick auf ein mit Farbe hinterlegtes Höhenmodell des Kantons (Abb. 6). Dieses erlaubt uns intuitive Einblicke in die Topografie des Gebietes.

Im Norden erkennen wir die etwa WSW-ENE verlaufenden Ketten des **Juragebirges**. Die Ketten sind Ausdruck grosser Falten- und Überschiebungsstrukturen, Gewölbe deren Achsen parallel zu den Juraketten verlaufen. Sie sind die jüngste, klar sichtbare Manifestation der Alpenbildung. Der 1 600 m hohe Chasseral (***1***) bildet die höchste Erhebung des Gebietes.

Südlich des Juras folgt das **schweizerische Mittelland**, ein vorwiegend flaches, nur von wenigen Hügeln, wie dem Jolimont, unterbrochenes Gebiet, in welchem auch die Jurarandseen liegen. Der tiefste Punkt dieses Gebietes liegt bei Wynau (***2***) auf etwa 400 m. ü. M. Im Untergrund verborgen liegen zahlreiche, teilweise sehr tiefe Glazialrinnen, welche heute aber bis auf die Jurarandseen wieder aufgefüllt sind.

Weiter gegen Süden folgt ein stärker gegliedertes und hügligeres Gebiet (das «Högerland» des bekannten Berner Schriftstellers Kurt Marti), welches gegen den Alpenrand allmählich ansteigt. Im Osten geht dieses Gebiet ins **Napfbergland** (***3***) über, welches man aufgrund seiner starken Zerfurchung und seiner vorgesetzten Stellung auf der Karte gut erkennt. Gegen die Alpen zu erreicht das Mittelland Höhen von 1 200 – 1 500 m im Gebiet zwischen dem Guggershorn (***4***) bei Guggisberg und der Höchi Honegg (***5***) nördlich Eriz. Dieses Gebiet bildet einen allmählichen Übergang zu den Alpen.

Als letzte und höchste Einheit folgen die **Alpen**. Im Norden mit der bis knapp über 2 000 m ü. M. reichenden **Alpenrandkette**, gefolgt von den im Süden anschliessenden **Hochalpen** mit Höhen bis über 4 000 m ü. M. (z. B. mit der Jungfrau (***6***)). Der Berner Anteil der Alpen wird durch die grossen Täler der Aare, der Kander und der Simme unterbrochen und gegliedert. Längs des gesamten Aaretals bis Bern wurde die Talung durch den Aare-Gletscher glazial abgetieft. Die dadurch entstandene, zum Teil sehr tiefe Rinne, ist heute – abgesehen vom Brienzer- und Thunersee – bereits wieder mit Schotter oder Seesedimenten verfüllt.

Von der fernen Vergangenheit in die Gegenwart

Diese naturräumliche Gliederung ist nicht zufällig entstanden, sondern eng mit der geologischen Geschichte verknüpft. Aber wie genau? Vermutlich wird es Ihnen wie uns ergehen: VON ALLEIN WÄREN SIE NIE DRAUF GEKOMMEN!

Kein Grund sich für unser Unwissen zu schämen, denn immerhin wird seit mehr als 200 Jahren an der geologischen Geschichte der Alpen geforscht!

Wir haben uns bemüht, die 2025 geltenden Ansichten zu vermitteln, freilich im Wissen, das auch heute noch Teile der Geschichte unterschiedlich interpretiert werden. Wir werden im Folgenden sehr häufig die Namen von tektonischen Einheiten erwähnen. Die wichtigsten finden sich auf der vereinfachten Tektonischen Karte in Abb. 7. Sie beruht auf der neuen Tektonischen Karte der Schweiz 1:500 000 und stellt eine wichtige Grundlage in diesem Buch dar.

Abb. 6: *Eingefärbtes Höhenmodell zur Darstellung der naturräumlichen Gliederung des Kantons Bern. Die Kantonsgrenze ist als schwarze Linie dargestellt (Grundlage swisstopo). 1 Chasseral, 2 Wynau, 3 Napf, 4 Guggershorn, 5 Höchi Honegg, 6 Jungfrau*

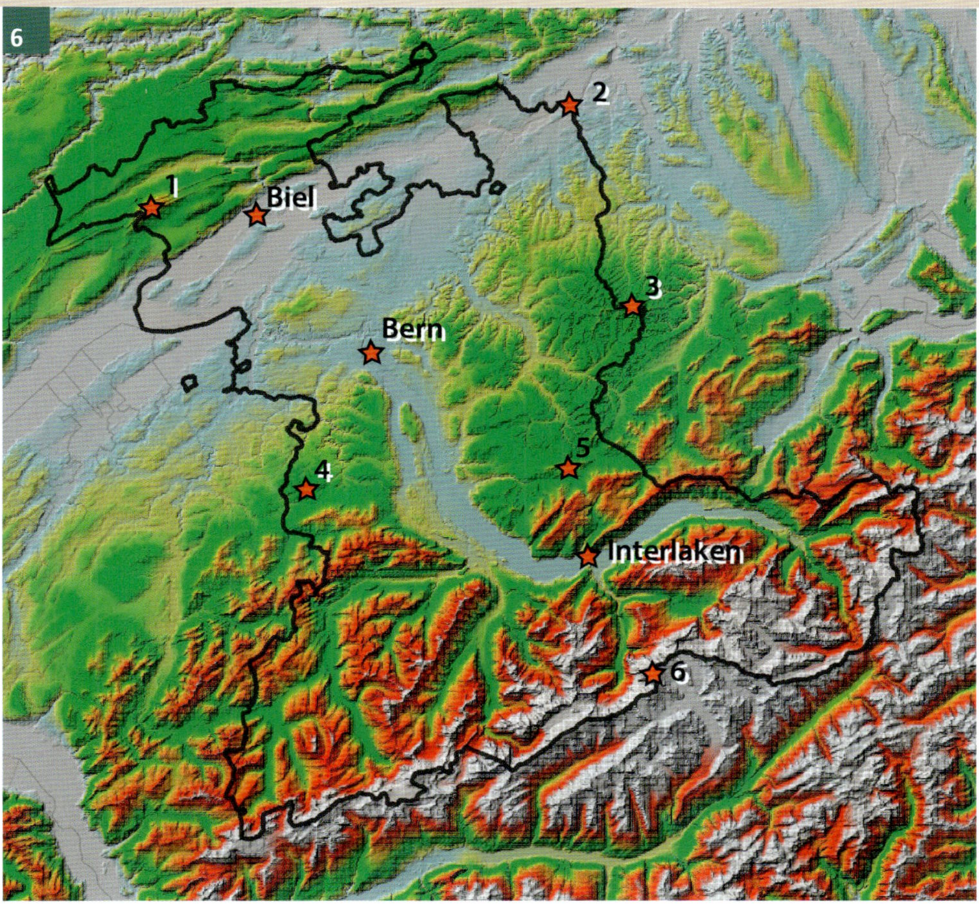

Far far away – Einblicke in eine vernebelte Vorgeschichte

Je weiter wir in der Erdgeschichte zurückgehen, umso weniger greifbar wird sie. Sie verliert an Tiefenschärfe und an Vollständigkeit. Kontinentalplatten brachen seither auseinander und kollidierten wieder miteinander – Teile davon wurden unweigerlich *subduziert* oder in einer Gebirgsbildung komplett umgeformt – und die Erosion forderte schliesslich auch ihren Tribut. Einstige grosse Gebirge – zeitlich weit entfernte Vorläufer unserer Alpen – wurden inzwischen weitgehend erodiert und wir finden heute bloss noch kärgliche Überreste davon, teilweise sogar auf unterschiedliche Kontinente verteilt – sehr weit entfernte Puzzleteile. Trotzdem erlauben uns immer wieder einzelne besondere Aufschlüsse ein vages Gesamtbild der Vergangenheit zu rekonstruieren. Sie sind unsere Fenster in eine sonst sehr unscharfe Vorgeschichte.

Im Gebiet des Kantons Bern stellt das **Aarmassiv** ein solches Fenster in die ferne Vergangenheit dar. Wobei es genau genommen mehrere Zeitfenster sind, die uns in ganz unterschiedliche Vergangenheiten zurückführen. Die im Aarmassiv angetroffenen Granite und Gneise und die seltener vorkommenden Gesteine wie Amphibolite, Glimmerschiefer und Kalksilikatfelse sind

7

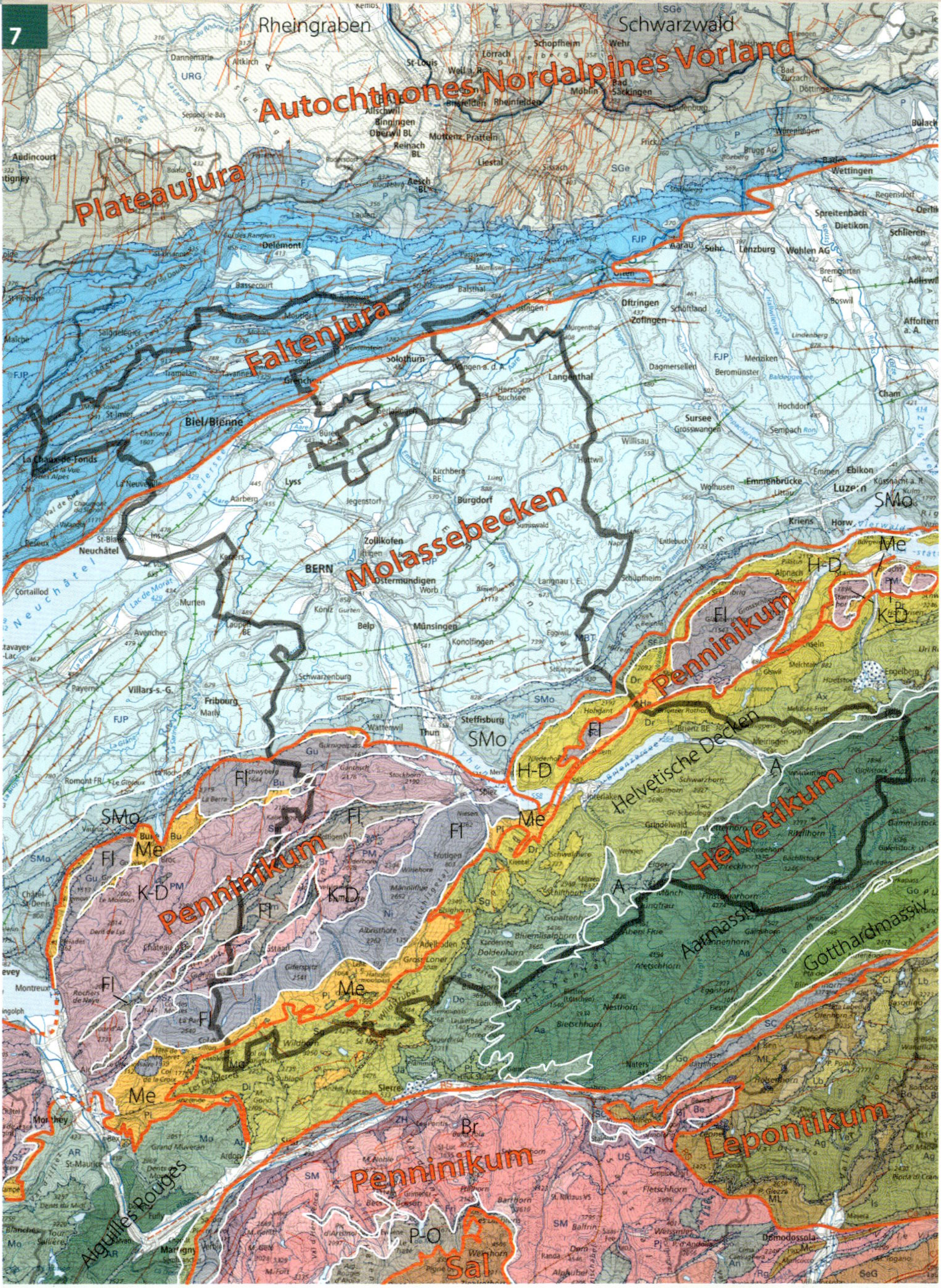

Abb. 7: *Tektonische Übersichtskarte des Kantons Bern und seiner Umgebung. Rote Linien trennen die Haupteinheiten, weisse Linien tektonische Einheiten innerhalb einer Haupteinheit. Die graue Linie ist die Kantonsgrenze (Grundlage swisstopo). Br Briançonnais-Kristallin, Fl Flyschzonen, H-D Helvetische Decken, K-D Klippendecke (Briançonnais-Sedimente), Me Melange, P-O Piemont-Ozean, Sal Salassikum (Cervinia), SMo Subalpine Molasse*

Zeugen der Frühgeschichte des heutigen Europas. An einzelnen Zirkonkernen wurden Alter gemessen, die bis in das Präkambrium vor über 2,5 Milliarden Jahren zurückreichen! Das heisst aber nicht, dass die im Aarmassiv heute angetroffenen Gesteine und Strukturen alle derart alt wären. Diese Alter belegen einzig, dass Sedimentbestandteile aus dieser Zeit im Gebiet des heutigen Aarmassivs abgelagert wurden.

Im Aarmassiv konnten drei Gebirgsbildungsphasen – *Orogenesen* – sicher belegt werden. Eine erste im Zeitalter des Ordoviziums (488–444 Mio. Jahre), eine zweite während des Karbons (360–300 Mio. Jahre) und schliesslich, als dritte, die Alpenbildung, die hier vor etwa 40 Mio. Jahren begann. Zwischen diesen Gebirgsbildungsphasen prägten längere Erosionsphasen sowie das Aufbrechen der Kontinente und das Bilden neuer Ozeane das Geschehen, und jede jüngere Gebirgsbildungsphase verwischte die Spuren der älteren etwas mehr. Ein Glücksfall ist der eher geringe *Metamorphosegrad*, den die Alpenbildung im Kanton Bern erreichte (max. Grünschieferfazies). Deshalb kann die Geschichte der karbonischen Gebirgsbildung noch recht gut studiert werden. Der Metamorphosegrad dieser Gebirgsbildung war hingegen weit höher, sodass Gesteine sogar partiell aufzuschmelzen begannen (Amphibolit- bis Granulit-Fazies). Entsprechend ist die noch ältere, ordovizische Gebirgsbildungsgeschichte weit fragmentarischer überliefert.

Die im Aarmassiv überlieferten Gebirgsbildungen erfolgten durch die gleichen *plattentektonischen* Vorgänge, die auch für die Entstehung heutiger Gebirge verantwortlich sind. Auch damals führten grossräumige Bewegungen von Lithosphärenplatten zur Bildung und Zerstörung (Subduktion) von ozeanischer Kruste und zur Kollision von Kontinentalplatten.

Ordovizische Gebirgsbildung: Ein Ozean wird vernichtet

Die Gründe für die ordovizische Gebirgsbildungsphase sind in Grundzügen bekannt. Der heutige südliche Teil Europas, zu dem auch wir gehören, lag noch weit im Süden und bildete den Rand des Grosskontinents ***Gondwana*** (Abb. 8). Die im Aarmassiv nachweisbare Gebirgsbildungsphase verweist auf eine vor Gondwana liegende Subduktionszone, entlang welcher der damalige **Iapetus-Ozean** nach Süden unter Gondwana subduziert wurde. Dabei entstand ein komplexes Küstengebirge mit einem *Akkretionskeil*, ähnlich wie wir es heute am Süd-Rand von Alaska finden (Alaska-Aleuten-Range). Diese ordovizische Gebirgsbildung wird neuerdings auch «**Cenerische-Gebirgsbildung**» genannt, nach dem Ceneri-

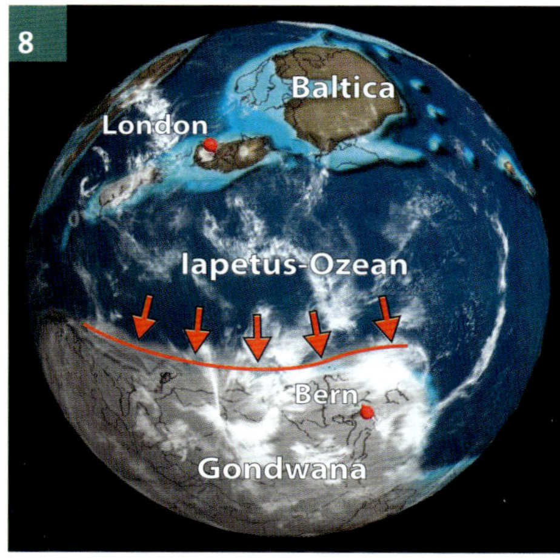

Abb. 8: *Konstellation der Kontinente während dem mittleren Ordovizium vor 450 Mio. Jahren. Der heutige südliche Teil Europas lag am Rand des Grosskontinents Gondwana, der zur damaligen Zeit in Pol-Lage stand und vergletschert war. An seinem Nordrand wurde der Iapetus-Ozean subduziert, was zu der Cenerischen-Gebirgsbildung führte. Die Pfeile geben die ungefähre Subduktionsrichtung an, die rote Linie die Subduktionszone mit Akkretionskeil (bearb. nach dinosaurpictures.org).*

9

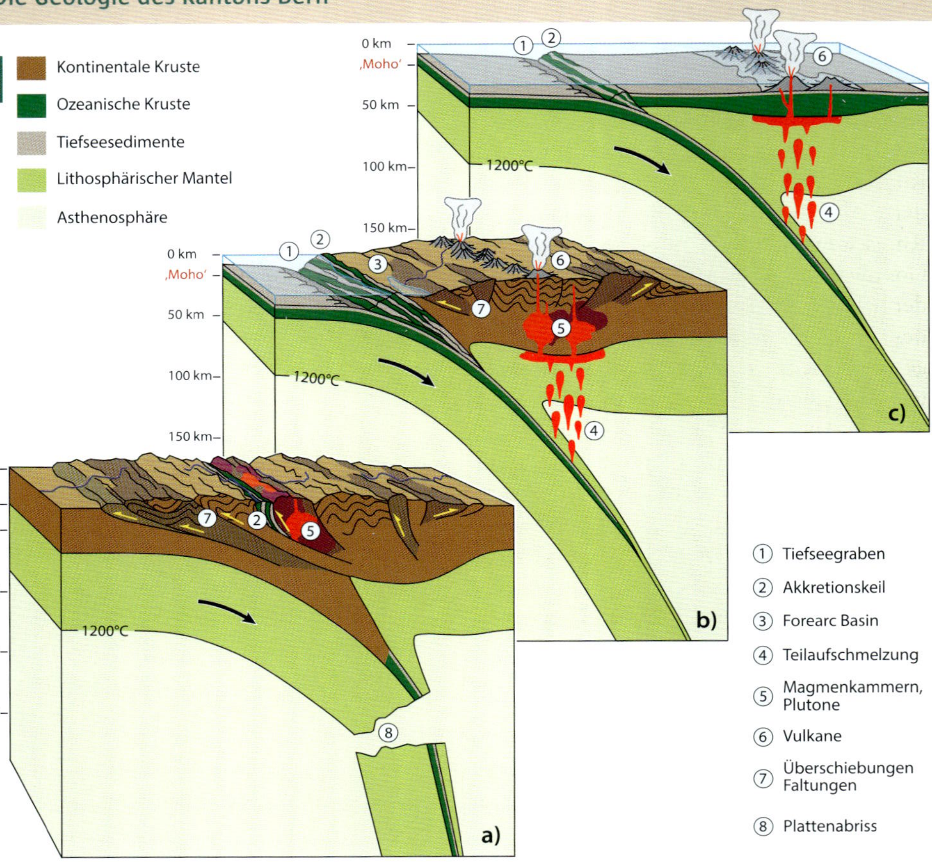

Gebiet im Tessin. Das Szenario für die Gebirgsbildung ist in Abb. 9b dargestellt.

Bei den Gesteinen der Cenerischen Gebirgsbildung im Aarmassiv handelt es sich mehrheitlich um migmatitische Gneise, also Gesteine, die teilweise aufgeschmolzen wurden, sowie um kleinere granitische Körper. Typisch sind aber auch Amphibolite oder sogenannte Schollenamphibolite, vermutlich hochmetamorphe Überreste der ozeanischen Basalte (Tour 20, Abb. 3). Da die darauf folgende karbonische Gebirgsbildung ebenfalls mit hochgradiger Metamorphose einherging, die zur teilweisen Aufschmelzung von Gesteinen führte, ist es oftmals schwierig, die Gesteine des ordovizischen Zyklus' von denjenigen des Karbons mit letzter Sicherheit zu unterscheiden. Ohne aufwendige Altersdatierung der Gesteine bleibt immer eine Ungewissheit zurück. → *Vertiefte Informationen in den Beiträgen 20, 21, 22 und 26*

Variszische Gebirgsbildung im Karbon: Ein Riesenkontinent entsteht

Während des Devons (ca. 419–360 Mio. Jahre) kam es im Norden durch die Kollision von **Baltica** und **Laurentia** zur **Kaledonischen Gebirgsbildung** und somit zur Bildung des Grosskontinents **Laurussia** (Abb. 10a). Unser Gebiet lag fernab dieses Geschehens weiterhin am Nordrand von Gondwana. Von der kaledonischen Gebirgsbildung sind im Aarmassiv deshalb keine Spuren zu finden.

Die nächste Gebirgsbildungsphase, die sich im Aarmassiv fassen lässt, ist die **Variszische Gebirgsbildung** des Karbons (ca. 360–300 Mio. Jahre). Die Kontinent-Konstellation hatte sich inzwischen geändert (Abb. 10b). Durch die Subduktion des **Rheischen-Ozeans** zwischen Laurussia und Gondwana folgte unweigerlich die Kollision der beiden Grosskontinente und die Bildung des riesigen Variszischen Gebirges. Als Folge der Verschmelzung der beiden Kontinente bildete sich der Superkontinent ***Pangäa***. Das plattentektonische Szenario dazu findet sich in Abb. 10a. Neben den kollidierenden Gross-Kontinenten waren weitere Mikro-

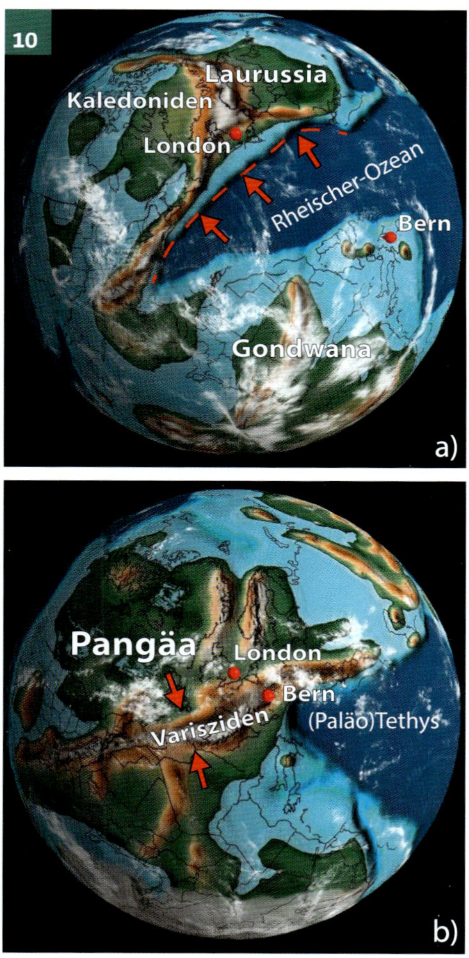

Abb. 9: *Drei plattentektonische Szenarien mit unterschiedlichen Lithosphärenplatten, die miteinander kollidieren.*
c) Die Kollision zwischen zwei ozeanischen Platten führt zur Subduktion einer der beiden Platten und zur Bildung eines vulkanischen Inselbogen-Gebirges.
b) Die Kollision einer ozeanischen und einer kontinentalen Platte führt in den allermeisten Fällen zur Subduktion der ozeanischen Platte und der Entstehung eines Anden-Typ-Gebirges. In beiden Szenarien kommt es im Untergrund zu Aufschmelzung des Erdmantels und zum Aufstieg von Magmen. Ebenfalls bilden sich in beiden Fällen Akkretionskeile und Tiefseegräben.
a) Treffen zwei Kontinentalplatten aufeinander, wird die Bewegung sehr stark abgebremst und die beiden Kontinente verkeilen sich ineinander, verbunden mit Überschiebungen (eigentlich «Unterschiebungen» …) und Deckenbildungen sowie Verfaltungen von grossen Gesteinsblöcken. Aufgrund der Verkeilung kommt es zu Spannungen in der immer noch subduzierenden Lithosphärenplatte, und diese kann abreissen («slab-breakoff»).
Typischerweise kommt es zu einer Abfolge der drei Szenarien, welche mit der Kollision der Kontinente endet (Abbildung CSI Alps).

Abb. 10: *Schematische Darstellung der paläogeografischen Situation zu Zeiten des Devons (oben) und Karbons (unten, bearb. nach dinosaurpictures.org).*
a) Im Devon (400 Mio. Jahre) kollidieren Baltica und Laurentia und vereinigen sich zum Grosskontinent Laurussia (kaledonisches Gebirge). Im Süden wird der Rheische-Ozean durch Subduktion der ozeanischen Platte langsam geschlossen.
b) Im Späten Karbon (300 Mio. Jahre) hat das Aufeinandertreffen der Grosskontinente Gondwana und Laurussia zur Bildung des Variszischen Gebirgsgürtels und des Superkontinents Pangäa geführt. Die Distanzen zwischen Bern und London haben sich drastisch verringert! Im Norden beginnt sich eine Rift-Zone im Bereich der ehemaligen Kaledoniden abzuzeichnen.

11

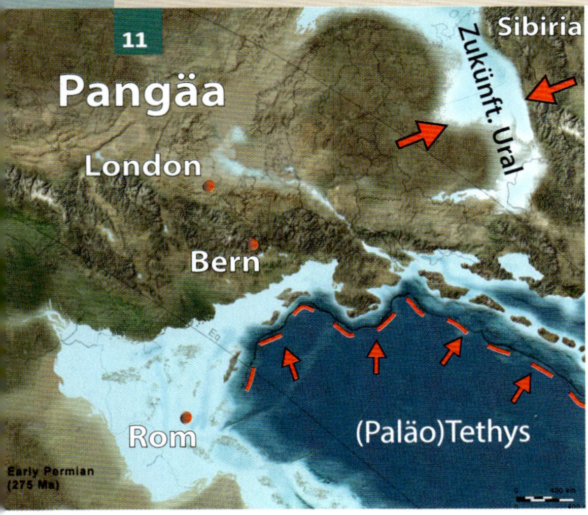

kontinente in die Gebirgsbildung involviert. Die Überreste des komplexen Variszischen *Orogens* finden sich heute als über 1 000 km breiter, kompliziert aufgebauter Gebirgsgürtel (Varisziden) von Marokko über Spanien, Frankreich bis Tschechien. Auch die Appalachen Nordamerikas gehören dazu.

Im Aarmassiv manifestiert sich die Variszische *Orogenese* vor allem in Form zahlreicher grosser Granitintrusionen in die älteren Gesteinskomplexe. Die grösste zusammenhängende Masse bildet der Zentrale Aaregranit. Die verschiedenen Granitkörper weisen Alter von 350–300 Mio. Jahren auf. Der Zentrale Aaregranit, der Grimsel-Granodiorit und der Gastern-Granit sind allesamt um die 300 Mio. Jahre alt (Touren 22 und 29). Die Gebirgsbildung führte auch zu hochgradiger Metamorphose bis hin zur teilweisen Aufschmelzung der tieferen kontinentalen Kruste (Tour 20, Abb. 4; Tour 21, Abb. 4 + 5; Tour 26, Abb. 10 + 11). Der Magmatismus in dieser Zeit äussert sich auch durch häufig explosiven Vulkanismus im Aarmassiv, der bis in das frühe Perm anhielt. Davon zeugen verschiedene Vorkommen von Rhyolithen, so v. a. im Osten im Tödigebiet, aber auch im Haslital, z. B. im Triftgebiet. → *Vertiefte Informationen bei den Touren 21, 22, 26 und 29*

Perm: Nieder mit den Varisziden. Freie Sicht auf die Tethys!

Bereits im späten Karbon war der Zenit der Variszischen Gebirgsbildung überschritten. Die Erosion hatte begonnen, das Riesengebirge abzutragen. Gleichzeitig kam es zu Dehnungen in der Kruste und zur Bildung von lokalen Grabenstrukturen («Permokarbon-Gräben»), die sich mit tonigen bis sandig-kiesigen Abfolgen füllten. Im wechselhaften, gemässigt-wechselfeuchten Klima des Karbons wuchsen ausgedehnte Sumpfwälder, aus denen sich später Kohleschichten entwickeln sollten. Auch beim Durchstich des Lötschberg-Tunnels ist man auf solche Kohleschichten des Karbons gestossen.

Im Perm trat eine lange Phase mit Hebung und intensiver Erosion ein (Abb. 11). Bei uns herrschte ein trocken-heisses Wüstenklima, das zu typischen Rotsedimenten führte. Das Variszische Gebirge wurde in den nächsten Jahrmillionen weitgehend eingeebnet, es verblieben Mittelgebirgsreste mit oberflächlich stark verwitterten Gesteinen. Der grösste Teil Europas bestand nun aus einem sehr flachen, wüstenartigen Gebiet (Peneplain) mit teilweise grossen Inlandbecken. Südlich davon erstreckte sich ein weites flaches Meeresgebiet, das nach Osten in die tiefe (**Paläo-)Tethys** überging.

Gegen Ende des Perms kam es zu ersten Zerfallserscheinungen von Pangäa und zu ersten Riftstrukturen. Mit dem Perm endete nicht nur das Paläozoikum (Erdaltertum), sondern mit dem grössten bisherigen **Massenaussterben** der Erdgeschichte auch das Leben der meisten meeres- und landbewohnenden Organismen. Davon entdecken wir bei uns allerdings bloss eine auffällige Grenze zwischen dem Grundgebirge und den überliegenden Schichten des Mesozoikums (Erdmittelalter). Eine mit «Leichen» gepflasterte Grenze suchen wir vergebens (Tour 21, Abb. 6; Tour 26, Abb. 3, 4 und 8; Tour 29, Abb. 1).

All diese bisher erwähnten alten Gesteinseinheiten der ordovizischen und Variszischen Gebirgsbildungen (und der wenigen noch älteren Gesteine) fassen wir im Alpenraum als das sogenannte **Grundgebirge** zusammen. → *Vertiefte Informationen bei den Touren 21, 26 und 29*

Das Mesozoikum: Land unter!

Im Verlauf der Trias begann Pangäa immer weiter auseinanderzubrechen; in der Folge bildete sich langsam der Zentral-Atlantik aus. Dies führte zu komplexen Bewegungen im zerreissenden Gebiet zwischen Eurasien und Nordafrika und zur Bildung von kleineren und grösseren Meeresbecken mit dazwischenliegenden Schwellenzonen. Diese komplizierten Vorgänge führten v.a. ab der Jurazeit zu einer weiträumigen Überflutung des heutigen zentraleuropäischen Gebietes. Einige Hochzonen wie das Böhmische Massiv, das Brabanter Massiv, das Zentralmassiv oder auch das Alemannische Land im Bereich der Schweiz ragten als grosse Inseln aus diesem riesigen flachmarinen Gebiet (Abb. 12).

Während die Ablagerungen der frühen Triaszeit noch kontinental geprägt waren, kam es mit dem Röti-Dolomit in der mittleren Trias zu ersten flachmarinen Ablagerungen in unserem Gebiet (Tour 21, Abb. 6; Tour 26, Abb. 3, 4 und 8; Tour 29, Abb. 1). Danach folgten teilweise wieder Heraushebung, Erosion und terrestrische Sedimentation in der oberen Trias (Keuper), bevor auch in unserem Gebiet marine Bedingungen die Oberhand gewannen. Komponenten von Röti-Dolomit in jurassischen Ablagerungen zeigen aber, dass es lokal immer noch zu Hebungen und Erosion von bereits abgelagerten Sedimenten kam.

Auf dem Grundgebirge Europas lagerten sich im Laufe der Zeit mächtige **Sedimentabfolgen der Jura- und Kreidezeit** ab, so auch

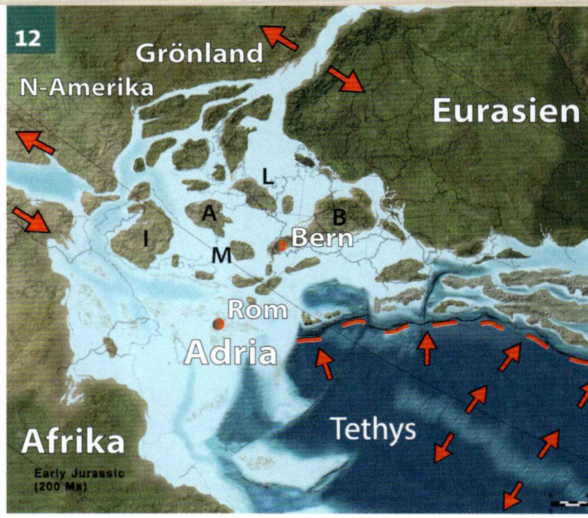

Abb. 11: *Frühes Perm vor 275 Mio. Jahren. Das variszische Gebirge wird abgetragen. Nördlich davon bilden sich riesige, wüstenartige Flächen mit grossen Inlandbecken. Im Süden erstreckt sich ein weites, flaches Meeresgebiet, das nach Osten in die tiefe (Paläo-)Tethys überleitet. Diese wird entlang einer langestreckten Zone subduziert. Im Nordosten entsteht der Ural durch die Kollision zwischen Sibiria und Pangäa. Die Lage von Rom ist approximativ (Grundlage DeepTimeMaps, ©2011 CPGS).*

Abb. 12: *Früher Jura vor etwa 200 Mio. Jahren. Nord-Pangäa zerbricht in die Blöcke Eurasien und Grönland-Nordamerika. Süd-Pangäa mit dem heutigen Afrika (und Südamerika) wird entlang einer Querverschiebung zum sich bildenden Atlantik abgetrennt. Als Folge davon kommt es zu grossen Überflutungen auf dem Gebiet des heutigen Mitteleuropas. Einzelne Hochzonen bilden Inseln auf dieser sehr flachen Meeresplattform. Gleichzeitig bilden sich im Süden kleinere, tiefere Meeresbecken und höherliegende Schwellen. Die Tethys dehnt sich im Südosten entlang einer Spreizungszone immer noch aus, wird aber im NE gleichzeitig subduziert. Der überflutete Mikrokontinent Adria beginnt sich langsam von Afrika zu lösen (Grundlage DeepTimeMaps, ©2011 CPGS).*
A Armorikanisches Massiv, B Böhmisches Massiv mit Alemannischem Land im Westen, I Iberisches Massiv, L London-Brabant-Massiv, M Massiv Central.

im Helvetikum des Alpenraums und im heutigen Juragebirge. Auf dem Kontinentalschelf entstanden u.a. mächtige Kalksteinabfolgen wie der Quinten-Kalk im Helvetikum oder die Reuchenette-Formation im Jura. In letzterer zeigen Spuren von Landsauriern, aber auch Stromatolithe (Algenmatten), dass die Meeresgebiete zeitweise sehr seicht waren (Tour 1, Abb. 9; Tour 2, Abb. 1). Teilweise kam es zum Vorbau von **Karbonatplattformen** mit Riffbereichen, wo Korallen und Schwämme wuchsen (vgl. Tour 1, Abb. 2). Typisch für diese Abfolgen sind auch bioklastische Gesteine, die fast nur aus Bruchstücken von schalen- oder gerüst-bildenden Organismen wie Muscheln, Ammoniten oder Seelilien bestehen. Der Jura ist an vielen Stellen ein richtiggehender Friedhof einer längst vergangenen Lebenswelt. Charakteristisch für diese Zeit sind auch sogenannte **Oolithe**, Gesteine, die aus kleinen Kalkkügelchen, den Ooiden, bestehen (Tour 1, Abb. 6). Sie entstehen in kalkübersättigten Lagunenbereichen, noch vor der Riffkante, werden dann aber teilweise über die Riffkante gespült und im vorgelagerten tieferen Meeresbereich wieder abgelagert (vgl. Tour 1, Abb. 2).

In etwas tieferen Beckenbereichen des helvetischen und jurassischen Ablagerungsraums wurden merglige, bis tonige Sedimente abgelagert, oft Wechsellagerungen von

eher tonigen und eher kalkigen Schlämmen (Tour 1, Abb. 3; Tour 18, Abb. 7 und 8, Tour 25, Abb. 1; Tour 27, Abb. 2). Teilweise verzahnen sie sich mit Kalklagen, die von der Plattform geschüttet wurden. Da die Tonmineralien Verwitterungsprodukte des alten Grundgebirges darstellen, müssen Meeresströmungen für deren Transport und Verteilung verantwortlich gewesen sein. Nachdem auch das «Alemannische Land» während der frühen Jurazeit vom Meer überflutet wurde, müssen die Minerale vom Böhmischen- oder Brabant-Massiv stammen – sie haben also eine lange Reise hinter sich. → *Vertiefte Informationen bei den Touren 1, 2, 3, 16, 17, 18, 19, 21, 24, 25, 26, 27 und 29*

Kreide und Känozoikum: Auf Kollisionskurs

In der Kreidezeit erreichten die im Dehnungsbereich zwischen Afrika und Europa sich bildenden Meeresbecken ihre maximale Ausdehnung (Abb. 13). Da diese Becken mit der Tethys im Südosten verbunden waren, sprechen wir oft vereinfachend von Tethys. Die für unsere Geschichte wichtigen Meeresbecken waren der **Walliser-Trog** südlich des Europäischen Schelfs (Helvetikum) und der tiefere, «richtige» **Piemont-Ozean**. Dazwischen lag eine für uns bedeutende Hochzone mit kontinentaler Kruste, die sogenannte **Briançonnais-Schwelle**, die mit dem Mikrokontinent Iberia in Verbindung stand.

Durch das geologisch gesehen rasche Auseinanderbrechen von Pangäa während der Kreidezeit begann Afrika im Gegenuhrzeigersinn zurückzurotieren. Dies führte nach rund 150 Mio. Jahren des Auseinanderdriftens zu einer Einengung und schrittweisen Eliminierung des in Meeresbecken und Schwellen gegliederten Gebietes. Vom nun anrückenden Grosskontinent Afrika löste sich zudem ein damals noch komplett überflutetes Krustenfragment, welches sich auf

Europa hinzubewegen begann. Dieser als **Adria** bezeichnete Mikrokontinent (manchmal auch «Adriatischer Sporn» oder auch «Apulia») wird mit seiner Amokfahrt hauptverantwortlich für die Entstehung der Alpen werden! → *Vertiefte Informationen bei den Touren 11, 12 und 13*

Die Alpen – ein Deckenstapel mit Falten

Die Kollisionsfahrt von Adria nach Norden führte zu einem Stapel kilometergrosser Krustenpakete, die entlang von Überschiebungszonen aufeinander geschoben wurden oder – wenn man die Bewegungsrichtungen in Subduktionszonen genauer anschaut – eigentlich unterschoben wurden (vgl. Abb. 9). Diese intern meist (stark) verfalteten Segmente kontinentaler und (seltener) ozeanischer Kruste werden als Decken bezeichnet. Während einige Decken noch eine gute Vorstellung über den Zustand vor der Kollision erlauben, können andere stark *metamorph überprägt* und komplex verfaltet sein oder sogar fragmentiert und mit anderen Krustensegmenten vermischt.

In Abhängigkeit zu ihrer heutigen tektonischen Lage haben die Decken Namen erhalten, die meist mit der Region ihrer Hauptvorkommen zusammenhängen. So sind die Helvetischen Decken in der Nordschweiz verbreitet, die Penninischen Decken im Gebiet der Penninischen Alpen (Südwallis) und die Ostalpinen Decken im Gebiet der Ostalpen (vgl. Abb. 7). Wie wir heute wissen, besitzen diese ursprünglich rein tektonisch definierten Deckenabfolgen einen direkten Zusammenhang mit ihrer ursprünglichen *paläogeografischen* Lage. Im Kanton Bern begegnen uns vier Grosseinheiten: Das Penninikum, das Helvetikum, das Molassebecken und der Jura (vgl. Abb. 7 und 20). Wir wollen uns die einzelnen Schritte dieser Kollisionsfahrt nun genauer anschauen. → *Vertiefte Informationen bei den Touren 12, 13 und 17*

Abb. 13: *Späte Kreide vor etwa 100 Mio. Jahren. Zwischen Europa und Afrika hat sich der Piemont-Ozean gebildet, im Westen entwickelt sich der Atlantik. Am Südrand Europas hat sich der Mikrokontinent Iberia losgelöst, dessen in den Alpenraum reichender Spickel als Briançonnais-Schwelle bezeichnet wird. Nördlich davon entsteht der Walliser-Trog. Die Tethys wird entlang mehrerer Subduktionszonen verschluckt. Im Süden beginnt sich der noch überflutete Mikrokontinent Adria weiter von Afrika zu lösen und nach Norden zu driften. Er wird für das Entstehen der Alpen verantwortlich werden. Nördlich und westlich der Schweiz haben sich grosse Festlandbereiche gebildet, auf denen die Erosion einsetzt (Grundlage DeepTimeMaps, ©2011 CPGS). AM Armorikanisch-Centrales-Massiv, B Briançonnais-Schwelle, I Iberischer Mikrokontinent, RB Rheinisch-Böhmisches Massiv, W Walliser-Trog. Lage von Rom ist approximativ.*

Der Kollisionsfahrplan

Für die nachfolgende Beschreibung beziehen wir uns hauptsächlich auf Abbildung 14, ein N-S-Querschnitt durch die Erdgeschichte unseres Gebietes. Die Geschichte der Alpen beginnt eigentlich weiter im Osten, um sich dann kontinuierlich in unser Gebiet fortzusetzen. Doch das blenden wir hier aus und vertiefen uns in unsere eigene geologische Geschichte.

Vor etwa 100 Mio. Jahren, während der Kreidezeit, war das Auseinanderdriften der Eurasischen und der Afrikanischen Platte zum Stillstand gekommen – und somit auch das Wachstum des Piemont-Ozeans (vgl. Abb. 13 & 14a). Vom Nordrand der Afrikanischen Platte löste sich der Mikrokontinent **Adria** und diesem vorgelagert ein noch kleineres Krustenfragment, **Cervinia**, das Teil der Mikroplatte des sogenannten **Salassi-**

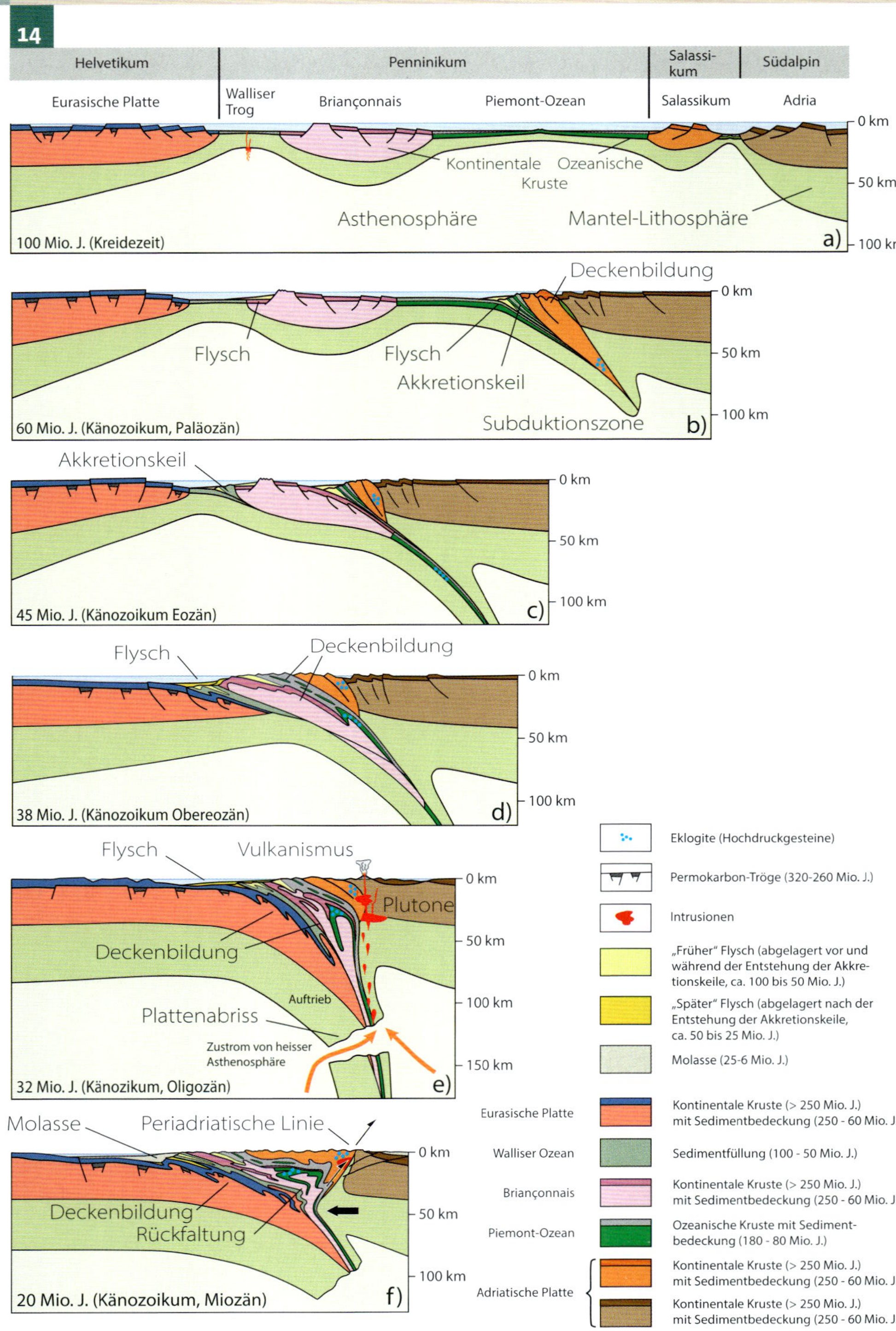
14
Helvetikum
Penninikum
Salassi-kum
Südalpin
Eurasische Platte
Walliser Trog
Briançonnais
Piemont-Ozean
Salassikum
Adria
Kontinentale
Ozeanische
Kruste
Asthenosphäre
Mantel-Lithosphäre
100 Mio. J. (Kreidezeit)
a)
0 km
50 km
100 km
Deckenbildung
Flysch
Flysch
Akkretionskeil
Subduktionszone
60 Mio. J. (Känozoikum, Paläozän)
b)
Akkretionskeil
45 Mio. J. (Känozoikum Eozän)
c)
Flysch
Deckenbildung
38 Mio. J. (Känozoikum Obereozän)
d)
Flysch
Vulkanismus
Plutone
Deckenbildung
Auftrieb
Plattenabriss
Zustrom von heisser Asthenosphäre
32 Mio. J. (Känozikum, Oligozän)
e)
150 km
Molasse
Periadriatische Linie
Deckenbildung
Rückfaltung
20 Mio. J. (Känozoikum, Miozän)
f)
Eklogite (Hochdruckgesteine)
Permokarbon-Tröge (320-260 Mio. J.)
Intrusionen
„Früher" Flysch (abgelagert vor und während der Entstehung der Akkretionskeile, ca. 100 bis 50 Mio. J.)
„Später" Flysch (abgelagert nach der Entstehung der Akkretionskeile, ca. 50 bis 25 Mio. J.)
Molasse (25-6 Mio. J.)
Eurasische Platte
Kontinentale Kruste (> 250 Mio. J.) mit Sedimentbedeckung (250 - 60 Mio. J.)
Walliser Ozean
Sedimentfüllung (100 - 50 Mio. J.)
Briançonnais
Kontinentale Kruste (> 250 Mio. J.) mit Sedimentbedeckung (250 - 60 Mio. J.)
Piemont-Ozean
Ozeanische Kruste mit Sedimentbedeckung (180 - 80 Mio. J.)
Adriatische Platte
Kontinentale Kruste (> 250 Mio. J.) mit Sedimentbedeckung (250 - 60 Mio. J.)
Kontinentale Kruste (> 250 Mio. J.) mit Sedimentbedeckung (250 - 60 Mio. J.)

15

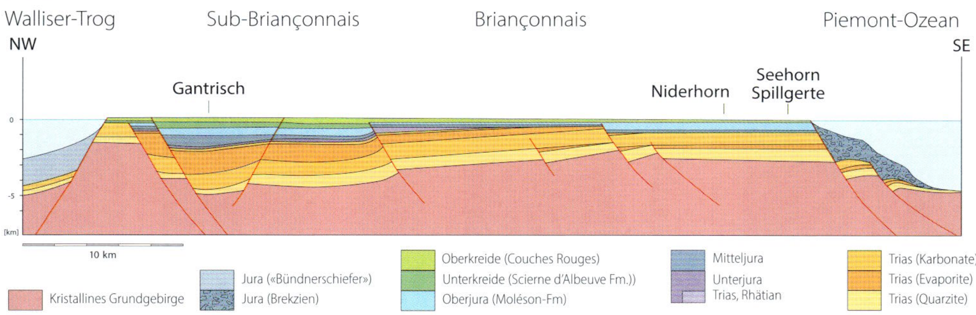

kums war. Dieses tritt in unserem Kantonsgebiet aber nicht in Erscheinung. Auf den Profilschnitten erkennen wir das **Helvetikum** als den Südrand Eurasiens, ein flaches Schelfgebiet mit ausgedehnten, aus dem Meer herausgehobenen, festländischen Regionen. Wegen dieser Heraushebung kam es dort zu Erosion, Verkarstung und Bodenbildungen. Als Folge davon gibt es in vielen Gebieten Zentraleuropas für diesen Zeitabschnitt keine überlieferten Ablagerungen, sondern eine prominente *Schichtlücke*, die zumindest Teile der Kreidezeit umfasst. In den verkarsteten Gebieten kam es spätestens während des Eozäns zu Ablagerungen von Eisen-reichen Karstfüllungen, dem sogenannten **Siderolithikum** (Tour 1, Abb. 4; Tour 16, Abb. 7; Tour 24, Abb. 6, 9 und 10).

Das rein tektonisch definierte **Penninikum** besteht paläogeografisch gesehen aus drei grossen Einheiten: Der **Piemont-Ozean** im Süden war ein «richtiger» Ozean mit ozeanischer Kruste und Tiefseesedimenten. Die **Briançonnais-Schwelle**, ein von Europa nach Süden weggedrifteter Mikrokontinent, erscheint im Profil als grosse Insel (Abb. 14a). Zwischen ihr und Eurasien bildete sich gerade der kleine **Walliser-Trog**, ein typisches Randmeer, in welchem aber bloss sehr geringe Mengen an Basalten gefördert wurden.
→ *Vertiefte Informationen bei den Touren 1, 12, 13, 17, 19, 21, 24 und 27*

Abb. 14: *Das Kollisionsgeschehen in chronologischer Abfolge. Detaillierte Informationen im Text (Grundlage CSI Alps). Es gibt auch alternative Erklärungsmodelle.*
Abb. 15: *N-S-Querschnitt durch die Briançonnais-Schwelle zur Zeit der Jüngeren Kreide. Die Schwelle ist durch Dehnungsbrüche in Hochzonen und Becken gegliedert und grenzt im Norden an den Wallis-Trog und im Süden an den Piemont-Ozean (Abb. A. Pfiffner).*

Die Briançonnais-Schwelle – eine Inselkette im Ozean

Die Gesteine der Préalpes zwischen Thun und dem Genfersee stammen grösstenteils von der Briançonnais-Schwelle und den nördlich und südlich davon, am Schwellenabhang abgelagerten Sedimenten (Tour 12, Abb. 2, 3 und 4; Tour 13, Abb. 1, Tour 15, Abb. 2, 5 und 6). Die nach Westen mit dem viel grösseren Iberia-Mikrokontinent verbundene Briançonnais-Schwelle (vgl. Abb. 13) war eine meist vollständig oder zumindest teilweise vom Meer überflutete Hochzone zwischen dem Piemont-Ozean und dem Walliser-Trog. Kleinere und grössere Inseln ragten über den Meeresspiegel. Die Schwelle war von *extensiven* Brüchen durchzogen und in kleinere Hochzonen und Becken gegliedert (Abb. 15). In den Hochzonen fand jeweils eine nur sehr reduzierte Sedimentation statt, in den Becken konnten sich mächtigere Schichten ablagern. Im Mitteljura wur-

16

den Teile der Schwelle trockengelegt und es bildeten sich sogar Kohlesümpfe (Mytilus-Schichten). Die Kohle wurde zum Beispiel in Boltigen im Simmental abgebaut.

Die Briançonnais-Schwelle gehört zu den sogenannten **Karbonatplattformen**, ähnlich wie Teile des Helvetikums oder des Juras während der Jura- und Kreidezeit. Man kann sich die Gegend ungefähr vorstellen wie die heutigen äusseren Seychellen. Flache Inseln und seichte Lagunen grenzen an ein tiefer werdendes Meeresbecken (Abb. 16).

Solche Karbonatplattformen sind ausgesprochen produktiv: Viele karbonatbildende Organismen wie Muscheln, Schnecken, Korallen oder Seelilien leben dort und sind nach ihrem Absterben am Aufbau der Sedimente beteiligt.

Die Schwelle ging im Norden in den Wallis-Trog über, in welchem sich enorme Mengen an tonig-mergligen Gesteinen – die sogenannten «Bündnerschiefer» – bildeten. Im Süden grenzte sie an den Piemont-Ozean. Durch aktive Bruchtätigkeiten am Schwellenrand wurden dort mächtige untermeerische Geröllmassen, sogenannte **Brekzien**-Serien abgelagert. → *Vertiefte Informationen bei den Touren 12, 13 und 15*

Kosmisches Intermezzo

Vor 66 Mio. Jahren donnerte ein gewaltiger **Meteorit** in die mexikanische Yucatán-Halbinsel. Dies führte zu einer Katastrophe globalen Ausmasses, bei der viele Spezies und ganze Tiergruppen ausstarben. Überraschenderweise finden wir auch von diesem **kosmischen Massenaussterben** nichts Sichtbares in unseren Gesteinen. Erst wenn Paläontologinnen – also Fossilienforscherinnen – die Gesteine im Detail anschauen, erkennen sie die gewaltigen Änderungen in der Zusammensetzung der Lebenswelt. Wie wir

Abb. 16: *Die Seychellen, ein Inselarchipel, das vergleichbar ist mit der Briançonnais-Schwelle oder auch mit Teilen des Helvetikums und Juras in der Jura- und Kreidezeit (Aldabara Atoll).*

heute wissen, hat mit den Vögeln zumindest eine Gruppe der Dinosaurier trotzdem den Sprung ins Känozoikum geschafft, während z. B. die Ammoniten komplett ausstarben.

Subduktionsfronten

Vor über 60 Mio. Jahren, im Paläozän, führte die Norddrift von Adria zuerst zur **Kollision** zwischen Adria und Cervinia (Salassikum, Abb. 14b). Letzteres wurde dabei nach Süden unter die adriatische Platte geschoben *(vgl. Abb. 9a)*. Allerdings lässt sich leichte kontinentale Kruste aufgrund ihres erhöhten Auftriebs nicht einfach verschlucken, weshalb Cervinia während seiner Subduktion an der Front von Adria hängen blieb (akkretioniert wurde) und stark metamorph überprägt wurde. Anders erging es dem Piemont-Ozean: Die gesamte ozeanische Platte wurde unter Adria subduziert und verschwand im Erdmantel (vgl. Abb. 9b, 14b und c). Die **Subduktion** ging aber nicht reibungslos vonstatten. Am Kontakt zwischen Cervinia und der subduzierenden ozeanischen Platte wurden Teile von letzterer abgeschält und zu einem ***Akkretionskeil*** angehäuft. Dies ist der Grund, weshalb wir heute im südwestlichen Wallis, z. B. in den Vispertälern, Überreste einer ozeanischen Platte mit Mantelgesteinen, Basalten und Tiefseesedimenten finden können (sogenannte **Ophiolite**). In unserem Gebiet finden wir nur sehr kleine Überreste der ozeanischen Kruste im Gebiet des Jaunpasses und im Simmental.

Vor der Subduktionsfront bildete sich jeweils eine Senke (Tiefseegraben) infolge der Verbiegung der unteren und des Gewichts der oberen Platte. Entlang dieser steilen Partien bildeten sich submarine Schuttfächer, in welchen sich Abtragungsschutt der überliegenden Platte sammelten – mächtige Sandstein-Tonstein-Abfolgen mit konglomeratischen Einschaltungen und selteneren Mergel- und Kalksteinlagen. Sie werden als **Flysche** (Tour 11, Abb. 3; Tour 17, Abb. 2 und 3) und die Senken mit Flyschablagerung als Flysch-Becken bezeichnet. Die Flysche von Adria-Cervinia bilden heute die Simmen-Decke. → *Vertiefte Informationen bei den Touren 11, 12, 16 und 17*

Vor etwa 50 Mio. Jahren, im Eozän, wurde auch der Briançonnais-Mikrokontinent in die Subduktionszone gezogen und teilweise metamorph überprägt (Abb. 14c und d). Dabei wurde er unter die älteren Akkretionskeile und Flyschzone geschoben, auch Fragmente der ozeanischen Platte kamen auf ihm zu liegen. An der Nordfront des Briançonnais-Mikrokontinents wurde nun auch der kleinere Walliser-Trog eingeengt und es bildeten sich ein Akkretionskeil und eine Flyschzone aus.

Deckenbildung

Mit den Subduktionsphasen begann gleichzeitig auch die Deckenbildung. Die ersten Decken entstanden vor über 60 Mio. Jahren im Salassikum. Auch die Flyschzonen wurden zu grossen Flyschdecken umgeformt. Mit der beginnenden Subduktion der Briançonnais-Schwelle vor rund 50 Mio. Jahren begann sich eine komplexe, in mehrere Teildecken gegliederte, penninische Grossdecke zu bilden (Abb. 14d-f). Dabei wurde im Verlauf der Unterschiebung die Sedimentbedeckung weitgehend vom Grundgebirge der Schwelle abgeschält und weit nach Norden, auf den nun ebenfalls subduzierenden Südrand Eurasiens – das Helvetikum – überschoben. Dies sind die weitgehend unmetamorphen Sedimente der Klippen-Decke, die wir heute im Gebiet der Préalpes antreffen, zum Beispiel im Stockhorn- oder Gantrisch-Gebiet (Abb. 17). Hier liegt also eine ehemalige Meeresschwelle mit ihren Inseln direkt vor den Toren Berns!

Das hochmetamorphe, kristalline Grundgebirge der Schwelle finden wir heute südlich des Rhonetals, zwischen Martigny und Brig.

17

Ab etwa 40 Mio. Jahren vor heute, im Eo- und Oligozän, wurden nun an der Überschiebungsfront mächtige Flysche direkt auf das Helvetikum geschüttet und auch gleich wieder von penninischen Einheiten überfahren (Abb. 14d und e; Tour 17, Abb. 2 und 3). Diese Flysche bilden heute die Niesen-Decke und möglicherweise ebenfalls die Schlieren- und Gurnigel-Decke, wobei letzteres noch kontrovers diskutiert wird. Entlang der Überschiebungsbahnen entstanden **Melange-Zonen**, die früher Wildflysch genannt wurden, aufgrund deren uneinheitlichen und oft fragmentarischen Zusammensetzung (Tour 17, Abb. 5 und 6). Die Melanges stellten die Gleitbahnen der überlagernden Einheiten dar.

Ab etwa 35 Mio. Jahren vor heute entstanden mit dem weiteren Zusammenschub die südlichsten helvetischen Decken (Abb. 14d-f). Der Walliser-Trog wurden nun komplett geschlossen. → *Vertiefte Informationen bei den Touren 11, 12, 13, 15, 16, 17, 19, 24, 27 und 29*

Eine abgerissene Platte führt zu Auftrieb und Vulkanismus

Nun passierte etwas Aussergewöhnliches. Da sich Eurasien als Kontinentalplatte nicht ohne Gegenwehr in die Subduktionszone ziehen liess, kam es zu grossen Spannungen in der subduzierenden *Lithosphärenplatte*, bis diese schliesslich **vor etwa 32 Mio. Jahren** abriss (Abb. 14e, «**slab-breakoff**»). Die nun fehlende Zugspannung führte zu einem Zurückfedern der Eurasischen Platte: Es war diese Bewegung, die schliesslich für die Heraushebung des Gebirges verantwortlich war. Infolge der anhaltenden Kollision rammte sich Adria richtiggehend in den Deckenstapel und Eurasien, was **ab etwa 30 Mio. Jahren** zu einer «Rückfaltung» und einer sehr raschen Heraushebung entlang der **Periadriatischen Linie** führte (Abb. 14f und 18).

Im Süden der sich bildenden Alpen entstanden aus aufschmelzenden Mantel- und Krustenteilen aufsteigende Magmen, die **vor etwa 30 Mio. Jahren** als **Plutone** in der Grenzzone zwischen Adria und dem Deckengebiet

18

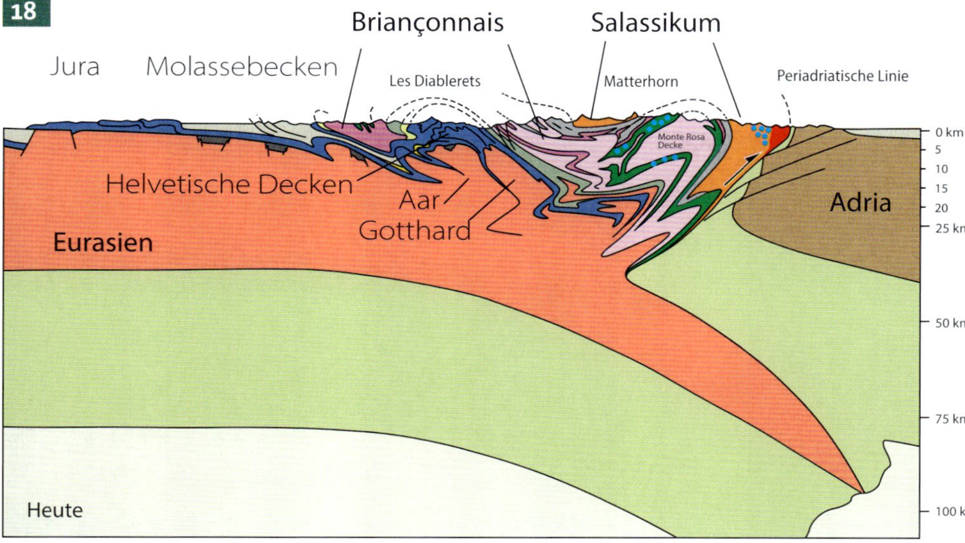

erstarrten (z. B. Bergell, Adamello). Diese Vorgänge waren auch mit vulkanischer Tätigkeit an der Erdoberfläche verknüpft, von welcher aber bloss sehr wenig, in Form der **Taveyannaz-Sandsteine,** bei uns überliefert ist (Tour 27, Abb. 9). Auch wenn dies unser Gebiet nicht direkt betrifft, ist es doch spannend zu sehen, dass das Matterhorn (Monte Cervino) und assoziierte Gebiete eigentlich aus dem Salassikum stammen – Cervinia eben!

Von dieser Rückfaltungs- und Heraushebungsphase bemerken wir in unserem Kantonsgebiet nicht viel. Allerdings führte die anhaltende Kollision **vor etwa 20 Mio. Jahren, im Miozän**, schliesslich zur Bildung des **Aar- und Gotthard-Massivs** und deren Heraushebung (Abb. 18, Tour 24, Abb. 2 und 7, Tour 26, Abb. 3 und 4, Tour 29, Abb. 1). Dadurch wurden die darüberliegenden, überschobenen Einheiten passiv mitverfaltet und in der Folge allmählich erodiert. So haben die penninischen Sedimentdecken auch ihre Verbindung zu ihrer Grundgebirgsunterlage verloren! → *Vertiefte Informationen bei den Touren 21, 22, 24, 26 und 29*

Abb. 17: *Die Préalpes – eine nach Norden verschobene Meeresschwelle im Bernbiet. Sie bilden die Front der penninischen Sedimente der Briançonnais-Schwelle und deren Flysche. Blick über den Thunersee zum Heiti und dem markanten Stockhorn bis hin zum Gantrisch-Gebiet.*

Abb. 18: *Querschnitt durch die heutige Situation der Alpen (Grundlage CSI Alps).*

Molasse, der Abtragungsschutt der Alpen

Vor etwa 35 Mio. Jahren, im Eo- und Oligozän, wurde das noch aktive Flyschbecken immer mehr aufgefüllt und die Sedimentation wechselte von einer typischen Flysch- zu einer Molassesedimentation mit Konglomeraten und Sandsteinen. **Das Flyschbecken wurde somit zum Molassebecken**. Obwohl das Becken aufgrund der noch andauernden Subduktion weiterhin absank, wurde es laufend mit dem Abtragungsschutt der sich heraushebenden Alpen gefüllt und trat nicht mehr als tiefe Senke in Erscheinung. Seine Lockergesteinsoberfläche lag meist nahe des damaligen Meeresspiegels. Über die Jahrmillionen sammelten sich im alpennahen Beckenbereich etwa 5000 m an Gesteinsschutt an (Abb. 18 und 19).

19

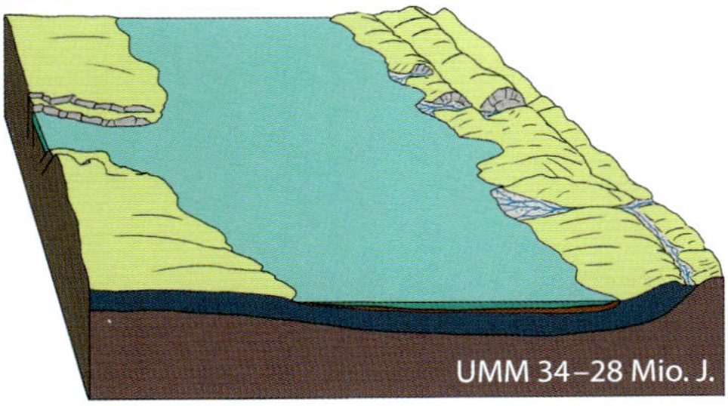

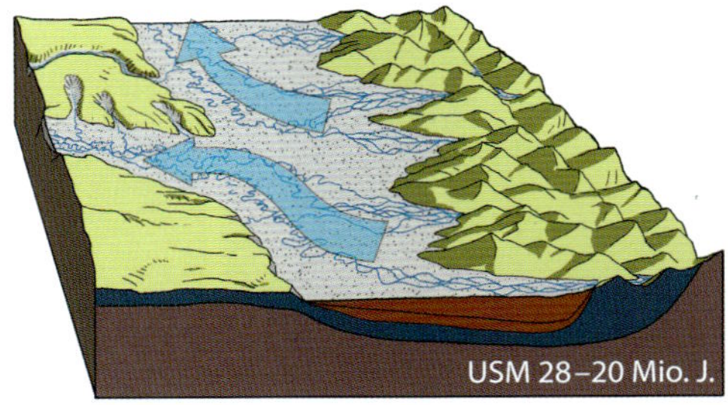

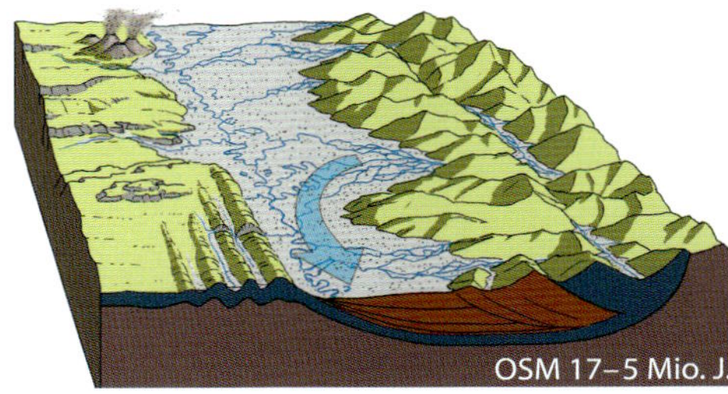

Zeitweise wurde das Becken von einem Flachmeer überflutet, worin sich **marine Sandsteine** mit heute noch gut erkennbaren Wellenrippeln und Sandwellen ablagerten (**Meeresmolasse**). Die oft grünliche Farbe dieser Gesteine stammt vom grünen Mineral Glaukonit, das typischerweise unter marinen Bedingungen entsteht. In solchen Sandsteinen können wir heute Austern, Muscheln, Meeresschnecken oder sogar Haifischzähne finden (Tour 4, Abb. 4, 5 und 7; Tour 7, Abb. 4, 7, 9).

Dann wurde das Becken wiederum von den Flüssen aus den Alpen vollständig mit **Kiesen, Sanden Mergeln und Tonen** verfüllt (**Süsswassermolasse**). In flachen Seen sammelten sich Mergel und **Süsswasserkalke** und es bildeten sich auch geringmächtige Lagen, reich an organischem Material. Aus diesen entwickelten sich spärliche Kohleflözchen.

Die Meeres- und Festland-Phasen wechselten insgesamt viermal, was zu der klassischen Unterteilung in Untere Meeres- und Süsswassermolasse (**UMM**, **USM**) und Obere Meeres- und Süsswassermolasse (**OMM**, **OSM**) führte (Abb. 19). Natürlich kam es dazwischen auch immer wieder zu brackischen Verhältnissen. Die Abflussrichtung wechselte von der USM nach Westen zur OSM nach Osten.

Am Ausgang von grossen Alpentälern entstanden gewaltige **Mega-Schuttfächer** aus steinigen, kiesigen und sandigen Ablagerungen, die heutigen **Konglomerate** und **Sandsteine** (Tour 8, Abb. 1, 2, 4, 6). Der Napf wie auch die **Nagelfluh** am rechten Thunerseeufer stellen Überreste solcher Schuttfächer dar. Während Zeiten mit marinem Einfluss bauten diese Schuttfächer gewaltige Deltas in die flachen Randmeere. Während festländischen Bedingungen transportierten Flüsse dieses Material weiter nach Norden und lagerten es als zunehmend feinkörnige Sedimente ab. Verbreitet kam es zu eigentlichen **Bodenbildungen**, bunte Mergelschichten zeugen heute davon.

Das Geröllspektrum der Konglomerate zeigt an, welche Decken jeweils an der Oberfläche waren und abgetragen wurden. In den

20

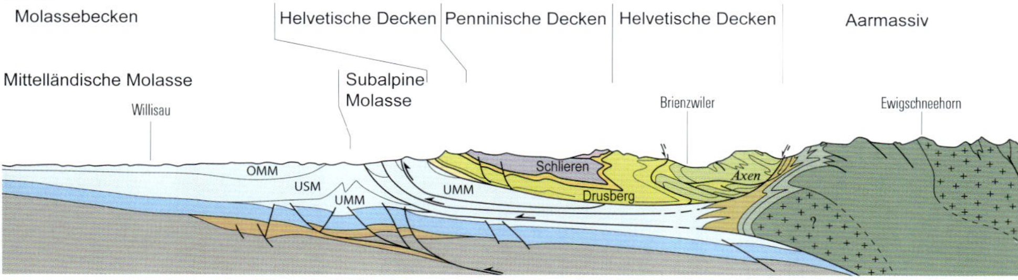

ältesten Nagelfluhen finden sich Gerölle der adriatischen Decken, später der penninischen und erst ganz zum Schluss der helvetischen Decken. Diese Zusammensetzungen widerspiegeln den Bau des alpinen Deckenstapels und die Abtragung einer Gesteinsschicht von mehr als 10 km Mächtigkeit!

Da die Alpen gleichzeitig mit der Sedimentation der Molasse immer noch nach Norden propagierten, wurden die südlichsten Bereiche des Molassebeckens überfahren und die bereits darin abgelagerten Sedimente zusammengestaucht und verschuppt (Abb. 20). Dadurch entstanden mächtige Schuppen aus Molassegesteinen, die nach Süden etliche 10er-Kilometer unter die Alpen eintauchen. Dieser Bereich wird deshalb **Subalpine Molasse** genannt.

Die Molasse war nach **Ende der Sedimentation vor weniger als 10 Mio. Jahren** durch langsame Anhebung des ganzen Molassebeckens der Erosion unterworfen. Im alpennahen Teil wurden seither etwa 3 km Molassesedimente abgetragen. → *Vertiefte Informationen bei den Touren 3, 4, 7, 8 und 10*

Abb. 19: *Das Molassebecken im vierfachen Wandel von flachmarinen zu festländischen, durch Flüsse und Seen geprägten Phasen. Der Querschnitt im Bereich der Alpen ist schematisch und entspricht nicht den allgemeinen Modellen. Die Blickrichtung ist generell nach ESE (Abb. Ryser, NMBE).*

Abb. 20: *Profilschnitt durch den Grenzbereich zwischen Alpen und Molasse. Durch das Überfahren der Helvetischen Decken wurde die Molasse im Bereich der subalpinen Molasse aufgeschuppt. UMM: Untere Meeresmolasse, USM: Untere Süsswassermolasse, OMM: Obere Meeresmolasse (Abb. NAGRA, Farben gemäss Tektonischer Karte).*

Die heutigen Berner Alpen im Querschnitt

Schauen wir uns die im Kanton Bern vorkommenden Decken anhand von zwei Profilschnitten genauer an.

Im Profilschnitt durch das Helvetikum (Abb. 21) erkennen wir die **Axen-Decke** (dunkelblau) und die **Drusberg-Decke** (grün), die südlich Bellwald entlang weicher, tonreicher Schichten von ihrem Grundgebirge abgeschert und über eine Distanz von mehr als 50 km nach Norden geschoben wurden. Die Axen-Decke besteht aus jurassischen Sedimenten; die jüngeren Sedimente wurden entlang weicher Mergel davon abgeschert und als Drusberg-Decke zusätzlich mehr als 10 km nach Norden geschoben.

Die Axen-Decke wurde mit dem Deckentransport auf die jurassischen und kretazischen Sedimente des nördlich angrenzenden Gebietes geschoben (hellblau, (Par-)Autochthon), die das heutige **Aarmassiv** überdecken (rötliche Farben).

Das Aarmassiv wurde durch eine Kombination von horizontalen und vertikalen Bewegungen kuppelförmig aufgewölbt. Die horizontalen Bewegungen zeigen sich unter dem Därliggrat an einer flach nach Süden

21

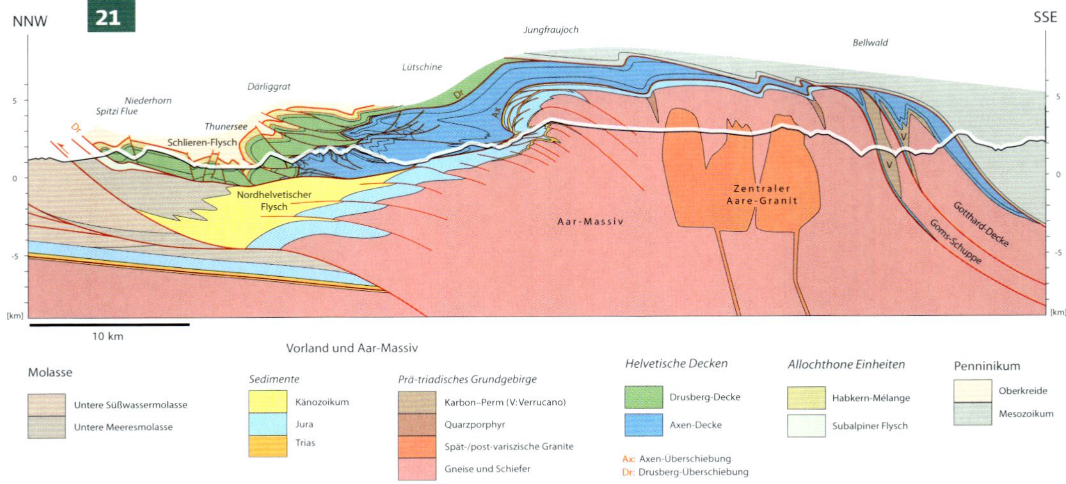

einfallenden Überschiebung, längs welcher das ganze Aarmassiv hinaufgestemmt wurde. Die Überschiebungsflächen der Helvetischen Decken machen die Aufwölbung des Aarmassivs mit – die Aufwölbung ist also jünger als die Deckenstapelung!

Am Thunersees wird die Drusberg-Decke von noch höheren Penninischen Decken überlagert. Auch deren Überschiebungsfläche macht die Falten in der Drusberg-Decke vollumfänglich mit und muss daher vor dem Transport und der Verfaltung der Drusberg-Decke aktiv gewesen sein.

Schliesslich erkennen wir am Nordende des Profilschnitts, dass die Drusberg-Decke den Nordhelvetischer Flysch und die Molasse überfahren hat und dabei Letztere aufschürfte und mehrfach stapelte (**Subalpine Molasse**).

All diese Überschiebungen und Falten entstanden vor etwa 30 Mio. Jahren nicht an der Oberfläche, sondern tief im Untergrund.

Im zweiten Profilschnitt durch das Penninikum (Abb. 22) erkennen wir mehrere Decken aus mesozoischen bis unterkänozoischen Sedimenten. Sie wurden von ihrem Grundgebirge abgeschert und über mehr als 100 km nach Norden geschoben. Die unteren **Gurnigel**- und **Niesen-Decken** sind typische **Flyschdecken**.

Die darüberliegende **Klippen-Decke** besteht aus Flachwassersedimenten, die auf der Briançonnais-Schwelle abgelagert wurden. Die Klippen-Decke wird durch Überschiebungen (südlich Schibe, nördlich Rothore) und grossräumige Falten (Schibe und Niderhore) intern gegliedert. Sie wurde auf leicht deformierbaren Evaporiten (Anhydrit, Gips) abgeschert.

Unterhalb der Gurnigel- und Niesen-Decken treffen wir jeweils auf eine **Melange-Zone** (Subalpiner Flysch und Pillon-Melange). Diese entstehen als Durchmischung von überfahrenen, losgelösten und mitgeschleppten Fragmenten der unter- und überschiebenden Krustenteile. Solche Zonen treten entlang wichtiger Überschiebungen auf und zeugen von grossen Transportwegen.

Im Süden befinden sich unter dem Pillon-Melange die helvetischen Decken (Diablerets- und Wildhorn-Decken). Unter der Gurnigel-Decke erkennt man die verschuppte Subalpine Molasse.

Speziell zu erwähnen sind die Brekzien- und die Simmen-Decke, die über der Klippen-Decke liegen und ebenfalls zum Penninikum zählen. Die **Brekzien-Decke** besteht

22

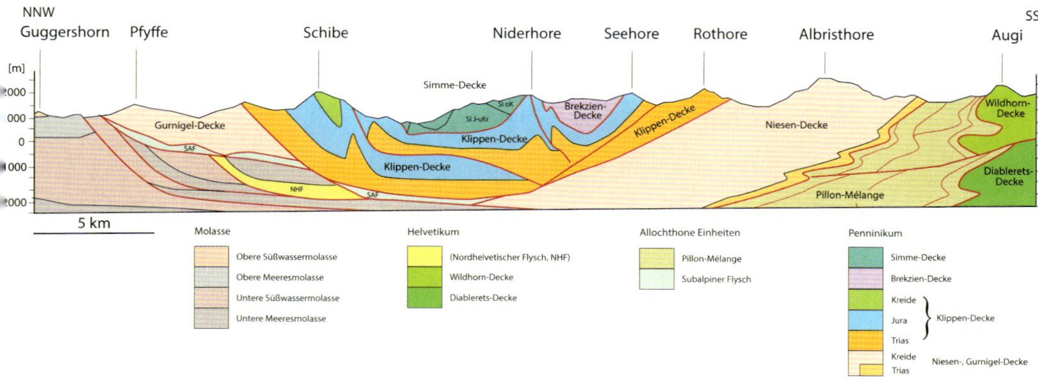

aus Brekzien, welche von der Briançonnais-Schwelle nach Süden geschüttet wurden (vgl. Abb. 15). Die Überschiebungsfläche der Brekzien-Decke wurde mit der darunterliegenden Klippen-Decke verfaltet – die Überschiebung der Brekzien-Decke muss also älter sein als die Verfaltung! Nördlich des Niderhore liegt auf der Klippen-Decke die **Simmen-Decke,** die aus Kalken, Sandsteinen und *Radiolariten* besteht, Gesteine, die aus dem Piemont-Ozean stammen. Sie gehört dem ehemaligen Akkretionskeil an, in welchen auch Fragmente der ozeanischen Kruste eingebaut wurden (Abb. 14c–e).

Abb. 21: *Profilschnitt durch das Helvetikum vom Niederhorn über die Jungfrau bis Bellwald. Die weisse Linie markiert die heutige Topografie. Alles, was über dieser Linie liegt, wurde abgetragen, ist aber weiter im Westen und Osten erhalten geblieben, sodass wir die Internstruktur dieses abgetragenen Sedimentstapels rekonstruieren können. Die angegebenen Lokalitäten beziehen sich auf die heutige Topografie. Die Struktur des tieferen Untergrundes kennen wir aus seismischen Untersuchungen.*

Abb. 22: *Profilschnitt durch das Penninikum vom Guggershorn über Niderhore bis nach Augi. Das Penninikum besteht aus mehreren Decken: zuunterst die Gurnigel- und Niesen-Decke, in der Mitte die kompliziert gebaute Klippen-Decke und zuoberst die Brekzien- und die Simme-Decke.*

Ferner Schub verfaltet den Jura

In einer späten Phase der Alpenbildung, **frühestens seit etwa 13 Mio. Jahren**, verlagerte sich die Deformationsfront von den Alpen nach Nordwesten, wo die Überlagerung durch die Molassesedimente stark abnahm. In diesem Gebiet des heutigen Juras ermöglichten leicht deformierbare triassische Evaporitgesteine aus Gips, Salz und Rauhwacken eine Überschiebung der überliegenden Jura- und Kreideschichten nach Norden. Dabei bildeten sich interne Überschiebungen und Falten und – da der Prozess über mehrere Mio. Jahre anhielt – wurden auch ältere Überschiebungen nachträglich verfaltet und versetzt (z. B. Montagne du Droit in Abb. 23). Dies führte zu einer eigentlich einfachen Geometrie, die aber im Detail sehr komplex sein kann. Da die generelle Bewegung nach Norden gerichtet war, kam es zwar meist zu Hauptüberschiebungen nach Norden, aber gleichzeitig konnten auch Überschiebungen nach Süden entstehen (z. B. am Mont Sujet). Teilweise finden wir heute beide Überschiebungsrichtungen innerhalb einer einzigen Falte (Abb. 23; Tour 1, Abb. 7).

23

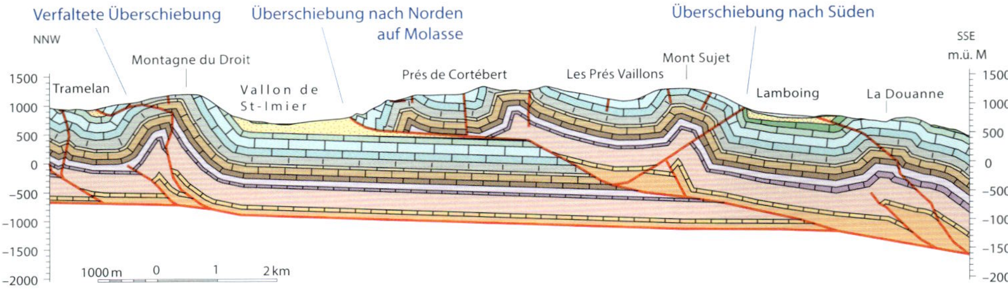

Da zum Zeitpunkt der Deformation die mesozoischen Sedimente noch von Molassesedimenten überlagert waren, wurden diese mit ihrer Unterlage konform mitverfaltet und zum Teil auch überfahren (Vallon de St-Imier). → *Vertiefte Informationen bei den Touren 1, 3 und 4*

Die Eiszeiten prägen die Landschaft

Wir wissen heute, dass die Kaltzeiten, oder eben Eiszeiten, vor ca. 2.6 Mio. Jahren begannen (Abb. 24). Durch Ablagerungen lassen sie sich in der Schweiz allerdings erst seit knapp 800 000 Jahren fassen, also seit dem Ende des Frühpleistozäns. Belege für sehr alte Vergletscherungszyklen finden sich im Kanton Bern in Form von reliktischen Moränen im Berner Oberland, die Gerölle aus dem Wallis (!) führen, und in Form von Sinterablagerungen in grossen Höhlensystemen wie dem Beatus-System (*Réseau* Siebenhengste-Hohgant). Etwas jünger sind die sogenannten Deckenschotter und Hochterrassen, Ablagerungen von älteren Eiszeiten.

Die insgesamt über 15 pleistozänen Eiszeiten haben die Oberflächengestalt (Morphologie) unseres Gebietes stark beeinflusst. Sie bilden neben den bereits bekannten geologischen Vorgängen den wichtigsten Gestaltungsfaktor. Dies trifft nicht nur für die Alpen, sondern ebenso für das Mittelland und in eingeschränktem Mass auch für den Jura zu.

Typische glazial geprägte Landschaftselemente im **Mittelland** sind die wellige ***Grundmoränen***- und ***Drumlingebiete*** (Abb. 25), die sich abwechseln mit schmaleren Zügen von herausstehenden ***Moränenwällen*** (Tour 6, Abb. 5). In den Grundmoränengebieten fin-

24

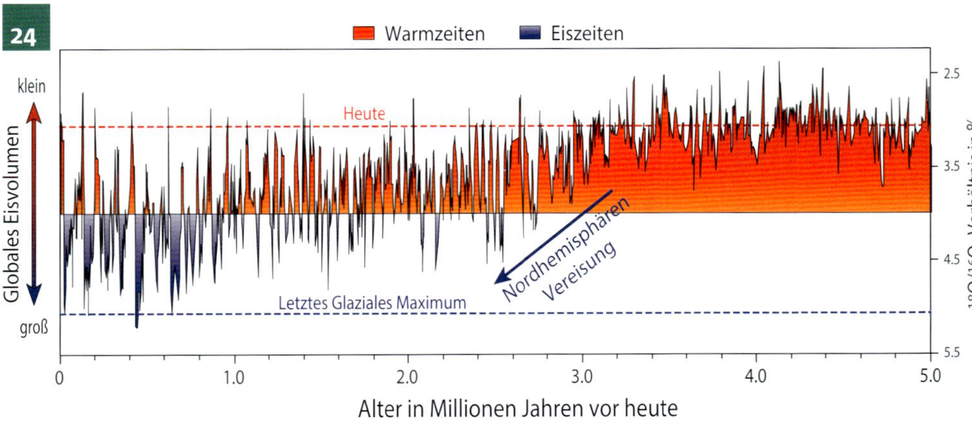

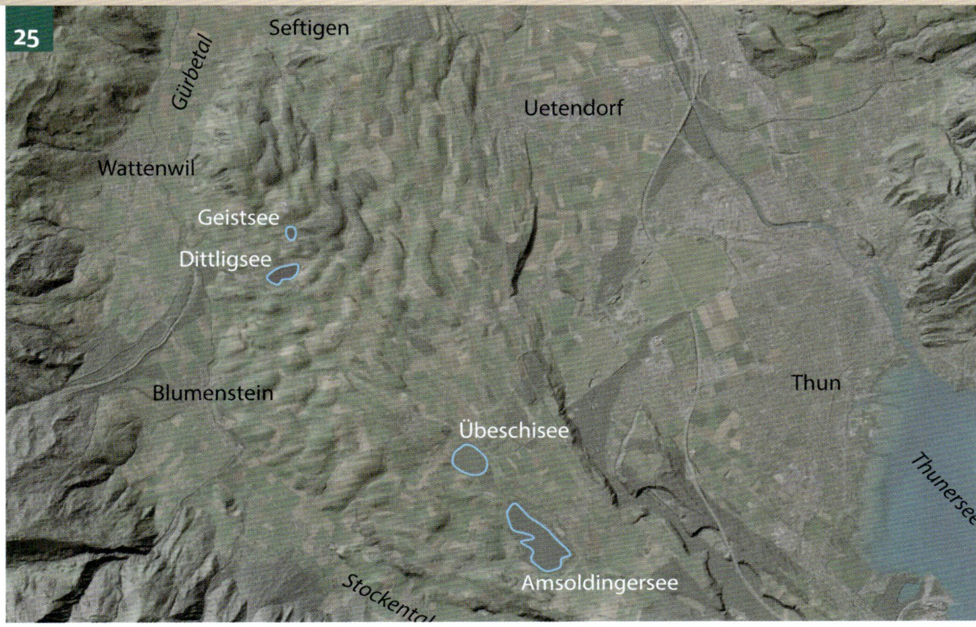

den sich auch die wenigen, noch nicht verlandeten oder trockengelegten, kleineren Mittellandseen wie der Lobsigensee, Moossee, Inkwilersee oder Burgäschisee, meist ehemalige ***Toteisseen***. In dieser Landschaft finden sich immer noch zahlreiche Findlinge, welche die einstige, viel grössere Ausdehnung der Gletscher belegen. Die allermeisten Findlinge wurden allerdings zu Bauzwecken abgebaut und sind aus der Landschaft verschwunden. Parallel zum Gletscherrand wurden zudem markante seitliche Abflussrinnen geschaffen (Tour 6, Abb. 1).

Typisch für die Glaziallandschaften des Mittellandes sind auch weite flache **Schotterebenen** – ehemalige Gletschervorfelder, in welche sich Flüsse eingefressen und dadurch **Terrassenlandschaften** geschaffen haben (Tour 6, Abb. 5, 6 und 7). Dort liegen gewaltige *fluvioglaziale* Schotterablagerungen, welche in Kiesgruben für den derzeit wichtigsten geologischen Rohstoff der Schweiz genutzt werden. Diese Gruben sind wertvolle Fenster in die eiszeitliche Geologie – und wenn sie stillgelegt werden, entwickeln sie

Abb. 23: *Geologisches Profil zwischen Bibschal bei Twann und Tramelan. Überschiebungen fanden generell in gut deformierbaren Triasschichten statt. Während die Hauptüberschiebungsrichtung nach Norden verläuft, gibt es auch prominente Rücküberschiebungen nach Süden, so beim Mont Sujet. Bei Lamboing und im Vallon de St-Imier sind Reste der Molasse-Bedeckung in den Synklinalen verblieben, im Vallon de St-Imier werden sie sogar vom Mesozoikum überfahren (Abb. swisstopo).*
Abb. 24: *Klimaverlauf der letzten 5 Millionen Jahre. Deutlich ist eine Abkühlung in Sprüngen ab etwa 3,2 Mio. Jahren vor heute zu erkennen. «Die Eiszeit» besteht nicht aus einem einzigen, sondern aus vielen Glazialzyklen, die mit Warmzeiten abwechseln. Der Start der Eiszeiten wird international auf 2,6 Mio. Jahre angesetzt, und damit gleichzeitig der Beginn der Quartärzeit (Abbildung Ralf Tiedemann).*
Abb. 25: *Amsoldinger Moränenlandschaft westlich von Thun mit komplex geformten Drumlinabfolgen (subglazial geformte Geländerücken aus Lockergestein) und dazwischenliegenden Kleinseen (Grundlage swisstopo).*

sich, entsprechende Pflege vorausgesetzt – zu wertvollen Geo- und Biotopen. → *Vertiefte Informationen bei den Touren 2, 4, 5 und 6*

In den **Alpen** wurde das Relief durch die Gletschertätigkeit ebenfalls stark beeinflusst (Tour 20; Tour 22, Abb. 1; Tour 23, Abb. 2). **Gletscherschliffe, Schliffgrenzen, Rundhöcker, Trogschultern**, aber auch aufgeweitete Flusstäler, sogenannte **U-Täler**, zeugen von ihrer Tätigkeit und sind Indikatoren für die maximale Ausdehnung und die Rückzugstadien. Typisch sind auch **subglaziale Rinnen/Schluchten**, wie sie etwa in Stechelberg (Trümmelbach) oder im Rosenlaui besucht werden können. Auch in den Alpen sind zudem weite Gebiete von Grundmoränen oder Moränenwällen und deren verschwemmten und umgelagerten eiszeitlichen Produkten bedeckt.

Die Auswirkungen im **Jura** waren hingegen geringer. Entlang der südlichsten Ketten sind weite Gebiete von Grundmoränen und Moränenwällen bedeckt. Vereinzelt floss der Walliser-Gletscher sogar bis in die Juratäler hinein (Tour 2, Abb. 2). Zudem waren die höchsten Juraketten und nordexponierte oder besonders schattige Gebiete lokal während der letzten Eiszeit vergletschert. Deshalb finden sich auch vereinzelte lokale Moränenwälle, wie z. B. das Champ Meusel bei St. Imier.

Die **glaziale Erosion** hat zu einer **Vertiefung** und Verbreiterung von älteren Flusstälern in den Alpen geführt, im Mittelland zu einer Abtiefung von weiten Gebieten. Teilweise führte die glaziale Erosion zur Ausbildung von Rinnen (auch im Mittelland), deren Festgesteinsoberfläche sogar unter dem heutigen Meeresniveau liegen kann (z. B. in den Alpenrandseen, Tour 5, Abb. 2). Da der Felsuntergrund des Abflussgebiets wieder höher liegt, also in Fliessrichtung eine Schwelle bildet, spricht man in diesem Falle von **glazialer Übertiefung**.

Vom Relief der Festgesteinsoberfläche haben wir heute durch Bohrungen, seismische Untersuchungen und 3D-Modellierungen eine gute Vorstellung (Abb. 26). Es entstand nicht bloss während der letzten Eiszeit, sondern ist das kombinierte Produkt aller Eiszeiten.

Die wiederholte Auffüllung des übertieften Reliefs erfolgte durch unterschiedliche Prozesse. Einerseits schufen Gletscher in ihren Vorfeldern weite **Schotterebenen**, ähnlich jener, die wir heute in flachen inneralpinen Gletschervorfeldern antreffen (Tour 5, Abb. 1; Tour 6, Abb. 4–8; Tour 22, Abb. 1; Tour 26, Abb. 12). Andererseits lieferten auch Bäche und Flüsse aus nicht mehr eisbedeckten Gebieten Schutt. Dadurch wurden Täler und Seebecken langsam mit Sand und Kies zugeschüttet. In grossen Alpentälern wie dem Aaretal bauten sich **Deltas** in Ab-

flussrichtung auf, so z. B. der Talboden zwischen Meiringen und der Aaremündung in den Brienzersee. Diese flachen Talböden widerspiegeln daher nicht das ursprüngliche Glazialrelief, sondern sind in Wahrheit die mit Glazial-, Fluss- und Seesedimenten verfüllten, übertieften Rinnen. Unsere heutigen Alpenrand- und Mittellandseen stellen die letzten, noch nicht verfüllten Anteile dieser übertieften Täler dar.

Nach dem Rückzug der Gletscher kam es zu weiträumigen **Hangbewegungen** in Form von **Bergstürzen** und Rutschungen, die bis in die heutige Zeit andauern (Tour 25, Abb. 2, 3, 7; Tour 28, Abb. 1–5; Tour 29, Abb. 4). Diese Bewegungen waren teils die Folge des Abschmelzens des **Permafrosts**, eine Problematik, die gerade in der heutigen Zeit aktueller denn je ist. Zu den langsamen Bewegungen zählen auch die **periglazialen Prozesse** wie **Solifluktion**, **Hangkriechen** oder **Blockgletscher** (Tour 14, Abb. 1, 5). Am Fusse von markanten Felswänden bildeten sich **Schutthalden** oder **Schuttfächer** (Abb. 27). → *Vertiefte Informationen bei den Touren 5, 6, 11, 14, 16, 20, 25 und 28.*

Abb. 26: *Felsoberflächenkarte der Region um Bern. Die markante Struktur in der Bildmitte ist der von zwei übertieften Rinnen umgebene Belpberg. Oben links erkennt man die Rinnen rund um die Stadt Bern. Die Felsoberfläche basiert auf Oberflächen-Aufschlüssen sowie Bohrungen und seismischen Methoden (Grundlage AWA Bern).*

Abb. 27: *Schutthalden auf der Nordseite des Brienzer Rothorns.*

28

Das jüngste Kapitel – der Mensch als Landschaftsgestalter

Der Mensch hat die Landschaft in den letzten rund 7000 Jahren massgeblich und immer stärker beeinflusst, aber er ist dabei immer nahe der Oberfläche geblieben. Am stärksten hat er die Pflanzen- und Tierwelt beeinflusst und wird dies auch in Zukunft tun. Während er in den ersten Jahrtausenden mit seinen Rodungen bis hinauf zur Waldgrenze eher einen positiven Einfluss auf die Biodiversität ausübte, ist er momentan dabei, dieses Erbe komplett umzukrempeln, leider nicht im positiven Sinn.

Die direkten Auswirkungen auf den geologischen Untergrund blieben hingegen eher gering. Mit vielen kleinen und grösseren Abbaustellen von Naturstein, Kohle, Torf oder Erz und mit kleinräumigeren Trockenlegungen von durchnässten Flächen hat der Mensch v.a. seit dem Mittelalter begonnen,

Abb. 28: *Überschwemmung des Seelands im Jahr 1950. Blick vom Mont Vully über Gampelen hinweg in Richtung Chasseral. Im Bildmittelgrund ein Bogen des wirkungslos gewordenen Broye-Kanals der ersten Juragewässerkorrektion (Abb. Staatsarchiv des Kt. Bern).*

die Landschaft in kleinerem Masse umzugestalten (Tour 4, Abb. 4, 5; Tour 7, Abb. 1, 3; Tour 10, Abb. 1, 6, 8; Tour 11, Abb. 1, 5, 7; Tour 18, Abb. 3; Tour 23, Abb. 1, 3, 4). Mit der ungebremsten Überbauungstätigkeit der letzten 200 Jahre beeinflussen wir jedoch immer stärker auch die Geosphäre, nicht zuletzt mit grossen Abbaustellen, Deponien oder gewaltigen Infrastrukturbauten wie Stauanlagen. Auch mit sehr grossräumigen Trockenlegungen und Begradigungen von Flusssystemen gestalten wir sehr direkt unsere Landschaft und beeinflussen nicht zuletzt auch unseren Grundwasserhaushalt. Es mag wenig erstaunen, dass dies zu zahlreichen Konflikten mit dem Umwelt- und Naturschutz führt.

Die grössten Umwälzungen hat der Mensch im Kanton Bern sicherlich mit den beiden Juragewässerkorrektionen von 1868–1891 und 1962–1973 bewirkt (Tour 5; Abb. 1, 3, 4, 5, 6). Vor der ersten Juragewässerkorrektion war v. a. das Seeland, also die Gegend um die drei Jurarandseen, von Versumpfung und häufigen Überschwemmungen bedroht. Durch die erste Juragewässerkorrektur sollte das gesamte Seeland bis in die Gegend von Solothurn durch Begradigungen oder Umleitungen von Flussläufen und durch die Absenkung der Seespiegel um etwa 2,5 m vor zukünftigen Überschwemmungsereignissen geschützt werden. Jedoch kam es auch nach der ersten Juragewässerkorrektion immer wieder zu Überschwemmungen (Abb. 28), sodass man 70 Jahre später erneut korrigierend in das Grund- und Oberflächengewässersystem eingriff. Die Juragewässerkorrektionen haben riesige Flächen von kostbarem Ackerland geschaffen, doch die Massnahmen haben vielerorts auch zu massiven Bodenabsenkungen geführt. Ob eine dritte Korrektion in Zukunft nötig wird, bleibt offen.

Aber auch der Mensch ist direkt betroffen von natürlichen Umgestaltungen der Landschaft, denn er musste schon immer mit Steinschlag, Bergstürzen, Eisabbrüchen oder Überschwemmungen leben (Tour 25; Abb. 1–3 und 7; Tour 28, Abb. 3 und 4). Allerdings führt die zunehmend überbaute und bewohnte Fläche auch zu oft selbstverschuldeten, höheren Schadensrisiken durch Naturereignisse. Die immer spürbareren Auswirkungen des Klimawandels werden zudem zukünftig zu noch häufigeren und intensiveren Ereignissen führen. So müssen wohl auch ehemals als sicher angesehene Standorte zukünftig in die roten Gefahrenzonen umgeteilt werden. → *Vertiefte Informationen bei den Touren 5, 9, 10, 11, 18, 23 und 25.*

Empfohlene weiterführende Grundlagenliteratur

Sämtliche im Buch erwähnten Publikationen sind am Ende des Buches im Literaturverzeichnis aufgeführt. Hier möchten wir Ihnen einige sehr empfehlenswerte grundlegende Werke ans Herz legen:

Alean, J. (2010): Gletscher der Alpen. Haupt Verlag.

Alean, J. & Felber, P. (2019): Geologische Wanderungen. Haupt Verlag.

Alean, J. & Felber, P. (2020): Eiszeitwanderungen. Haupt Verlag.

Bühl, H. (2020): Das Relief der Schweiz. Bildatlas der Oberflächenformen. Haupt Verlag.

Gnägi, Chr. & Labhart, T.P. (2017): Geologie der Schweiz. Ott-Verlag thun.

Kündig, R. et al. (1997): Die mineralischen Rohstoffe der Schweiz. Schweiz. Geotechn. Kommission.

Labhart, T.P. & Zehnder, K. (2018): Steine Berns. Basisband und Exkursionsführer. Haupt Verlag.

Maresch, W., Schertl, H.-P. & Medenbach, O. (2016): Gesteine. Systematik, Bestimmung, Entstehung. Schweizerbart stuttgart.

Marthaler, M. (2013): Das Matterhorn aus Afrika – Die Entstehung der Alpen in der Erdgeschichte. Ott-Verlag.

Meyer, J. (2021): Wie Berge entstehen und vergehen. In 30 Etappen durch die Alpengeologie. Haupt Verlag.

Meyer, J. (2022): Gesteine der Schweiz. Der Feldführer. Haupt Verlag.

Pfiffner, A. (2024): Landschaften und Geologie der Schweiz. Haupt Verlag.

Pfister, Chr. & Wanner, H. (2020): Klima und Gesellschaft in Europa. Haupt Verlag.

Verein Stein und Wein (2018): Stein und Wein. Entdeckungsreise durch die schweizerischen Rebbaugebiete. AS-Verlag Zürich.

Wanner, H. (2020): Klima und Mensch – eine 12 000-jährige Geschichte. Haupt Verlag.

CSI Alps. Geologie als Spurensuche erlebbar machen. https://www.csi-alps.unibe.ch

Die Touren

Im folgenden Buchteil finden sie die Tourenvorschläge aller Autorinnen und Autoren. Die Touren besitzen immer einen thematischen Schwerpunkt, verweisen aber auch auf Nebenschauplätze, wodurch häufig thematische Verknüpfungen mit anderen Touren entstehen. So ergibt sich mit jeder zusätzlich absolvierten Geotour ein immer kompletteres Gesamtbild. Die Themen, Tourengebiete, Tourenlängen und Schwierigkeitsgrade der Wanderungen unterscheiden sich stark, das Spektrum reicht von anspruchsvollen alpinen Touren bis hin zu Spaziergängen und Schifffahrten im Mittelland. Alle Lesenden werden auf sie zugeschnittene Vorschläge finden.

Als Navigationsapp im Feld schlagen wir die kostenlose **outdooractive-app** vor.
https://www.outdooractive.com/de/
Am Schluss jeder Exkursion findet sich ein QR-Code, womit Sie auf die entsprechende Tour auf outdooractive zugreifen können. Dazu müssen Sie nicht einmal die App installieren, der Link öffnet ihnen die Tour auch im Browser (GPS-Zugriff muss erlaubt werden, sonst kann der Standort nicht dargestellt werden). In der Bezahlversion der App sind noch weitere Möglichkeiten enthalten, zum Beispiel das Herunterladen eines Kartenausschnitts, was in Gebieten mit schlechter Netzabdeckung einen grossen Vorteil darstellt. Die App stellt Touren von A nach B oder Rundtouren dar. Touren mit mehreren Varianten können nicht sauber dargestellt werden. Deswegen sind die Varianten teilweise einzig auf der Wanderkarte in diesem Buch ersichtlich und fehlen in der App. Ebenso kann es bei komplizierten Verläufen zu Problemen mit den Höhenmeter-Angaben kommen. Angaben im Buch konsultieren!
Wer nicht mit dieser App auf Tour gehen möchte, kann sich die Touren als GPS-Datei und vergrösserte Kartenausschnitte (PDF) von **www.haupt.ch/geologische_spurensuche** herunterladen.

1 Durch die Klus von Court

THOMAS BURRI UND JÜRGEN ABRECHT

1

Abb. 1: *Steil südwärts einfallende Felsen der Reuchenette-Formation mit Karsthöhle.*

Gut getarnte Molasse

Vom Bahnhof Court wandern wir Richtung Klus (Gorges de Court) in einer für sandige Molasse typischen, abgerundeten Morphologie ohne geologische Aufschlüsse, aber mit vielen grünen Wiesen und Weiden.

Das Molassebecken liegt zwar weit im Süden, durch drei Juraketten von uns getrennt, aber tatsächlich wurden weite Teile des heutigen Juras im Miozän (vor ca. 20–16 Mio. J.) ebenfalls von Molasse-Sedimenten bedeckt. Im Zuge der erst vor 12 Mio. J. beginnenden Jurafaltung wurden sie gemeinsam mit den älteren mesozoischen Schichten verschoben und verfaltet (Abb. 7). Infolge ihrer leichteren Erodierbarkeit ist die Molasse aber nur in den *Jurasynklinalen* (heutige Juratäler) erhalten geblieben, auf den *Antiklinalen* hingegen (heutige Jurarücken) wurde sie längst erodiert.

Zwischenstopp im Eozän

Unter der Autobahnbrücke folgen wir kurz dem Wanderweg hinauf nach Mont Girod. Nach wenigen Kehren (1) entdecken wir an der Böschung beige-rot gefärbte, sandig-tonige Gesteine mit rundlichen, bohnengrossen Gebilden. Insbesondere die «Bohnen» sind eisenreich, weshalb die Gesteine auch «Bohnerze» genannt werden. Ist der «Bohnen-Anteil» – wie hier – gering, spricht man allgemeiner von «Bolustonen». Dabei handelt es sich um in Karsttaschen zusammengespülte Verwitterungsprodukte des Eozäns (56–34 Mio. J.), die man schweizweit in Schichten des Helvetikums und Juras findet. Sie werden mit assoziierten Schichten unter dem Begriff «Siderolithikum» zusammengefasst (vgl. Tour 24). Die Gesteine zeugen von einer langen festländischen Phase der Verwitterung und Verkarstung ab der Kreide. Sie reicht hier bis in die Schichten des Oberen Juras hinunter, der vor 145 Mio. Jahren endete. Die Kreideabfolge, die nur westlich von Biel auftritt (vgl. Tour 3), fehlt hier komplett. Diese geringmächtigen siderolithischen Gesteine belegen also eine Schichtlücke, in welcher etwa 100 Mio. Jahre verborgen sind.

Das Siderolithikum bildete für die Bevölkerung des Juras lange Zeit eine wichtige Einnahmequelle. Eisenreiche Bohnerze wurden zur Eisenerzeugung verwendet, quarzreichere «Huppererden» zur Herstellung von feuerfesten Schamottesteinen, Schmelztie-

2

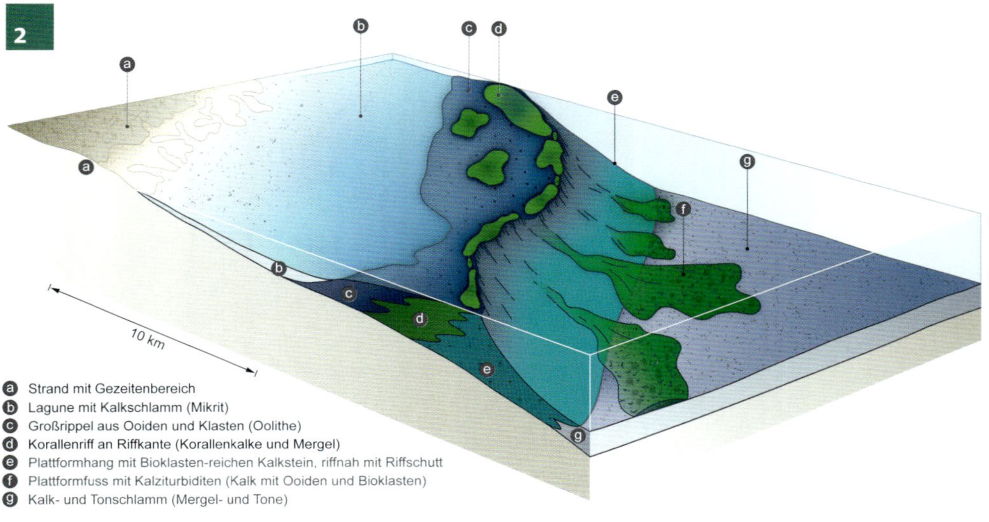

a Strand mit Gezeitenbereich
b Lagune mit Kalkschlamm (Mikrit)
c Großrippel aus Ooiden und Klasten (Oolithe)
d Korallenriff an Riffkante (Korallenkalke und Mergel)
e Plattformhang mit Bioklasten-reichen Kalkstein, riffnah mit Riffschutt
f Plattformfuss mit Kalziturbiditen (Kalk mit Ooiden und Bioklasten)
g Kalk- und Tonschlamm (Mergel- und Tone)

geln, Töpferwaren oder Kochgeschirr. Ehemalige Abbaustellen am Mont Girod sind heute leider weitgehend unzugänglich (GA 1106 Moutier).

Eingang in die Felsenarena

Wir kehren um und treten in die Klus mit ihrer gewaltigen Arena aus steil nach Süden einfallenden Kalkwänden. Unglaublich, wie sich an diesen nackten und exponierten Wänden noch Bäume festkrallen können. Wir befinden uns am Südfuss der Graitery-*Antiklinalen*, die hier durch die Klus der noch jungen Birs durchtrennt wird.

Bis zum Ende der Klus eingangs Moutier wandern wir fortan in Meeresablagerungen des späten Juras («Malm»). Dessen Stratigrafie umfasst Ablagerungen einer flachen **Karbonat-Plattform** im NW (meist Kalksteine einem **Meeresabhang** (Kalksteine bis Mergel) und einem **Beckenbereich** (Mergel bis Tonstein) im SE (Abb. 2).

Die Grenze zwischen den Ablagerungsräumen fluktuierte über die Zeit; entsprechend komplex ist das stratigrafische Profil (Abb. 3). Wir werden den rot eingerahmten Formationen begegnen: Plattform: Twannbach-, Reuchenette- und Balsthal-Formation; Plattformkante: Günsberg-Formation; Abhang: Pichoux-Formation (sowie untere Teile des Effingen-Member); Becken: Wildegg- und Bärschwil-Formation. Alles etwas kompliziert, doch wir picken uns spannende Aufschlüsse heraus.

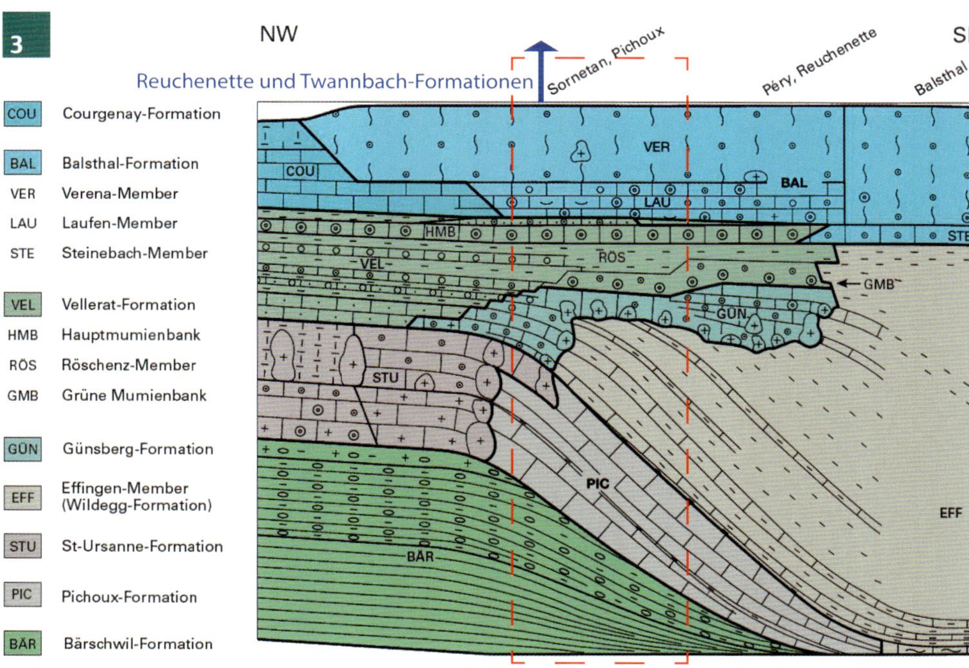

Abb. 2: *Vereinfachtes, sehr stark überhöhtes Schema einer Karbonat-Plattform mit Gliederung in Plattform-, Abhang- und Beckenbereiche (Bearbeitet nach: Schlunegger & Garafalakis 2023).*

Abb. 3: *Synthetisches NW-SE-Profil mit den verschiedenen Ablagerungsräumen im späten Jura. Auf der Exkursion begegnen wir den rot eingerahmten Formationen sowie den überlagernden Reuchenette- und Twannbach-Formationen. (Quelle: GA 1126).*

Auf dem ersten Wegabschnitt durch die Schlucht treffen wir auf die fein*bankige* Twannbach-Formation, dann auf die gröber *bankige*, mächtige Reuchenette-Formation. In letzterer belegen erhaltene Saurierspuren eine Ablagerung in seichten Lagunen der Plattform (vgl. Tour 2). Das sehr feinkörnige Gestein besteht aus einem im strömungsarmen Flachwasserbereich abgelagerten und später verfestigten Kalkschlamm (Kalkmikrit). Er bestand aus feinsten kalkigen Bestandteilen von Algen und Einzellern, aber auch aus Mikrokristallen, die im Kalk-übersättigten Flachwasser ausfällten. Das massive, homogene Gestein wittert grau an, besitzt auf frischen Bruchflächen aber einen feinen hellbeigen Farbton. Strukturen oder Reste von Fossilien sind sehr selten.

Uralter und junger Karst

Überraschendes erwartet uns bei (2). Aus einem Hohlraum rieselt roter, sandig-toniger Schutt – ein schönes Beispiel eines Karstschlotes, der mit rotem Boluston gefüllt war (Abb. 4). Dieser drang selbst noch in dünnste Hohlräume ein.

Die im Schutt liegenden Kalksteine enthalten teilweise viele Fossilien wie Turmschnecken (Nerineen). Ein schwer erklärbares Karstphänomen stellen die merkwürdig brekzienartigen Kalksteine im überhängenden Dach dar.

Abb. 4: *Karstschlot mit rotem Boluston, der auch das Nebengestein als feine Adern durchzieht. Im Dach darüber ein auffälliges, zelliges Gestein.*
Abb. 5: *Blick auf die gegenüberliegende Talseite beim alten Wehr (3). Die hellen Felsen der Reuchenette-Formation zeigen in den höheren Felsschichten bereits ein wahrnehmbares Abflachen der Schichten.*
Abb. 6: *Verena-Oolith mit deutlich sichtbaren Ooiden und Bioklasten (Pfeile).*

Beim Wehr (3) blicken wir auf die gegenüberliegende Talseite (Abb. 5) mit unten steil südfallenden, oben aber merkbar abflachenden Schichten. Die *Bankung* bildet die Verwitterungsbeständigkeit der Gesteine ab. Hervorstehende Felsen bestehen aus massivem Kalkstein, rundlich zurückwitternde aus kreidigen, porösen Kalken oder aus mergeligen Gesteinen mit variablem Anteil an leicht verwitternden Tonmineralen. Auch Karsterscheinungen wie Hohlräume und Höhlen sind sichtbar, sie sind aber maximal einige Tausend Jahre alt (Abb. 1).

Oo-was?

Wir durchwandern nun eine grossartige Felspassage und gleich darauf in einem Tunnel die Grenze zur folgenden Balsthal-Formation. Wenige Meter nach dem Tunnel finden wir unterhalb des aufsteigenden Bandes den Verena-Oolith (4). Auf der Verwitterungsoberfläche und im Gesteinsinnern (Lupe und Befeuchten helfen) erkennen wir kleine runde Körner, sogenannte Ooide (Abb. 6).

Solche schalig aufgebauten Kalkkügelchen entstehen durch rollende Bewegung im Karbonat-übersättigten Meereswasser. Dabei fällt Karbonat schalenförmig um einen Kristallisationskeim aus, meist kleinste Fossilbruchstücke. Fehlt die schalige Struktur, kann es sich bei den Kügelchen auch um Kot-Pillen (Pellets) von Fischen, Würmern oder Krebsen handeln. Neben den Ooiden treten *Bioklasten* wie Schalen-Bruchstücke von Muscheln oder Schnecken und auch Seelilien-Stielglieder oder Seeigelstachel auf. Ooide bilden sich in strömungsreichen Bereichen zwischen den Riffen auf dem Plattformrand und werden dann in ruhigere Bereiche verfrachtet. Dort werden die Zwischenräume entweder durch einen klaren Calcit zementiert, oder die Ooide werden im Kalkschlamm eingebettet. (vgl. Abb. 2).

4

5

6
1 cm

Rocks under cover

Nun werden die Aufschlüsse rasch seltener, der Hang wird flacher und ist zunehmend von Gehängeschutt und Vegetation bedeckt. Dies ist typisch für weiche, tonig-merglige Gesteine, wie hier die kaum sichtbaren Effinger-Schichten der Wildegg-Formation, welche bereits dem Beckenbereich angehört. Wellig-bucklige Hangpartien deuten auf Rutschungen hin. Der Wechsel von den harten Plattform- zu den weichen Beckensedimenten macht sich also auch morphologisch bemerkbar. Erst links am Bunker bei (5) finden wir einen zumindest kleinen Aufschluss stark deformierter Effingermergeln.

Hier treffen wir auch auf flach liegende, gut gebankte Kalksteine der Pichoux-Formation (früher «Birmensdorfer-Schichten»). Auf frischen Bruchflächen erkennt man einen rotbräunlichen, *Bioklasten*-führenden mikritischen Kalk. Der Pichoux-Kalk entstand auf dem Plattformabhang. Plattformnah ist er reich an Riffschutt, -fern wird er mergeliger (vgl. Abb. 2 und 3). Wir befinden uns hier fast im Kern der Antiklinale, wie hier und hoch über uns in den Felswänden die nur noch flach nach Süden einfallenden Schichten belegen.

Bei der folgenden Strassenunterführung wechseln wir die Talseite (6). Weitgehend ohne Aufschlüsse geht es der Birs entlang, über oft feucht-nasses Terrain, was die mergelig-tonige Bärschwil-Formation verrät, die erneut dem Beckenbereich angehört. Der darunterfolgende mittlere Jura ist nicht aufgeschlossen.

Überschiebungen im Kern der Graitery-Antiklinalen

In einem Schachtelhalmfeld (7) führt ein kurzer Trampelpfad zu steilstehenden Schichten der Pichoux-Formation. In den Wänden über uns fallen sie allenfalls leicht gegen Norden ein. Die Steilstellung der Schichten im Talboden ist vermutlich mit den Überschiebungen verknüpft, die durch den Nordteil der Falte ziehen (Abb. 7).

Bald begleiten uns auf der gegenüberliegenden Bachseite unregelmässig bankige, bräunlich anwitternde Gesteine der Günsberg-Formation. Es handelt sich um Gesteine des Plattform-Randes, die oft Oolithe und Korallenkolonien enthalten. Letztere treten in den auffälligen, knollig-plattigen Bereichen auf. Vor dem Ausstellplatz mit Picknickecke (8) türmen sich auf der Westseite

7

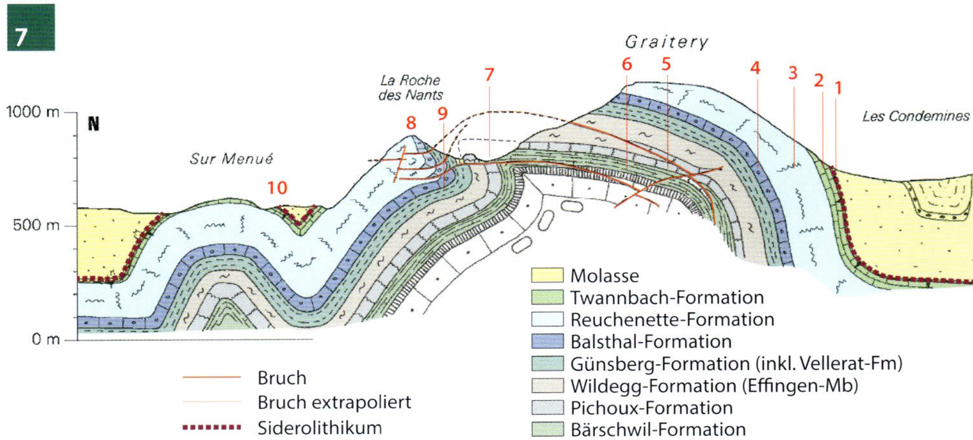

kompliziert verfaltete und überschobene Serien der Reuchenette- und Balsthal-Formationen auf.

Ooide, Onkoide und Korallen

Das Profil auf der Ostseite (Kiesplatz) schauen wir uns genauer an (Abb. 8). Im Sommer müssen wir etwas unter die Büsche kriechen, sind dafür aber nicht dem Steinschlag oder Verkehr ausgesetzt. Die Schichten fallen hier nun deutlich nach Norden ein, wir sind also auf der Nordseite der Antiklinalen angekommen. Ganz links im Profil erkennen wir unter der Reuchenette-Formation wieder den hellen Verena-Oolith (Balsthal-Formation), der auf der anderen Talseite charakteristische Hohlkehlen zeigt. Darunter folgen Bioklasten-führende Mikrite und dann die sog. Hauptmumienbank der Vellerat-Formation. Bei den «Mumien» handelt es sich um Onkoide (vgl. Touren 16 und 17), rundliche bis blumenkohlartige Algenknollen, die typisch sind für die Karbonat-Plattform und häufig zusammen mit Oolithen und Mikriten vorkommen (Abb. 2b und c). Sie wittern charakteristisch hervor und sind darum einfach zu erkennen.

Abb. 7: *Geologisches Profil durch die Klus von Court. Die Bärschwil-Formation ist die tiefste auf unserer Wanderung aufgeschlossene Formation (Profil 4 GA 1106 Moutier). Rote Zahlen entsprechen den Wegpunkten.*

Abb. 8: *Profil beim Picknickplatz mit nach Norden einfallenden Schichten. Links Verena-Oolith, rechts Hauptmumienbank*

Wir folgen kurz – Vorsicht Verkehr! – der Strasse aufwärts bis ca. nach 100 m rechterhand die Felsen etwas zurücktreten (9). Im rechten Teil entdecken wir einen knollig bis fladenartig ausgebildeten Korallenkörper der Günsberg-Formation. Im Innern sind diese oft weiss und marmorartig, typisch für korallígene Strukturen. Weiter links stehen kreuzgeschichtete Oolithe an, ehemalige Sanddünen im flachen, strömungsreichen Wasser.

Falten und Überschiebungen

Von unserem Standort (9) blicken wir auf die gegenüberliegenden Felswände. Die Schichten sind stark verfaltet und abwechselnd flach und steilstehend, teils sogar nach Norden überkippt. Das geologische Profil zeigt verschiedene Überschiebungen, die für die komplizierten Strukturen verantwortlich sind (Abb. 7). Der Nordteil der Falte wurde nach Norden überschoben, deshalb bildet die Falte als Ganzes eine asymmetrische Struktur.

Abb. 9: *Eingangs Verreries. Stromatolithen (Algenmatten) in Gesteinen der Twannbach-Formation.*

Dem Wanderweg entlang folgt zuerst heller, massiger Verena-Oolith, und danach die gut gebankte Reuchenette-Formation. Dann werden die Gesteine unregelmässig-knollig und rötlich-gelb, wir sind zurück in der Twannbach-Formation. Wagen wir uns in die Büsche, entdecken wir den Kontakt zur Reuchenette-Formation und in dieser eine Kalkschicht mit vielen Schalenresten, vermutlich Nerineen (Turmschnecken) (10). Schichten mit Löchern von bohrenden Organismen (z.B. Muscheln) weisen auf sehr flache Ablagerungsbedingungen im Strandbereich hin. Überraschenderweise liegen hier die Schichten wieder flacher, was im geologischen Profil (Abb. 7) durch eine zweite, kleinere Falte erklärt wird. Etwas weiter, an einer kleinen, rötlich verwitterten Felsnase am Strassenrand (11) entdecken wir bei genauem Hinsehen Algenmatten, sogenannte Stromatolithen, die im Strandbereich von Cyanobakterien gebildet wurden (Abb. 9). Stromatolithen gehören zu den ältesten Lebewesen überhaupt.

Verreries-Quartier

Der Strasse entlang gelangen wir zu den ersten Industriegebäuden und bald darauf zum ehemaligen Glaserei-Quartier, der Verreries (12), wo siderolithische reine Quarz-Sande seit 1842 zur Glasherstellung genutzt wurden *(1)*. Leider ist zum grossen Bedauern der Bevölkerung die Produktion seit 2017 vollständig eingestellt und so bleiben die Verreries-Gebäude die einzig verbliebenen Zeugen dieser Industrie. Tempi passati.

Wer es noch nicht bemerkt hat: Wir befinden uns nun in der *Synklinale* von Moutier und damit auch wieder in der Molasse mit bescheidenen Aufschlussverhältnissen, wie zu Beginn unserer Expedition.

Der Weg zum Bahnhof ist recht weit und unspektakulär. Wer nicht noch der hübschen Altstadt einen Besuch abstatten möchte, besteigt daher besser einen der Busse Richtung Bahnhof.

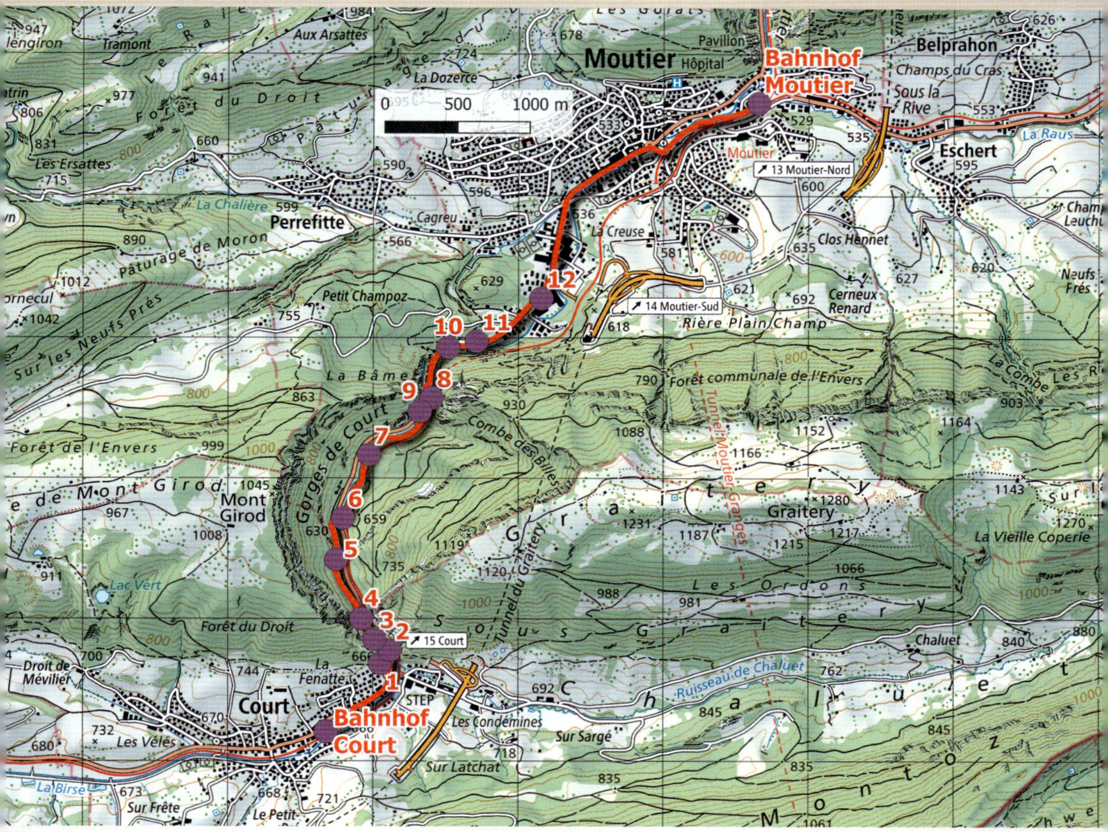

TOURENINFO

- **Startort:** *Bahnhof Court*
- **Endpunkt:** *Bahnhof Moutier*
- **Weglänge:** *ca. 7 km, 120 m bergab*
- **Wegcharakter:** *Einfacher Weg auf Wanderwegen und Trottoirs, nicht für Kinderwagen geeignet. Passagen unterhalb hoher und steiler Felswände sollten zügig gequert werden (Steinschlaggefahr). Achtung vor Schnellfahrer*innen.*
- **Jahreszeit:** *Ganzes Jahr begehbar, aber bei Frostperioden mit Tautemperaturen erhöhte Steinschlaggefahr. Im Sommerhalbjahr ist die Aussicht aufgrund des dichten Laubwerks eingeschränkt. Frühling oder Herbst sind geeigneter. Zeckenschutz ist von Vorteil.*
- **Verpflegungsmöglichkeiten:** *In Court und Moutier, Picknick-Platz etwa in der Hälfte des Weges.*

Hammer und Lupe nicht vergessen.

LITERATUR

(1) Les Verriers de Moutier

2 Steinerne Zeitzeugen rund um den Montoz

CORINNE BLUM

1

Abb. 1: *Vor rund 145 Mio. Jahren hinterliess ein Brachiosaurus seine Spuren im Kalkschlamm.*

Hauptsache Landschaften und Natur

der Schweiz

Hauptsache: Landschaften und Natur der Schweiz

Naturforschende Gesellschaft in Bern (Hrsg.)

Geologische Spurensuchen

30 erdwissenschaftliche Ausflüge und Touren im Kanton Bern

240 Seiten,
Flexobroschur
Format: 15,5 x 22,5 cm
ISBN 978-3-258-08303-2

Geologische Spurensuche vom Jura bis zu den Berner Alpen auf unkomplizierten Ausflügen und anspruchsvollen Touren.

J. Alean, P. Felber

Geologische Wanderungen

15 Routen zu Hotspots in der Schweiz

208 Seiten,
rund 250 Farbfotos, 16 Karten,
Flexobroschur
Format: 15,5 x 22,5 cm
ISBN 978-3-258-08098-7

Vom Martinsloch bis zu den Jura-Höhlen: 15 Wanderungen zu Orten in der Schweiz, an denen Geologie unmittelbar erlebt werden kann.

Im Buchhandel oder über www.haupt.ch

Wer vom Mittelland her auf direktem Wege in den Berner Jura reist, kommt gezwungenermassen durch die Klus von La Reuchenette, denn diese bildet das natürliche Eingangstor in diesen etwas versteckten Teil des Kantons. Unweit von Biel gelegen, hat sich hier die Schüss tief in die vordersten Jura-Falten eingegraben. Hier zwängen sich Autobahn und Eisenbahn eng an steilen Felswänden vorbei. Gleich dahinter zeigt sich der Höhenrücken des Montoz, der sich über eine Länge von gut 15 km in West-Ost-Richtung erstreckt. Rund um den Montoz lassen sich an ganz verschiedenen geologischen Formationen anschaulich sehr unterschiedliche zeitliche Dimensionen und Prozesse ablesen.

Dinosaurierspuren bei La Heutte

Ausgangspunkt unserer Wanderung ist der kleine Bahnhof La Heutte. Zunächst queren wir die Schüss und begeben uns in den Forêt de l'Envers auf der Südseite des Tales. Hier lassen sich Zeugen einer längst vergangenen Welt entdecken; jene des Jura-Zeitalters. Nicht zufällig ist dieses nach dem Juragebirge benannt, besteht letzteres doch zum vorwiegenden Teil aus Sedimentgesteinen, die in dieser geologischen Periode abgelagert wurden. Nach kurzem, aber steilem Anstieg treffen wir auf eine Forststrasse und folgen ihr leicht talwärts. Bei ihrem Bau wurden an mehreren Stellen Saurierspuren gefunden, alle in der Oberjurassischen Reuchenette-Formation. Nach etwa 800 m gelangen wir zur ersten Fundstelle mit Spuren eines Raubsauriers (1). Die Tafel vor Ort hilft uns, die etwas verwitterte Spur zu erkennen. Etwa 250 m östlich gibt es eine zweite, besser sichtbare Dinosaurierspur beachtlicher Grösse zu entdecken (2). Sie stammt von einem Brachiosaurus, einem riesigen, langhalsigen und pflanzenfressenden Landbewohner (Abb. 1). Zur Zeit der Dinosaurier lagen die heute sichtbaren Schichten am Rande des Tethysmeers. Vor rund 145 Mio. Jahren wanderten die beiden Dinosaurier hier durch Gezeitentümpel entlang des Meeresufers und hinterliessen ihre Spuren im Kalkschlamm. Die Spuren wurden von einer Algenschicht bedeckt, die sich verfestigte und die Spuren so vor den sich darauf ablagernden Sedimenten schützte. Durch das langsame Absinken des Kontinentalrands versank die Schicht samt den Spuren im Meer, wo sie von jüngeren Schichten überdeckt wurde und allmählich versteinerte. Mehr als 100 Millionen Jahre später wurden die Schichten durch die Faltung des Juras wieder in die Höhe gehoben und die darüberliegenden Schichten erodierten nach und nach. Erst 1996, beim Bau der Forststrasse, kamen die Dinosaurierfährten wieder zum Vorschein. Beide Fundstellen sind gut ausgeschildert und mit Informationstafeln versehen. Rund um den Montoz existieren weitere solche Vorkommen, sie sind aber nicht ausgeschildert und nur schwer zugänglich.

Nachdem wir die Dinosaurierspuren hinter uns gelassen haben, unterqueren wir die Autobahn bei der linken (westlichen) strassenseitigen Ecke des nahegelegenen Eisfelds (3) und gelangen kurz darauf nach Péry.

Findlinge bei Pré La Patte

Durch Péry folgen wir dem wieder ansteigenden Wanderweg Richtung Pré La Patte. Im Sommer weiden hier Kühe oder Pferde, der offizielle Weg ist aber ganzjährig begehbar. Trotzdem sollte man stets ein Auge auf Mutterkühe und ihre Kälbchen haben.

Etwa 700 m vor dem Hof Pré La Patte (5) treffen wir auf rätselaufgebende Zeitzeugen (4). Mitten im typischen Kalkstein des Jura fallen dem geschulten Auge Gneis-Blöcke in der Weide auf, die so gar nicht in ihre geologische Umgebung aus Kalksteinen passen

2

3

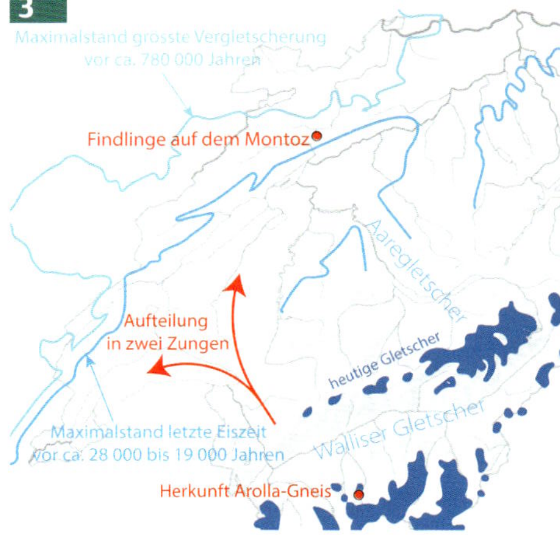

wollen (Abb. 2). Ganz offensichtlich muss es sich um Findlinge handeln. Sie wurden schon 1948 von Gerber & Schmalz dokumentiert *(1)*.

Die geschieferten, leicht grünlichen Gesteine bestehen hauptsächlich aus Muskovit, Epidot und Chlorit sowie grösseren Linsen von weisslichem Feldspat und Quarz. Aufgrund ihres charakteristischen Aussehens und ihrer Mineralogie lässt sich schliessen, dass es sich um Blöcke von Arolla-Gneisen aus der Dent-Blanche-Decke im Val d'Hérens (Wallis) handelt. Benannt ist der Gneis nach dem Ferienort Arolla, wo er typisch für die Landschaft ist. Die Findlinge haben also eine weite Reise auf dem Rücken des Walliser-Gletschers gemacht. Anders als die heutige Rhone, die südlich der Weinberghänge des Lavaux durch den Genfersee nach Westen fliesst, teilte sich der Walliser-Gletscher in zwei Zungen und floss sowohl in Richtung französisches Rhonetal als auch in Richtung Berner Seeland, wo er sich in der Region Bern mit dem Aare-Gletscher vereinigte (Abb. 3). Grund für diese Auftrennung in zwei Äste war das senkrecht zur Fliessrichtung des Gletschers stehende Hindernis des Juragebirges.

Allerdings reichte die maximale Vergletscherung der letzten Eiszeit vor rund 20 000 Jahren nicht bis in höhere Lagen des Juragebirges; unsere Findlinge müssen also zu einer älteren, ausgedehnteren Vergletscherungsphase gehören. Das Rätsel um das Ablagerungsalter der Findlinge lässt sich durch die Messmethode der *kosmogenen Nuklide* entschlüsseln. Ab dem Zeitpunkt, ab welchem der Gletscher die Blöcke freigege-

Abb. 2: *Die Gneis-Findlinge unterhalb des Hofes Pré La Patte stammen ursprünglich aus dem Wallis und wurden während der vorletzten oder einer noch früheren Vergletscherung ins Jura-Gebirge transportiert.*

Abb. 3: *Herkunft und heutige Lage der Gneis-Blöcke. Die blauen Linien zeigen die ungefähre Ausdehnung der Gletscher zur letzten Eiszeit und der grössten Vergletscherung (Quellen: (2), (3)).*

Abb. 4: *Doline als Folge der Verkarstung des Kalkgesteins.*

ben hat, sind sie der kosmischen Strahlung ausgesetzt. Diese lässt in den ersten paar Zentimetern eines Gesteins kosmogene Nuklide entstehen, so auch das Beryllium-Isotop ^{10}Be. Dessen Konzentration im Gestein nimmt dabei proportional zur Expositionszeit der kosmischen Strahlung zu. Durch die Messung dieses Isotops konnte für die Blöcke bei Pré La Patte ein minimales Expositionsalter von 70 000 bis 155 000 Jahren errechnet werden. Mit der Methode der Edelgase, die ähnlich funktioniert, wurde ein Minimalalter von 73 000 bis 123 000 Jahren errechnet. Da es sich um ein Minimalalter handelt, gehen wir davon aus, dass die Findlinge entweder aus der Zeit der vorletzten Vergletscherung (Riss-Eiszeit, heute in der Schweiz Beringen-Eiszeit genannt) stammen oder sogar noch früher abgelagert worden sind (Hagenholz- oder Habsburg-Eiszeiten).

Dolinen auf dem Montoz

Via Pré Ménori (Ausschilderung «Cabane la Rochette» erklimmen wir nun die Hochweide La Combe (6) und gelangen auf den Rücken des Montoz. Links und rechts des Wanderwegs lassen sich mit Gras überwachsene, trichterförmige Senken beobachten, die Ausdruck der Verkarstung des Gebietes sind (Abb. 4). An diesen sogenannten *Dolinen* lässt sich ein – für geologische Verhältnisse – äusserst schneller Prozess beobachten. Wer über Jahre immer wieder in diesem Gebiet unterwegs ist, wird nämlich feststellen, dass sich einige Senken immer weiter vergrössern.

Dolinen liegen oft entlang von Störungen im Gestein. Das leicht saure Regenwasser kann dort besser eindringen und führt zu einer schnelleren Lösung des Kalks. Aufgrund von Lösungs- und Einsturzprozessen bilden sich dann Dolinen, die typisch für die wunderschönen Karstlandschaften des Juras sind. Da Dolinen bereits weitgehend unterhöhlt sein können, sollte ein gebührender Abstand eingehalten werden. Unter Karst versteht man in der Geomorphologie unterschiedliche Geländeformen in Karbonat-Gesteinen, die vorwiegend durch Lösungs- und Kohlensäureverwitterung sowie Ausfällung entstanden sind. Der Begriff selbst leitet sich von der Region Kras in Slowenien ab, in der diese Prozesse als Erstes genauer beschrieben wurden. Aufgrund der Verkarstung versickert Regenwasser rasch in unterirdische Karstsysteme. Deswegen sind die Hochflächen im Jura oft sehr trocken und die landwirtschaftliche Nutzung eingeschränkt. Es sind vorwiegend Weideflächen, sogenannte «Pâturages», anzutreffen.

4

Panorama auf die Klus von La Reuchenette

Dem Weg folgend gehen wir weiter und nähern uns unserem Ziel, der SAC-Hütte «Cabane la Rochette». Unter dem Gipfel des Montoz (7) präsentiert sich ein prächtiger Panoramablick auf die vordersten Jura-Falten mit der Klus von Reuchenette (Abb. 5).

Auch hieran lässt sich gut erkennen, wie die Zeit einen wesentlichen Faktor für die geologischen Vorgänge darstellt. Die vergleichsweise langsame Auffaltung des Juras

vor ca. 10–4,5 Mio. Jahren ermöglichte es den vor der Faltung bereits bestehenden Flüssen, sich in die entstehenden Falten hinein zu erodieren, wodurch Klusen entstanden sind (Abb. 6). Im Falle der Klus von La Reuchenette hat zudem auch der Mensch mit dem Kalksteinbruch seinen Teil zur Landschaftsbildung beigetragen. Diese menschgemachten Aufschlüsse gestatten einen einzigartigen Einblick in die ansonsten tief im Berginnern verborgenen Gesteinsschichten.

Lässt man den Blick nun weiter über die Klus schweifen, erstreckt sich dahinter das Mittelland, aus dem heraus sich die Alpen auftürmen. Bei guter Witterung lässt sich selbst auf diese Distanz die unterschiedliche geologische Beschaffenheit der beiden Gebirge ablesen. Die schroffen Formen der Alpen, mit ihren spitz in den Himmel ragenden Berggipfeln stehen im jähen Gegensatz zu den weichen, fast anmutig wirkenden Wellenformen der Jura-Falten.

Wir reissen uns los von der schönen Aussicht und machen uns auf den Rückweg. Von hier aus gibt es mehrere Möglichkeiten abzusteigen. Entweder in SW-Richtung wieder zurück nach Péry oder nach Norden bis Malleray-Bévilard, wo beiderorts Bahnverbindungen existieren.

Abb. 5: *Ausblick unterhalb des Gipfels des Montoz auf die vordersten Juraketten und die Klus von Reuchenette.*

Abb. 6: *Entstehung einer Klus: a) Vor Beginn der Faltung fliesst der Fluss ungehindert in einer Ebene. b) Das Gebirge beginnt sich aufzufalten, der Fluss frisst sich durch die ersten sich hebenden Gesteinsschichten. c) Während der Auffaltung schneidet sich der bestehende Fluss weiter in die Falte ein und die älteren Schichten im Kern der Falte werden dadurch freigelegt (Grafik C. Blum).*

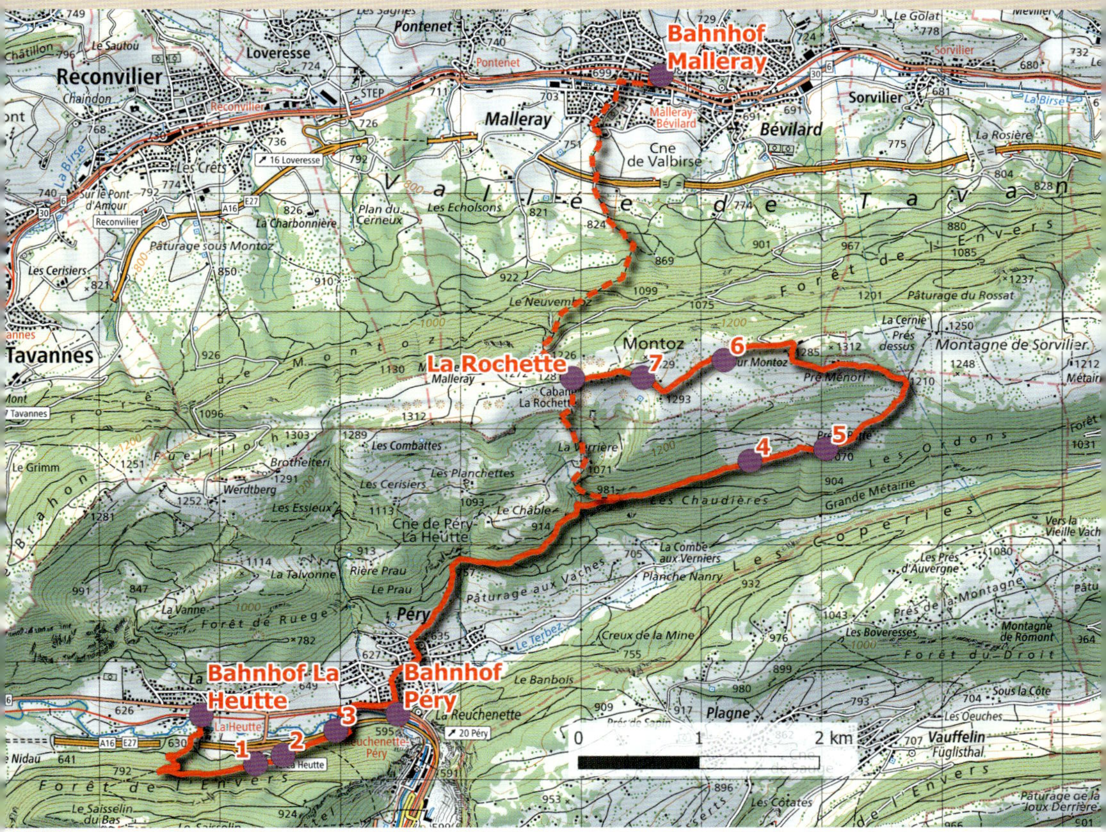

TOURENINFO

- **Zeitbedarf:** *Dauer der Wanderung: ca. 4 h bis auf den Gipfel des Montoz bzw. bis zur SAC-Hütte. Abstieg je nach Variante 1,5–2 h.*
- **Weglänge:** *13 km bis Cabanne La Rochette, Rückweg über Pery 4,6 km, über Malleray 3,7 km*
- **Charakter der Wanderung:** *Einfache Wanderung auf Forst- und Feldwegen. Die gesamte Exkursion lässt sich auch sehr gut mit dem Mountainbike zurücklegen. Die Wege sind breit, befestigt und wenig begangen.*
- **Höhendifferenz:** *ca. 700 m Auf- und Abstieg (Péry); 600 m Abstieg nach Malleray-Bévilard*
- **Ausgangs- und Endpunkt:** *La Heutte – Cabane la Rochette*
- **Einkehrmöglichkeiten:** *Diverse Möglichkeiten in Péry. Beim Hof in Pré La Patte und bei der SAC-Hütte «Cabane la Rochette», unregelmässige Öffnungszeiten. Métairie de Malleray, 900 m westlich der SAC-Hütte.*
- **Anreise:** *Mit dem Zug bis La Heutte, Rückreise mit Zug ab Péry oder ab Malleray-Bévilard*

LITERATUR:

(1) *Gerber et al. (1948)*
(2) *Bini et al. (2009)*
(3) *Schlüchter, Chr. et al. (1995)*

3 Auf kalkigen und sandigen Rebberg-Böden dem Bielersee entlang

WILI FINGER

1

Abb. 1: *Das Tourengebiet auf einen Blick: Rebberge auf Jurakalk im Vordergrund und auf Molasse-Untergrund auf der St. Petersinsel und dem Jolimont (hinten Mitte und rechts).*

Heute begeben wir uns entlang des Bielersees auf eine «oenogeologische» Wanderung, also auf eine Wanderung zum Thema Geologie, Rebbau und Wein. Einige der hier gemachten Ausführungen stammen aus dem Heft «Drei-Seen-Land» des Buchs «Stein und Wein» *(1)*. Analog zu diesem Buch werden die Ausflügler ermutigt, die Unterschiede zwischen einem «Jurawein» (Twann–Schernelz–Ligerz) und einem «Molassewein» (Erlach) sensorisch zu ergründen.

Geologie und Terroir

Das Klima (langfristig) und das Wetter (kurzfristig) üben einen grossen Einfluss auf die Reben aus. Auch der Winzer prägt die Vielfalt der Aromen durch Techniken wie Rebschnitt, Pressen, Ausbau und Reifung des Weins. Daneben beeinflusst aber auch die Geologie das Wachstumsverhalten der Reben und damit den Charakter der Weine. Faktoren wie Topografie, Exposition, Wasserhaushalt, Gesteinsuntergrund, Bodenbeschaffenheit und Nährstoffangebot sind allesamt gekoppelt und Ausdruck geologischer Entwicklung und Geschichte. Die Summe all dieser Faktoren macht das Terroir aus.

Auf unserer Wanderung widmen wir uns zwei Terroir-Typen: Einerseits einem Jura-Terroir mit kalkigem Gesteinsuntergrund (Twann, Schernelz, Ligerz) und andererseits einem Molasse-Terroir mit quarzreichen Sandsteinböden (Erlach, Tschugg, St. Petersinsel, Abb. 1). Dem dritten wichtigen Typ, dem Moränen-Terroir auf eher kalkarmen Moränenböden (z. B. La Neuveville), werden wir auf unserem Weg nicht begegnen.

Erster Teil: Jura-Terroir auf kalkigem Untergrund

Die Exkursion führt uns zuerst vom Bahnhof von Twann zum Wasserfall des Twannbachs bei Chlyne Twann. Dort steigen wir auf dem Plattenweg zum Eingang der Twannbachschlucht hoch (1), wo wir auf beige bis graue, *bankige* Kalke treffen (Twannbach-Formation), die steil gegen den See einfallen. Die darin bestimmte Fauna aus u. a. Mollusken, Seeigeln und Foraminiferen (einzellige Organismen mit Kalkschalen) deutet auf eine Entstehung in einer warmen Meereslagune hin, die hier vor rund 150 Mio. Jahren (im Oberen Jura) bestand (vgl. Tour 1). Der verkehrsarme Neuweg führt uns auf den ersten 500 m an Rebmauern vorbei, hinter denen sich die Twannbach-Formation versteckt. Die Mauern (Abb. 2) stellen bereits ein interessantes Studienobjekt dar (2): Bei den sogenannten «Schafiser-Mauern» sind grosse Steinblöcke allseitig mit Zementfugen abgeschlossen. Daneben existieren auch reine Trocken-

2

Abb. 2: *«Schafiser-Mauer» aus Sturzblöcken oder Steinen aus heute aufgelassenen Steinbrüchen. Tafeln informieren über den Rebbau.*

mauern, die aber aufwendig zu bauen und viel teurer sind. Bei den als Kompromisslösung gewählten «Twanner-Mauern» werden auf der Horizontalen Zementlagen eingebracht, in der Vertikalen verbleiben kleinere Lücken: dort können Farne wachsen und auch Eidechsen und Schlangen fühlen sich dort wohl.

Zerbrochene Gesteine laden zum Erforschen ein

Auf den nächsten 170 m steigt rechts des Wegs eine mächtige Felswand hoch, links erstreckt sich ein Rutschgebiet bis zum See hinunter (3). Wir befinden uns in Gesteinen der unteren Kreide, abgelagert vor etwa 140 Mio. Jahren. Prächtig aufgeschlossen sind gelb-weisse, harte, *bankige* Kalke des «Marbre Batard» (heute Pierre-Châtel- und Vions-Formationen genannt). Sie bestehen hauptsächlich aus bis zu cm-grossen Bruchstücken von Meeresorganismen und wiederaufgearbeiteten Kalkschlämmen, die während der Umlagerung bereits etwas verfestigt waren. Mit der Lupe erkennen wir Schalenreste und Foraminiferen in einem teils glasig wirkenden Calcit-Zement. Die hohen Felswände sind wegen Ausbrüchen durch Stahlnetze und Felsnägel gesichert. Weiter oben gelangen wir in eine enge, in den Felsen gesprengte Passage (4), in welcher wir zahlreiche Bruchstrukturen beobachten können (Abb. 3). Versteckte, bereits ältere Zementmarken zeigen, dass auch hier Bewegungen entlang der Brüche befürchtet wurden. Zum Glück sind alle Marken noch heil. Wer genau hinschaut, findet kleine Tropfsteine und sinterartige Oberflächen, ein herausgesprengtes Mini-Höhlensystem.

3

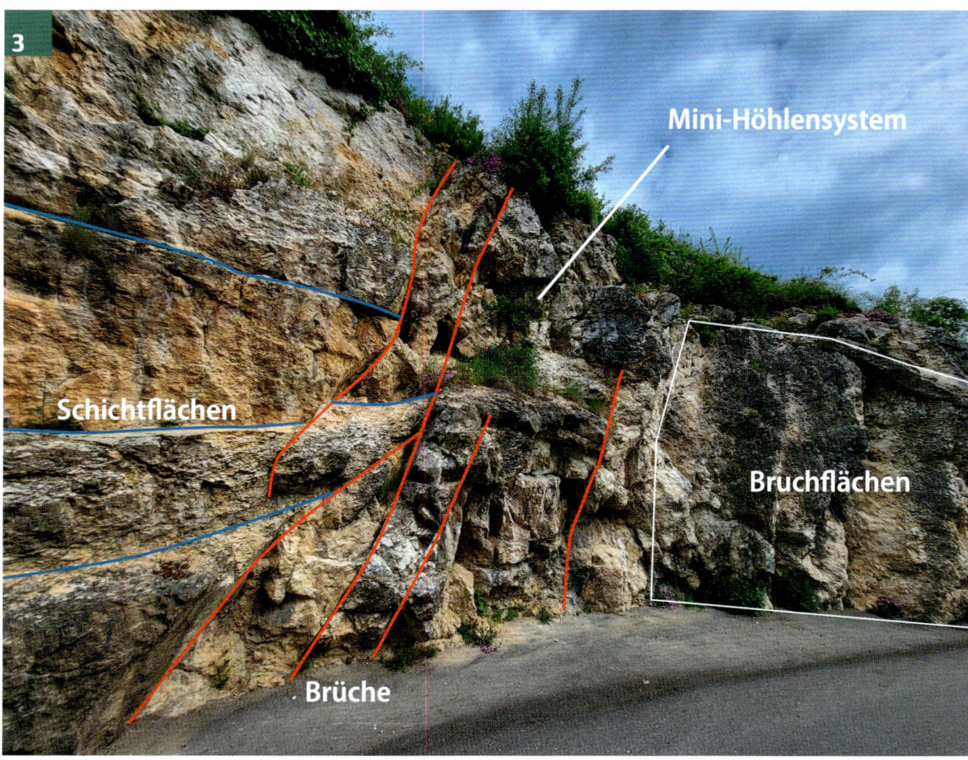

Wenn die Rebwurzeln den Kalk küssen

Wir erreichen die Schernelzstrasse (5) und treffen auf spannende Aufschlüsse zum Thema Terroir (Abb. 4): Reben wachsen nie direkt auf Fels. Es braucht immer eine Auflage von Lockergestein (Rohboden), aus welchem die Reben Nährstoffe beziehen. Hier liegt über dem Fels ein meist nur geringmächtiger Hangschutt von guter Durchlässigkeit, lokal zudem dünne letzteiszeitliche Moränen-Ablagerungen. Die Wurzeln der Reben durchdringen diese Deckschichten bis zum Dach des kalkigen Felsuntergrunds. Der Rebberg-Boden entlang des Neuwegs (6) besteht aus einer braunen, tonhaltigen Grundmasse mit hellen Kalkbrocken (Abb. 5).

Abb. 3: *Die enge Felspassage gibt Einblick in Bruchstrukturen (rot). Die dunklen steilen Flächen rechts sind Bruchflächen, links davon findet sich ehemaliger Höhlensinter.*
Abb. 4: *Trockensteinmauer auf Kreideschichten des «Marbre batârd» unterhalb Schernelz (5). Der felsige Untergrund liegt in den Rebbergen nur wenig unter der Terrain-Oberfläche.*
Abb. 5: *Rebberg-Boden an der Schernelzstrasse (6). Toniger Boden mit weissen Kalksteinbrocken.*

Jura Terroir und seine Weine

In Kalkstein dominiert das Mineral Calcit ($CaCO_3$), welches bei der Verwitterung gelöst und weggespült wird. Zurück bleiben die ebenfalls im Kalkstein enthaltenen Tonpartikel. Die Böden sind daher flachgründig und lehmig und enthalten eingestreute Kalkbrocken (vgl. Abb. 5). Der Ton enthält viele von der Rebe benötigte Mineralstoffe wie Natrium, Kalium und Magnesium; der Kalkstein liefert Kalzium und speichert als Kalkbrocken Wärme, die er über Nacht wieder abgeben kann. Kalksteinböden sind leicht basisch, was die Säurekonzentrationen in den Trauben zu erhöhen scheint: Die Weine werden generell als elegant, mit aromatischer Feinheit und ausgeprägter Säure beschrieben; Weissweine zusätzlich als spritzig und mineralisch.

Im Gespräch mit Winzern und Winzerinnen

Wir folgen der Schernelzstrasse bergauf und erreichen in wenigen Minuten die gleichnamige Ortschaft. Auf Besuch bei lokalen Weingütern ergeben sich oft interessante Diskussionen, z. B. über den Boden, auf dem die Reben wachsen, und über dessen Einfluss auf das Produkt, den Wein. In Schernelz – unserem Testgebiet für Weine auf Kalkböden – gibt es gleich mehrere Winzereibetriebe am Weg, so die Weingüter Krebs & Steiner oder Stämpfly-Wy (Öffnungszeiten vorsichtshalber vorher abklären). Alternativ kann man im sterngeschmückten Restaurant «Aux Trois Amis» den einen oder anderen «Schernelzer» oder «Twanner» degustieren.

Nach angenehmer Wanderung kann in Schernelz bei der Haltestelle «Festi» (7) das Bähnchen nach Ligerz benutzt werden (Fahrplan konsultieren); wer Lust hat, steigt zu Fuss ab. Zum Schluss der ersten Etappe folgt die geologische Erkenntnis: Zwei Kilometer zurückgelegt, 80 Mio. Jahre durchwandert, aber geologisch ist nicht viel geschehen. Immer noch befinden wir uns in einem flachen, tropischen Meer. Dies wird sich gleich grundlegend ändern.

Eine Schifffahrt ist lustig und schön, denn da kann man in die Erdgeschichte sehn

Nach Abfahrt des Schiffs in Ligerz (8) werfen wir einen Blick zurück auf unsere bisherige Wanderung. Die im «Urmittelmeer» (Tethys) meist flach abgelagerten Gesteinsschichten wurden vor rund 12 Mio. Jahren von der Alpenbildung erfasst und verfaltet

6

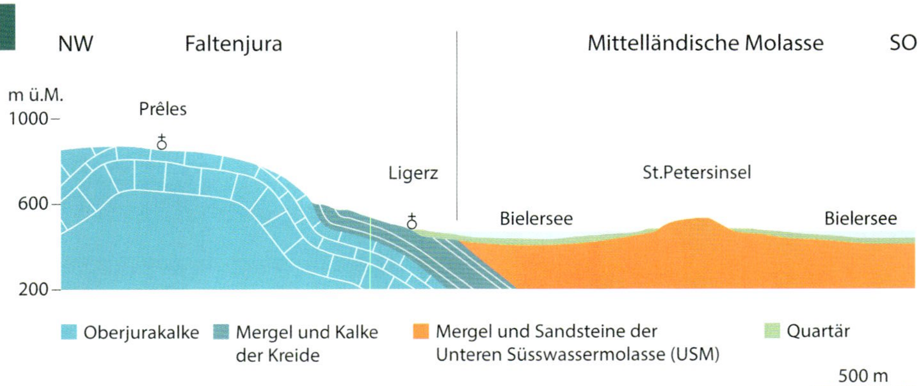

(Abb. 6). Die Falten bei Ligerz weisen steile Flanken auf (vgl. 1), welche vor allem aus hellen Kalken des Oberen Juras und der Unteren Kreide bestehen.

Zweiter Teil: Molasse-Terroir auf sandigem Untergrund

Unser Schiff fährt nun Erlach und dem Jolimont entgegen, womit wir eine komplett andere geologische Landschaft betreten, die mittelländische Molasse. Sie wurde – beginnend vor rund 35 Mio. Jahren – aus dem Abtragungsschutt der wachsenden Alpen geschüttet. Im Gebiet der drei Seen waren es vor allem Fluss- und Seeablagerungen aus Mergeln, Sandsteinen und Tonsteinen der Unteren Süsswassermolasse (USM), und in geringerem Ausmass marine, meist sandige Ablagerungen der Oberen Meeresmolasse (OSM). Uns interessiert nun der markante, langgestreckte Jolimont, an dessen Südhängen heute Rebberge liegen. Auf unserem Rundgang um Erlach werden wir diese erkunden.

Sand im Rebbaugetriebe

Der Weg zu den Rebbergen führt von der Landestelle Erlach (10) durch das Städtchen zur Kirche und dem Rebenweg entlang. Bei der Rekognoszierung trafen wir im unteren Teil der sogenannten «Gropperäbe» auf einen kurz zuvor bearbeiteten roten Rebbergboden (11, Abb. 7).

Zerreibt man eine Bodenprobe zwischen den Fingern, stellt man fest, dass hier Sand drin ist. Diese Rebberge liegen auf Mergeln und Sandsteinen der USM oder auf deren ähnlich zusammengesetzten Verwitterungs- und Umlagerungsprodukten. Diese werden teilweise noch von einer dünnen, tonig-sandigen Moräne überlagert. Wichtig für unsere Terroir-Diskussion: Hier wurzeln die Reben tiefer, in mächtigen sandigen Böden auf Molasse. In der Bodenlösung dominiert allerdings nicht der schlecht lösliche Quarz der Sandkörner, sondern der leicht lösliche Calcit-Zement, der die Körner zusammenhält. Weitere Nährstoffe stammen aus der Verwitterung von Glimmer, Glaukonit, Feldspat und anderen Mineralien sowie aus dem Tonanteil des Sandsteins.

7

Abb. 6: *Vereinfachter geologischer Schnitt Bielersee–St. Petersinsel–Jurahang auf der Höhe von Ligerz (Profil U. Gruner nach (2)).*
Abb. 7: *Sandhaltiger, rötlicher Rebbergboden im unteren Bereich der «Gropperäbe» in Erlach.*

8

Den Gummenweg hinauf begleitet uns linkerhand die «Haseloufräbe», dann biegt der Weg wieder um in Richtung Erlach. Hier, oberhalb der «Hole-« und «Schwiniräbe», hat man einen prächtigen Ausblick auf den Bielersee und die St. Petersinsel (Abb. 8) (12).

Molasse-Terroir und seine Weine

Molasse-Sandsteine und deren tiefgründige Sandböden liefern eine Vielzahl von Elementen, u. a. auch viel Kalzium, das aus dem Calcit-Zement des Sandsteins stammt. Aufgrund der guten Durchlässigkeit dieser Böden versickert das Regenwasser schnell und transportiert die Nährstoffe in die Tiefe. Die Wurzeln der Reben müssen tief reichen, um an diese Elemente zu gelangen. Die Beeren bleiben daher eher klein und die Haut macht einen relativ hohen Anteil an der Gesamtbeere aus. Dies führt zu einer intensiven Aromabildung. Das Ergebnis sind säure- und gerbstoffarme, duftige – bei den Weissweinen auch spritzige (Kalkgehalt) – Weine mit feiner Frucht und sortentypischem Ausdruck.

Rebmauern und Bausteine

Der Jolimontstrasse entlang bestehen die Mauern zu einem grossen Teil aus sogenannter Brüttelen-Muschelnagelfluh, die aufgrund ihrer Stabilität als lokales Baumaterial genutzt wurde (Abb. 9, vgl. Tour 4). Finden Sie auch die selteneren Findlinge aus Gneis oder die Jurakalke? Schliesslich gelangen wir ins Schloss und in die Oberstadt von Erlach (13) und spazieren durch die engen Gassen bis hinunter zur Hauptstrasse.

Das Ende im Weinkeller

In geologischer Zeitrechnung hat der Ausflug vor 150 Mio. Jahren begonnen, er endet profan, aber lustvoll im Hier und Heute, sprich, bei einer Weindegustation. Der lokale Wein stammt von den eben besuchten, sonnigen Südosthängen des Jolimonts und kommt als «Erlacher» und «Tschugger» auf den Markt. Zur Weinprobe gibt es in Erlach verschiedene Gelegenheiten. Bei den meisten Produzenten (Marolf, Stettler, Schloss, Tschugg) ist es möglich, einen Besuch auf Voranmeldung zu vereinbaren. Einfacher geht es, wenn man im Zentrum des Städtchens z. B. das Lokal des Rebguts Hasenlauf besucht (Abb. 10, Öffnungszeiten abklären).

Wein degustieren und beurteilen ist eine einfache Sache: Ein Wein gefällt oder er gefällt nicht, es gibt kein «Richtig» oder «Falsch». Absolventen dieser Exkursion könnten jedoch auch noch versuchen, den Unterschied zwischen einem Jura- und einem Molasse-Wein herauszuspüren. Am besten vergleicht man Gleiches mit Gleichem, z. B. einen Oeil de Perdrix von Schernelz mit einem von Erlach.

Fachleute attestieren insbesondere dem Chasselas Terroir-spezifische Eigenschaften. Kalkweine seien lebhaft, spritzig und mineralisch, Molasseweine eher blumig. Diese Eigenschaften fänden sich auch in schwächerer Ausprägung in anderen Weinsorten. Interessant kann auch ein Vergleich der Pinot Noirs sein. Sind die «Schernelzer» wirklich eleganter und säurereicher als die «Erlacher»? Und bestechen letztere wirklich durch eine höhere Würzigkeit und ein intensiveres Aroma? Was sagt die eigene Degustation?

Abb. 8: *Blick vom Rebberg Erlach auf den Bielersee mit St. Petersinsel. Links davon der Twanner Rebberg vom ersten Wanderteil.*
Abb. 9: *Hausfassade am Hauptplatz in der Erlacher Oberstadt, Fassadensteine aus Brüttelen-Muschelnagelfluh (grau; deutlich sind Schalenreste und Gerölle zu erkennen) und Pierre jaune de Neuchatel (gelb), dem bekanntesten Baustein der Region.*
Abb. 10: *Wein zelebrieren und degustieren im Verkaufslokal des Rebguts Hasenlauf.*

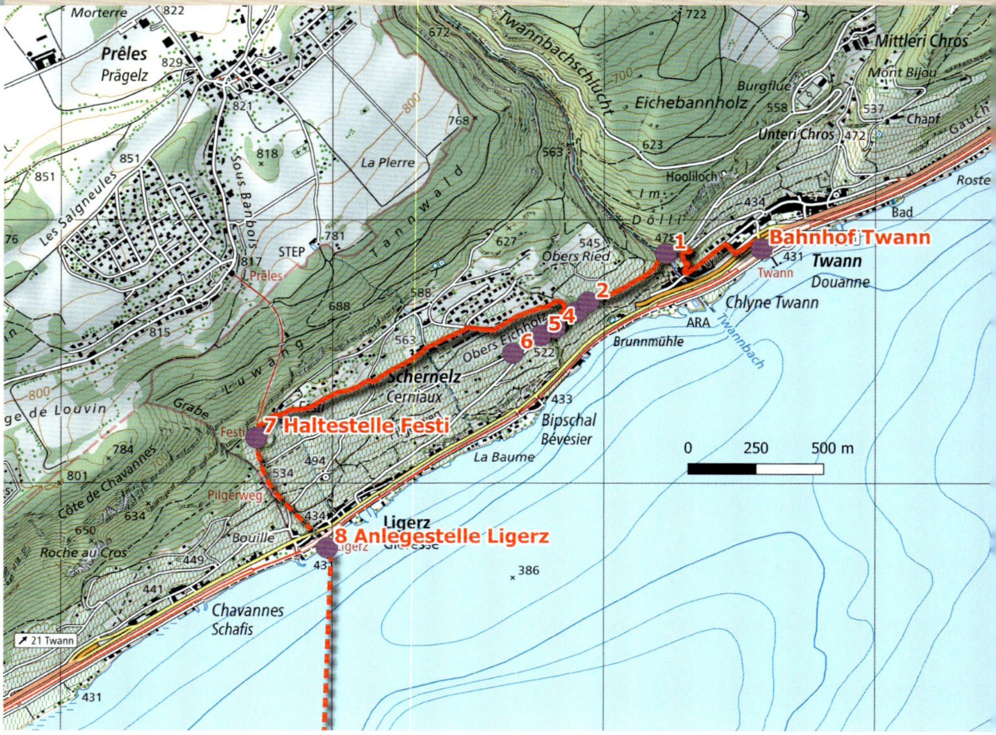
Bahnhof Twann
1
2
5
4
6
7 Haltestelle Festi
8 Anlegestelle Ligerz
Twann
Douanne
Chlyne Twann
Ligerz
Schernelz
Cerniaux
Prêles
Prägelz
Twannbachschlucht
Eichebannholz
Tannwald
Luwang
Pilgerweg
Bipschal
Bévesier
La Baume
Brunnmühle
Chavannes
Schafis
Roche au Cros
Côte de Chavannes
0 250 500 m

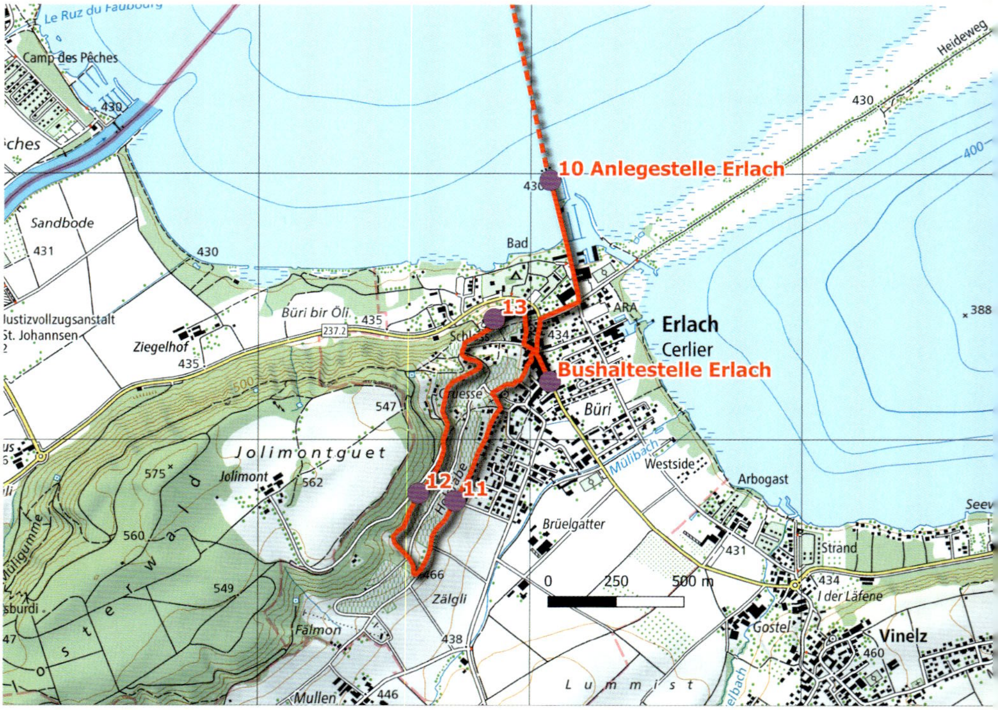
10 Anlegestelle Erlach
Bushaltestelle Erlach
11
12
13
Erlach
Cerlier
Büri
Jolimontguet
Jolimont
Heideweg
Camp des Pêches
Sandbode
Justizvollzugsanstalt St. Johannsen
Ziegelhof
Büri bir Öli
Westside
Arbogast
Brüelgatter
Zälgli
Fälmon
Mullen
Gostel
Vinelz
Strand
Lummist
0 250 500 m

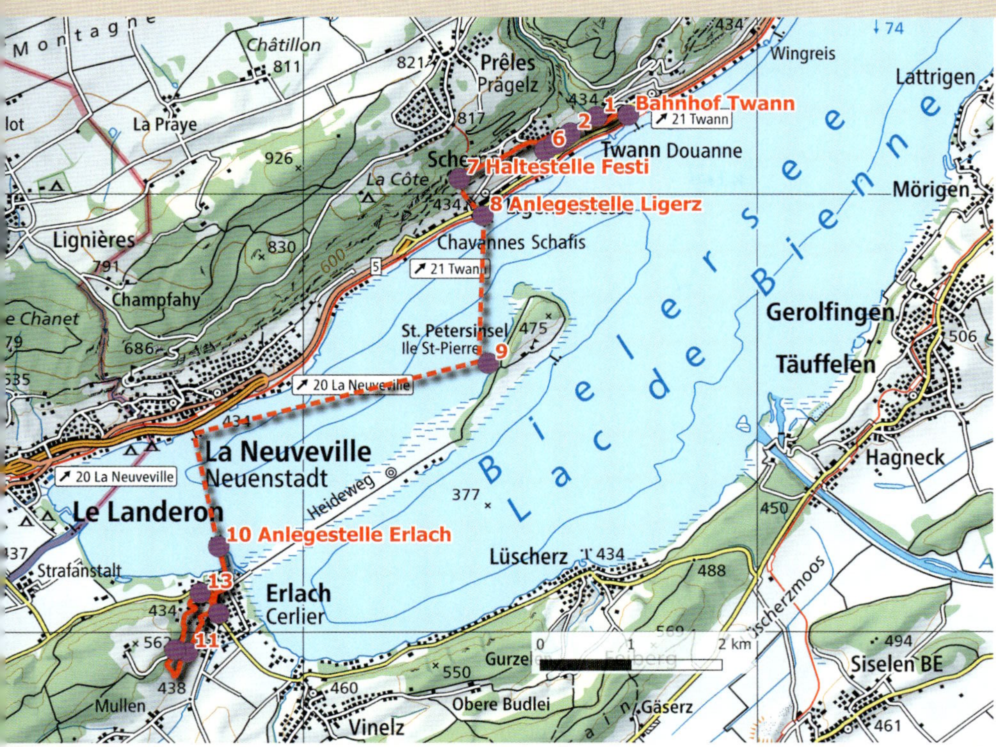

TOURENINFO

- **Ausgangs- und Endpunkt:** *Twann Bahnhof–Erlach, Schiffanlegestelle (Verbindung bis nach Biel) oder Bushaltestelle Stedtli.*
- **Wegstrecke Twann:** *2,65 km, Aufstieg 180 m (Abstieg zu Fuss 180 m)*
- **Schiffahrt:** *Ligerz–Erlach*
- **Wegstrecke Erlach:** *3,3 km, Aufstieg/Abstieg 80 m*
- **Zeitbedarf:** *Tagesausflug, reine Marschzeit 2,5–3 Stunden*
- **Jahreszeit:** *Frühling bis Herbst, mit Abstrichen auch im Winter möglich (Schnee!)*
- **Besonderheiten:** *Diese Exkursion benötigt Vorplanung. Welche Winzereien sollen besucht werden (Öffnungszeiten!), wann fährt die Standseilbahn nach Ligerz, wann das Schiff nach Erlach (im Winter bloss sonntags)?*
- **Weintrails:** *Sowohl für die Twanner- (https://bielersee-tourismus.ch/rebenweg-2/) wie für die Erlacherseite (https://m.lionstrail.ch/p22l) sind Zusatzinformationen zu finden.*

LITERATUR

(1) Stein und Wein 2018
(2) GA 1145 Bieler See

4 Geologische Spurensuche auf dem Jolimont

CHRISTIAN ISENSCHMID

1

Abb. 1: *Blick auf den Jolimont von Osten, vom Heideweg.*

Ein schöner Berg

Der Jolimont ist in der Tat ein hübscher Berg, ein «joli mont», der Name entstand jedoch in Verbindung mit der Sprachgrenze. Die Ortsangabe *uff dem Berge [byn Erlach]* wurde mit *sus le mont* übersetzt. Das kehrte in Lautschöpfungen wie *Suslemont, Schulemund, Tschulimung* ins Deutsche zurück und hat sich im 18. Jh. in der eleganteren welschen Form verfestigt.

Die Landschaft im Drei-Seen-Land wäre eigentlich viel akzentuierter. Aber tiefe Senken, welche der Gletscher ausgehobelt hat, liegen unter den Juraseen oder den weiten Ebenen wie dem Grossen Moos verborgen (vgl. Tour 5 und Einführung). Dazwischen sind *Molasse*rücken stehen geblieben, wie hier der Jolimont. Er besteht aus flachliegenden Sandsteinen und Mergeln ohne grössere tektonische Verwerfungen. Stationen unserer Wanderung sind somit Molasse-Aufschlüsse und Relikte der letzten Vergletscherung, aber auch Objekte aus geschichtlicher und vorgeschichtlicher Zeit.

Die geologische Wanderung lässt sich wahlweise mit der kulturgeschichtlichen Jolimont-Rundwanderung *(1)* oder dem Besuch ehemaliger Militärstollen und -bunker *(2)* kombinieren. Die in den Fels gehauenen Stollen ergänzen in idealer Weise die Aufschlüsse an der Oberfläche.

Der anstrengendste Teil der Wanderung liegt im Aufstieg von Erlach hinauf zum Wald. In der Verschnaufpause am Waldrand (1) lohnt sich ein Blick zurück auf Erlach und die St. Petersinsel im Bielersee mit der Landbrücke des Heidewegs (Abb. 1, entgegengesetzte Blickrichtung). Diese Verbindung schuf die erste Juragewässerkorrektion (1868–1891) mit der Absenkung des Seespiegels (vgl. Tour 5).

Abb. 2: *Die Schichtgrenze zwischen der Unteren Süsswassermolasse (USM, unten) und der Oberen Meeresmolasse (OMM, oben) verläuft oberhalb des Pfads und tritt durch den Farbwechsel hervor.*

Der Meereseinbruch

Nach dem Reservoir biegen wir rechts auf einen Fusspfad ein, der in etwa gleichbleibender Höhe am Nordabhang des Jolimonts verläuft. Er führt, an ersten kleinen Aufschlüssen vorbei, an den Fuss eines steil aufragenden Felsbands (2). Selten ist die Schichtgrenze zwischen Unterer Süsswassermolasse (USM) und Oberer Meeresmolasse (OMM) so gut aufgeschlossen und so kontrastreich wie hier (Abb. 2).

Unten tritt die Gümmenen-Formation der USM mit hellgrauen, etwas mergeligen Sandsteinen auf, deren Verwitterungsschutt den Böschungsfuss am Wegrand bedeckt. Aus dem bröckelnden Sandstein ragen stärker zementierte, härtere *Knauer* hervor. Sein Ablagerungsraum war eine küstennahe Flusslandschaft, die bei Sturmfluten unter brackischen Einfluss geraten konnte. Mit dem Eindringen des Meeres in das Molassebecken vor rund 20 Mio. Jahren wechselte das Milieu abrupt. Die OMM setzt unvermittelt mit einem geröll- und fossilreichen Sandstein, der sogenannten «Brüttelen-Muschelnagelfluh» ein (Brüttelen liegt 5 km östlich des Jolimont). Diesen markanten Leithorizont treffen wir in der ganzen Region an. Charakteristisch für die Muschelnagelfluh ist deren *Schrägschichtung* mit wechselnden Einfallswinkeln – ein Abbild der Pendelströmung von Ebbe und Flut, die Sand und Geröll über das untiefe Molassemeer verteilte. Das Geröllspektrum verweist auf den Napfschuttfächer und sein alpines Einzugsgebiet (vgl. Tour 8). Den biogenen Schutt steuerten riffartige Muschelbänke bei, welche sich in grösserer Distanz zum Küstensaum entwickelt hatten. Ausser Muschelschalen sind u. a. Haifischzähne und Seeigel zu finden, eindeutige Indikatoren für marine Verhältnisse. Das kalkige Bindemittel macht die Muschelnagelfluh zu einem geschätzten einheimischen Baustein, der verwitterungsresistent und leicht zu bearbeiten ist. Auch andernorts im Schweizer Mittelland finden sich ähnliche Muschelnagelfluh-Horizonte, aber nicht zwingend an der Basis der OMM, sondern schicht- oder linsenförmig erst in höheren Abschnitten (z. B. bei Burgdorf, vgl. Tour 7, oder in der Romandie). Heutzutage sind nur noch zwei Abbaustellen in Betrieb, bei Othmarsingen (AG) und Estavayer (FR). Unser Aufschluss war allerdings kein Steinbruch, sondern stellt ganz einfach einen Erosionsrand dar.

Nach dem Abschreiten des ganzen Aufschlusses steigen wir (eine Abschrankung ignorierend!) über zwei Spitzkehren hinauf zum Wanderweg und folgen ihm bis zur Tüfelsburdi (3).

Ein Waldtempel?

Es ist unvorstellbar, achtlos an der Tüfelsburdi, dieser Gruppe von riesigen Findlingen vorbeizugehen, die sich mit dem Wald zu jeder Jahreszeit zu einem harmonischen Ganzen verbindet (Abb. 3). Selbst die drei benachbarten Militärbunker fügen sich nahtlos ein.

Die auffällige Findlingsgruppe wurde schon früh unter Schutz gestellt, wie die auf dem mittleren Block eingehauene Beschriftung «Teufelsbürde» von 1872 bezeugt. Die Blöcke wurden als Granodiorite und Granite der Dent-Blanche-Decke bestimmt und stammen ursprünglich aus dem Val de Bagnes im Unterwallis. Hierher verfrachtet hat sie der Walliser-Gletscher. Bei fünf Findlingen des Jolimonts handelt es sich um prähistorische Schalensteine, die von Menschenhand mit schalenartigen Vertiefungen versehen wurden. Schalensteine sind weltweit zu finden; über ihren Zweck wurden mannigfaltige, teilweise blümerante Hypothesen aufgestellt, meist mit kultischen oder astronomischen Zuweisungen. Einfach zu finden ist der Schalenstein, der 30 m westlich der Tüfelsburdi fast am Wegrand liegt (die Blöcke der Tüfelsburdi jedoch tragen keine Schalen). Die fingertiefen, kreisrunden Löcher an der Südseite des Gneisblocks sind hingegen keine Schalen, sondern Bohrlöcher zur Vorbereitung der Sprengung des Blocks, was der Staatsförster noch just verhindern konnte *(3)*.

Die Exkursionsroute führt ab der Tüfelsburdi nach Süden, zum Steinbruch am Alleeweg oberhalb Tschugg (4) (Abb. 4).

Abb. 3: *Tüfelsburdi, eine imposante Gruppe von Findlingen aus dem Val de Bagnes (VS).*
Abb. 4: *Aufgelassener Steinbruch-Alleeweg mit massiver Sockelpartie aus Brüttelen-Muschelnagelfluh. Darüber folgen von mergeligen Schichtfugen gegliederte Sandsteine der Chnebelburg-Schichten.*

3

4

Hier stehen wir vor der Obergrenze der Brüttelen-Muschelnagelfluh, die nun durch die «Chnebelburg-Schichten» überlagert wird. Es sind nach wie vor marine Sedimente der OMM (vgl. mit Abb. 9), aber Gerölle und Fossilien sind selten und die Zementation schwächer als zuvor, wie die tiefen Schichtfugen in diesem Aufschluss zeigen. Unverwittert, so wie sie sich unter Tage in den aus dem Fels gehauenen Militärstollen präsentieren, wirken dieselben Gesteine deutlich kompakter (Abb. 5).

5

6

Die trogförmige Kreuzschichtung spricht für Ablagerungsbedingungen unter Gezeitenströmungen. Bemerkenswert ist, dass die zeitgleich, aber näher am Alpenrand entstandenen Sandsteine der Sense-Formation viel besser zementiert sind und z. B. den Berner Bausandstein liefern.

Vom Steinbruch gehen wir ca. 400 m zurück und biegen links auf den Jolimont-Rundweg ab. Der Pfosten Nr. 6 des Jolimont-Rundwegs macht auf einen besonders schönen Schalenstein aufmerksam (Abb. 6), der wenige Schritte südlich des Pfads aus dem Boden ragt (5). Die drei auffälligsten Schalen auf diesem Gabbro-Findling weisen Durchmesser bis 8,5 cm und Tiefen von 2–3 cm auf, weitere kleinere Schalen sind von Auge oder mit dem Tastsinn auszumachen.

Die Festung Jolimont

Zurück an der Nordkante des Jolimont-Plateaus treffen wir auf Geländespuren der jüngeren Geschichte. Im Ersten Weltkrieg wurden die Molassehügel des Jolimonts und des benachbarten Mont Vully mit Wehranlagen befestigt. Zusammen mit den Seen und Flussläufen bildeten sie das Abwehrdispositiv «Fortifikation Murten». Auf dem Jolimont blieben betonierte Bunker erhalten, welche entlang der Hangkante in die Muschelnagelfluh eingebaut wurden. Die Geschützluken sind auf den Durchgangskorridor in der Zihlebene gerichtet. Im Zweiten Weltkrieg noch ergänzt, sind sie inzwischen für die Armee entbehrlich geworden und leer. Nahe dem Wanderweg gibt es drei unverschlossene Schachteinstiege, die in die Bunker führen (Begehung auf eigene Gefahr). Bequemer ist es, die Wehranlagen bloss von aussen zu besichtigen und dazu in

Abb. 5: *Die gut 2 m hohen Stollen im Molassefels eines Militärstollens (Waldstellung Jolimont, Chlosterwald) zeigen prächtige Aufschlüsse von Sandsteinen in trogförmiger Kreuzschichtung mit härteren Knauern und fossilen Holzresten (Chnebelburg-Schichten).*

Abb. 6: *Schalenstein. Sinn und Zweck der Schalen bleiben – trotz der gekonnt ins Bild gesetzten Beleuchtung – im Dunkel.*

Abb. 7: *Geschützluken der Bunker in Felsköpfen aus schräggeschichteter OMM-Muschelnagelfluh. Die Bunker wurden 1916/17 erbaut* **(4)**.

eine der leicht begehbaren Senken zwischen den Felsköpfen abzusteigen (6). Wiederum fällt die markante Schrägschichtung der Muschelnagelfluh auf (Abb. 7).

Eine Knacknuss zum Dessert

Auf die Muschelnagelfluh treffen wir erneut bei unserem letzten Halt in der Grube Wartstude (7), wo sie in zwei stark bemoosten Felsrippen nahezu vertikale Schichtung zeigt, was vermutlich durch Abrutschen und Verkippen der beiden Felsrippen zustande kam. Der Geologe K. Schmid traf hier bei seiner Kartierung auf merkwürdige Glazialablagerungen, die er 1931 wie folgt beschrieb [Referenz in GA 1145 Bieler See]: *«In vertikaler Hohlkehle innerhalb der Molasse verfestigte, unverwitterte Schotter, zusammengesetzt aus ei- bis faustgrossen, gerundeten Geröllen aus Malm- und Kreidesedimenten des Juragebirges und zurücktretend aus Rhone-Erratikum; gebildet durch Einschwemmung und Strudelung von Gletscherschutt, Verfestigung des Schotters infolge Durchtränkung mit kalkführenden Wässern»*. Dieses seltsame Gestein ist für uns in der später angelegten Kiesgrube Wartstude in Blöcken in der Grubenmitte und aufgeschlossen in der bergseitigen Böschung zu sehen (Abb. 8). Es handelt sich um ein ganz lokales, isoliertes Schottervorkommen. Man kann sich vorstellen, dass auf dem Gletschereis fliessende Schmelzwasserbäche ihre Geröllfracht aus den schon eisfreien Juraketten zusammen mit Gletscherschutt hier in Eisrandlage deponierten – vielleicht in dem von Schmid imaginierten «Strudelloch»? Dass zu dieser Zeit die Kuppe des Jolimonts schon aus dem zurückschmelzenden Eis hervortrat, belegen erhaltene Reste des Bindematerials der Schotter auf der hinteren Felsrippe.

Die Grube Wartstude war der letzte Halt der Expeditionsroute. Für den Abstieg vom Jolimont stehen drei Varianten zur Verfü-

7

gung: Entweder in die Dörfer Tschugg oder Gals (Bushaltestellen) oder auf dem Panoramaweg am südlichen Hangfuss entlang zurück nach Erlach. Vor einer überstürzten Abreise aus dem Weinbaugebiet des Drei-Seen-Landes wird jedoch abgeraten. Näheres zum Thema Stein und Erlacher Wein findet sich in Tour 3.

Zum Schluss vermittelt das stratigrafische Sammelprofil (Abb. 9) den grösseren regionalgeologischen Rahmen. Die Positionsangaben für die Abb. 2, 4 und 5 machen deutlich, dass sich uns bloss ein schmales Blickfenster auf die gesamte Abfolge eröffnet hat. Von der USM war nur der oberste Abschnitt zu sehen; tatsächlich ist sie hier fast 600 m mächtig, wie die nahegelegene Tiefbohrung Tschugg belegt (siehe Wanderkarte), die das Konsortium Untertagespeicher 1976 abteufen liess. Die Bohrung traf erst in einer Bohrtiefe von 509,5 m auf den mesozoischen Sockel aus Kreidekalken mit eozänen Verkarstungen (vgl. Tour 1) und endete in 704 m Tiefe im oberen Malm.

8

9

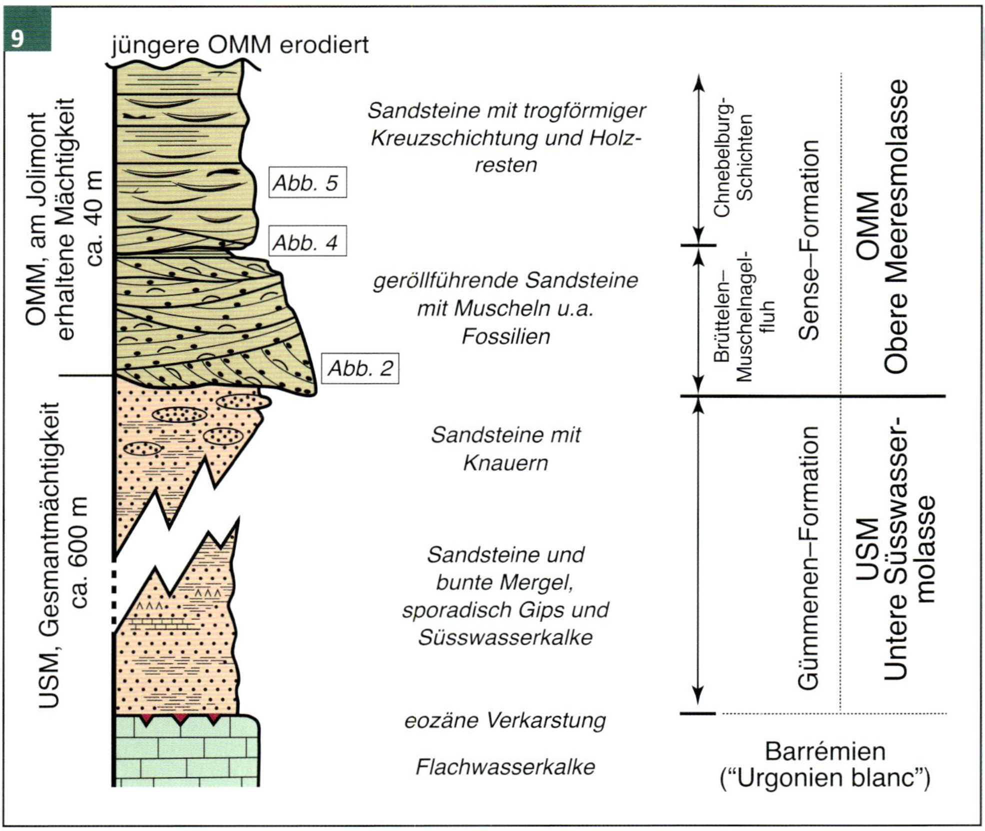

Abb. 8: *Blick in die Grube Wartstude mit Angabe der sichtbaren Gesteinseinheiten.*

Abb. 9: *Stratigrafisches Sammelprofil der Schichtabfolge am Jolimont (ohne Quartär).*

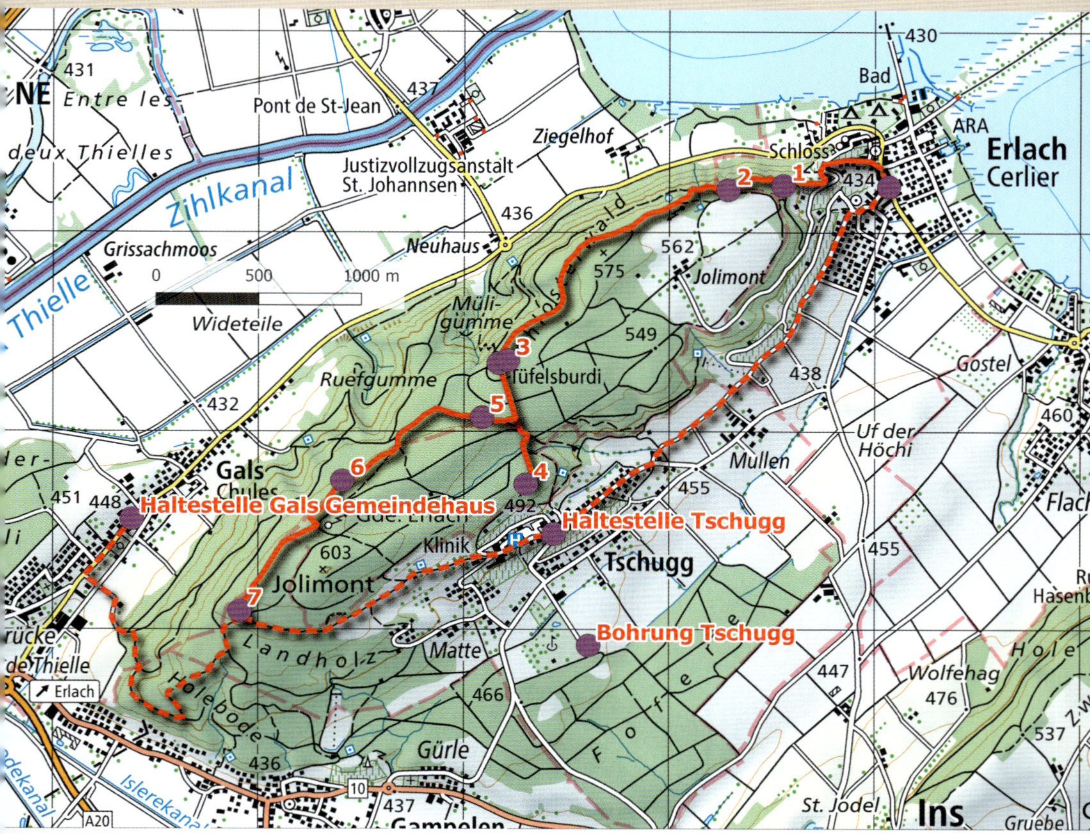

TOURENINFO

- **Weglänge:** *5,6 km bis zum letzten Aufschluss; 1,6–2,5 km zusätzlich für die Abstiegsvarianten*
- **Höhendifferenz:** *130 m für Auf- und Abstieg (für Zielort Tschugg nur 70 m Abstieg)*
- **Ausgangs- und Endpunkt:** *Start in Erlach; Ende der Wanderung wahlweise in Gals oder Tschugg oder retour zum Ausgangsort Erlach (alle mit ÖV-Anbindung)*
- **Zeitbedarf (reine Wanderstrecke):** *ca. 2 h bis zum letzten Aufschluss; zusätzlich 30–50 min für den Abstieg nach Tschugg oder Gals*
- **Jahreszeit:** *Ganzes Jahr*
- **Einkehrmöglichkeit:** *Unterwegs keine; Picknickplatz mit Feuerstelle, aber ohne Brunnen bei Tüfelsburdi*
- **Charakterisierung der Wanderung:** *Leichte Wanderung, überwiegend auf schattigen Waldwegen*

REFERENZEN

(1) Glauser, W.
(2) www.fort-fribe.ch/fuehrungen
(3) Schmalz K. L. (1988)
(4) Jaquemet, J. (2014)

5 | Erkundungen einer intensiv genutzten Eiszeitlandschaft. Auf zwe[i] Rädern von Aarberg nach Ins

BARBARA GANTNER

1

Abb. 1: *Von Hecken umsäumte Kanäle durchziehen das intensiv landwirtschaftlich genutzte Grosse Moos. Hier im Blick der Länggrabe bei Siselen und im Hintergrund der Hauptkanal.*

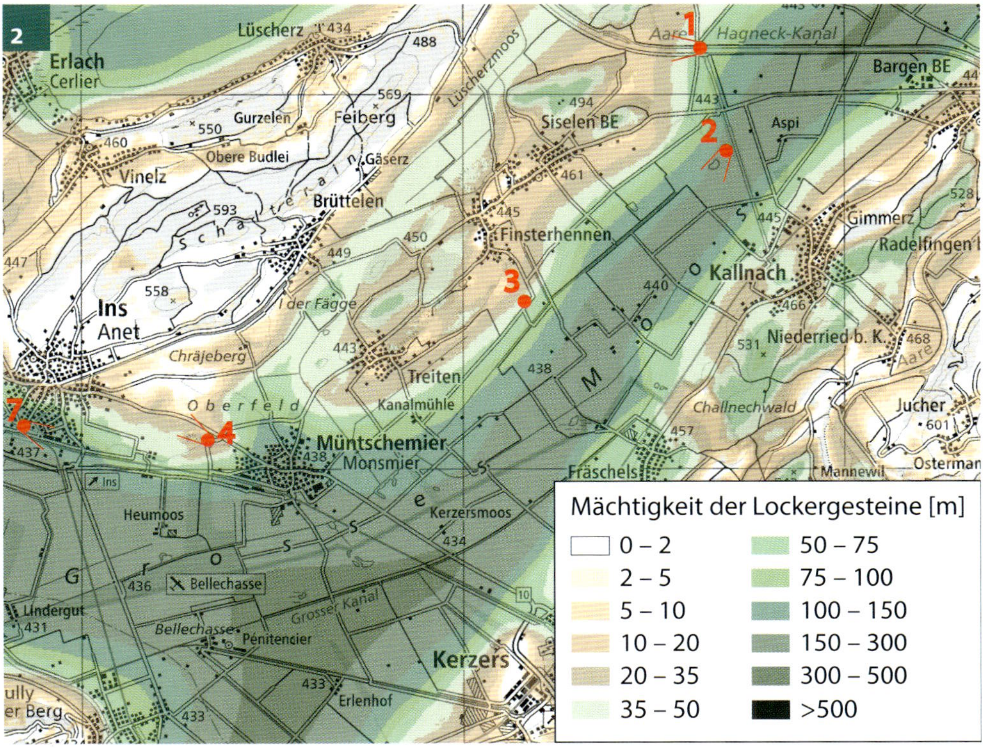

Wie die letzte Eiszeit das Grosse Moos schuf

Lange bevor sich der Mensch im heutigen Grossen Moos breit machte, gaben die Gletscher in bis zu 15 Vorstoss- und Rückzugsphasen dem ganzen Schweizer Mittelland ihren Schliff. Während des Höhepunkts der letzten Eiszeit, vor etwa 24 000 Jahren (*LGM*), war das Grosse Moos mit einer bis zu 600 m mächtigen Eisschicht überdeckt. Aus dem Wallis und dem Berner Oberland flossen nahe Bern der Walliser- und Aare-Gletscher zusammen und bildeten über dem Berner Seeland einen bis auf die Jurahöhen (ca. 1 000 m ü. M.) reichenden Eisstrom. Die letzte Kaltzeit endete vor rund 11 000 Jahren mit dem Beginn des *Holozäns* und mit ihr verschwanden auch die Eismassen aus dem Seeland. Hinterlassen haben uns die Gletscher eine vielfältige Landschaft, die bis heute grundlegend für die Besiedlung und Nutzung durch den Menschen ist.

Abb. 2: *Die Ebene des Grossen Moos, eigentlich ein sehr tiefes, mit Lockergesteinen aufgefülltes Tal. Angegeben sind Wegpunkte mit Blickrichtungen (Kartengrundlage swisstopo).*

Zusammen mit dem Eis wurde auch viel Gestein aus den Alpen ins Berner Seeland transportiert und hier abgelagert. Dominante Ablagerungen sind die *Grundmoränen* und die zahlreichen *Findlinge*, welche als Zeugen der Eiszeiten in der Landschaft stehen. Im gesamten Mittelland erodierten die Eismassen bis zu mehrere Hundert Meter tiefe Rinnen und Tröge in die weiche *Molasse*, so auch im Seeland. Teilweise reicht die Festgesteinsoberfläche (glaziale Erosionsbasis) sogar bis unter das Niveau des heutigen Meeresspiegels (Abb. 2).

Während des Rückzugs des Walliser-Gletschers bildeten sich in den bis über 300 m tiefen Rinnen im Seeland grosse Seen. Ob sich tatsächlich ein einziger riesiger «Solothurnersee» bildete, welcher neben den heutigen Juraseen für eine kurze Zeitspanne die ganze Ebene des Seelandes umfasste, ist heute umstritten *(1)*. Mit dem Rückzug des Gletschers begann aber auch gleich die Auffüllung der neuen Seen. An der Mündung von Bächen und Flüssen lagerten sich Kiese und Sande ab, weiter entfernt hingegen zunehmend feinkörnige Sande, Silte und Tone. Diese Sedimente werden heute im Grossen Moos bereits ab einer Tiefe von wenigen Metern angetroffen. Im Seeland wurde der See vor allem durch das Delta der Aare aufgefüllt, welches bei Aarberg vorrückte. Dies führte zu einer eigentlichen Verlandung des Sees, wobei schliesslich auch Tone und Seekreide zur Ablagerung kamen und sich Überschwemmungsebenen bildeten. Zuletzt überwuchsen Feuchtpflanzen die verlandenden Flächen, und ihre abgestorbenen Reste bildeten über Jahrhunderte teilweise mehrere Meter mächtige Torfschichten. Sie stehen heute in weiten Teilen des Mooses an der Oberfläche, soweit sie nicht durch die intensive landwirtschaftliche Nutzung oder durch den Torfabbau verloren gingen. *Torf* wurde bis nach dem Zweiten Weltkrieg als Energiequelle genutzt.

Der Mensch am Werk

Seit dem 14. Jahrhundert kam es im Seeland vermehrt zu schwerwiegenden Überschwemmungen und damit einhergehenden Versumpfungen zwischen Yverdon und Solothurn. Ob die zeitgleich stattfindende, sogenannte «Kleine Eiszeit» mit tendenziell feuchterem und kühlerem Sommerklima dabei einen Einfluss ausübte, ist möglich. Christian Pfister vom Oeschger Zentrum für Klimaforschung in Bern vermutet aber eher, dass einzelne Grossereignisse wie die riesigen Überschwemmungen von 1480 oder 1566 zur Verlegung des Aarelaufs geführt haben könnten, und dass sich dabei lateral zufliessende Gewässer v. a. in der Gegend von Dotzigen aufstauten. Gleichzeitig scheint auch der Grundwasserspiegel signifikant angestiegen zu sein *(2)*. Um zukünftige Überschwemmungen zu verhindern, nahm die Bevölkerung mit den beiden Juragewässerkorrektionen zwei erhebliche Eingriffe vor, welche die *fluviatilen* Prozesse seit 150 Jahren neu steuern *(3)*.

Mit der ersten Juragewässerkorrektion von 1868–1885 wurde die Aare ab Aarberg in den Bielersee umgeleitet und durch den Nidau-Büren-Kanal bei Büren wieder dem alten Aarelauf zugeführt. Die Broye zwischen Murten- und Neuenburgersee und die Zihl zwischen Neuenburger- und Bielersee wurden ebenfalls erweitert. Mit diesen Massnahmen wurden die Wasserstände der Seen um 2,5 m gesenkt und die Grundlage für die intensive Kultivierung des Grossen Mooses geschaffen (Abb. 1). Die Wasserabsenkung führte aber zu einem Zerfall des Torfs und damit zur Senkung der Böden um bis zu 1,5 m. Die Kulturlandflächen lagen damit erneut unterhalb der Hochwassergrenze, was schliesslich die zweite Juragewässerkorrektion (1962–1973) auslöste. Um die Hochwasserstände der Seen um weitere 1,5 m abzusenken, wurden die Abflusskapazitäten der Seen durch Vertiefung und Verbreiterung der Kanäle erhöht. Messungen zeigen, dass die zweite Juragewässerkorrektion bis nach Basel wirkt. So wurde 1999, beim grössten Rhein-Hochwasser der letzten 120 Jahre, die Abflussspitze der Aare von knapp 1 000 m^3/s zeitweilig auf 400 m^3/s gedrosselt.

Auf der Velofahrt durch das Grosse Moos besuchen wir verschiedene Zeitzeugen der letzten Kaltzeit und der menschlichen Nutzungen der letzten 200 Jahre.

Aus Sumpf wird Ackerland

Unsere Velotour führt uns vom Bahnhof Aarberg zur Walperswilerbrücke (1). Hier stehen wir mitten auf der 8 km langen und zur Hälfte schnurgeraden Verbindung der Aare zwischen Aarberg und dem Bielersee (Abb. 3).

Der Aare-Hagneck-Kanal wurde als Kernstück der ersten Juragewässerkorrektion errichtet. Zuvor mäandrierte die Aare ohne Seekontakt von Aarberg über Lyss und Büren in Richtung Solothurn. Wegen des geringen Gefälles der Aare zwischen Aarberg und Solothurn war dieser Teil des Aaretals ein breiter und oft überschwemmter Landstreifen. Die Erhöhung des Flussbetts durch Geschiebeablagerungen führte zunehmend zu Behinderungen bei der Entwässerung des linksseitigen Seelands. Die nicht landwirtschaftlich nutzbare Fläche im Grossen Moos nahm ständig zu. Der Aare-Hagneck-Kanal löste gleich zwei Probleme: Zum einen fungierte der Bielersee fortan als Auffangbecken für das von der Aare transportierte Geschiebematerial, was eine weitere Auflandung des Flusslaufs bis Solothurn verhinderte. Zum anderen diente jetzt das Drei-Seen-System bei Hochwasser als Retentionsbecken. Der Auslauf der drei hydraulisch verbundenen Seen wird seither beim neuen Flusskraftwerk in Port (Nidau-Büren-Kanal) reguliert, dies reduziert das Hochwasserrisiko in den flussabwärtsliegenden Gebieten.

Während der Kanal mit seinen Blockbefestigungen keinen ökologisch wertvollen Lebensraum darstellt, haben sich seit der Sanierung des Aare-Hagneck-Kanals 2011–2015 entlang des Kanals und im Hagneck-Delta kontrastreiche und ökologisch wertvolle Lebensräume entwickelt.

Abb. 3: *Der Aare-Hagneck-Kanal führt die Aare von Aarberg in den Bielersee.*

Von der Kiesgrube zum Biotop

Der Büeltigenweiher (2) ist eines der zahlreichen kleinen Naturschutzgebiete mit Wasserflächen im Grossen Moos. Wegen seiner Speisung durch Grundwasser ist der Büeltigenweiher klar und kühl; seine kiesigen Ufer sind im Seeland einmalig (Abb. 4).

Er verdankt seine Entstehung der letzten Eiszeit und der Nutzung der Kiesablagerungen durch den Menschen. Beim Büeltigenweiher hat das Gletschereis eine 250 m tiefe Rinne in den Felsen erodiert (Abb. 2). Sie ist damit rund dreimal tiefer als der heutige Bielersee. Beim Rückzug des Gletschers wurde die Rinne mit Sedimenten aufgefüllt *(Rückzugsschotter)*. Diese kiesigen Lockergesteinsablagerungen bilden heute einen mächtigen, nach SW abfliessenden Grundwasserleiter, dessen Grundwasserspiegel nur 1–2 m unterhalb der Terrainoberfläche liegt.

In den 1950er-Jahren wurde Kies bis ins Grundwasser abgebaut und so die Grundlage für den heutigen Büeltigenweiher geschaffen. Nach Einstellung des Kiesabbaus wurde auf eine Auffüllung verzichtet; es setzte die Besiedlung des Weihers durch Amphibien, Vögel und Pionierpflanzen ein. 1975 schliesslich wurde das Gebiet unter Naturschutz gestellt und auf die heutige Grösse erweitert. Dazu wurde erneut Kies ausgebaggert und eine Insel sowie Buchten und Flachufer geschaffen. Die Gesamtfläche des Naturschutzgebiets beträgt heute 2,2 ha, 0,57 ha davon entfallen auf die Wasserfläche. Entlang dem nach Westen führenden Hauptkanal werden demnächst weitere ökologische Aufwertungen realisiert, welche die Velofahrt entlang des Hauptkanals attraktiver machen.

Vom Gletscher geformt

Auf der Fahrt zwischen Hagneckkanal und Müntschemier werden wir rechterhand von zwei aufeinanderfolgenden Hügelzügen mit den Ortschaften Siselen, Finsterhennen und Treiten begleitet (3). Diese sich bis zu 50 m über die Ebene des Grossen Moos erhebenden Hügel stellen eine Serie von Rundhöckern dar, die durch den Gletscher aus *Vorstossschottern* der letzten Eiszeit herausmodelliert wurden (Seelandschotter). Die Schotter wurden an verschiedenen Stellen abgebaut; heute noch in Betrieb ist die Grube zwischen Treiten und Finsterhennen.

Abb. 4: *Ein ausgeprägter Heckenraum schirmt das Naturschutzgebiet Büeltigenweiher von der intensiv genutzten Landwirtschaftsfläche ab. Das Luftbild ermöglicht einen Blick aus ungewohnter Perspektive in das Biotop (Quelle: swisstopo).*

Abb. 5: *Blick auf die ansteigende Grundmoräne zwischen Treiten und Finsterhennen, linkerhand die Ebene des Grossen Moos.*

5

An seiner Basis schuf der Gletscher eine mächtige, dichte *Grundmoräne* aus Kies, Sand und Ton, welche die Schotter wie eine Hülle umschliesst und der Landschaft eine sanfte, wellige Form verleiht (Abb. 5). Diese *Grundmoräne* sieht man allerdings erst, wenn irgendwo eine Baugrube ausgehoben wird und sie unter dem Humus zutage tritt. Eingebettet finden sich oftmals auch vom Gletscher gekritzte und polierte Gerölle.

Bim heilige Boum

Einblick in die erwähnten Seelandschotter bietet die Kiesgrube Gugger westlich von Müntschemier (4). Das Umfeld der Kiesgrube «Bim heilige Boum» ist ein vielfältiges Mosaik, bestehend aus der eigentlichen Kiesabbaustelle und verschiedenen ökologisch wertvollen Lebensräumen, die im Zuge des Kiesabbaus geschaffen wurden. In der Kiesgrube werden seit den frühen 1990er-Jahren sandreiche Seelandschotter abgebaut, die Abbauwand ist dabei bis zu 20 m hoch. Bei den grossen, im Umfeld der Grube aufgestellten Blöcken handelt es sich um Findlinge, die in den Kiesablagerungen eingebettet waren.

Weil Kiesgruben sich dynamisch mit dem Abbaufortschritt bewegen, ändert sich die vor Ort angetroffene Situation laufend. Wir stellen das Fahrrad beim Naturschutzgebiet «Bir länge Stude» ab und erkunden das Gebiet zu Fuss. Vielleicht erhaschen wir ja einen Blick in die Abbaustelle (Absperrungen respektieren) und sehen bei der Gelegenheit auch die grosse Uferschwalbenkolonie, welche im Sommer jeweils in der Kiesgrube siedelt. Sandige, unverbaute Ufer findet sie in der Schweiz kaum mehr, sandreiche Kiesgruben bieten dafür einen geeigneten Ersatz.

Vom Winde verweht

Durch wiederholte Seespiegelschwankungen des Neuenburgersees zum Ende der letzten Eiszeit entstanden durch Ausblasung der zeitweise exponierten, sandigen Strandebenen durch südwestliche Winde vier mächtige Sanddünen *(6)*. Von diesen südlich von Gampelen gelegenen Dünen ist heute nur noch die Islerendüne erkennbar (Abb. 6), die übrigen wurden im Zuge der Juragewässerkorrektionen als Sandquellen zur Verbesserung der Torfböden abgebaut *(4)*. Die heute sichtbare Geländekante markiert den Rand

6

eines früheren Sandabbaus (5). Die Islerendüne erhebt sich bis zu 9 m über die Ebene des Grossen Moos und ist damit einer der wenigen trockenen Lebensräume.

Die fossile Energie des Seelands

Unsere Tour führt uns weiter in das 1969 zum Naturschutzgebiet erklärte Ziegelmoos (6), dessen Kernstück zwei alte Torfstiche bilden. Der *Torf* wurde in Ziegelform gestochen, aus dem Boden gehoben und in getrockneter Form als Brennstoff verwendet. Die ursprünglich ca. 4 ha umfassende Naturschutzfläche wurde mit der Gesamtmelioration Ins – Gampelen – Gans um die Islerendüne und weitere Gebiete auf rund 30 ha erweitert und ist heute ein bedeutendes Naturschutzgebiet.

Abb. 6: *Die markante Geländekante markiert den Rand der weitgehend abgebauten Islerendüne.*

Eingesammelt und ausgestellt

Bevor wir nun am Bahnhof Ins in den Zug steigen und zurück nach Aarberg fahren, besuchen wir den kleinen, gleich neben dem Bahnhof gelegenen Findlingspark der Gemeinde Ins (7). Zwölf *Findlinge* unterschiedlicher Gesteinstypen (u. a. *Allalingabbro*, *Vallorcine-Konglomerat*) wurden vom Walliser-Gletscher ins Grosse Moos transportiert und abgelagert. Der *Allalingabbro* ist ein typisches *Leitgestein* des Walliser-Gletschers und ist in seiner vielfältigen Ausprägung ein wahres Chamäleon unter den Gesteinen. Von vielen wird er als schönstes Gestein der Schweiz, oder gar der Welt, betrachtet, sicherlich ist es eines der spannendsten *(5, 6)*. Ursprünglich stammt er von der Südostwand des Allalinhorns im Saasertal und wurde vom Eis rund 200 km bis ins Seeland transportiert. Auch die Herkunft des Vallorcine-Konglomerats kann gut eingegrenzt werden; es stammt aus dem Gebiet zwischen Finhaut (Trienttal) und Dorénaz im Wallis.

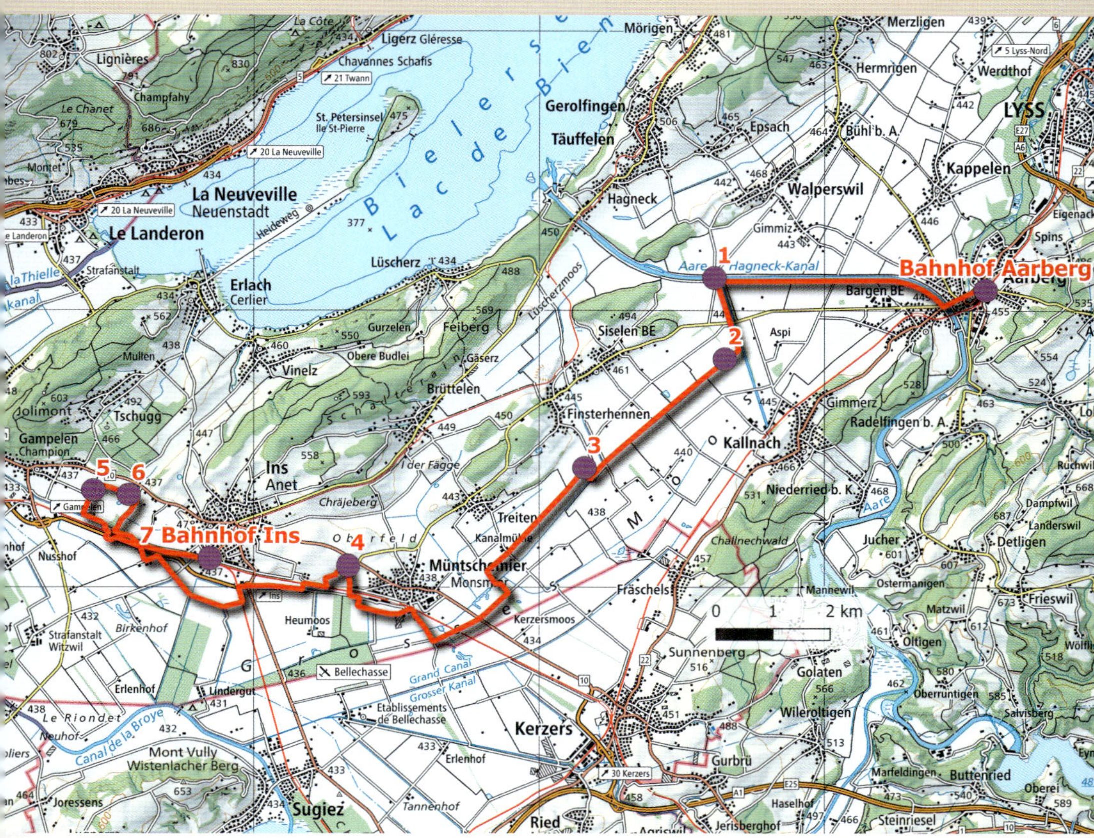

TOURENINFO

- **Ausgangspunkt:** *Bahnhof Aarberg*
- **Endpunkt:** *Bahnhof Ins*
- **Strecke:** *27 km über Strassen und Feldwege, Höhendifferenz: 90 m*
- **Zeitbedarf:** *2:40 h mit Biopower.*
- **Verpflegungsmöglichkeiten** *bestehen in Aarberg und Ins oder mit einem kleinen Umweg auch in Müntschemier.*
- **Museumshinweis:** *Einen umfassenden Einblick in das Thema Juragewässerkorrektur erhält man im Schlossmuseum Nidau.*

LITERATUR

(1) Wohlfarth et al. (1993)
(2) Nast, M. (2006)
(3) Pfister, Chr. et al. (2021)
(4) Schmalz, K. L. (1976)
(5) Meyer, J. (2024)
(6) Verein Landschaftserbe Drei-Seen-Land
(7) GA 1145 Bielersee

6 Glaziallandschaft Oberaargau

THOMAS BURRI

1

Abb. 1: *Auf «gefährlichen» Wegen durch die Eiszeitlandschaft des Oberaargaus.*

Landschaft der leisen Töne

Man muss gut hinschauen im Oberaargau, um geologische Highlights zu entdecken. Sie sind so unauffällig wie die Wynigerberge, die doch bloss Hügel sein möchten. Auch die Zeugen der letzten Eiszeit, die wir auf unserer Velotour entdecken wollen, sind unauffällig, und es braucht ein gutes Auge, um der Landschaft ihre Vergletscherungsgeschichte zu entlocken. Da gute Aufschlüsse in den glazialen Sedimenten fehlen – die alten Kiesgruben wurden meist aufgefüllt, renaturiert oder sind zugewachsen – halten wir uns an die Oberflächenformen, die Morphologie. Wir bleiben somit wortwörtlich oberflächlich und sehen nicht in den Untergrund hinein, in dem sich teilweise tiefe und wiederverfüllte Glazialrinnen verstecken (Tour 5). Trotzdem gibt es vieles zu entdecken! Wir halten also die Augen offen und starten unsere Velotour am Bahnhof in Wynigen. Mit der Bahn Anreisende sind bereits seit längerer Zeit entlang einer ausgeprägten Talung gefahren, die viel zu breit ist für die vorhandenen Bächlein. Wo solche fehlen, handelt es sich sogar um ein richtiges Trockental. Dies war nicht immer so.

Es gibt kein Entrinnen

Vom Bahnhof Wynigen fahren wir kurz, aber steil zum Bänkli ob der Sonnhalde **(1)** (evtl. zu Fuss auf die leichte Anhöhe gehen, aufpassen auf Aussaat/Nutzpflanzen!). In allen Richtungen erblicken wir Rinnen (kleine Talungen). Das SBB-Trassee verläuft in einer, die Strassen nach W und NW ebenfalls, und auch die hinter einer Baumgruppe versteckte Strasse nach Huttwil verläuft in einer Rinne.

Um den Tal-Wirrwarr zu verstehen, müssen wir in die Eiszeiten und noch weiter zurückgehen, bis ins Pliozän (vor ca. 5,3–2,6 Mio. Jahren). Die Entwässerung der Wynigerberge muss der generellen Topografie und

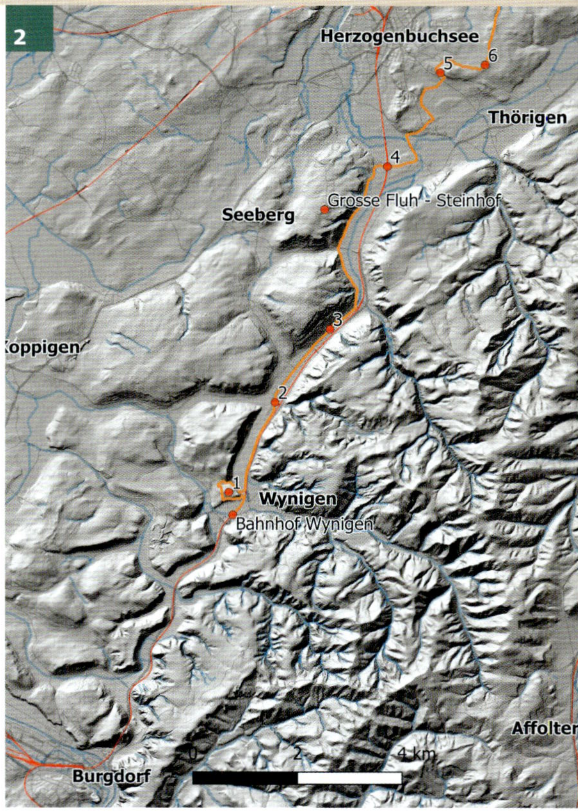

Bruchstrukturen folgend durch ein NNE bis WNW-gerichtetes Talnetzwerk erfolgt sein. Aber spätestens seit rund 800 000 Jahren (Beginn des mittleren Pleistozäns) wurden diese Täler während der Eiszeiten wiederholt durch den nach NE-fliessenden Walliser-Gletscher versperrt. Die Bäche wurden in Gletscherfliessrichtung umgelenkt und erodierten dabei sogenannte «randglaziale Rinnen» quer zu den älteren Talungen. Beim Rückzug der Gletscher wurden letztere wieder frei und teilweise als Entwässerungs-

Abb. 2: *Rinnen-Wirrwarr zwischen Burgdorf und Herzogenbuchsee. Unsere Route (orange, Wegpunkte rot) folgt der markanten Hauptrinne mit der Bahnstrecke. Vom Gletscher überflossene, flachhüglige Gebiete unterscheiden sich deutlich von den tief eingeschnittenen und feingliedrigen Gebieten ausserhalb (Kartengrundlage: swisstopo).*

rinnen reaktiviert. Lagen deren Talböden aber bereits zu hoch, fielen sie trocken und die Talflanken wurden durch jüngere Gletschervorstösse abgeflacht. Sie sind jedoch teilweise noch in der Landschaft auszumachen (Abb. 2) und zeugen von mehrfachem Versperren, Umleiten und Reaktivieren der Gewässer.

Emme auf Abwegen

Wir fahren nun in die markante Rinne hinunter und folgen ihr – oft entlang der Bahn – in Richtung Herzogenbuchsee. Sie bildete während der letzten Eiszeit (Birrfeld-Eiszeit, ca. 115 000–12 000 Jahre vor heute) die laterale Hauptabflussrinne. Allerdings wurde sie nicht bloss durch die Bäche der Wynigerberge geschaffen, dazu waren die Abflussmengen zu gering. Möglicherweise spielten auch lateral abfliessende Schmelzwässer des Walliser-Gletschers eine Rolle, aber Hauptverantwortliche waren die Emme und die Schmelzwässer des Aare-Gletschers. Auch sie wurden entlang des rechten Gletscherrandes in eine nordöstliche Fliessrichtung gezwungen. Bei Burgdorf versperrte der Gletscher gar den Abfluss des oberen Emmentals, was zu einem grossen Stausee bis hinauf nach Hasle-Rüegsau führte. Ein Überlauf erlaubte das Abfliessen der Wassermassen nach NE, parallel zum Gletscherrand, was massgebend zur Erosion der Talrinne beitrug, in welcher wir uns befinden. Zur letzten Eiszeit tosten hier also gewaltige Schmelzwasserflüsse durch das Tal, nicht bloss Personen- und Cargo-Züge.

Wir folgen der breiten Entwässerungsrinne mit ihren etwa 100 m hohen Talflanken. Rechterhand sehen wir kleine Felswände aus Molasse-Sandstein, in welchen sich die eiszeitlichen Schmelzwässer einfrassen. Beidseitig zweigen immer wieder Talungen ab (Abb. 2 und 3), die alten Entwässerungs-

3

rinnen der Wynigerberge. Die Rinne nach Koppigen ist inaktiv und versumpft, der Flurname «Moos» spricht Bände (2).

Bei Riedtwil (3) fahren wir am Fuss des Steinebergs und Steinhofs entlang. Die Namen stammen wohl von den zahlreichen grossen Findlingen, die dort liegen und die Anwesenheit des Walliser-Gletschers zur aktiven Zeit der Abflussrinne belegen. Strampelfreudige (oder E-Bike-Angetriebene) machen einen Abstecher zur Grossen Fluh auf dem Steinhof, dem grössten Findling des Mittellands, die Übrigen fahren zur Eisenbahnüberführung vor Bollodingen (4).

Trainspotting in die Eiszeit

Die Brücke – ein Hotspot für Trainspotter – bietet quartärgeologische Aussichten. Richtung Herzogenbuchsee öffnet sich über eine breite Schotterebene hinweg ein weiter Blick bis zum Jura. Während der maximalen Ausdehnung der Gletscher vor etwa 22 000 Jahren (*LGM*) versperrte der Walliser-Gletscher diesen Ablaufweg *(1)*. Die Schmelzwässer «unserer» Rinne flossen noch durch die nun breitere und flachere Talung nach Langenthal. Mit dem Gletscherrückzug wurde der Weg nach Norden frei und die Wassermassen konnten sich mit anderen schuttbeladenen Schmelzwasserflüssen des Walliser-Gletschers verbinden und ungehindert Richtung Herzogenbuchsee abfliessen. Sie schufen dabei die breite Schotterebene, auf welche wir noch mehrmals treffen werden (Abb. 4 und 5). Die Rinne nach Langenthal hingegen wurde inaktiv und vermoorte mit der Zeit (ehemaliger Torfstich «Torfsee» SW Langenthal).

Wir verlassen nun die Welt der Rinnen und wenden uns Herzogenbuchsee und einem neuen Thema zu. Der Weg nach Bettenhausen steigt merklich an und wir erreichen eine leicht kuppige Grundmoränenlandschaft.

Abb. 3: *Nach links von der Hauptrinne abzweigende Querrinne nach Seeberg mit der Önz im Vordergrund.*

Abb. 4: *Blick von der Eisenbahnbrücke über die ehemalige gletscherrandnahe Schotterebene nach Herzogenbuchsee und den Jura.*

Endmoränen? Na ja …

Bei Herzogenbuchsee erreichen wir beim Wysshölzli eine auf der geologischen Karte (GA 1127 Solothurn) als Endmoräne eingetragene Anhöhe. In einer ehemaligen Kiesgrube (heute Abenteuerspielplatz für Kinder (5)) treffen wir aber nicht auf typisches Wallmoränenmaterial, sondern auf *glaziofluviatile* Schotter, die von einer dünnen Grundmoräne bedeckt sind. Sie weisen nicht ein Wallis- sondern ein Napf-Gesteinsspektrum auf und stellen Erosionsrelikte eines älteren Vorstosses dar (früh-letzteiszeitlich oder älter). Auch eine deutliche Wallstruktur lässt sich nicht erkennen. Lag hier wirklich der Gletscherrand?

Besser erkennbar ist die unmittelbar nördlich anschliessende, leicht gegen Osten ansteigende, schüsselartige Geländeform (Allmend), eine Art Zungenbecken des Walliser-Gletschers. Früher fanden sich hier zahlreiche Findlinge. Dem Südrand des Zungenbeckens entlang fahren wir zum Hof Eigen hoch (6), wo wir auf eine gut erkennbare, breite, wellige Wallzone treffen *(1)*. Bei guten Lichtbedingungen lässt sich östlich von uns ein weiterer flacher Rücken erkennen. Gegen Herzogenbuchsee wuchs der Gletscher rasch auf eine Mächtigkeit von mehreren Zehnermeter an.

Aber so richtig beeindrucken mag dieser «Endmoränenwall von Herzogenbuchsee» nicht. Im Gegensatz zu den beispielhaften, klar abgrenzbaren Endmoränen des Reuss-Gletschers in der Region Lenzburg–Sursee handelt es sich bei der Eisrandlage des riesigen Walliser-Gletschers um eine breite, deutlich erhöhte Zone mit langestreckten flachen Hügeln und Mulden, die sich von Herzogenbuchsee über Bützberg, Bannwil bis Walliswil b.N. verfolgen lässt (Abb. 5).

5
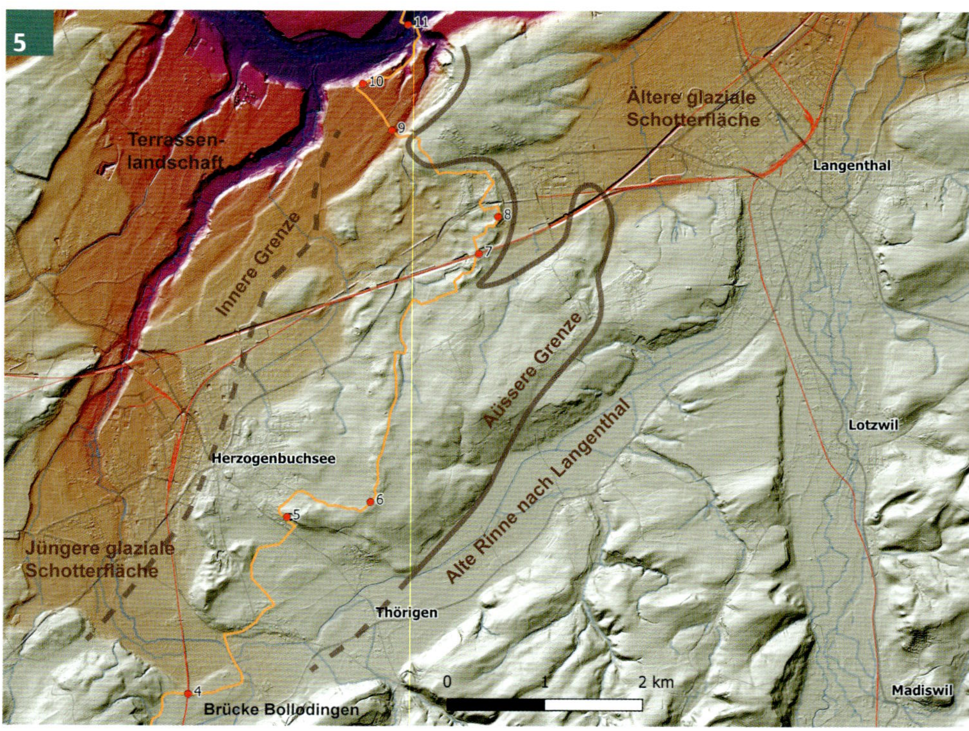

Vom grossen Rhein-Gletscher sind vergleichbare Strukturen bekannt und werden einer fluktuierenden Gletscherzunge mit begleitender *Glazialtektonik* zugeschrieben. Dabei entstehen Stauchendmoränen, wenn der Gletscher, einem Bulldozer gleich, an seiner Front Schuppen von zuvor abgelagertem Lockergesteinsmaterial – oder sogar weichen Festgesteinen wie Sandstein – übereinander schiebt. Vermutlich war dies auch hier der Fall *(1)*.

Steinhaufen mit grossen, gerundeten Steinen und eckigen Blöcken, aber auch immer wieder einzelne grössere Findlinge säumen unseren weiteren Weg. Dem ehemaligen Eisrand entlang fahren wir zum Humberg, wo die Bahn komplexe Moränenablagerungen durchquert (7). Von der ehemaligen Gletscherstirn führt der Blick hinunter nach Langenthal, in das Gletschervorfeld des letzten grossen Vorstosses vor etwa 22 000 Jahren. Im Humberg Wald fahren wir für kurze Zeit auf einem dieses Mal deutlichen und markanten Wall (8). Es gibt sie also doch!

Terrassen noch und nöcher

Wir verlassen das Endmoränengebiet und sausen nördlich von Bützberg hinunter in die weite Schotterebene von Graben (9). Es ist dasselbe Vorfeld des Walliser-Gletschers, auf welches wir bereits von der Eisenbahnbrücke bei Bollodingen geblickt haben. Dass es sich dabei um eine hochgelegene, sogenannte «*Terrasse*» handelt, erkennen wir nach Überqueren der Ebene, wenn wir ab-

Abb. 5: *Moränenlandschaft von Herzogenbuchsee. Eingezeichnet ist der Wegverlauf (orange, Wegpunkte rot) und die äussere und innere Begrenzung des breiten Endmoränengürtels. Ebenfalls sichtbar sind die Rinne nach Langenthal sowie die ältere Schotterfläche von Langenthal und die jüngere von Herzogenbuchsee, worin sich bereits deutliche Rinnen eingetieft haben (Kartengrundlage: swisstopo).*
Abb. 6: *Blick von der Terrassenkante bei Graben über die heutige Aare-Ebene hinüber zur Terrasse von Bannwil.*

7

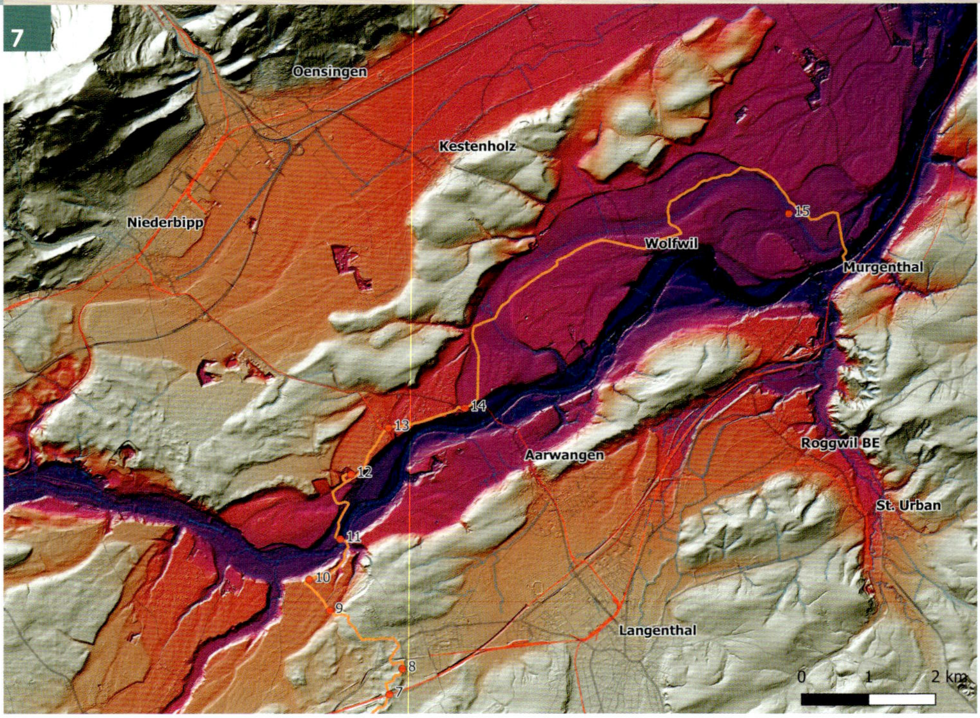

rupt an der steilen Terrassenkante stehen (453 m ü. M. (10)), die etwa 35 m über der heutigen Aare-Ebene liegt (Abb. 6).

Unsere Schotterebenen entstanden meist während der Eiszeiten durch verzweigte Gletscherflüsse, die Schutt transportierten, ablagerten und wieder umlagerten. Hielten sich Sedimentzufuhr und Abtransport die Waage, bildeten sich dynamische, stabile Flussebenen aus. Während Akkumulationsphasen, meist Gletschervorstössen, kam es zu Aufschotterungen, und während Erosionsphasen, meist Rückzügen, frassen sich die Flüsse in die Ebenen ein und bildeten neue Schotterebenen auf kontinuierlich tieferem Niveau. Die angeschnittenen älteren Flussebenen werden als Terrassen bezeichnet. Ein Grund, warum sich Flüsse in ihre alten Flussebenen eintieften, war die Abnahme der Sedimentzufuhr als Folge eines Gletscherrückzugs. Schliesslich verblieb das grobe Material endgültig in den wieder eisfrei werdenden Alpenrandseen, der Sedimentnachschub versiegte.

Entlang der Aare hat sich eine Vielzahl von Terrassenniveaus entwickelt (Abb. 7). Beim Kraftwerk Bannwil angekommen (11), erkennen wir auf der gegenüberliegenden Aare-Seite eine etwa 20 m höher liegende Terrasse (439 m ü. M.). Noch während wir gegen Bannwil diese Terrasse erklimmen, erblicken wir schon eine nächsthöhere, die nochmals 27 m höher liegt (466 m ü. M.). Beim Gemeindeverwaltungsareal, in einer ehemaligen Kiesgrube, finden wir hinter dem Sportplatz einen gewaltigen Findling (12). Der grosse Block ist ein verfalteter und verschieferter Arolla-Gneis, wie er im Val d'Hérens im Wallis vorkommt (Tour 2). Er wurde beim letzten grossen Vorstoss von glazialen Sedimenten eingeschottert und muss deshalb von einem älteren, etwas weiter reichenden Vorstoss der letzten Eiszeit stammen *(2)*.

8

Flusswandern

Nach einem kurzen Aufstieg auf der Hauptstrasse fahren wir auf einer Terrasse weiter, die etwa 30 m über der Aare-Staustufe liegt (452 m ü. M., vermutlich wiederum unser Herzogenbuchsee-Niveau), und Ausgangs Bannwil **(13)** gelangen wir mit einem kaum spürbaren Gefälle auf das nächst-tiefere Niveau (447 m ü. M.). Bald kreuzen wir die Hauptstrasse **(14)** und erreichen ein nochmals tieferes Niveau (435 m ü. M.), welches zwischen Schwarzhäusern und Wolfwil eine gut erkennbare, von Wald eingerahmte, breite Flussschlaufe bildet (Abb. 7). Durch diese Flussschlaufe floss einst die Aare! Heute durchziehen bloss noch zwei kleine Bäche die ursprüngliche Hauptentwässerungsrinne des Mittellandes.

Auf etwas gewundenen, dafür verkehrsarmen Pfaden fahren wir entlang des ehemaligen Flusslaufs. In den umliegenden Feldern liegt Schotter mit bis zu kopfgrossen Steinen, Zeichen für eine gletschernahe Ablagerung. Das ehemalige Flussbett beginnt sich immer stärker in die ältere Ebene einzutiefen, kurze Abfahrten und Aufstiege verraten, wenn wir ins Flussbett hinunter oder wieder auf das obere Niveau fahren. Kurz vor Fulenbach hat sich bereits eine markante Terrassenkante ausgebildet (**15**, Abb. 8). Auf dem Weg hinunter zur Holzbrücke bei Murgenthal queren wir gleich mehrere Terrassenniveaus. Die Eintiefung der heutigen Aare gegenüber dem älteren Flusslauf erfolgte in den letzten rund 20 000 Jahren, zeitlich genau einordnen lassen sich die Niveaus aber nicht.

Am Bahnhof von Murgenthal endet unsere Reise durch die Glazialgeschichte des Oberaargaus.

Abb. 7: *Terrassenlandschaft entlang der Aare mit Veloroute (orange, Wegpunkte rot). Die Terrassen lassen sich gut aufgrund der unterschiedlichen Farbtöne unterscheiden. Bei Wolfwil erkennt man sehr gut den alten Aare-Mäander, welchem wir bis Murgenthal folgen (Kartengrundlage: swisstopo).*
Abb. 8: *Terrassenkante bei Schwarzhäusern mit höherliegender ehemaliger Aare-Schlaufe nach Wolfwil–Murgenthal.*

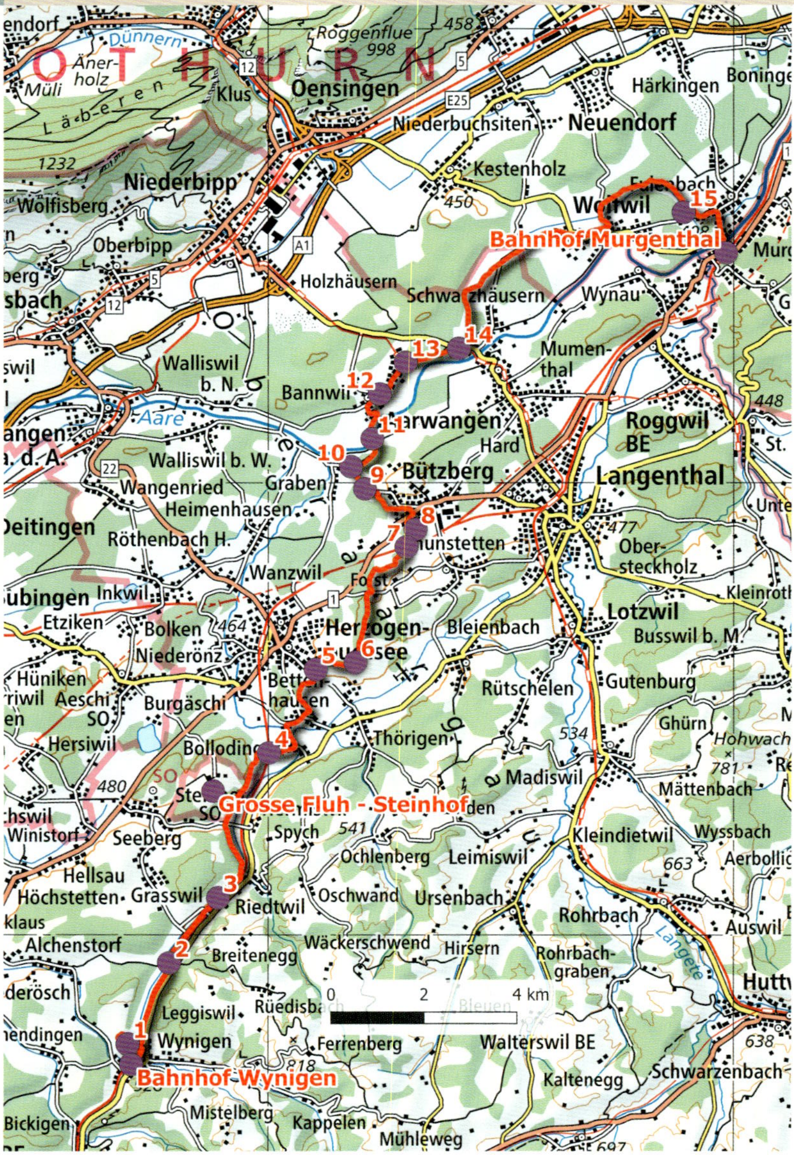

TOURENINFO

- **Start:** *Wynigen, erreichbar mit der SBB*
- **Ziel:** *Murgenthal (oder Langenthal), erreichbar mit SBB*
- **Verpflegung:** *Mehrere Restaurants entlang des Fahrtweges, Aarebeizli bei der Staustufe Bannwil.*
- **Jahreszeit:** *März-November*
- **Tourencharakter:** *Einfache Fahrt auf Asphalt und Feldwegen. Einige kurze Steigungen und Abfahrten, eine kurze mögliche Schiebepassage im Humbergwald.*

LITERATUR

(1) Reynard, E. (2021); [2] Gnägi, Chr. (2011).

7 | Die Gisnauflüe bei Burgdorf und ihre Steinbrüche

MICHAEL SOOM

1

Abb. 1: *Steinbruch G2 am Fuss der ersten Gisnauflue (2).*

2

Einleitung

Burgdorf liegt im *Molasse*land – dies verraten die gewaltigen Sandsteinwände der vier Gisnauflüe auf den ersten Blick (Abb. 2). Sie gehören zusammen mit dem Schlossfelsen zu den Wahrzeichen der Stadt Burgdorf. Der Lokalitätsname Gisnau hat – entgegen der Meinung einiger Geschichtsforscher – keinen Bezug zu einem gleichnamigen alten Grafengeschlecht, sondern stammt ganz einfach von der früheren Bezeichnung «Geissenau» – einer am Fluss gelegenen Ziegenweide. Aber trotz fehlendem Adelsprädikat sind die Gisnauflüe gleich in mehrfacher Hinsicht bemerkenswert.

Sie erschliessen mit ihren Sandsteinen und den selteneren Konglomeraten, Mergeln und vereinzelten Muschelsandsteinen die Gesteine der Oberen Meeresmolasse (OMM). Zudem sind sie Zeugen einer über Jahrhunderte andauernden Gewinnung von Sandstein als Baumaterial, ein für die damalige Bevölkerung wichtiger Arbeitszweig. Und nicht zuletzt stehen sie wegen ihrer besonderen Trockenflora und ihrer Fauna seit 1952 unter Naturschutz.

Seit dem 18. Jahrhundert bereiten die Gisnauflüe der lokalen Bevölkerung aber auch Sorgen, weil sich bis heute immer wieder Felsabbrüche ereignen, die bereits Menschenleben gefordert haben. So wies die nördlichste Gisnauflue ursprünglich eine zur Wynigenbrücke hin überhängende Felsnase auf, aus welcher sich im Jahr 1724 ein Felssturz löste *(1)*. Dieser beschädigte die Wynigenbrücke und staute die Emme haushoch ein.

Steinbrüche und der historische Abbau von Sandstein

Die früheste Verwendung von Sandstein in der Region dürfte das bei Grabungen im Schloss Burgdorf gefundene Mondhorn sein, ein Kultobjekt aus der Bronzezeit. Jahrhunderte später wurden die Sandsteine der OMM abgebaut und als Baumaterial für die Stadt Burgdorf verwendet. Zeugen dieser Abbautätigkeit sind die heute noch gut erkennbaren Steinbrüche bei den Gisnauflüe und nördlich der Heimiswilbrücke. Bereits Ende des 15. Jahrhunderts wurde zum Bau

Abb. 2: *Ansicht der (v. l.) ersten bis vierten Gisnauflue bei Burgdorf.*

Abb. 3: *Übersicht der Steinbrüche G1 bis G4 unterhalb der Gisnauflüe (links) und der Steinbrüche H1 bis H4 nördlich der Heimiswilbrücke (rechts) mit Wegverlauf (rot, ergänzt nach (3), Kartengrundlagen swisstopo).*

der heutigen Stadtkirche Sandstein aus der Region von Burgdorf verwendet *(2)*. Nach den Stadtbränden von 1715 und 1865 wurde der Sandsteinabbau jeweils intensiviert. Gegen Ende des 19. Jahrhunderts ging der Abbau allmählich seinem Ende entgegen, nachdem Burgdorf Anschluss an das Bahnnetz erhalten hatte. In der Folge wurden vermehrt auswärtige Baumaterialien verwendet. Insgesamt wurden in den Steinbrüchen rund 200 000 m^3 Sandstein ausgebeutet *(3)*.

Auf dem Weg zu den Gisnauflüen

Der Rundgang bietet einen Einblick in die Gesteine der Oberen Meeresmolasse sowie in früher verwendete Abbaumethoden zur Gewinnung von Sandstein als Baumaterial. Wegen der teilweise akuten Steinschlaggefahr kann nur eine beschränkte Auswahl der Steinbrüche besichtigt werden und auch bei diesen erfolgt der Aufenthalt auf eigenes Risiko.

Vom Bahnhof (1) geht es über die Wynigenbrücke zum Parkplatz am Fuss der ersten Gisnauflue. In der nördlichen Verlängerung der Felswand befindet sich der Steinbruch G1, der nicht Teil des Rundgangs ist (Abb. 3). Wir wenden uns hingegen dem Steinbruch G2 zu (2), den man nach einem kurzen Anstieg über den sogenannten Lorrainestutz erreicht (unsignalisierter Pfad). Beim Aufstieg ist ein grosser, bewachsener Gesteinsblock erkennbar, der als Hochzeitsfelsen bezeichnet wird und Zeuge des im Jahr 1724 erfolgten Felssturzes ist *(1)*.

Im Steinbruch G2 (Abb. 1 und 3) sind die homogenen Sandsteine der OMM besonders gut aufgeschlossen. In den Steinbruchwänden sind verschiedentlich Strömungsrippeln und Sandsteinbänke mit Kreuzschichtung erkennbar. Diese wurden im damaligen untiefen Meeresbecken vor 21,5 bis 17,5 Mio. Jahren abgelagert. Dieses erstreckte sich nördlich der aufsteigenden Alpen und stand mit dem Piemont-Ozean in Verbin-

3

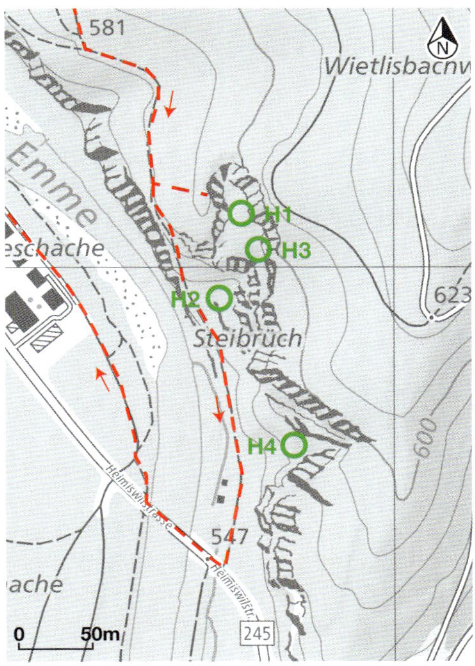

dung (vgl. Abb. 21 in der Einführung). In den strandnahen Meeressedimenten wurden Schalen von Muscheln sowie Zahn- und Knochenreste von Fischen eingeschlossen (Abb. 4).

4

In der überhängenden Wand des Steinbruches sind *Schrämmspuren* der alten Steinhauer vorhanden, welche den Sandstein in einzelnen Lagen abbauten. Vereinzelt finden sich auch Pfostenlöcher, die der Befestigung von mitunter halsbrecherischen Holzgerüsten dienten. Der Abbau fand vorwiegend im 18. Jahrhundert statt. Eine in der Steinbruchwand erhaltene Inschrift «HS 1779» könnte von den Steinhauern Heinrich Schönberger, Hans Staufer oder Hans Sutter stammen *(4)*.

Der Steinbruch G2 ist mittels eines kurzen Stollens mit dem südlich anschliessenden, dritten Steinbruch G3 verbunden. In diesem befand sich bis 1938 eine Felsenwohnung, welche von mittellosen, kinderreichen Familien bewohnt wurde *(5)*. Im August 2021 fand an dieser Stelle ein Felsabbruch statt, der die Wohnstätte vollständig unter Schutt begrub! Der Zutritt zu diesem Steinbruch ist daher gefährlich und verboten.

Die Untergrenze der Oberen Meeresmolasse in der Lorraine

Unser Weg führt weiter zur Lokalität Lorraine (3). Oberhalb des mittelalterlichen Kapellenweges, der von der Wynigenbücke zum «Siechehus» (Aussätzigenhaus) verläuft, ist eine 2 bis 3 m mächtige Konglomeratbank («Nagelfluh») aufgeschlossen, deren Unterkante erosiv auf den darunterliegenden Sandsteinen liegt (Abb. 5). Die gut erkennbare Konglomeratbank wird als Leithorizont verwendet und bildet formell die Grenze zwischen der Unteren Süsswassermolasse (USM) und der darüberliegenden Schichtabfolge der OMM [GA 22 Burgdorf].

Im Sandstein sind rostbraune, teilweise verkieselte, versteinerte Hölzer erkennbar. Daneben finden sich auch bloss noch rostfarben umkränzte Hohlformen anstelle der herauserodierten Hölzer (Abb. 6). Die Farbe wird durch rostig verwitternden Pyrit (Schwefelkies, «Katzengold») hervorgerufen. Er entstand während der Gesteinsverfestigung aus schwefelhaltigen Verbindungen, da in der Randzone der Hölzer reduzierende Bedingungen herrschten.

Die Konglomeratbank enthält Gerölle aus Kalk, weissem Quarzit, Gangquarz (Quarz aus hydrothermalen Gängen), rote und grüne Granite sowie Gneise und «Grüngesteine» (Gesteine der ozeanischen Kruste wie vergrünte Basalte). Wegen des erhöhten Anteils an verschiedenfarbigen Gesteinen werden diese Schichten auch als «Bunte Nagelfluh» bezeichnet. Die Gerölle wurden durch Flüsse aus den Alpen herantransportiert und in einem ausgedehnten Schuttfächer abgelagert, der ins Molassemeer mündete (vgl. Tour 8). Die darin enthaltenen Gesteinstypen stehen zwar heute entlang der Emme nirgends mehr an, aber sie traten im Einzugsgebiet des damaligen Flusssystems auf. In der Zwischenzeit wurden diese Gesteinseinheiten aber vollständig abgetragen.

Erhöhte Hebungsraten im Hinterland der Alpen führten zusammen mit einer verstärkten Absenkung des Molassebeckens zu einer vermehrten Zufuhr von Abtragungsmaterial und einem Anwachsen der Schuttfächer. Durch die andauernde Zufuhr von Abtragungsschutt aus den Alpen bildete sich im absinkenden Molassebecken ein mächti-

ger Schichtstapel. Als Folge der Überlagerung und dem im Porenraum auskristallisierenden Calcit verfestigten sich Sand und Kies zu Sandstein und Konglomerat.

Der mittelalterliche Hohlweg der Leuehole

Am «Siechehus» vorbei wandern wir Richtung Wynigen und biegen wenig später in den tief in den Molassefels eingeschnittenen Hohlweg der Leuehole ein (4). Auf beiden Seiten des Hohlweges ist der grünlichgraue Sandstein der OMM aufgeschlossen *(1)*. In der Sammlung des Naturhistorischen Mu-

Abb. 4: *Rückenwirbel eines Haifisches (? Pristis spec.), Gisnauflüe.*
Abb. 5: *Aufschluss oberhalb des Kapellenweges mit Sandstein und rostig verwittertem, versteinertem Schwemmholz (unten) und Konglomeratbank (oben). Lorraine (3).*
Abb. 6: *Detailaufnahme eines rostbraunen, versteinerten Schwemmholzes, dessen Kernbereich herausgewittert ist. Lorraine (3).*
Abb. 7: *Haifischzähne (Carcharias acutissima), Länge bis 4 cm. Leuehole (4).*
Abb. 8: *Verkieseltes Holz, Leuehole (4).*

seums Bern werden von dieser Lokalität Haifischzähne aufbewahrt, Zeugen des marinen Ablagerungsmilieus (Abb. 7). Daneben führen die Sandsteinschichten auch hier wieder eingeschwemmte und verkieselte Hölzer, sie verweisen auf die Nähe des Festlandes (Abb. 8).

Binzbergwald und die Steinbrüche bei der Heimiswilbrücke

Sobald die auf ca. 700 m ü. M. liegende Forststrasse erreicht ist, folgt man deren Fortsetzung in südwestlicher Richtung bis zum heute vollständig überwachsenen Steinbruch «Herte Steigrüebli» (5). Im Gelände sind zwar bloss noch muldenförmige Vertiefungen erkennbar, doch wurde hier früher Muschelsandstein abgebaut. Dieser besteht aus kleinen Geröllen, die zusammen mit Muschelresten in Sandstein eingebettet sind. Der im Vergleich mit dem Sandstein bedeutend härtere Muschelsandstein wurde damals als Baustein für erhöhte Ansprüche bei Fensterbänken und Brückenfundamenten eingesetzt.

Wir folgen der Route zum Wietlisbachwald. Entlang des Wanderweges, der von Pkt. 581 über die Schinterhole zur Heimiswilbrücke führt, befinden sich vier weitere alte Steinbrüche (H1 bis H4 *(3)*, siehe Abb. 3). Wenig Zehnermeter oberhalb des Weges bietet sich ein Blick in den mit Bäumen bewachsenen Steinbruch H1 (6). In dessen Mitte wurde ein Pfeiler aus Sandstein nicht abgebaut. Wer mag, kann sich auch kurz in diesem Steinbruch umschauen.

Nachdem der Weg steiler zur Emme abfällt, erblicken wir linker Hand den Steinbruch H2 (7), dessen Abbausohle auf der Höhe des Weges liegt. Im Osten öffnen sich die Eingänge des unterirdisch angelegten Steinbruchs H3, der über 100 m weit in den Fels vorgetrieben wurde. Aus einem Plan des Stadtbaumeisters David Kupferschmid geht

hervor, dass der Untertageabbau im Steinbruch H3 bereits um 1800 einsetzte. Dabei wurde die Kammerbau-Methode eingesetzt, indem Sandsteinpfeiler mit 12 × 12 Steinbrecherschuh (3,6 m × 3,6 m) zum Abstützen der Grubendecke stehen gelassen wurden *(3)*. Dieser Steinbruch ist heute akut einsturzgefährdet und sollte auf keinen Fall betreten werden!

Am südlichen Ende des Steinbruchs H2 (7), und wenige Meter nach der Einmündung des Heimiswilbaches in die Emme, steht linker Hand, hinter mit Moos bewachsenen Sturzblöcken, ein teilweise abgebauter Felspfeiler an. An dessen Basis sind laminierte Schichten aus Feinsandstein der OMM mit Schrägschichtung und Wellenrippeln aufgeschlossen (Abb. 9). Die regelmässige Anordnung der Schichten entstand durch Gezeitenströmungen. Darüber folgen gut gebankte, blaugraue Sandsteine. In der

Abb. 9: *Abfolge aus feingeschichtetem Sandstein mit versteinerten Wellenrippeln. Aufschluss im südlichen Teil des Steinbruches H2* (7)

Abb. 10: *Inschrift «CG DKS PG 1807» von Stadtbaumeister David Kupferschmid und den Steinhauern Christian und Peter Gugger von Heimiswil. Felswand im südlichen Teil des Steinbruches H2* (7).

Abb. 11: *Ausschnitt aus dem Panorama von Burgdorf, Oberburg und Umgebung. Links Burgdorf, in der Bildmitte die Gisnauflüe und rechts offenes Gelände der Steinbrüche (H1 bis H4) zwischen der Waldegg- und Heimiswilbrücke*

höher liegenden, steil zur Emme abfallenden Felswand erkennen wir die Inschriften «CG DKS PG 1807» (Abb. 10). Diese stammen vom Stadtbaumeister David Kupferschmid (1759–1807) und den Gebrüdern Christian (1764–1828) und Peter Gugger (geb. 1770), Steinhauer von Heimiswil *(3, 4)*. Wie aus einer Darstellung von 1846/47 hervorgeht, wurde hier in der Mitte des 19. Jahrhunders intensiv Sandstein abgebaut (Abb. 11). Aus Sicherheitsgründen sollte nicht zu nahe an die Wand herangetreten werden.

Nach dem Besuch dieser Steinbrüche geht der Weg über die Heimiswilbrücke zurück zum Bahnhof (1). Für Durstige empfiehlt sich ein Abstecher ins Restaurant Schützenhaus mit abschliessendem Blick auf die Felskulisse der Gisnauflüe.

10

11

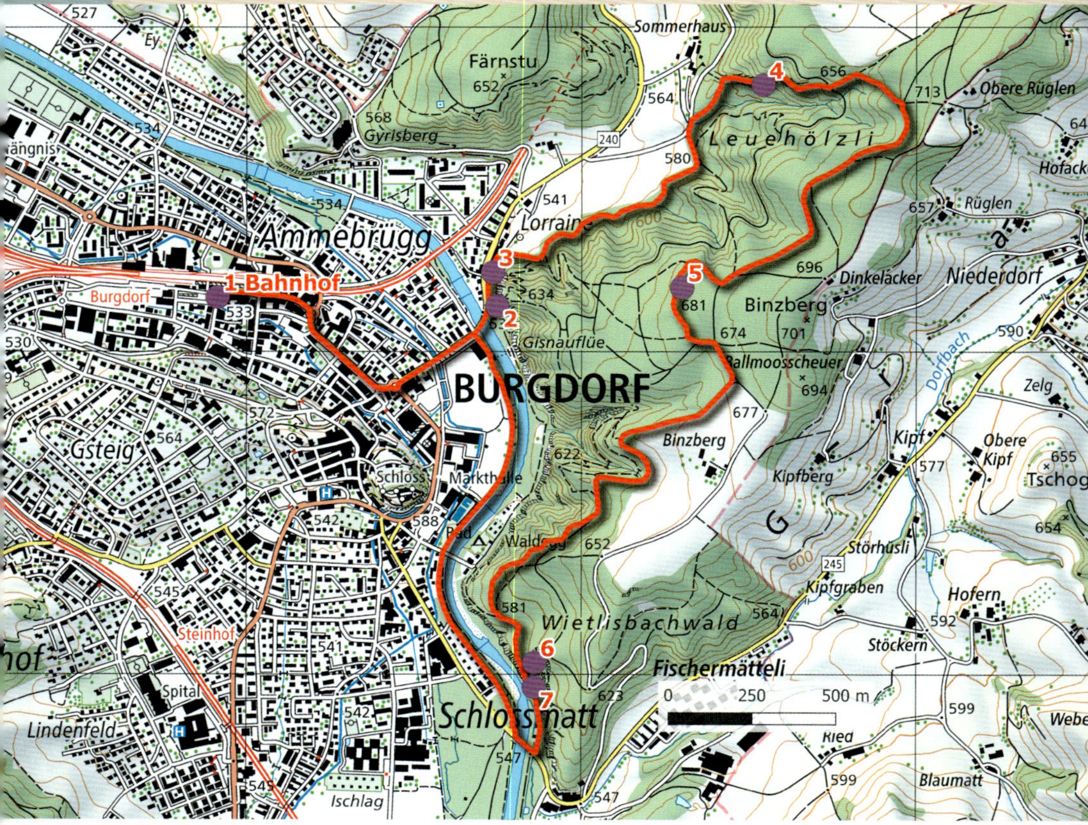

TOURENINFO

- **Startpunkt/Endpunkt:** *Bahnhof Burgdorf*
- **Weglänge:** *8,5 km, Höhenunterschied 180 m, Wegzeit 2,5 Stunden*
- **Einkehrmöglichkeiten:** *Restaurant Schützenhaus, viele Restaurants in Burgdorf.*
- **Tourencharakter:** *Einfache Wanderung, vorwiegend entlang des Wegnetzes der Schweizer Wanderwege*
- **Beste Jahreszeit:** *Frühling bis Spätherbst*

LITERATUR

(1) Wegmüller, P. (2009)
(2) Schweizer, J. (1985)
(3) Soom, Y. (2009)
(4) Roth, A. G. (1967)
(5) Soom, M. et al. (2025)

8 | Eine geologische Wanderung über den Napf

CHRISTIAN SCHLÜCHTER UND THOMAS BURRI

1

Abb. 1: *Napf-Fluh von der Trachselegg aus.*

Der Napf ist ein Bergland, das dem Alpenrand nördlich vorgelagert ist und über dem zentralen Mittelland thront. Seine geologischen Strukturen und Schichten sind weit über das Bergland und die umgebenden Täler hinaus zu verfolgen. Gerade die Ausdehnung der Schichten über die grossen Täler hinweg erschwert eine einfache Landschaftsgeschichte, denn hier am Napf sind es nicht etwa markante Schichtgrenzen, die für den Verlauf der Täler verantwortlich sind, sondern es war die über Jahrmillionen wirksame Flusserosion, die den Napf herausgeformt und isoliert hat. Dieser durchfurchte Kegel ist eine einzigartige Landschaft, die mit einer Traverse über den Gipfel erwandert werden kann und die auch zu Überlegungen zum gesamten Mittelland anregt.

Die Täler, welche den «Napfkegel» begrenzen, könnten vielfältiger nicht sein. Die offene Weite des Entlebuchs im Süden gegenüber dem schluchtartigen Engnis zwischen Wiggen und Trubschachen im Südwesten, oder die weichen Wasserscheiden zwischen Sumiswald und Zell im Nordwesten und Norden gegenüber den komplizierten, verzweigten Rinnen von Wolhusen ins Wiggertal im Nordosten. Für die Entstehung dieser scheinbar einfachen Rundtalung um den Napf sind während mindestens 6 bis 7 Millionen Jahren verschiedene Erosionsphasen am Werk gewesen.

Jetzt beginnt der Anstieg – hinauf über die Nagelfluh

Wir beginnen unsere Wanderung auf der Mettlenalp (1), ganz hinten im Fankhausgraben. Bereits hier kann man darüber streiten, ob der Napf in der letzten Eiszeit vergletschert gewesen ist. Der Talboden ist hier weit und am nördlichen Talhang talauswärts sind die seitlichen, steilen Kreten im unteren Hangbereich auffallend begradigt. Man ist versucht, von einer Schliffgrenze zu sprechen.

Der Weg auf den Napf führt zuerst durch den unteren Teil des Schlegelgrabens, bis nach wenigen Minuten der steile Anstieg im Wald in Richtung Gipfel beginnt (2). Während der folgenden rund 300 Höhenmeter wandern wir hauptsächlich auf der Nagelfluh, *dem* typischen Gestein des Napfs (Abb. 2). Die ersten guten Aufschlüsse finden wir gleich im Graben beim kleinen Brücklein, welches man vor dem Anstieg überqueren muss (2).

2

Was ist Nagelfluh? Nagelfluh ist ein Ablagerungsgestein, ein Sediment, das aus verschiedenen Korngrössen besteht, von feinstem Silt bis zu mehreren dm Durchmesser grossen Blöcken. Die Komponenten sind (gut) gerundet und bestehen in der Regel aus verschiedenen Gesteinsarten (Granite, Gneise, Quarzite, untergeordnet Kalksteine). Sedimentologisch wird Nagelfluh als Konglomerat bezeichnet, als grobkörnige, verfestigte Flussablagerung. Der Begriff «Nagelfluh» wird ausschliesslich für die Konglomerate der Molasse gebraucht *(1)*. Im berndeutschen Dialekt bedeutet das ein Festgestein (Nagelfluhfels), ein Gestein, aus dessen Oberfläche die einzelnen Gerölle wie Nagelköpfe aus einem Nagelbrett hervorragen; es ist eine Art genagelter, verbundener Fels, der sich durch besondere Zähigkeit ausweist (Jeremias Gotthelf schreibt im «Geltstag»: «E Gring heyg die Frau, Nagelfluh syg wie früsche Anke d'rgege…»). Wer einmal eine Baustelle in der Nagelfluh betreut hat, der weiss, was das heisst.

Meist erscheint die Nagelfluh massig ungegliedert, mit einzelnen, horizontal verfolgbaren Nagelfluhbänken/-schichten bis 10 m Mächtigkeit (Abb. 1 und 2). Darin finden sich zwischengelagerte Lagen und Linsen von Sandstein und zurückwitternde, wenige cm bis dm mächtige, sandige Mergellagen. Diese Lagen bestimmen die Begehbarkeit der Wanderwege im ganzen Napfgebiet. Je nach

3

Zustand des Wanderweges wechselt die aufgeschlossene Oberfläche zwischen sandigen Lagen und Nagelfluh variabler Korngrössen. Mergelige Schichten verursachen örtliche Vernässungen (an unserem Wanderweg vom Badgraben zur Badegg zu beobachten).

Die Nagelfluh ist hart, kalkig zementiert und infolge der beträchtlichen ehemaligen Überlagerung stark kompaktiert. Ausdruck dieser Kompaktion sind Eindrücke in Gerölloberflächen feinkörniger oder karbonatischer und schieferiger Gerölle (Abb. 3). Solche Drucklösungsspuren gehören zum typischen Bild der Napfnagelfluh.

Abb. 2: *Typische, massige Nagelfluh, Oberfläche eines frischen Sturzblocks im Hornbachgraben.*
Abb. 3: *Typisches Kalk-Geröll aus der Napf-Nagelfluh mit Lösungs- bzw. Verdrängungseindrücken.*
Abb. 4: *Kerbgraben in der sauberen Nagelfluh, Cholgrabe/Hornbach, als Beispiel eines Gross-Aufschlusses. Vorsicht beim Begehen!*

4

Auf dem Wanderweg können wir feststellen, dass die Nagelfluh vielfältig zusammengesetzt ist. Granite und Gneise dominieren, dazu kommt ein hoher Anteil von 15 % oder mehr an Quarziten und Gangquarzen. Beide sind als verwitterungsresistente Gesteine in tiefgründig verwitterten Deckschichten und in Lesesteinhaufen angereichert. Nicht selten sind vulkanische Gesteine, dabei fallen rot-graue *Pillow-Brekzien* auf. Seltener sind feinkörnig-massige Kalkgerölle (Abb. 3). Die Mehrzahl der aufgeschlossenen Schichten sind grobgeröllig, nicht selten mit grossen, recht gut gerundeten Quarzitblöcken.

Gute Aufschlüsse sind in allen Gräben zu finden, jedoch oft schwierig zugänglich und nicht ganz ungefährlich (Abb. 4). Ebenfalls entlang von Strasseneinschnitten, je nach Unterhaltstätigkeit der Wegmeister, sind gute Aufschlüsse vorhanden, z. B. am Strässchen von der Stächelegg zum Napf und vom Badgraben zur Badegg. Diese Aufschlüsse sind auch von ausgeprägten Talklüften durchzogen.

Auf dem Wanderweg fallen immer wieder rostig-sandige Schichten mit stark angewitterten und zerbrechenden Geröllen auf. Oben auf dem Gipfel bei der Bergstation der Transportseilbahn treffen wir dann auf gleichmässig grobkörnige Nagelfluh (3).

Gedanken zur Landschaftsgeschichte

Von unserem Rastplatz auf dem Napf-Gipfel oder von P. 1367 beim Niederänzi aus blicken wir in eine zerfurchte Landschaft mit tiefen Gräben und schmalen Eggen, die in 6–7 Mio. Jahren geschaffen worden ist. In dieser langen Zeit sind gewaltige Mengen an Nagelfluh und Sandstein verwittert, abgetragen und umgelagert worden (Fig. 5). Um die 200 m an Nagelfluh waren es, die nach dem Ende der Molasse-Sedimentation hier noch über dem Bergland lagen. In diesen 200 m Nagelfluh waren schätzungsweise 4–6 Mio. Jahre Ablagerungsgeschichte enthalten (Abb. 6).

Zu dieser Zeit gab es noch kein Entlebuch. Der Napfschuttfächer hatte gerade seine grösste Ausdehnung erreicht und war noch mit seiner randalpinen Wurzel (mit der Uremme) verbunden. Man muss sich das vorstellen: Der heute wild zerfurchte Napf mit den engen Gräben war eine weite, an den damaligen Alpenrand reichende Fläche mit verwilderten Wasserläufen, die immer wieder anschwollen und riesige Schottermengen aus dem Alpenrand schwemmten – das Material der heutigen Nagelfluh. Nach Osten und Westen dehnte sich dieser Schuttfächer aus und nach Norden ins heutige Mittelland hinaus verflachte und versandete er (Abb. 6).

Die Ablagerungen der Oberen Süsswassermolasse fanden als riesige Schuttfächer gewissermassen «im Trockenen» statt. Das Molassemeer war verschwunden und Seen waren nur kleinräumig und temporär vorhanden. Je nach Menge des von den Flüssen hergebrachten Materials und der Lage des Grundwasserspiegels konnten sich in einzelnen Rinnen über eine gewisse Zeit Seen und Tümpel bilden, die schliesslich wieder verlandeten. Vor allem die grossen Flüsse, die früher Material aus dem Alpenrand ins Mittelland transportiert haben, werden mit dem Abklingen der Sedimentfracht in den Schuttfächern zu Erosionsrinnen. Auch im Bereich des heutigen Alpenrandes begann massive alpenparallele Erosion mit Abfluss nach Osten und führte über Jahrmillionen zur Bildung des Entlebuchs.

Abb. 5: *Massive Umlagerung im Fankhausgraben, trockengelegte Rinne nach dem Abklingen des Gewitterhochwassers.*
Abb. 6: *Paläogeografie des Molassebeckens mit den wichtigsten Nagelfluh-Schuttfächern zur Zeit der Oberen Meeresmolasse. Im Laufe der Oberen Süsswassermolasse verlanden diese Schuttfächer (Quelle: GA 1148 Sumiswald).*
Abb. 7: *Lithostratigrafische Zusammenhänge im Napfschuttfächer. Unsere Wanderung findet im obersten Teil der Napf-Formation statt (Quelle: GA 1148 Sumiswald).*

6

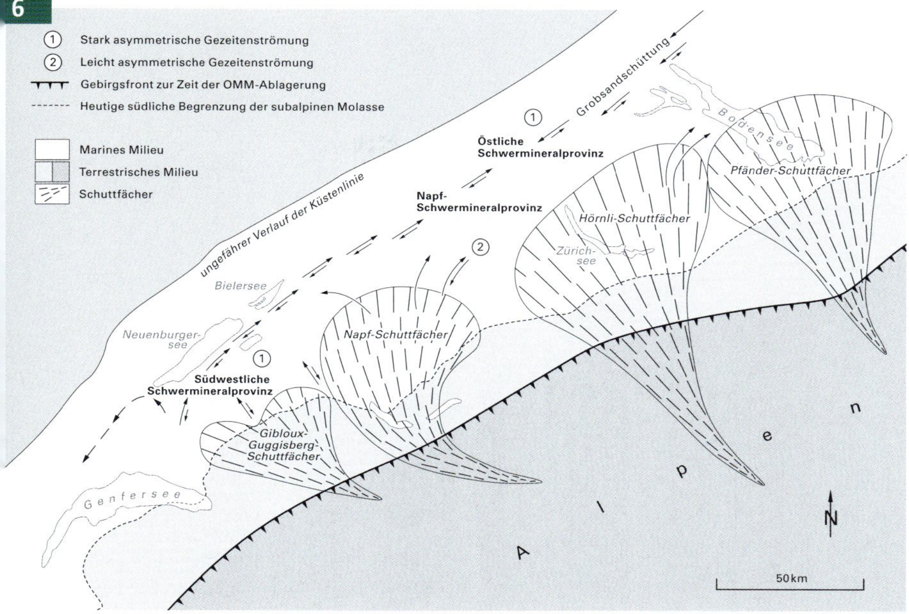
① Stark asymmetrische Gezeitenströmung
② Leicht asymmetrische Gezeitenströmung
Gebirgsfront zur Zeit der OMM-Ablagerung
Heutige südliche Begrenzung der subalpinen Molasse
Marines Milieu
Terrestrisches Milieu
Schuttfächer
ungefährer Verlauf der Küstenlinie
Grobsandschüttung
Östliche Schwermineralprovinz
Napf-Schwermineralprovinz
Südwestliche Schwermineralprovinz
Bodensee
Pfänder-Schuttfächer
Hörnli-Schuttfächer
Zürichsee
Bielersee
Neuenburgersee
Napf-Schuttfächer
Gibloux-Guggisberg-Schuttfächer
Genfersee
Alpen
N
50 km

7

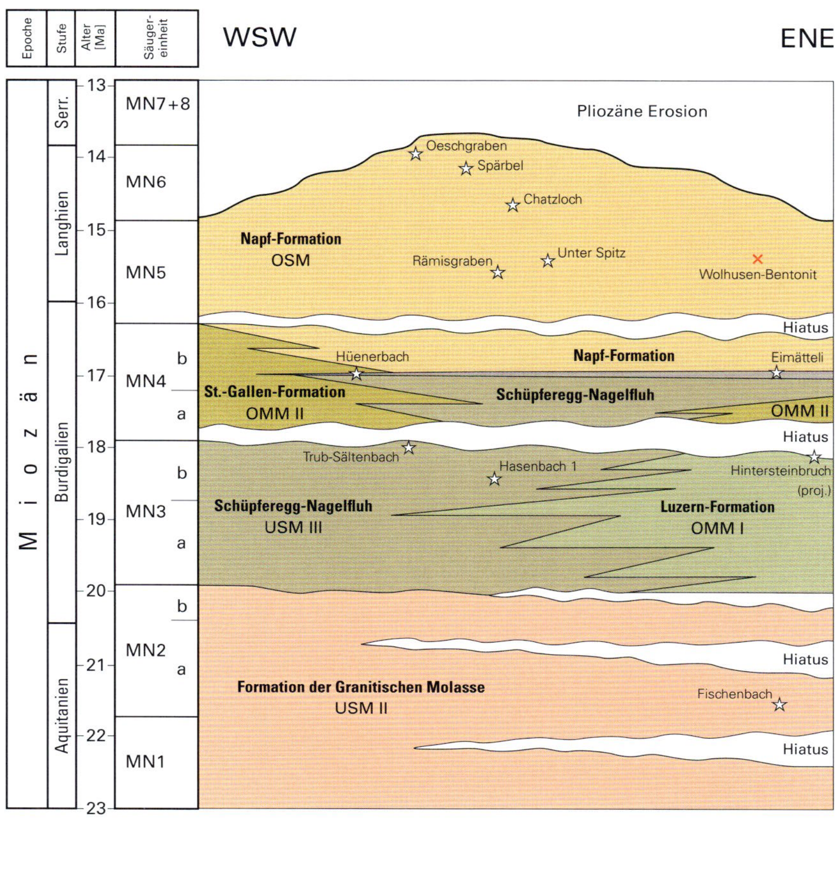
Epoche
Stufe
Alter [Ma]
Säugereinheit
WSW
ENE
Miozän
Serr.
Langhien
Burdigalien
Aquitanien
13
14
15
16
17
18
19
20
21
22
23
MN7+8
MN6
MN5
MN4 a b
MN3 a b
MN2 a b
MN1
Pliozäne Erosion
Oeschgraben
Spärbel
Chatzloch
Napf-Formation OSM
Rämisgraben
Unter Spitz
Wolhusen-Bentonit
Hiatus
Hüenerbach
Napf-Formation
Eimätteli
St.-Gallen-Formation OMM II
Schüpferegg-Nagelfluh
OMM II
Hiatus
Trub-SäItenbach
Hasenbach 1
Hintersteinbruch (proj.)
Schüpferegg-Nagelfluh USM III
Luzern-Formation OMM I
Hiatus
Formation der Granitischen Molasse USM II
Fischenbach
Hiatus

8

Abstieg nach Nordwesten über die Schichtstufen

Wir folgen dem Grat nach Westen bis zum Niederenzi (4). Dort verlassen wir den Hauptwanderweg und wenden uns nach Norden, jedoch nicht entlang des ausgeschilderten Wanderwegs, sondern entlang eines etwas versteckten Wegs am Ende der Gebäude. Die Wanderung führt über den Grat bis Ober Niespel hinunter (5) und ist «typisch Napf»: Steile Partien mit Nagelfluh-Unterlage wechseln mit vernässten Verflachungen ab (Mergellagen). Dieser Wechsel führt zu einer Schichtstufenlandschaft, welche auf der Wanderung beim Abstieg vom Niederenzi direkt «begehbar» ist (Abb. 8). Die Mergellagen sind zwar mengenmässig untergeordnet, sie sind aber wirksame Stauer von Hang- und Kluftwasser und kontrollieren gemeinsam mit den steilen Hangklüften die Hangstabilität. Die meisten Quellfassungen im Napfbergland liegen denn auch auf Mergelhorizonten.

Wir verlassen den Grat und folgen der Forststrasse zuerst nach Süden in den Graben hinein und ab dem Badbach (6) wieder nach Norden zur Schwand. Nahe dem Badbach gibt es entlang des Weges mehrere gute Aufschlüsse mit Wechselfolgen von gelbbrötlichen Mergeln, Nagelfluh und Sandsteinen. Die Verflachung bei Schwand ist auf das in den Aufschlüssen erkennbare, mehrere Meter mächtige Mergelband zurückzuführen.

Abb. 8: *Blick vom Gratweg zur Schichtstufenlandschaft an der Trachselegg.*

Abb. 9: *Der Enzisattel, eine durch einen praktisch N-S verlaufenden Bruch vorgegebene Eintalung. Blick von P. 1367 oberhalb von Niederenzi nach Westen.*

Abb. 10: *Beispiel von talparallelen Kluftscharen in der Fortsetzung eines Bruchs im Hornbach.*

9

Feinkörnige, kohlige Schichten in der Nagelfluh

Solche Schichten sind meistens nur cm- bis dm-mächtig und von wenigen Metern horizontaler Ausdehnung und – sie sind selten. Dank ihrer Fossilführung sind sie im Idealfall datierbar und für die Einstufung der geologischen Vorgänge sehr wichtig. Das kostbarste Beispiel dafür ist eine Schicht im Oeschgraben (liegt nicht an unserer Wanderung), die einen goldenen Nagel in der Erdgeschichte darstellt. Vor allem Zähnchen von Kleinsäugern erlauben eine Datierung dieser Schicht in die Zeit vor ca. 14 Millionen Jahren (*Säugetierzone* MN6, *(2)* vgl. Abb. 7). Diese Schicht liegt ca. 200 Höhenmeter unterhalb des Napf-Gipfels, was die Folgerung erlaubt, dass die oberste Schicht am Napf nicht jünger als 13 Millionen Jahre sein kann. Ca. 7 km westlich dieser Fundstelle ist an der Lokalität Spärbel ein weite-

10

rer schwarzer Horizont mit Kleinsäugern gefunden worden. Diese Fundstelle liegt gute 100 m tiefer als jene im Oeschgraben und ist somit erdgeschichtlich älter. Noch tiefer in der Schichtreihe liegt die dunkelgraue Verlandungsschicht hier im Badbächli (6). Diese Stelle ist besonders nach einem reinigenden Hochwasser Besuchspflicht auf unserer Wanderung, im schlimmsten Fall kann sie auch einmal unter Schutt begraben sein. Die noch nicht untersuchte, potenzielle Fundschicht liegt nur ca. 50 m vom Wanderweg grabenaufwärts. Das Besondere an dieser Stelle ist zusätzlich ein gut aufgeschlossener, grabenparalleler, vertikaler Bruch in der Nagelfluh, der den Verlandungshorizont durchtrennt. Er ist einer von vielen, die den Verlauf von Tälern bestimmen und eine wichtige Bruchtektonik im Napfgebiet belegen (Abb. 9, 10 (*(3)*, *(4)*)).

Eiszeit- und Aktuogeologie

Seit dem Ende der Sedimentation der Oberen Süsswassermolasse vor ca. 7 Mio. Jahren sind im Napfbergland Abtrag, Transport und Umlagerung die dominanten geologischen Vorgänge (Abb. 7). Im zentralen Napfbergland ist die grösste Eiszeit nur mit vereinzelten Findlingen dokumentiert (GA 1148 Sumiswald). Auf unserer Traverse fehlen sie. Ebenso fehlen hier eiszeitliche Ablagerungen im engeren Sinne. Demgegenüber sind auffallende Landschaftsformen allgegenwärtig, die zumindest eine eiszeitliche Komponente haben (siehe Exkursionsanfang in der Mettlen).

Über die Ober-Badegg (7) wandern wir hinunter ins luzernische Luthernbad, wo unsere Traverse auf dem Niveau der letzteiszeitlichen Niederterrasse endet. Bei der kleinen Badkapelle (8) wird seit 1583 eine Quelle als Heilquelle genutzt und bewallfahrtet *(5)*. Die Frage nach der Herkunft des Heiligen Wassers stellte sich insbesondere, als die Quelle in den 1990er-Jahren zu versiegen drohte. Zu dieser Zeit wurden bei der Badegg grossflächig und tiefgründig Hangmoorflächen für Weideland trockengelegt. Mit der Aufgabe der Drainagearbeiten und nach einem niederschlagsreichen Jahr fliesst die Quelle wieder wunderbar und wunderbringend. Interessant war der moorige Geruch des kaum mehr fliessenden Brunnens bei der Kapelle, mit dem man die Herkunft des Wassers riechen konnte. Heute kann neben der Kapelle ein brandneuer «Kraftort» mit Brunnen und Fussbad besucht werden, das Wasser ist eiskalt und erfreut die wandermüden Füsse (Abb. 11).

Weiteres «Lebenswasser» findet sich in Form eines Huuskafis im einzigen Wirtshaus am Platz. In der Jurte am Strassenrand können zudem lokale Spezialitäten erworben werden. Das Postauto wird uns unweit davon in Empfang nehmen (9).

Abb. 11: *Die mystische neue Brunngrotte bei der Badkapelle in Luthernbad.*

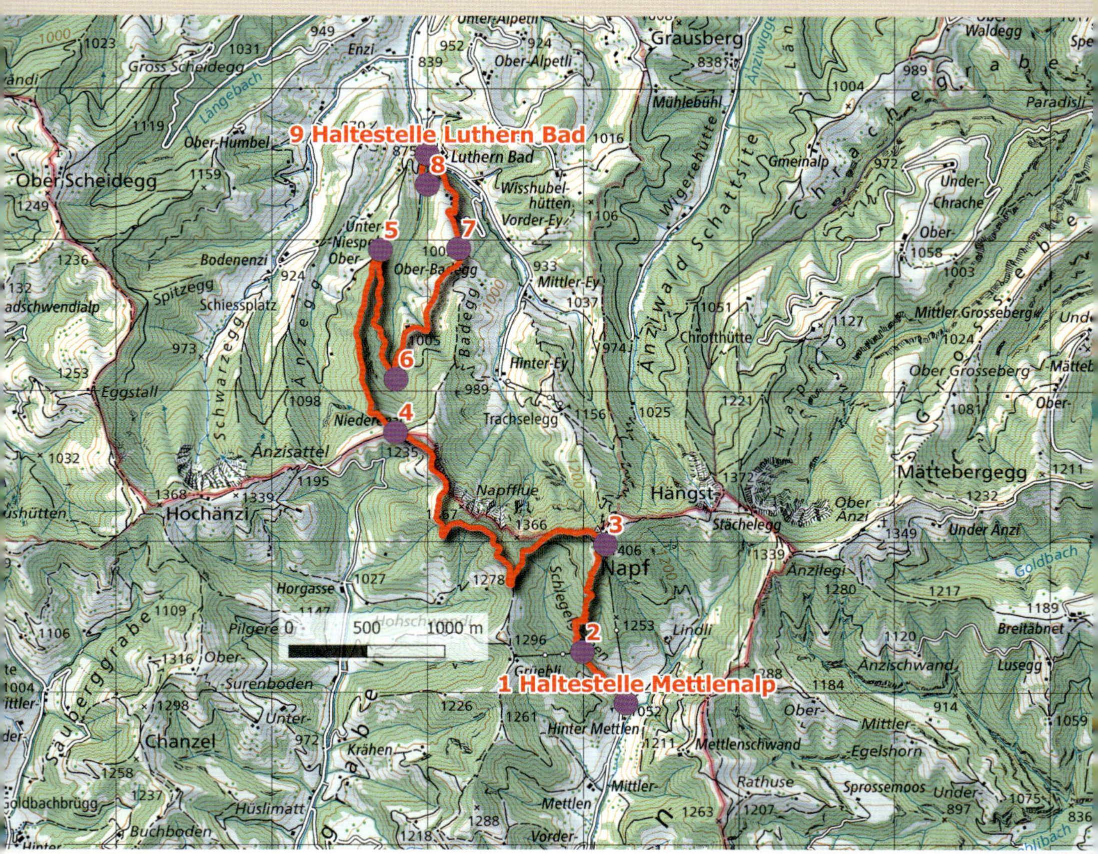

TOURENINFO

- **Anreise:** *Wanderbus nach Mettlenalp (nur im Sommer, Fahrplan konsultieren).*
- **Rückreise:** *Postauto ab Luthernbad.*
- **Tourencharakter:** *Als angenehme Tagestour bei jeder Witterung ein machbares Erlebnis. Gute Trittsicherheit Voraussetzung.*
- **Wanderzeit:** *Mettlenalp (1 051 m ü. M.) – Napf Gipfel (1 407 m ü. M.) 1 bis 1,5 h Wanderzeit. Napf–Niederenzi–Luthernbad (875 m ü. M.) 2 bis 2,5 h Wanderzeit.*
- **Verpflegungsmöglichkeiten:** *Auf dem Napf, dem Niederenzi (Sommerhalbjahr) und in Luthernbad (unregelmässige Öffnungszeiten). Auf der Mettlenalp feiner Alpkäse, auf dem Napf sind die Nussgipfel zu empfehlen! ÖV-Verbindungen, v. a. Wanderbus, sollten vorab gut abgeklärt werden. Gutes Schuhwerk ist unerlässlich.*

LITERATUR

(1) Rutsch, R.F. (1968)
(2) Müller, B.U. (1995)
(3) Rutsch, R. F. (1967)
(4) Schlüchter, C. (2014)
(5) Cysat, R. (2015)

9 | Geologie in der Stadt Bern

KONRAD ZEHNDER UND TONI P. LABHART

1

Abb. 1: *Zähringer-Brunnen in der Kramgasse. Typischer Renaissance-Brunnen und typisches Gassenbild der barocken Fassaden mit Laubengängen.*

Einleitung

Die Stadt Bern als geologischer Lieblingsplatz mag erstaunen, zumal sich der Blick nicht nur auf den Untergrund, sondern auf die aus Stein gebaute Stadt richtet. «Gibt es denn da mehr als Sandstein?» werden sich manche fragen. Tatsächlich begegnen wir auf einer Fläche, die etwa der Stadt vor 100 Jahren entspricht, rund 150 Gesteinsarten – davon etwa 70 aus über 140 Abbauorten der Schweiz. Mit dieser nationalen Steinvielfalt ist Bern einmalig. Steine am Bau erzählen von Bedürfnissen und Mitteln der Zeit, da sie beschafft, geformt und aufgeschichtet wurden. Sie bringen aber auch die geologische Landschaft, die Geschichte ihrer Entstehung, in die Stadt hinein. Sie waren zunächst das von der Natur angebotene Gebrauchsmaterial, und wurden zu Trägern von Kultur- und Kunstwerken. So sind sie zweifach schön – wie Steine an einem Ring (Abb. 1).

Dieser Beitrag basiert auf einem über Jahrzehnte aufgebauten Gesteinsinventar und dem daraus hervorgegangenen Doppelband «Steine Berns» *(1)*.

Ein Blick auf die Steine in der Stadtentwicklung

Von der Stadtgründung Ende des 12. bis in die Mitte des 19. Jahrhunderts wurden in Bern hauptsächlich Gesteine aus der näheren Umgebung verwendet. Von zentraler Bedeutung war von Anfang an der Berner Sandstein, der den damaligen Bedürfnissen entsprach: Es gab in unmittelbarer Stadtnähe grosse, für den Abbau geeignete Vorkommen. Vorerst nur für vereinzelte Bauwerke wie Stadtmauern, die Burg Nydegg oder die Leutkirche verwendet, bekam der Sandstein nach dem Stadtbrand von 1405, mit dem Baubeginn des Rathauses (1406) und des Münsters (1421) sowie vieler Privathäuser einen mächtigen Impuls. Einen eigentlichen Boom erreichte er im 18. Jahrhundert mit der Erneuerung zahlloser Bürgerhäuser und mit der Erstellung von Repräsentativbauten durch das patrizische Ancien Régime. Ende des 18. Jahrhunderts waren rund 80 % der Bausubstanz in Sandstein erneuert, unter weitestgehender Beibehaltung des mittelalterlichen Bauplans der Stadt (Abb. 2).

2

Abb. 2: *Bau der Stadt Bern (Berner-Chronik Diebold Schilling, 1468 – 1484).*

Kalktuff war, wie schon zu römischer Zeit, ein geschätztes Baumaterial und im 12. und 13. Jahrhundert dem Sandstein mengenmässig fast ebenbürtig. Angesichts der wenig ergiebigen stadtnahen Vorkommen blieb es bei Anwendungen, für die sich dieser Stein besonders eignete: Wehrbauten, Stützmauern (Plattform), Ehgräben (Abwasser-Rinnen und Kanäle), Brückenbögen und Kellergewölbe. Seit Beginn des 18. Jahrhunderts wurden *Berner Oberländer Kalksteine* als Sockelbänder an den Sandsteinfassaden eingebaut. Wie die im Spätbarock gefragten und von der berühmten Berner Werkstätte

3

Funk verarbeiteten farbigen Marmore von Grindelwald und Rosenlaui (vgl. Tour 24), gelangten sie per Schiff vom Thunersee nach Bern (Abb. 3). Für einzelne Werke, vor allem Brunnenbecken oder Mühlsteine, griff man ab dem 17. Jahrhundert auf Granitfindlinge des Aare-Gletschers zurück. Findlinge und Flussgerölle waren in unveränderter oder grob zugerichteter Form ein gesuchtes Material für Mauerkerne, die Hinterfüllung von Stützmauern, Aufschüttungen und die Pflästerung von Strassen (Abb. 4).

Weite und damit kostspielige Transporte für auswärtiges Material nahm man nur in Einzelfällen auf sich, etwa für die *Pierre Jaune de Neuchâtel* der Brunnenfiguren des Hans Gieng im 16. Jahrhundert oder die Brunnenbecken aus *Solothurner Stein* ab der Mitte des 18. Jahrhunderts. Eine bemerkenswerte Ausnahme und zugleich die Wende ins Industriezeitalter bilden 1840–1844 die Massentransporte von Aare-Granit aus dem Oberhasli beim Bau der Nydeggbrücke (Abb. 8, 9, 10). 1860/64 erfolgte der Anschluss Berns an das schweizerische Eisenbahnnetz, was erstmals preisgünstige Steinimporte erlaubte und das Einströmen auswärtiger Gesteine zur Folge hatte (Abb. 5).

4

Wichtigster Baustein blieb dennoch der Berner Sandstein. Seine Vorrangstellung büsste er Ende des 19. Jahrhunderts wegen neuer Baumaterialien wie Beton und Backstein – und damit verbunden der Aufgabe der Massivbauweise mit Naturstein – völlig ein. An exponierten Fassadenteilen kamen vermehrt auswärtige schweizerische Molasse-Sandsteine oder in Einzelfällen – so bei der Aufstockung des Münsters – auch ausländisches Material (*Obernkirchener Sandstein*) zum Einsatz. An Sockelbändern verdrängten *Kalksteine von St-Triphon* und aus dem Jura den *Oberländer Stein* rasch und endgültig. Mit der Eröffnung des Gotthardtunnels 1882 gelangten schliesslich auch Tessiner Gneise und Aare-Granit aus dem Urner Reusstal nach Bern. Industriell im Steinbruch gefertigte und genormte Pflastersteine verdrängten im 20. Jahrhundert die klassischen Flussgerölle.

Wie in vielen anderen Städten auch, hat in Bern der Naturstein im 20. und 21. Jahr-

5

hundert im Hochbau entscheidend an Bedeutung verloren. Durch Backstein, Beton, Stahl und Glas wurde er zurückgedrängt auf einen Platz als dekorative Fassadenverkleidung. Dank Bauvorschriften und den Bemühungen der Denkmalpflege ist der alte Steinbestand, welcher den Charakter der Berner Altstadt so entscheidend prägt, aber weitgehend erhalten geblieben. Dies hat auch zum Überleben eines leistungsfähigen Fachgewerbes und einiger stadtnaher Steinbrüche beigetragen (Ostermundigen, Gurten und Krauchthal).

Abb. 3: *Barocke Kamineinfassung aus der Werkstätte Funk, Rosenlaui-Marmor. Heute im Historischen Museum Bern.*
Abb. 4: *Fundament des Christoffelturms in der Bahnhof-Passage. Grosse Quader aus Berner Sandstein im Wechsel mit Bollenstein-Mörtel, zuoberst eine Lage Kalktuff.*
Abb. 5: *Portal der ehemaligen Mädchen-Sekundarschule aus Pierre Jaune de Neuchâtel, Sockel aus hellem Jurakalk von Laufen.*

Eine kleine Reise zu den Steinen der Stadt

Es ist unmöglich, den Steinreichtum Berns auf einem Spaziergang zu erfassen. Der im Folgenden vorgeschlagene vermittelt immerhin einen Einblick in die überraschende Gesteinsvielfalt an Bauten. Wir haben zehn ausgewählt, die zu Fuss auf verkehrsarmen bzw. -freien Routen erreichbar sind. Sie decken 700 Jahre Stadtentwicklung ab und möchten zum weiteren Entdecken der Steine dieser Stadt anregen. Die Tour beginnt bei der Universität auf der Grossen Schanze, führt mitten hinein in die Stadtanfänge und durch den zum UNESCO-Weltkulturgut erklärten Stadtkern bis hinunter zur Nydeggbrücke. In Klammern gesetzte Lokalitätsnamen weisen auf Abbauorte des Gesteins hin, manchmal gefolgt von einem in der Natursteinbranche geläufigen Namen des Gesteinstyps.

1. **Universität, Hauptgebäude:** 1900–1903 erbauter «Bildungspalast im Neurenaissance-Stil» (KfS) *(2)*. Äusseres: Berner Sandstein (Harnischhuet und Ostermundigen (vgl. Tour 10); Sockel Jurakalk (St-Imier) mit Krebswühlgängen; Treppen Tessiner Gneis (Iragna); Sockelfuss bei drei Eingängen Aare-Granit (Wassen). Inneres: In der Eingangshalle Säulen aus Grindelwald-Marmor (vgl. Tour 24), zwei in roter und zwei in graugrüner Varietät, diese mit 3,5 m Höhe grössten bekannten Werkstücke dieses Gesteins; Cheminées bunter *Brekzien*kalk (Arzo, Typ Macchia Vecchia); Bodenplatten feinlagig gestreifter Kalkstein (Arvel) und grauer Marmor (Carrara IT, Typ Bardiglio). Im Hochparterre zwei halbrunde Brunnenbecken aus poliertem Kalkstein (Laufen). Haupttreppe zum 1. Stock: Säulen, Bogen, Stufen, Handläufe und Baluster Berner Sandstein – eines der schönsten Ensembles dieses Materials in der bernischen säkularen Innenarchitektur.

Vor dem Hauptgebäude Pflästerung aus Flyschsandstein (Guber). Ca. 40 m südöstlich Haller-Denkmal (1908) mit einem Sockel aus rötlichem Granit (Baveno IT).

2. **Hauptbahnhof, Christoffel-Passage:** Mittelalterliche Stadtbefestigung von 1340–1350. Beim Südende der Passage Infotafeln. Fundamentmauer mit grossen Sandsteinquadern und Bollensteinen (Abb. 4). Westlich davon Grabenbrücke (1649) mit Kalktuff, Kieselkalk (Goldswil) und Muschelkalk (Brüttelen? vgl. Touren 3 und 4). Ca. 100 m nördlich (in Restaurant) besterhaltene mittelalterliche Tuffsteinmauer.
3. **Heiliggeistkirche:** 1726–1729, «Hauptleistung des protestantischen Kirchenbaus in der Schweiz» (KfS). Äusseres: Ursprünglich Berner Sandstein, bei zahlreichen Restaurierungen teilweise ersetzt durch andere Sandsteine. Sockel ursprünglich Berner Oberländer Kalkstein, durch Muschelkalk von Othmarsingen ersetzt. An Hauptfassade vier Säulen aus rötlichem Granit (Baveno IT). Aussentreppe an Nordfront mit über 6 m breitem Monolithen (aus einem einzigen Werkstück bestehend) aus Aare-Granit, einem Findling der Falkenfluh. Inneres: Berner Sandstein im Grossquaderverband und Säulen aus je drei Trommeln von 2,3 m Höhe und 90 cm Durchmesser. Kanzel aus Stein der Ostermundiger «Kilchenbank», einem qualitativ hochwertigen Berner Sandstein (vgl. Tour 10). Abendmahlstisch (1789) aus poliertem «Schwarzmarmor» – einem weiss geaderten, schwarzen Kalkstein (Zweilütschinen).
4. **Weltpostdenkmal:** 1908, zeittypisches Symbol der globalisierten Welt. Gebirgsartiger Sockel aus Granit von St-Maurice-lès-Châteauneuf (F) mit grossen, spiegelnden Feldspäten. Wohl einzige Verwendung dieses Gesteins in der Schweiz.

6

5. **Bundeshäuser:** Die drei 1852–1902 erbauten Regierungspaläste und ihre Umgebung sind – insbesondere mit ihren prächtigen Innenausstattungen – zugleich die bedeutendste Kollektion schweizerischer Bausteine. Eine Besichtigung der Gebäude muss angemeldet werden und stellt eine eigene Exkursion dar, wir verweisen auf weitergehende Literatur *(3)*.

Bundesplatz: 2003–2004 neugestaltet mit Valser Gneis. Damit ist erstmals auch ein bündnerisches Gestein im Bundeshauskomplex vertreten! Jeweils vier aus einem Block gesägte Platten sind spiegelsymmetrisch angeordnet (Abb. 6).

6. **Herrengass-Brunnen:** 1740–1760, zwei ungleich grosse Becken aus Granitfindlingen. Säulensockel Aare-Granit, Säule und Vase *Pierre Jaune* de Neuchâtel. Das für Brunnensäulen und -figuren des 16.–18. Jahrhunderts bevorzugte Material ist hier untypisch steinsichtig (nicht bemalt) und stark angewittert, mit gut sichtbaren Fein- und Kreuzschichtungen.

Abb. 6: *Der als freie Fläche gestaltete Bundesplatz vor dem Parlamentsgebäude, mit einem die Menschen zum Spielen einladenden Wasserspiel.*

7

7. **Münster:** 1421–1588, erst 1889–1893 wurde der Turm vollendet. «Bedeutendstes spätgotisches Gesamtkunstwerk der Schweiz» (KfS). Äusseres: Sockel Muschelnagelfluh (Bantiger), eigenartig lagig gebänderter Muschelkalk (Brüttelen?) und Berner Oberländer Kalksteine. Darüber ein Mosaik von bauzeitlichem und jüngerem Berner Sandstein aus diversen Brüchen und vielen Restaurierungs-Generationen, sowie aus weiteren Molasse-Sandsteinen und deutschem Obernkirchener Sandstein (Abb. 7). Inneres: Gewaltiger Kirchenraum von 87 m Länge, 36 m Breite und 21 m Höhe, optisch dominiert durch Quadermauerwerk aus Berner Sandstein – ohne Zweifel der eindrücklichste Innenraum aus diesem Stein, zum grossen Teil Originalmaterial des 15. Jahrhunderts. Kanzel aus bläulicher Varietät bester Qualität (wahrscheinlich Gurten). Abendmahlstisch aus dunklem Kalkstein (St-Triphon?), 1581 bei Eroberung der Waadt aus der Kathedrale Lausanne geraubt. In der Bubenbergkapelle Epitaph «N.F. von Steiger» (1805) aus *Merliger Stein* mit *Alabaster* u.v.m. – **Münsterplatz:** Pflastersteine aus petrografisch vielfältigen Flusskieseln, u.a. Quarzit – daraus das Verlegemuster vor dem Südportal der Westfront.

8. **Gerechtigkeits-Brunnen:** 1543, einer der typischen Renaissance-Figurenbrunnen Berns. Figur der Justizia aus polychromierter (farbig bemalter) *Pierre Jaune* de Neuchâtel, nach Brandanschlag 1986 in *Pierre de Metz* erneuert (Original im Historischen Museum). Achteck-Becken aus Solothurner Stein mit kräftigem Eisenring (1845), mehrmals restauriert. Zwei monolithische Sudelbecken aus Findlingsgranit.

8

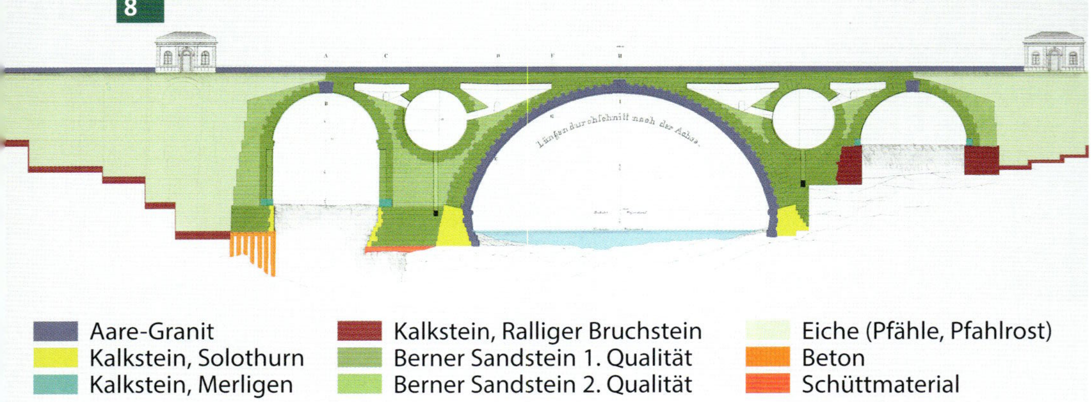

9

10

9. **Kreuzgass-Brunnen:** 1519 als erster Steinbrunnen am ehemaligen Stadtmittelpunkt errichtet; 1778–1779 als klassizistischer Obeliskbrunnen erneuert; 1999 letztmals restauriert. Zwei halbrunde Muschelbecken aus *Solothurner Stein*, Obelisk und bekrönende Urne intensiv geaderter Berner Oberländer Kalkstein. Widderköpfe wahrscheinlich *Solothurner Stein* sowie evtl. römische Spolien (wiederverwendete Steine) von Avenches. Trittplatten aus Granit.

10. **Nydeggbrücke:** 1840–1844. «Erste Hochbrücke Berns, bis Ende 19. Jahrhundert mit dem weitest gespannten Hausteinbogen Europas» (KfS). Mit rund 27 000 m^3 verbautem Material neben dem Münster das bedeutendste Natursteinbauwerk Berns *(4)*. Wegen Schwierigkeiten zur Beschaffung und Finanzierung ist Granit auf die höchstbeanspruchten Teile beschränkt: das Tragwerk des Hauptbogens, die Stirnkränze und Schlusssteine der Seitenbogen sowie Gesimse und Brüstung der oberen Abschlusselemente (Abb. 8, 9, 10). Aare-Granit wurde bei Meiringen (Kirchet) aus Moränenmaterial gewonnen und als fertig bearbeitete Blöcke per Schiff nach Bern transportiert – es gab noch keine Eisenbahn! Mittelharte, dichte Kalksteine sind im Fundament- und Sockelbereich eingesetzt, Berner Sandstein 1. Qualität für Tragwerke der kleineren Bogen, der weichere Berner Sandstein 2. Qualität für die grosse Masse der weniger beanspruchten Bauteile.

Abb. 7: *Münster, Kindbetterinnenpforte. Gesteinspuzzle aus Obernkirchener Sandstein, Granitischem Sandstein (Zug/Ägeri), Berner Sandstein, wahrscheinlich vom Gurten, Muschelnagelfluh, Berner Oberländer Kalkstein, Aare-Granit (Schwelle), Kieselkalkschiefer (Platte).*

Abb. 8: *Nydeggbrücke. Plan der Materialien in einem Schnitt durch die Längsachse, Erklärungen im Text.*

Abb. 9: *Nydeggbrücke, Detail am grossen Bogen. Im Hintergrund die 400 Jahre ältere Untertorbrücke aus Kalktuff.*

Abb. 10: *Nydeggbrücke, Detail der Brüstung mit dunkler und heller Granit-Varietät.*

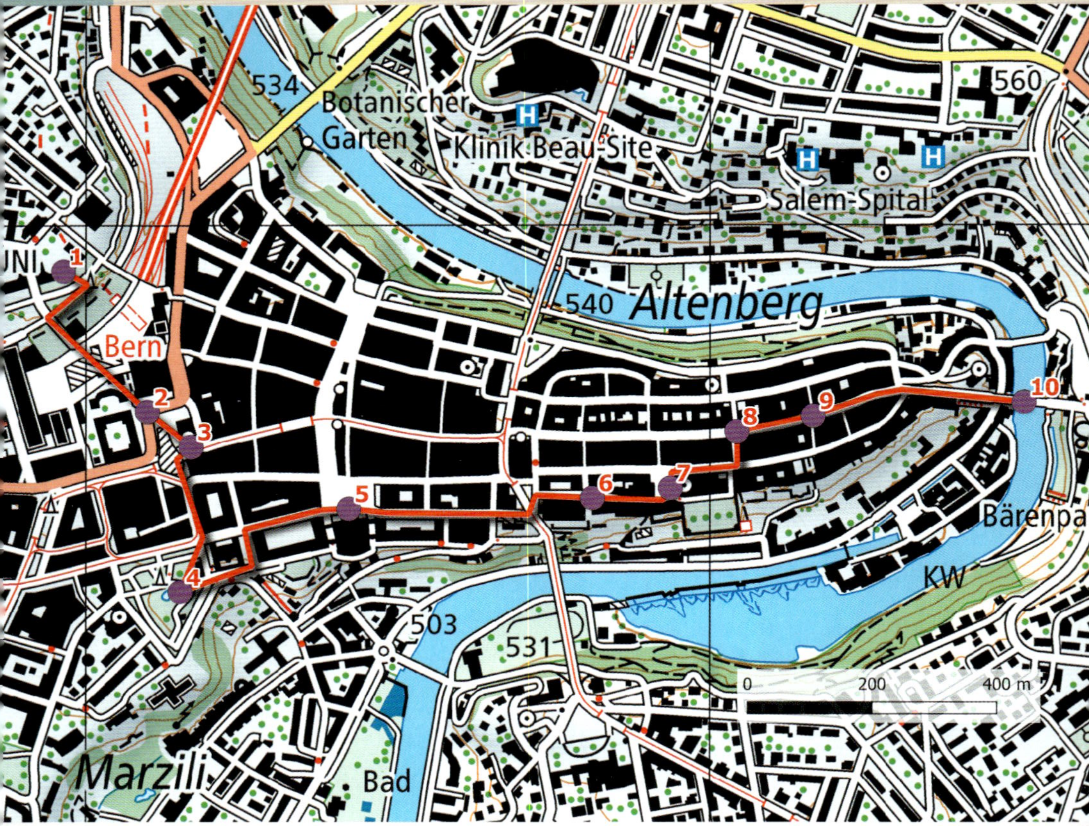

TOURENINFO

- **Ausgangs- und Endpunkt:** *Bern Universität, Bern Nydeggbrücke*
- **Weglänge:** *2,3 km*
- **Höhendifferenz:** *Abstieg 40 m*
- **Zeitbedarf (ohne Halte):** *40 Minuten*
- **Jahreszeit:** *Ganzes Jahr*
- **Charakterisierung der Wanderung:** *Sehr einfache Wanderung auf befestigten Strassen.*

In Gedenken an Toni Labhart, der im Januar 2025 verstorben ist.

LITERATUR

(1) *Labhart, T.P. et al. (2018)*
(2) *Kunstführer durch die Schweiz, Bd. 3 (2006)*
(3) *Labhart, T. P. et al. (2002)*
(4) *Emch U. (2013).*

10 | Der Berner Sandstein von Ostermundigen

PETER HEITZMANN, MIT BEITRÄGEN VON UELI GRUNER, JÜRGEN ABRECHT UND THOMAS BURRI

1

Abb. 1: *Grosser Steinbruch von Ostermundigenberg. Abbauwand mit Quaderabdrücken, Kran für den Blocktransport und lieferbereite Blöcke.*

Bern wurde nicht an einem Tag erbaut! Seit der Stadtgründung 1191 ist dafür viel Baumaterial verbraucht worden – Holz, Sandstein, Beton. Ein wichtiger Tag für den Berner Sandstein war der 14. Mai 1405, als beim grossen Stadtbrand von Bern über 600 Häuser verbrannten. Dies war der Grund, weshalb der Kleine Rat per Verordnung erliess, dass künftig nur noch Steinhäuser gebaut werden durften. Damit rückte die Versorgung der Stadt mit Bausteinen in den Vordergrund. Diese mussten wegen des damals sehr aufwendigen Transportes in der näheren Umgebung gefunden werden, und so wurden mit der Zeit eine Reihe von Steinbrüchen in der Umgebung von Bern eröffnet (Abb. 2).

Der Berner Sandstein und sein Abbau

Der Molasse-Sandstein Berns wurde früher auch «Berner Sandstein» genannt; heute wird er stratigrafisch der «Sense-Formation» zugeordnet. Auch dieser Name dürfte wohl im Rahmen der laufenden Homogenisierung der Stratigrafie der Schweiz in absehbarer Zeit durch den Begriff «Luzern-Formation» abgelöst werden.

Der mehrere Hundert Meter mächtige, weitgehend homogene Sandsteinkörper der Luzern-Formation kann vom Genfersee bis zum Bodensee verfolgt werden. Der Sand wurde im älteren Miozän, vor 20–18 Mio. Jahren, in einem seichten Meer im Norden der werdenden Alpen abgelagert. Tatsächlich lassen sich mit Glück auch Haifischzähne oder Muscheln finden. Da sich das Molassebecken langsam, aber kontinuierlich vertiefte, lagerten sich ständig neue Sande auf den älteren ab. So wurden ältere Lagen kompaktiert und die Körner durch ausfällenden Calcit verklebt, allerdings nur mittelmässig gut, daher auch die hohe Porosität des Sandsteins. Die Sandkörner bestehen aus Quarz (55–65 %), Feldspat (10–20 %), kleinen Gesteinsbruchstücken (20–25 %), Glimmer, Schwermineralen und Glaukonit (Abb. 3). Der grünliche, glimmerartige Glaukonit entstand durch Verwitterung von

2

3

4

Glimmern oder Tonmineralien im Salzwasser und ist somit Beleg für eine Ablagerung im Meer. Er verleiht dem Gestein auch seine typische graugrüne Farbe.

Die sichtbaren Strukturen erlauben Rückschlüsse auf die Ablagerungsverhältnisse des Sandsteins: Dieser entstand in einem flachen Küstengebiet, wo Strömungen den Sand immer wieder aufwirbelten und weitertransportierten. Dadurch entstanden im Wasser wellenähnliche Gebilde (klein = Rippeln, gross = Dünen) mit flacher Luv- und steiler Lee-Seite. Eine Aneinanderreihung von Lee-Blättern ergibt die im Sandstein auch heute noch gut erkennbare Schrägschichtung (Abb. 4). Diese darf nicht verwechselt werden mit den ebenfalls schrägen Schrämmspuren, die beim manuellen Abbau entstanden und vor Ort noch gut zu sehen sind (Abb. 7).

Der Berner Sandstein war in Bern ein beliebter Baustein, da er in unmittelbarer Umgebung der Stadt gewonnen werden konnte. Zahlreiche Gebäude wurden damit gebaut, zum Beispiel das Berner Münster, das Bundeshaus, weite Teile der Berner Altstadt, aber auch das Hauptgebäude der ETH Zürich. Der Stein kann wegen seines Zements aus weichem Calcit leicht bearbeitet werden, ein grosser Vorteil gegenüber dem harten, teilweise mit Quarz zementierten Buntsandstein am Basler Münster. Ein grosser Nachteil liegt aber in seiner Verwitterungsanfälligkeit; Glaukonit und Glimmer verwittern leicht und der Calcit-Zement wird durch Regen

Abb. 2: *Steinbrüche von «Berner Sandstein» in der Umgebung von Bern. In Ostermundigen wurden nach den ersten Steinbrüchen am Aargauerstalden und am Gurten nacheinander drei Steinbrüche geöffnet: 1. Hätteberg, 2. Steigrüebli und 3. Ostermundigenberg (Nordhang). Weitere Steinbrüche liegen bei Krauchthal, ca. 9 km NE von Ostermundigen. Hellbraun hinterlegt Sense-Formation (Kartengrundlage: swisstopo).*

Abb. 3: *Dünnschliff eines typischen Berner Sandsteins. Gut zu erkennen sind eckige und gerundete Quarz- und Feldspatkörner (grau), verwitterte Glimmer (dunkel) und grüner Glaukonit, Calcit in der Grundmasse ist feingemustert. Der schwarze Balken (u. l.) beträgt 0,2 mm. Links einfach, rechts doppelt polarisiert.*

Abb. 4: *Block von Berner Sandstein mit gut sichtbaren Schrägschichtungen (Bildbreite ca. 70 cm).*

aufgelöst und ausgewaschen. Dieser Verwitterungsprozess schafft häufig grössere Probleme bei der Erhaltung der Sandstein-Gebäude. Deshalb wird bei Reparaturen zum Teil auf beständigere Sandsteine zurückgegriffen, beispielsweise beim oberen Teil des Turms des Berner Münsters (Obernkirchner Sandstein, aus Deutschland).

Neues Leben im alten Steinbruch

In einer frühen Phase wurde der Sandstein ortsnah und schon fast bequem im Gebiet des heutigen Aargauerstaldens abgebaut. Als dort die Vorräte zur Neige gingen, wurde am Südhang des Hättebergs in Ostermundigen – eventuell im Zusammenhang mit dem grossen Stadtbrand 1405 – ein neuer Steinbruch eröffnet (Abb. 2). Dort starten wir unsere Steinbruch-Tour an der Bushaltestelle Sportplatzweg.

Wer mag, macht am Hätteberg einen kleinen, viertelstündigen Rundgang (1). Im Steinbruchareal ist seit den 1950er-Jahren eine eher heterogene Siedlung entstanden; nur im nördlichsten Teil, am Waldrand, sind noch alte Abbaukanten erkennbar. Davor tummeln sich – fast idyllisch – Schafe auf den Weiden und Bienen summen um ihre Kästen (Abb. 5).

Der Steinbruch lieferte während fast 300 Jahren viel Material, speziell auch für den Bau des Berner Münsters. Dafür war bis 1750 eine spezielle, harte, graublaue Sandsteinschicht, die «Kilchenbank» reserviert. In der ersten Hälfte des 19. Jahrhunderts wurden die Abbau-Möglichkeiten aber immer schwieriger; auch war ein Grossteil des Steinbruchs bereits mit nicht brauchbarem Material (Abraum) aufgefüllt. Es musste nach alternativen Standorten gesucht werden.

5

6

Vom Hätteberg wenden wir uns nach SE, überqueren die Bernstrasse und gelangen in kurzer Zeit zum nahen Steinbruch Steingrüebli (2), der als Ersatz für den Hätteberg eröffnet wurde. Hier konnte man für etwa 100 Jahre Baumaterial gewinnen. Danach wurde der aufgelassene Steinbruch vom Militär als Lagerraum und zuletzt durch die Theatergruppe «Madame Bisegger» als stimmungsvolle Bühne verwendet. Teilweise ist das Areal unverschlossen (z.B. bei Theaterbetrieb), oft aber ist der Eingang verschlossen (Schafhaltung). Wenn wir eintreten können, nimmt uns ein noch immer imposanter, dicht bewachsener Steinbruch in Empfang. Eine weitere kleine, versteckte Idylle, zugleich Biotop und Geotop, … und Klettergarten (Abb. 6).

An einem imposanten Neubau vorbei, der unmittelbar westlich an den Steinbruch grenzt und dessen Formen spielerisch übernommen zu haben scheint, biegen wir in den Hohlenweg ein und folgen dem Wanderweg. Dieser führt uns, leicht ansteigend, entlang dem mehrheitlich bewaldeten NW-Hang des Ostermundigenbergs in Richtung der grossen Steinbrüche. Kurz bevor wir die Steinbrüche erreichen, öffnet sich der Wald und uns bietet sich eine eindrückliche Aussicht über die Stadt Bern (3).

Abb. 5: *Schafe und Bienenkasten vor den alten Abbaukanten des Steinbruchs am Hätteberg.*
Abb. 6: *Steile, mächtige Abbauwände im Steinbruch Steingrüebli.*

Die grossen Steinbrüche vom Ostermundigenberg

Am SW-Ende der Steinbrüche steigen wir kurz ab und können bald einen ersten Blick in den Steinbruch Ostermundigenberg werfen (4). Die Dimensionen wirken, verglichen mit unseren ersten Steinbrüchen, deutlich grösser, u.a., weil dieser Steinbruch nicht mit Schutt aufgefüllt wurde (siehe unten). Kurz darauf treffen wir auf ein Fahrsträsschen (Hubelstrasse) und folgen ihm 100 m bergauf. Wir gelangen zu einer Stelle, die einen guten Einblick in den oberen Teil des grössten Steinbruchs bietet (5). Ab 1827 begann der Abbau im Steinbruch «Ostermundigenberg», der sich bald zum damals grössten Steinbruch der Schweiz entwickeln sollte. Selbst heute wird noch abgebaut, auch an unserem jetzigen Standort, allerdings nur noch im geringen Ausmass und fast nur für Renovationen. Der abgebaute Sandstein ist homogen, weist kaum Anzeichen von Schichtung auf und ist nur wenig geklüftet – eigentlich ein idealer Baustein. Trotzdem müssen bis heute bis zu 40 % der abgebauten Blöcke als Abraum weggeführt werden.

Der Berner Sandstein wird in mächtigen Quadern von 2 × 1 × 1 m gewonnen. Heute werden die Blöcke mit einer Schrämmfräse aus dem Berg geschnitten, indem man auf der Seite und hinter dem neuen Block tiefe Schlitze fräst. Mit einem grossen Kran wird dann der Block vom Produktionsort zum Lagerort geführt (Abb. 1). Früher wurde von Hand gearbeitet; die Blöcke wurden mit Schrämm-Zweispitzen vorbereitet (Abb. 7), mit Keilen von der Unterlage gelöst und vom erhöhten Produktionsort auf ein Sandbett fallen gelassen.

7

8

Der Maler und sein Modell

Eine besondere Beziehung zwischen Steinabbau und Kunst ergab sich Anfang des 20. Jahrhunderts in diesem Steinbruch *(1)*. Paul Klee, der im nahen gleichnamigen Zentrum geehrt wird, zeichnete und malte mehrfach in diesem Steinbruch, meist in realistischer Darstellung. Verschiedene Werke blieben erhalten, darunter auch ein Gemälde vom Steinbruch und seiner Umgebung, welches sich im Zentrum Paul Klee befindet (Abb. 8). Das Bild von 1915 malte Klee jedoch nach einer Tunesien-Reise, wo er das Licht entdeckt hatte. Nun sind die Abbaublöcke farbig und nur noch in einer starken Abstraktion dargestellt. Der Weg vom realistischen zum abstrakten Malen lässt sich hier ausgezeichnet dokumentieren.

Wir folgen wieder unserem Weg und entdecken im Wald Spuren von alten Abbautätigkeiten. Weiter unten treffen wir auf den Steinbruchweg und folgen diesem nach rechts. An vier Stellen können wir einen Blick durch jeweils verschlossene Zugänge in den Steinbruch werfen. Beim ersten Tor in einem engen Felseinschnitt (ehemaliger Haupteingang (6)) erkennen wir an den beiden vertikalen Eingangswänden hangparallele Klüfte (Abb. 9). Diese entstanden vermutlich als Folge der Druckentlastung nach dem Rückzug des Gletschers.

9

10

Avantgarde-Bahn im Steinbruch

Der Steinbruchweg, über den man heute die verschiedenen Steinbrüche erreicht, führt über eine Art Terrasse am Hangfuss des Ostermundigenbergs (7). Neben dem Gebäude und dem Parkplatz des Zivilschutzdienstes stehen dort auch mehrere Wohngebäude. Tatsächlich besteht diese Terrasse («Hubel») aus dem aufgeschütteten Abraum der Steinbrüche und wurde kontinuierlich vergrössert. Sie diente als ehemaliger Installationsplatz, von wo aus die verschiedenen Steinbrüche in den Berg getrieben wurden, aber auch für den Abtransport der Blöcke. Dieser erfolgte zuerst mit Ochsenkarren und ab 1871 mit der Steinbruchbahn, die hinab zum früheren Bahnhof Ostermundigen in der Waldeck führte. Diese Situation lässt sich gut mit der Karte von 1900 nachvollziehen (Zeitreise auf map.geo.admin.ch, siehe auch Wanderkarte). Es war nach der Vitznau-Rigi-Bahn die zweite Zahnradbahn in Europa, die mit dem sogenannten System Riggenbach ausgerüstet wurde. Beim früheren Bahnhof Ostermundigen wurden die schweren Blöcke von der Steinbruchbahn auf die Züge der Schweizerischen Centralbahn Bern–Thun umgeladen.

Wir folgen dem Weg durch das Quartier bis zur Bushaltestelle Zollgasse (8). Dort steht eine der alten Grubenbahnen des Steinbruchs. Zwar etwas malträtiert, aber trotzdem immer noch eine «elfenhafte» Erscheinung (Abb. 10). Nur noch wenige Schritte, und wir können den Bus besteigen, der uns nach Bern zurückfährt.

Abb. 7: *Schrämmen mit Zweispitz im Steinbruch von Ostermundigen in den 1940er-Jahren. Vorne arbeitet ein Rechtshänder, hinten ein Linkshänder (Quelle: de Quervain 1945).*
Abb. 8: *Der Steinbruch von Ostermundigen – Wirklichkeit und Bild von Paul Klee, 1915.*
Abb. 9: *Eingangsbereich zum grossen Steinbruch mit hangparallelen Entlastungsklüften. Sehr schön sind auch die Schrämmspuren zu sehen – reine Handarbeit.*
Abb. 10: *Die alte Grubenbahn vom Steinbruch Ostermundigen mit dem schönen Namen Elfe 2.*

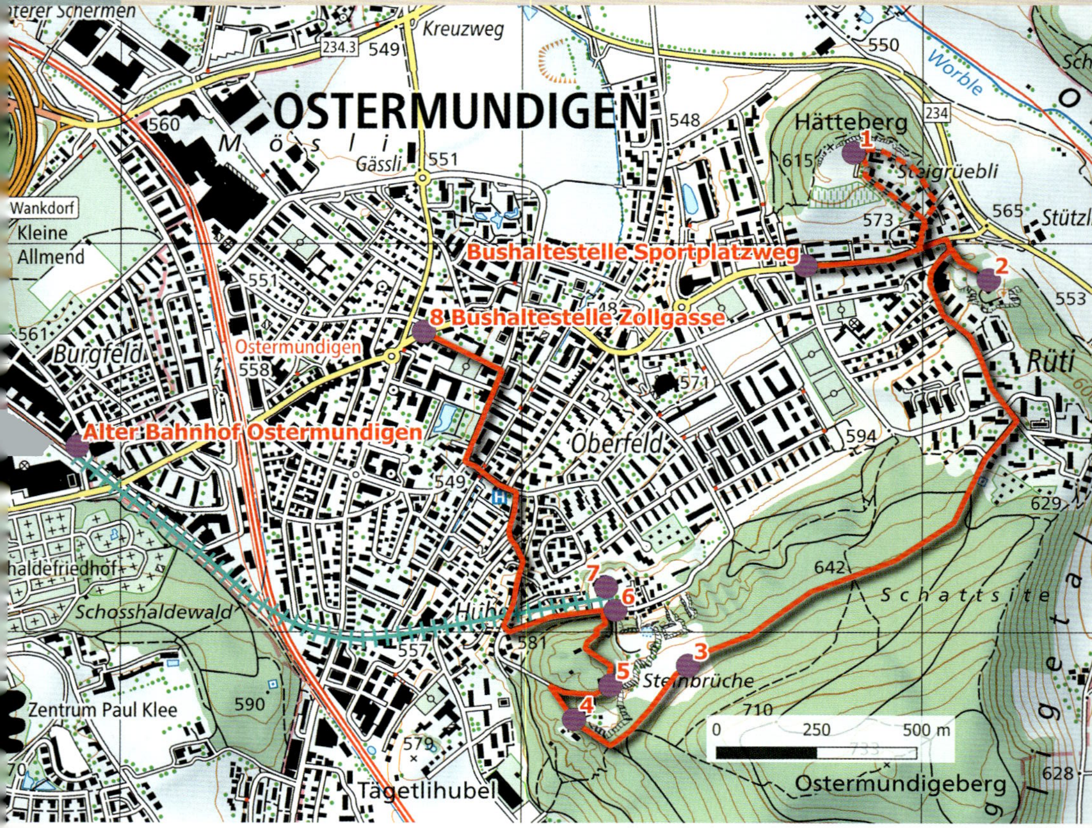

TOURENINFO

Achtung: Den Zutrittsbeschränkungen (Verbotstafeln) ist Folge zu leisten.

- **Anreise:** *mit Bus ab Bern Bahnhof bis Haltestelle Ostermundigen Sportplatzweg*
- **Rückreise:** *mit Bus ab Haltestelle Ostermundigen Zollgasse.*

Einfache Wanderung auf Strassen, Feld und Wanderwegen

- **Wegstrecke:** *ca. 4,5 km, Höhendifferenz: ca. 120 m*
- **Zeitbedarf:** *2–3 Stunden*
- **Jahreszeit:** *Frühling; die Laubbäume sind dann noch kahl und die Weitsicht besser gewährleistet.*

Eine spannende Ergänzung zum Steinbruchbesuch in Ostermundigen bildet der Steinbruchlehrpfad und ein Museumsbesuch in Krauchthal (www.museumkrauchthal.ch).

LITERATUR

(1) *Heitzmann, P (2016)*
(2) *Labhart, T. et al. (2018)*
(3) *Schmalz, K. L. (2003)*

11 Die Gürbe im Gebirge – der teuerste Wildbach der Schweiz

UELI GRUNER

1

Abb. 1: *Sperre über Sperre entlang der Gürbe.*

Eine gefährliche Expedition?

Unsere Bergwanderung verläuft entlang der Gürbe von Wattenwil (1) bis hinauf zum Berghaus auf dem Gurnigelpass (6). Wir wandern auf schön angelegten, gelben oder im mittleren Abschnitt weiss-rot-weiss markierten Wegen, die uns in knapp vier Stunden entlang der Gürbe bis hinauf zum Gurnigelpass bringen.

Die Wanderung führt uns fast durchwegs entlang des vermutlich teuersten Wildbachs der Schweiz, der Gürbe im Gebirge. 120 imposante Sperren treffen wir im Hauptgerinne an, eine folgt der andern, ununterbrochen (Abb. 1). Die meisten sind aus Beton und wirken ein wenig unheimlich und bedrohlich. In der Tat, gefährlich ist es hier immer mal wieder gewesen – doch darüber mehr am Schluss.

Nicht nur die Sperrentreppe ist eindrücklich, auch die seitlichen, meist bewaldeten Hänge des Gebirgsbaches haben es in sich: Auf einer Fläche von über 5 km^2 rutschen die Hänge vielerorts bedrohlich, selbst im offenen Gelände, wie im oberen Teil unserer Wanderung.

Von schmierigen Mergeln und harten Sandsteinen

Wenn Hänge grossflächig rutschen, führt in aller Regel der Felsuntergrund die Regie. Doch hier «versteckt» sich der Fels meist unter einer lokal bis gegen 20 m mächtigen, rutschenden Schicht aus Verwitterungsschutt, sodass wir ihm auf unserer Wanderung nur selten begegnen. Erst oberhalb des Hohli (4) treten die Gesteine erstmals in Erscheinung. Dabei prägen hauptsächlich zwei Felseinheiten den Untergrund (Abb. 2).

Westlich der Gürbe (in Wanderrichtung rechtsseitig) besteht der Felsuntergrund bis etwa zur Hälfte des Hanges aus Gesteinen der *Subalpinen Molasse*. Diese setzt sich hier aus einem Wechsel aus verwitterungsanfälligen Mergeln (Rutschhorizont!) und hartem Sandstein zusammen. Letzterer bildet markante Rippen im Gelände zwischen den einzelnen Rutschkörpern. Östlich der Gürbe (linksseitig) besteht der Fels hingegen aus Gesteinen der Gurnigel-Decke, die über der Subalpinen Molasse liegt. Es ist dies der sogenannte Gurnigel-Flysch mit mächtigen Mergelschieferabfolgen (Rutschhorizont!) und Zwischenlagen aus groben Sandsteinen (Abb. 3).

2

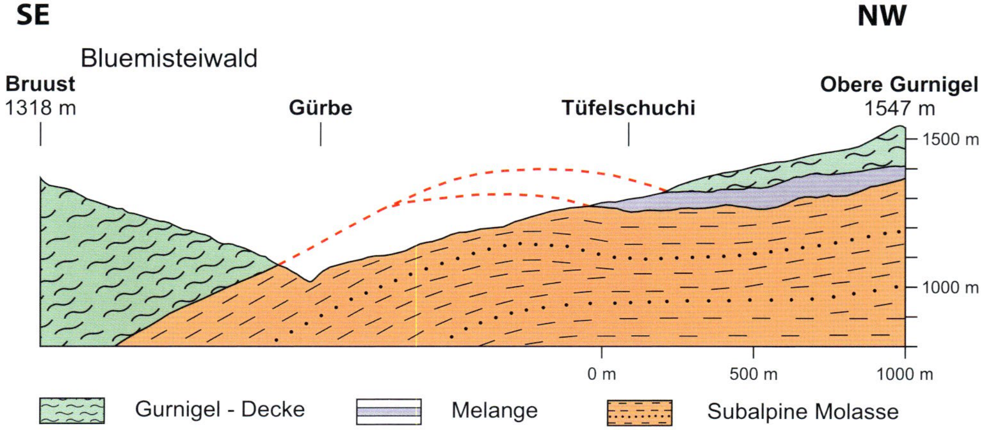

Es ist immer noch umstritten, wo dieser Flysch ursprünglich abgelagert wurde (vgl. Tour 12, 17 und Einführung). Seine eher weichen Gesteine begleiten unsere Wanderung bis hinauf zum Gurnigelpass. Bis zum Honeggwald (5) liegt die Grenze dieser beiden Gesteinseinheiten ungefähr im Bereich des Gürbelaufes. Weiter oben biegt die Grenze nach Norden um und zieht in der Mitte des Hanges Richtung Oberer Gurnigel. In diesem Abschnitt tritt eine dritte Gesteinszone auf, welche eingequetscht zwischen den beiden erwähnten Einheiten liegt: Es handelt sich um ein sogenanntes *Melange* («Wildflysch»), welches, wie es der Name andeutet, ein Gemisch von ganz verschiedenen Gesteinen darstellt. Seine Bedeutung hat es in erster Linie als Schmierhorizont für die sich darüberschiebende Gurnigel-Decke. Letztere wurde in einer späten Phase der Gebirgsbildung mit dem Melange auf die Subalpine Molasse geschoben, wodurch eine leichte Neigung der Gesteinsschichten nach Norden entstand. Das Melange besteht aus schwarzen Tonen und Mergeln mit chaotisch (oder eben wild!) auftretenden Gesteinsschollen ganz unterschiedlichen Alters, Zusammensetzung und Grösse: Wir treffen z. B. in der mystischen «Tüfelschuchi», einer kleinen Verflachung unterhalb des Zigerhubels (Abb. 4), auf Gipsschollen aus der Triaszeit, welche, wie wir noch sehen werden, eine Bedeutung haben für die Rutschprozesse in diesen Hängen.

Abb. 2: *Schematisches geologisches Profil durch das Gürbegebiet (abgeändert nach GA 1207 Thun)*

Abb. 3: *Gurnigel-Flysch (links), bestehend aus groben Sandsteinen und Mergelschiefern. Standort oberhalb Zusammenfluss von Schwändlibach und Gürbe auf ca. 1210 m ü. M.*

4

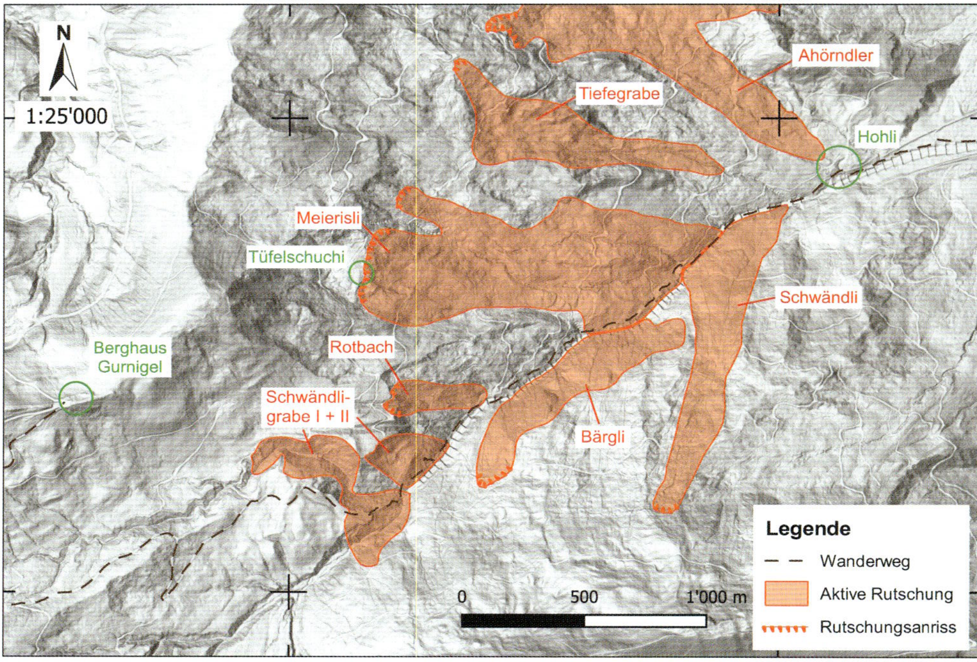

Die Schollen im Melange stammen aus den darübergeschobenen Briançonnais-Einheiten und aus dem südlichsten Helvetikum.

Vom lieblichen Talboden bis zum Kegelhals beim Hohli

Wir beginnen unsere Wanderung in Wattenwil und bis zur Usschütti (2) bewegen wir uns auf dem lieblich anzuschauenden, riesigen Schutt- und Schwemmkegel der Gürbe. Er ist ein stummer Zeuge von katastrophalen Murgängen, welche die Gegend seit der letzten Eiszeit immer wieder heimgesucht haben, letztmals am 29. Juli 1990. Der Blick schweift in Richtung des Oberlaufes der Gürbe, auf scheinbar sanfte, bewaldete Hänge des Oberen Gurnigels und des Zigerhubels. Nichts deutet auf den Wildbach hin, den man seit der Mitte des 19. Jahrhunderts mit Sperren zu besänftigen oder vielmehr zu bändigen versucht.

Bei der Usschütti gelangen wir zu einem um die Jahrtausendwende erstellten Geschiebesammler, der Platz für 100 000 m^3 Gesteinsschutt bietet. Hier darf die wilde Gürbe ihre letzten Mitbringsel «usschütte», also ablagern, falls es im Hinterland wieder mal so richtig – wie 1990 – niederprasseln sollte. Auf dem Weg zur Bluemisteibrügg (3) und von dort weiter hinauf bis zum Hohli (4), wo sich der Gürbeschuttfächer auszubreiten beginnt, bewegen wir uns auf einem der beiden neu erstellten Murgang-Leitdämme. Aufgabe dieser Dämme ist einerseits zu verhindern, dass Gürbegeschiebe im Katastrophenfall ins Siedlungsgebiet überschwappt, und andererseits Geröll bis zur Usschütti zu führen.

Abb. 4: *Wichtigste Rutschgebiete entlang der Gürbe.*
Abb. 5: *Alte Holzsperre.*

Sperren und Rutschungen, soweit das Auge reicht

Oberhalb Hohli (4) tauchen wir endlich in die Gebirgswelt ein: Es wird allmählich steiler und enger, beidseits der Gürbe sind erste kleinere Rutschungen zu beobachten. Es kommt «Bewegung» in unsere Wanderung. Es folgt nun Sperre auf Sperre (Abb. 1), und immer wieder entdecken wir frische Rutschanrisse im Uferbereich. Rechtsseitig wandern wir auf bewaldetem, unruhigem Terrain, das auf langsam bewegende Rutschhänge hinweist. Sperren und Rutschungen also, soweit das Auge reicht!

Die Sperren: Da der Wildbach Gürbe die weiter unten liegenden Wohnhäuser in «schöner Regelmässigkeit» mit Hochwasser und Geschiebe bediente, war man sich schon lange einig, den Bach bändigen zu müssen *(1)*. Im Jahr 1855 wurde mit dem Bau einer ersten Holzsperre begonnen (Abb. 5). Ab 1868 errichteten Arbeiter vereinzelt auch Steinsperren. Es entstand Sperre um Sperre, Jahr für Jahr. 1881 ragten bereits 74 Bauwerke aus der Gürbe. Ende des 19. Jahrhunderts wurden zudem Arbeiter aus Bergamo engagiert, einer Region mit einer langen Tradition im Wildbachverbau, welche stabile Werke aus Blocksteinen bauten. Heute weist allein das Hauptgerinne der Gürbe 120 Sperren auf.

Die Sperren flachen das Gefälle des Flussbetts zwischen den Bauwerken ab, womit die Fliessgeschwindigkeit respektive die Tiefenerosion verringert werden. Damit werden auch die seitlichen Hänge besser gegen Rutschprozesse geschützt. In seinem Bericht notierte der leitende Ingenieur B. Studer 1857 Folgendes *(1)*: *«Es gibt gegen die Calamität kein anderes Mittel, als durch künstliche Anlagen das zu starke Gefälle zu brechen & zu verringern & durch diese Werke die beweglichen Massen aufzuhalten & festzulegen»*. Und: *«... es werden günstige Resultate nicht fehlen.»*

5

Die Rutschungen: Ein Teil der Rutschungen bewegt sich nur oberflächennah, d. h. wenige Meter tief und im Uferbereich der Gürbe. Ein grösserer Teil liegt jedoch tiefgründig, mehrere Meter bis gegen 20 m tief, und bewegt sich mit einer Geschwindigkeit von etwa 10–20 cm pro Jahr talwärts. Bei meteorologischen Extrembedingungen können die Rutschgeschwindigkeiten mehrere Meter pro Jahr erreichen. Der Rutschhorizont liegt dabei meist an der Basis der Lockergesteinsmasse auf den schmierigen Mergeln. Im Gebiet oberhalb des Hohli sind beidseits der Gürbe bereits seit Langem sechs grosse und aktive Rutschmassen bekannt, die insgesamt eine Fläche von über einem Quadratkilometer und ein Volumen von etwa 10 Mio. Kubikmetern aufweisen (Abb. 4). Anfangs 2024 wurde NW oberhalb Hohli nach Dauerregen und Schneeschmelze im Gebiet Ahörndler eine grosse alte Rutschmasse reaktiviert, welche jedoch den Gürbelauf praktisch nicht tangierte.

Die Rutschungen stellen Bäume schräg, lassen Forststrassen absinken, stossen Entwässerungsrinnen zu und bedienen die Gürbe mit Geschiebe. Der alljährliche Schaden ist beträchtlich. Die Lokalbezeichnungen der Rutschgebiete klingen allerdings harmlos, gar niedlich, denn sie enden fast alle mit einem «li»: Bärg**li,** Schwänd**li** oder Schwänd**li**graben. Und manchmal tragen sie sogar so blumig-unverfängliche Namen wie Meieris**li** oder Chirschbaumbäch**li.**

6

Auf unserer Wanderung queren wir etwa 500 m oberhalb des Hohli das grösste und aktivste Rutschgebiet, die Meierisli-Rutschung. Diese bewegt sich bei speziellen Wetterbedingungen, wenn z. B. eine massive Schneeschmelze mit Dauerregen zusammenfällt, immer wieder mal mehrere Meter am Tag – geologisch gesehen rasant! – auf den schmierigen Mergeln der Subalpinen Molasse in Richtung Gürbe; zuletzt war dies im Jahr 2018 der Fall.

Unwettergeschichten an der oberen Gürbe

Unwetterereignisse entlang der Gürbe – eine endlose Geschichte! Seit Jahrhunderten sind hier Menschen von Hochwassern und Murgängen tangiert. Allerdings verlaufen die Prozesse je nach meteorologischen Randbedingungen völlig unterschiedlich: Starke Gewitter führen zu Hochwasser und Murgängen, was oft zu Zerstörungen an Sperren und zu Schäden in der Gürbeebene führt *(1)*. Hingegen lösen langanhaltende, schwere Niederschläge (Regen, Schnee) in Verbindung mit intensiver Schneeschmelze in erster Linie massive Rutschbewegungen aus.

Die verheerendste Katastrophe jüngeren Datums ereignete sich am 29. Juli 1990, als ein Gewitter zuoberst im Einzugsgebiet der Gürbe keinen Ausweg fand und sich dort stundenlang wie in einem Hexenkessel bewegte. Das Resultat war ein Rekordniederschlag, wie er in der Schweiz bisher noch nie auch nur annähernd registriert wurde: Eine nahe Messstation mass einen Niederschlag von 270 mm in nur 4–5 Stunden und anschliessend zudem noch ca. 500 mm Hagel! Dies hatte Folgen: Die Gürbe schwoll zu einem ungeheuerlichen, reissenden Fluss an und zerstörte oder beschädigte etwa 80 der 120 Sperren. In die Ebene bei Wattenwil ergoss sich ein gewaltiger Murgang mit verheerenden Folgen. Die Schadenssumme belief sich auf 40 Mio. CHF. *(2)* Die Berner Kultband «Stop the Shoppers» hat zu diesem Ereignis mit «Gürbe» ein wunderbares Katastrophenlied geschrieben. Trotz Rekordniederschlägen blieben die grossen Rutschhänge weitgehend stabil.

Ganz anders nach den beiden Lawinenwintern 1951 und 1999, als es jeweils im Frühling zu grossen Rutschbewegungen mit massiven Schäden an Sperren, Forststrassen und am Wald kam. Und im Februar 2018 setzten Schneeschmelze und Regen der Meierisli-Rutschung derart stark zu, dass fast fünf Millionen Kubikmeter Material mobilisiert wurde (Abb. 6), Hunderte von Bäumen geknickt, Forststrassen unpassierbar gemacht und Entwässerungsgräben zugestossen wurden. Und weil die Rutschfläche bis 15 Meter tief lag, erfassten die Bewegungen auch die Sperren, sodass rund 20 massive Betonbauwerke, darunter auch einige erst nach dem Hochwasser 1990 gebaute, stark beschädigt wurden (Abb. 7).

Heute ist bekannt, dass diese Rutschung nicht nur durch infiltrierendes Niederschlagswasser mobilisiert wird, sondern zu einem relevanten Teil auch durch teilweise unterirdische Felswasserzuflüsse, deren Einzugsgebiet weit über das Rutschgebiet hinausgeht. Feststellbar ist dies z. B. im Gebiet der bereits erwähnten Tüfelschuchi, wo es zahlreiche, z. T. sulfathaltige Quellen gibt, welche Wasser aus den Gesteinen der Gurnigel-Decke und aus dem Gips des Wildflysches in den Rutschkörper führen. Der eigentliche Motor der Meierisli-Rutschung, welche den Menschen seit Langem Sorgen bereitet, liegt somit in der Küche des Teufels. *Nomen est omen!*

Abb. 6: *Typisches Rutschbild anlässlich der Aktivierung der Rutschung Meierisli im Jahr 2018.*
Abb. 7: *Betonschwelle, welche im Jahr 2018 durch die Meierisli-Rutschung zerstört wurde.*

Wie weiter?

Nach dem verheerenden Unwetter von 1990 mit 80 zerstörten Sperren und nach dem Rutschereignis 2018 mit nochmals 20 stark beschädigten Sperren war es den Beteiligten vorerst unklar, wie man weiter verfahren wollte. Soll man die 170 Jahre alte Tradition mit dem jährlichen Sperrenbau weiterführen, mit Kosten von bis zu einer Million Franken pro Sperre? Oder soll die Gürbe sich selbst überlassen werden, ohne weitere menschliche Eingriffe? Heute hat sich Auffassung verfestigt, dass die Sperren so weit als möglich unterhalten werden, dass jedoch teure Sanierungen nur noch im Einzelfall durchgeführt werden. Dies im Wissen (oder ist es vielleicht eher eine Hoffnung?), dass die Usschütti auch in einem Extremfall das Geschiebe weitestgehend auffangen kann. Sicher ist heute einzig, dass die Gürbe im Gebirge auch weiterhin eine bewegende Geschichte schreiben wird.

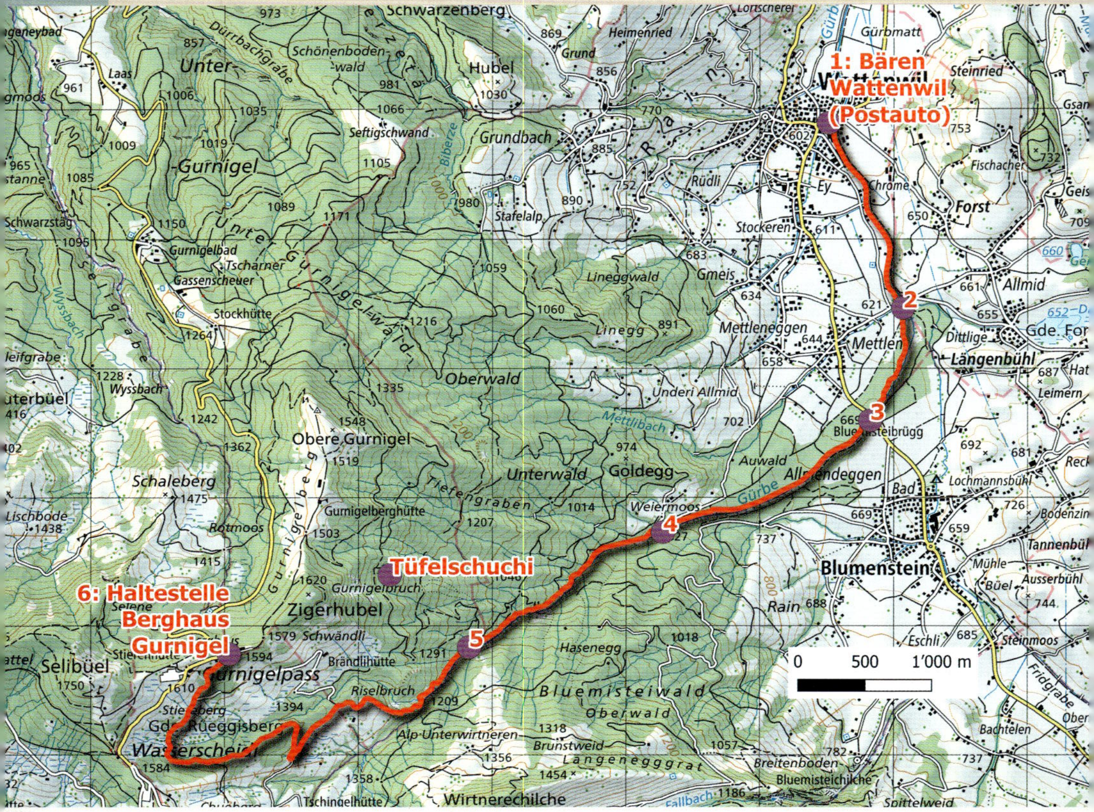

TOURENINFO

- **Weglänge:** *Rund 11 km*
- **Höhendifferenz:** *ca. 1000 m Aufstieg*
- **Ausgangspunkt:** *Zentrum Wattenwil, Postautohaltestelle Bären.*
- **Endpunkt:** *Berghaus Gurnigel, Postautohaltestelle (nachmittags 2 bis 3 Fahrten talwärts)*
- **Zeitbedarf:** *Rund 4 h reine Wanderzeit (ohne Halte)*
- **Jahreszeit:** *Mai bis Oktober*
- **Einkehrmöglichkeit:** *Berghaus Gurnigel (Öffnungszeit überprüfen)*
- **Charakterisierung der Wanderung:** *Bis Hohli (**4**) und ab Schwändli (Pkt. 1382) gelber Wanderweg, dazwischen weiss-rot-weisser Bergwandweg (T2)*

LITERATUR

(1) Salvisberg (2017)
(2) Bundesamt für Wasser und Geologie (2004)

12 Wandern auf dem Grund der Brianconnais-Schwelle im Gantrischgebiet

ROGER HEINZ

1

Abb. 1: *Buuschebachschlucht*

Der Piemont-Ozean – Ablagerungen eines verschwundenen Meeres

Unsere Wanderung vom Gurnigelpass (1) nach Därstetten im Simmental (14) führt in die Voralpen (Préalpes), einen Gebirgszug, der sich vom Thunersee bis Bonneville/Cluses südöstlich von Genf erstreckt. Geologisch gehört er zur penninischen Klippen-Decke (Préalpes médianes) und besteht hauptsächlich aus kalkigen Ablagerungen, die weit im Süden – im Piemont-Ozean – gebildet wurden, aber heute praktisch vor unserer Haustüre liegen. Grund dafür ist die Alpenbildung, während deren Verlauf der Gebirgszug gegen 200 km nach Norden, an die heutige Position, verschoben wurde (vgl. Tour 13). Seine Gesteine zeugen von den damaligen Verhältnissen am Meeresgrund, mit einer Lebewelt von der frühen Jurazeit (ca. 200 Mio. Jahre) bis zur späten Kreidezeit (ca. 60 Mio. Jahre). Sie wurden südlich des helvetischen Schelfs abgelagert, auf einer untermeerischen Hochzone im damaligen Piemont-Ozean, der sogenannten Briançonnais-Schwelle (vgl. Abb. 2, Einführung). Diese ragte zeitweise aus dem Meer und bildete flache Inseln, ähnlich, wie das heute nördlich von Madagaskar (Seychellen) der Fall ist. Ihr Fundament bildete ein ausgedünntes Fragment kontinentaler Kruste, welches sich ab dem Oberjura endgültig von Europa gelöst hatte, ähnlich wie Madagaskar von Afrika. Nördlich der Schwelle entstand ein weiteres, kleines Meeresbecken, das Wallis-Trog genannt wird. Auf der Schwelle bildeten sich mächtige, vorwiegend kalkige Sedimente. Aber auch im Norden und Süden der Schwelle lagerten sich mächtige Sedimentserien im tieferen Becken ab. Am Abhang entstanden ebenfalls vorwiegend kalkige Serien, in den tieferen Beckenbereichen vermehrt wechsellagernde, mergelige und kalkige Serien. An den Abhängen kam es immer wieder zu grösseren Rutschungen, bei denen die Sedimente lawinenartig in das tiefere Becken abglitten und wieder abgelagert – *resedimentiert* – wurden (Abb. 2).

2

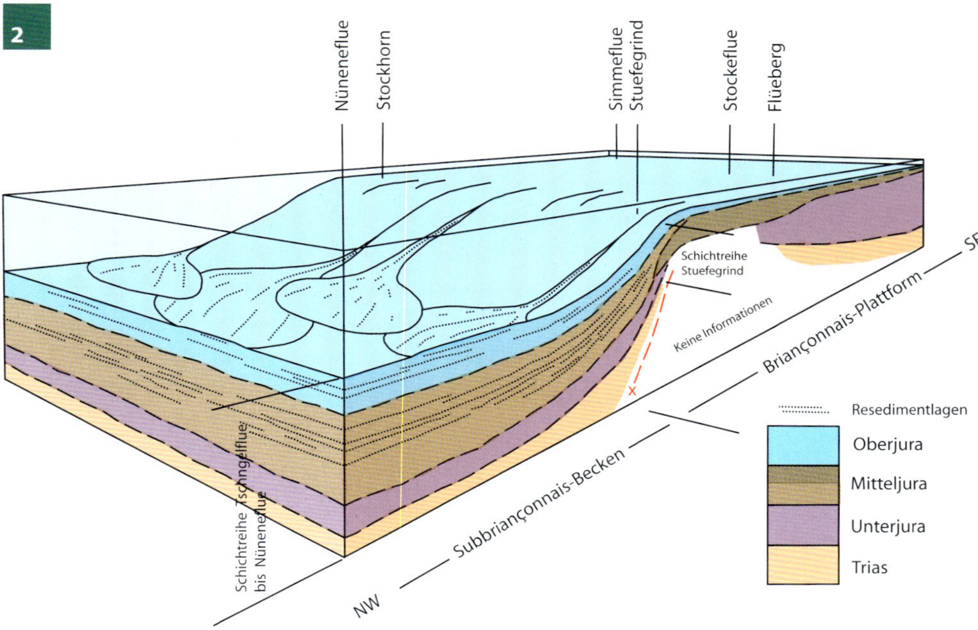

Die nach Norden überschobenen, in der Schweiz als Klippen-Decke bezeichneten Einheiten der Briançonnais-Schwelle erstrecken sich im Westen bis in die französischen Alpen und erreichen dort eine beachtliche Grösse. Unsere Wanderung verläuft vom tiefmarinen, vorgelagerten Beckenbereich bis auf die Plattform, was wir anhand der Sedimentgesteine rekonstruieren können.

Flysch – ein Gestein von noch ungesicherter Herkunft

Wir beginnen unsere Reise an der Haltestelle Wasserwendi im Gurnigelgebiet (1). Der Untergrund besteht hier aus Flysch der Gurnigel-Decke – erst bei Därstetten, am Ende unserer Geotour, stehen wieder ähnliche Gesteine an. Der Gurnigel-Flysch – der nicht dem Briançonnais angehört – erstreckt sich von den Berner Voralpen bis an den Genfersee. Er besteht aus einer Wechsellagerung von dunkelgrauen, oft schiefrigen Mergeln und braunen Sandsteinbänken (vgl. Tour 11), die an einem Kontinentalabhang als Tiefseerutschungen (*Turbidite*) abgelagert wurden. Seine ursprüngliche Herkunft ist noch ungeklärt; die Vorstellungen über das Bildungsgebiet variieren vom südlichsten Rand Europas bis zum Gebiet südlich der Briançonnais-Schwelle, letzteres bereits im Piemont-Ozean.

Ablagerungen im offenen und tiefen Meer

Wir queren nun ein mit Mulden durchsetztes, offenes Gelände (2), das von Gesteinsschutt der Felstürme Gantrisch und Nüneneflue übersät ist. Dies ist das Quellgebiet der Gürbe, die oberhalb Blumenstein den Gurnigel-Flysch erodiert und zu ausgedehnten Hangrutschungen führt (vgl. Tour 11). Bald überschreiten wir die nicht aufgeschlossene tektonische Grenze zur Klippen-Decke:

Abb. 2: *Blockbild mit einem Teilausschnitt des Ablagerungsraums der Briançonnais-Schwelle mit einer wenig tiefen Schwellen- bzw. Plattformzone, dem Abhang und dem vorgelagerten tieferen Beckenbereich zur Zeit des späten Juras.*

Abb. 3: *Blick auf die Nüneneflue mit dem vorgelagerten bewaldeten Gyrisberg und dem offenen Gelände mit der Alp Obernünene im Vordergrund.*

4

Heitihubel und Tschingelflue gehören bereits zu ihr, ebenso die nun hervortretende imposante Nüneneflue (Abb. 3 und 4) und der Gantrisch. Wir befinden uns paläogeografisch im vorgelagerten, tieferen Beckenbereich nördlich der Briançonnais-Schwelle (Abb. 2).

Von der Tschingelflue über den Leiterepass (4) bis zur Chesselalp (5) zieht sich eine über 1500 m mächtige, lückenlose Abfolge aus beigen Dolomiten (Trias), dunkelgrauen Sand- und Spatkalken (Unterjura), braunen Kalken und Mergeln mit Einschaltungen von grauen Sandkalken (Mitteljura) sowie hellgrauen massigen und gut gebankten Kalken (Oberjura und Unterkreide, vgl. Abb. 2 und 9, vgl. auch Abb. 3 in Tour 13).

Bei den mächtigen und deutlich herauswitternden Kalkbänken aus dem Oberjura im linken Abschnitt der Nüneneflue (Abb. 4) handelt es sich um sog. *Resedimente* (Moléson-Formation). Sie bestehen überwiegend aus *Kalkturbiditen*, die am Schwellen-Abhang in tiefere Meeresbereiche abglitten (Abb. 2). Im rechten Abschnitt folgen gut gebankte helle Kalke, die eine ruhige Sedimentation im Meeresbecken der späten Jurazeit widerspiegeln.

Auf dem nun steiler werdenden Weg zum Leiterepass (3) finden wir im Gestein häufig Hornstein-Knollen, die wegen ihrer höheren Verwitterungsresistenz aus dem Kalkstein heraustreten (Abb. 5). Sie bestehen aus mikrokristallinem Quarz, der ursprünglich von Mikroorganismen stammt, welche Schalen oder Teile des Skeletts aus SiO_2 aufgebaut hatten.

Der im Gelände von Auge nicht erkennbare Übergang zu den grauen Fleckenkal-

Abb. 4: *Nüneneflue, von der Seite her gesehen, mit den steil nach Norden einfallenden Gesteinsschichten des Oberjuras (Blick in Richtung E). Der Leiterepass befindet sich im Bildausschnitt ganz rechts als Kerbe im Fels.*
Abb. 5: *Massiger Hornstein in einem hellen Kalkblock.*
Abb. 6: *Dünnschliff eines Kalksteins mit Calpionellen (Länge einer Schale ca. 0,1 mm) und schematische Schnittskizze durch eine Calpionellenschale (Krw = Kragenweite,) (Quelle: Nicol, G. (1956)).*
Abb. 7: *Blick vom Leiterepass in Richtung E-SE in die Walalp mit dem Stockhorn im Hintergrund. Die hier anstehenden Gesteine gehören zur Unterkreide. In weiss der Verlauf des Faltenkerns der Kessel-Synklinalen.*

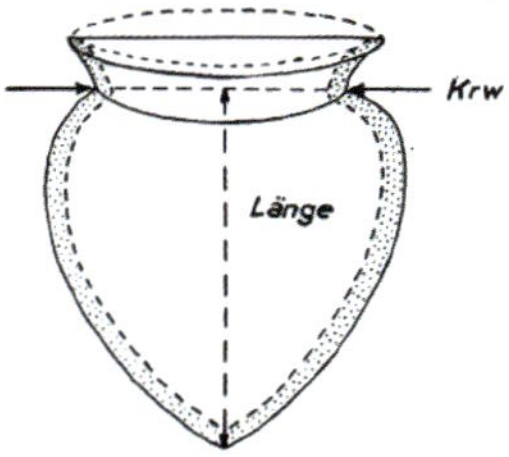

ken der Unterkreide (Sciernes d'Albeuve-Formation) verläuft wenig nördlich des Leiterepasses (4). Die Grenze kann nur mithilfe von Calpionellen – planktonisch lebenden marinen Mikroorganismen – eingegrenzt werden, die in diesem Zeitabschnitt im Wallis-Trog verbreitet waren. Deren vasenförmige Kalkschalen sind nur in Gesteinsdünnschliffen unter dem Mikroskop erkennbar (Abb. 6).

Die Fleckenkalke begleiten uns über den Leiterepass (Abb. 7) hinweg zur Alp Chessel (5). Im dortigen Bachbett des Buuschebachs wechselt für kurze Zeit die Gesteinsabfolge zu feinblättrig verwitternden, grauen Mergeln (Abb. 8). Diese bisher jüngsten Schichten gehören bereits zur frühesten Oberkreide (Intyamon-Formation). Kurz darauf folgen wieder Fleckenkalke, was bedeutet, dass wir uns strukturell im Kern einer engen Falte befinden (Stockhorn-Antiklinale, siehe nächstes Kapitel und Abb. 9).

Die bisherigen Schichten wurden alle im tieferen Meeresbecken nördlich der Briançonnais-Schwelle abgelagert (Abb. 2). Die wenigen gefundenen Ammoniten und Reste von Belemniten belegen zusammen mit den Mikrofossilien ein offenmarines Ablagerungsmilieu.

Vordere Stockhorn-Kette – Teil eines Faltengebirges

Unsere Wanderung führt durch eine tektonische Decke, deren Gesteinsschichten in «U-förmige» (*Synklinale*) oder «∩-förmige» (*Antiklinale*) Falten zusammengeschoben wurden. Daneben spielen aber auch Überschiebungen von Gesteinskompartimenten und Brüche eine wichtige Rolle (Abb. 9). Da Überschiebungen in den Préalpes häufig ähnlich steil stehen wie die Gesteinsschichten, erkennt man sie oft nur nach kniffliger Detektivarbeit. Viele Strukturen lassen sich nach Osten bis ins Stockhorngebiet verfolgen (vgl. Tour 13).

Die Falten in diesem Teil der Préalpes bilden enge und sehr steile bis vertikale Strukturen (Abb. 9). Sie lassen sich kartografisch erfassen, aber im Gelände nicht einfach mit dem Auge verfolgen. Bisher haben wir den mächtigen Nordschenkel der Kessel-Synklinale durchschritten, die nördlichste Falte in der Klippen-Decke.

Bis zur Alphütte Wanne (6) begleiten uns noch vereinzelte, steilstehende Fleckenkalk-Rippen, doch befinden wir uns hier auf dem Südschenkel der Kessel-Synklinale (Abb. 9). Zur Erinnerung: Den Faltenkern

Abb. 8: *Gerinne des Buuschebachs bei der Alp Chessel mit vertikal stehenden, schwarzen Mergeln (früheste Oberkreide).*
Abb. 9: *Schematisches Querprofil durch den nördlichen Teil der Klippendecke mit den zahlreichen Faltenstrukturen (Grundlagen: Heinz, R. & Burkhalter, R. (2023) und Umiker, R. (1952)). KS – Kessel-Synklinale; SA – Stockhorn-Antiklinale; OS – Oberstockesee-Synklinale; SSA – Schwaderei-Sohlhorn-Antiklinale; WS – Walper-Schuppenzone; Wb – Weissenburgberg.*
Abb. 10: *10: Stark gestörte (tektonisierte) Gesteinsschichten entlang des steilen Wegs zur Alp Mittelberg.*

9

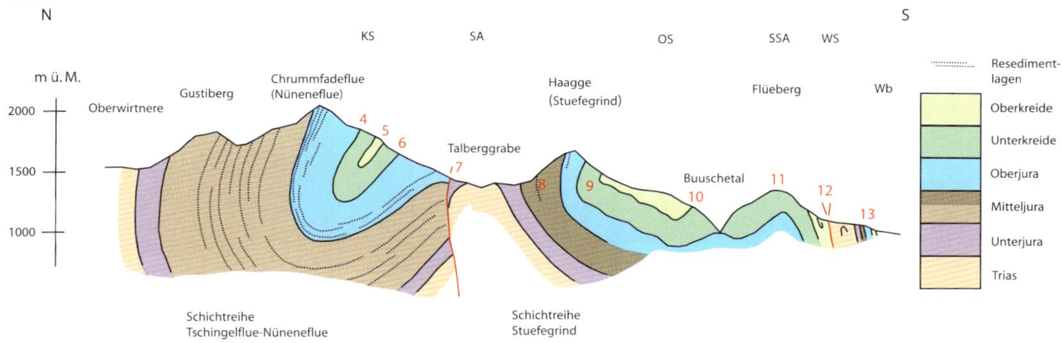

haben wir bereits bei der Alp Chessel erreicht, wo wir auf die dunklen Mergelschiefer gestossen sind.

Auf dem folgenden steilen Abstieg zur Alp Mittelberg sind die Schichten auffallend stark zerbrochen (7, Abb. 10). Hier verläuft eine Überschiebung in W-E-Richtung, entlang welcher der südliche Block als Stockhorn-Antiklinale so stark nach oben versetzt wurde, dass sogar die Gesteine der Trias und des frühen Juras zutage treten (Ostseite des Buuschebachs, Abb. 9).

Nahe der Briançonnais-Schwelle

Auf dem weiteren Abstieg erlauben Böschungsanrisse einen Einblick in die beeindruckenden Hangschuttmassen und deren Schuttkegel im Bereich des Buuschebachs.

Das Felsband zwischen Schwidenegg und Stockhorn entspricht dem Südschenkel der Stockhorn-Antiklinale (SA, Abb. 9). Es ist entlang des Wegs am Stuefegrind aufgeschlossen (8) und gibt Einblick in dieselbe Gesteinsfolge, die wir bereits auf der Nordseite des Leiterepasses – teils nur aus der Ferne – kennengelernt haben. Was auffällt, ist die hier wesentlich geringere Mächtigkeit der Abfolge (vgl. Abb. 9); sie liegt im Bereich von bloss wenigen Zehnermetern gegenüber den mehreren Hundert Metern nördlich der Alp Chessel (vgl. Abb. 2 und 9). Grund für

10

diese Mächtigkeitsabnahme ist eine geringere Sedimentation im Bereich der Schwelle bzw. in deren Hangbereich. Die Sedimente rutschten am Abhang immer wieder ins tiefere Becken ab, wo sie sich anhäuften. Während wir also im Norden noch im tieferen Beckenbereich bzw. am Abhang wanderten, sind wir nun auf der Schwelle angekommen.

Verfaltete Gesteine im Buuschetal

Von der Brücke bei Haaggli (9) schauen wir in die imposante Buuschebach-Schlucht, wo sich der Bach tief in die Gesteinsschichten eingearbeitet hat (Abb. 1). Danach ändert der Gesteinscharakter: Auf stark verfaltete, dünngebankte Kalke mit Mergelzwischenlagen der Unterkreide (Sciernes d'Albeuve-Formation, Abb. 11), die häufig von Brüchen und Überschiebungen durchsetzt sind, folgen talwärts Mergelkalke und Kalke der Oberkreide (Couches Rouges-Gruppe). Die Gesteine werden also wieder jünger – wir befinden uns bereits in der nächsten Synklinale (Oberstockensee-Synklinale OS, Abb. 9). Die älteren Gesteinsserien des Stuefegrinds (8) verlaufen hier tief unter uns und sind nicht mehr aufgeschlossen.

Ab Gygersgrabe (10) verläuft der ansteigende Weg nicht mehr quer, sondern ungefähr parallel zu den grossräumigen Faltenstrukturen, die dieses Tal prägen (Abb. 8). Wir wandern also bis zum Flüeberg immer entlang der gleichen Unterkreide-Schichten und erreichen erst beim Flüeberg (11) die Umbiegung der Schwaderei-Sohlhorn-Antiklinale (SSA).

Inseln auf der Schwelle

Auf unserem Abstieg nach Weissenburgberg begegnen wir noch zwei weiteren Stellen mit Hinweisen auf die Existenz der Schwelle. So stehen oberhalb Stigimaad, im Waldstück unterhalb des Weges, hellgrau verwitternde massige Kalke des Oberjuras (Moléson-Formation) an, welche nach Osten mächtige Felswände bilden (WS in Abb. 9) (12). Während sie in einem wenig tiefen Meer abgelagert wurden (Abb. 2), belegen gleichaltrige konglomeratische und kohlige Ablagerungen, dass einzelne Bereiche der Plattform sogar über dem Meeresspiegel lagen und eine sumpfige Umgebung bildeten. Bei Steinbille (13) treffen wir auf ein massiges Felsband des Oberjuras (Abb. 9), über dem direkt dünngebankte Kalke der Oberkreide (Couches Rouges) folgen. Die Gesteine der Unterkreide fehlen hier; Diese Schichtlücke ist ein weiterer Beleg für die Schwelle.

Zuletzt nochmals im Flysch

Der letzte Abschnitt unserer Geotour führt von Weissenburgberg entlang der Strasse nach Därstetten zur Bahnstation. Hier verlassen wir die Briançonnais-Schwelle, denn die hier unter uns liegenden Flysch-Gesteine werden bereits der Simmen-Decke zugeordnet. Der Flysch wurde südlich der Schwelle abgelagert und auf die Klippen-Decke überschoben. Wiederum handelt es sich um wechsellagernde Sandsteinbänke und grauen Mergel, typische Flyschgesteine.

Beim Bahnhof Därstetten (14) angekommen, können wir die ausgiebige Tour in einem Restaurant ausklingen lassen, während wir auf den nächsten Zug warten.

Abb. 11: *Gebankte und intensiv verfaltete Kalkstein-Serien der Unterkreide.*

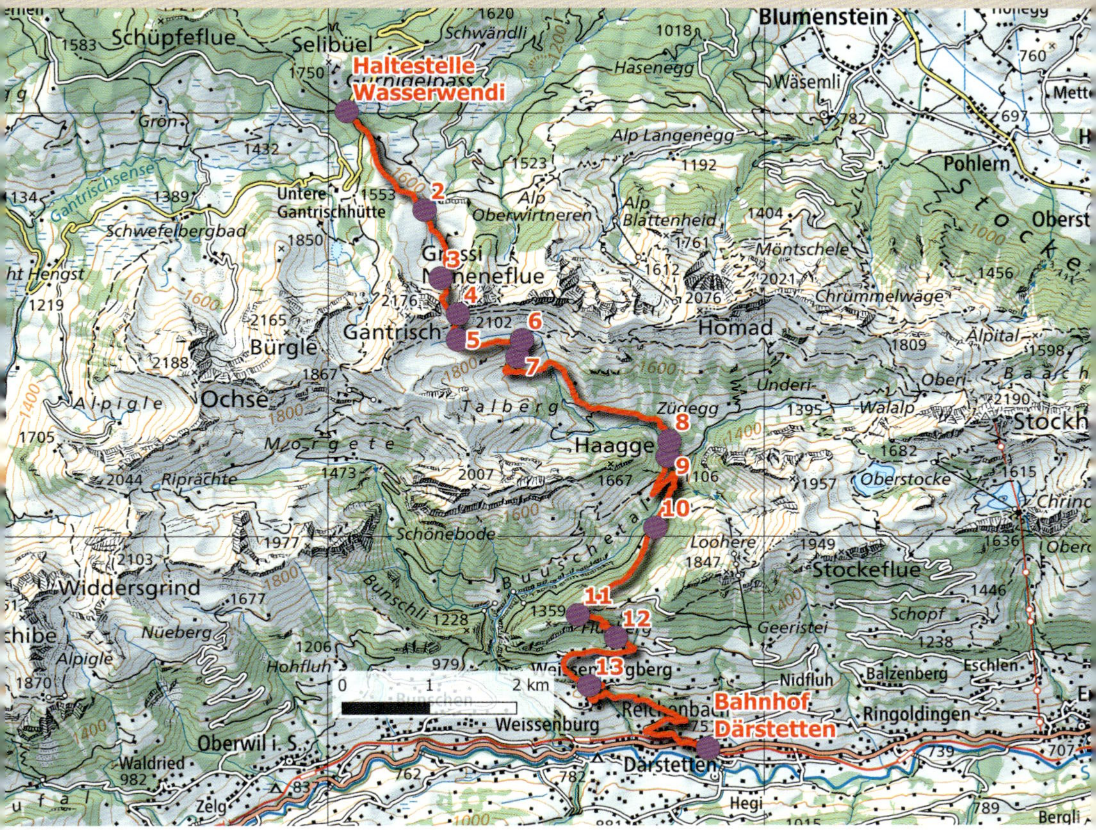

TOURENINFO

- **Weglänge:** *16,5 km*
- **Höhendifferenz:** *Aufstieg 600 m, Abstieg 1430 m*
- **Ausgangs- und Endpunkt:** *Wasserscheidi auf dem Gurnigelpass (Postauto); Bahnhof Därstetten im Simmental.*
- **Zeitbedarf (reine Wanderstrecke ohne Halte):** *ca. 5¼ h*
- **Einkehrmöglichkeit:** *Nur in der Alp Obernünene, dann erst wieder in Weissenburgberg. Restaurants in Weissenburgberg oder Därstetten.*
- **Jahreszeit:** *Frühsommer bis Herbst*
- **Charakterisierung der Wanderung:** *Bergwanderung durch stellenweise anspruchsvolles Gelände, gut beschildert, steile Auf- und ziemlich steile Abstiege.*

13 Die Landschaft des Stockhorngebietes

O. ADRIAN PFIFFNER

1

Abb. 1: *Blick aus SW über den Oberstockesee zum Stockhorngipfel.*

Das Stockhorngebiet bildet einen Gebirgszug westlich des Thunersees und wird im Süden durch das Simmental begrenzt. Im Norden endet der Gebirgszug abrupt ans Stocken- und Gürbetal und setzt sich nach Westen in der Gantrischkette fort. Das Stockhorngebiet besitzt ein hohes, lokales Relief, auf kurzer Distanz gelangt man von 1600 auf über 2000 m ü. M. (Abb. 1). Auch neben den felsigen Partien ist das Gelände oft recht steil, ist aber durch Wanderwege gut erschlossen und beherbergt spektakuläre Aussichtspunkte. Der einfachste Zugang erfolgt mit der Stockhornbahn von Erlenbach i. S. aus.

Das Stockhorngebiet zeichnet sich durch E-W verlaufende Gräte und Mulden aus. Die markante Stockhornkette verläuft vom Sattelspitz über das Stockhorn zur Wisseflüe (Abb. 2, vgl. auch Wanderkarte). Nördlich davon erstreckt sich die Talung der Walalp und dann folgt die Gantrischkette mit der Homad. Im Süden verläuft eine markante Kette mit Unterbrüchen von der Stockeflue zum Laseberg und Hürligrat. Eine Zwischenstellung nimmt noch die Kette des Cheibehore ein, die nach Osten ausklingt.

Neben diesen Ketten stechen zwei auffallende Mulden mit dem Hinderstockesee bzw. dem Oberstockesee ins Auge. Da beide keinen oberflächlichen Abfluss besitzen, können die Mulden nicht durch die Wirkung des fliessenden Wassers entstanden sein, sondern wurden durch lokale Gletscher geformt. Diese füllten die Mulden südlich der Stockhornkette und hobelten die hier leichter erodierbaren, mergeligen Gesteine aus.

Zusätzlich ist das gesamte Gebiet von Karst geprägt: Die Kalke an der Oberfläche wie auch im Felsuntergrund wurden durch zirkulierendes, leicht saures Wasser aufgelöst, wobei *Schratten*, Karstgänge und Karsthöhlen entstanden sind.

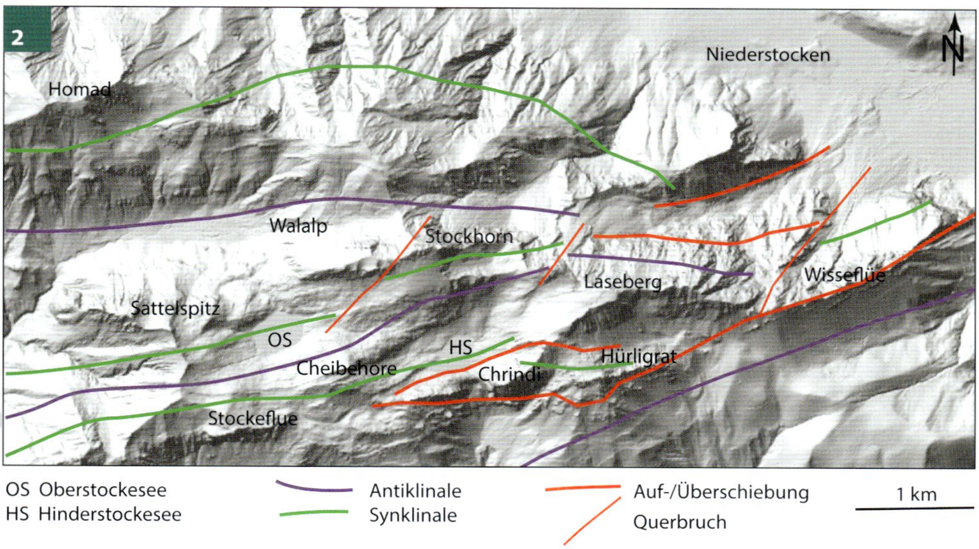

Abb. 2: *Geländemodell der Region Stockhorn mit eingetragenen Faltenachsen, Überschiebungen, Aufschiebungen und Querbrüchen (Geländemodell: swisstopo).*

Die Gesteine erzählen eine lange Geschichte

Das Stockhorngebiet besteht hauptsächlich aus marinen Kalk- und Mergelserien, die durch die Alpenbildung gefaltet und zerbrochen wurden. Wir können die unterschiedlichen Gesteinstypen gut aufgrund der Geländeformen erkennen: Steilgestellte, verwitterungsresistente, massige Kalke der Jurazeit bauen heute den Stockhorngipfel und die steile Felswand bei Chrindi auf. Jüngere, mergelige Kalke der jüngeren Kreide und des Känozoikums weisen erhöhte Tonanteile auf, sind deshalb weicher und konnten rascher abgetragen werden. Sie bauen heute die flacheren Hänge auf. Überlagert werden die Kalke und Mergel von Gletscherablagerungen und Hangschutt.

Die Sedimentgesteine des Stockhorngebietes wurden auf einer submarinen Hochzone, der sogenannten *Briançonnais-Schwelle*, in geringer Meerestiefe abgelagert (vgl. Einführung und Tour 12). Wir treffen hier auf Schichten der Jura- und der Kreidezeit sowie des frühen Känozoikums (Paläogen). Die zeitliche Abfolge der Schichten ist im stratigrafischen Sammelprofil Abb. 3 ersichtlich. Nachstehend stellen wir die typischen Gesteine der einzelnen Schichten kurz vor.

Früher Jura (Lias)

Im nördlichen Bereich der Briançonnais-Schwelle wurde grobkörniger Kalkstein («Spatkalk» der Grande Bonavau-Formation) abgelagert, welcher das grüne, glimmerartige Mineral Glaukonit und Bruchstücke von Stachelhäutern wie Seelilien oder Seeigeln enthält.

Mittlerer Jura (Dogger)

Entstehung einer monotonen Wechsellagerung von Mergelkalk und schiefrigem Mergel (Staldengraben-Formation). An Fossilien enthält sie Ammoniten und Spurenfossilien («Zoophycus», Frassspuren von Würmern). Gesteine und Fossilien deuten auf einen etwas tieferen marinen Ablagerungsraum hin.

Später Jura (Malm)

Ablagerung der Moléson-Formation, die aus dickbankigen, massigen Kalken besteht, welche lokal Hornsteinknollen (Feuerstein) enthalten. Die Moléson-Formation reicht zeitlich bis in die früheste Kreide.

Kreide

Während der Kreidezeit unterschieden sich die Ablagerungsbedingungen im nördlichen und südlichen Bereich des Stockhorngebietes: Im Norden wurde die Sciernes d'Albeuve-Formation abgelagert, feingebankte, sehr feinkörnige Kalke (früher als «calcaires plaquetés» oder «Neokom» bezeichnet). Sie enthalten oft Hornstein- und Markasitknollen (Markasit ist ein Pyrit-ähnliches Mineral mit kugeliger Aggregatsform). Südlich des Hinderstockesees folgt über der Moléson-Formation eine sehr dünne Lage der Sciernes d'Albeuve-Formation und darüber die Intyamon-Formation, dünnbankige Kalke in Wechsellagerung mit Mergeln. Die geringen Mächtigkeiten der beiden Formationen deuten darauf hin, dass dieses Gebiet in der frühen Kreidezeit eine Hochzone mit geringer Sedimentation war oder dass die Sedimente gleich wieder abgetragen oder umgelagert wurden. Darüber folgen die Sedimente der Couches Rouges-Gruppe, die altersmässig bis in das frühe Känozoikum reichen. Dabei handelt es sich um rote oder grünlich-graue Kalkmergel mit lokalen Brekzienlagen.

Abb. 3: *Die Abfolge der Gesteinsschichten der östlichen Klippendecke.*

Abb. 4: *Profilschnitt durch das Stockhorn längs der Stockhorn-Bahn* **(1)**. *Die Gesteinsschichten sind in enge Falten – Antiklinale und Synklinale – gelegt. Bei Chrindi sind zwei steil einfallende Aufschiebungen vorhanden.*

3

Stratigrafische Abfolge der Gesteinsschichten

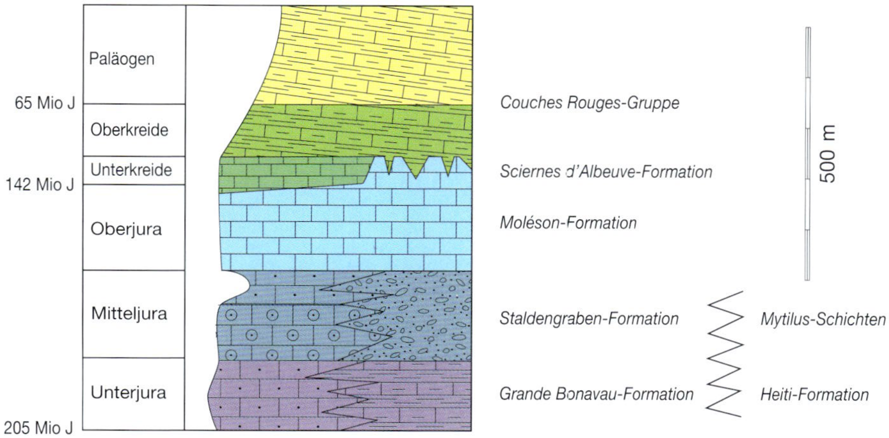

4

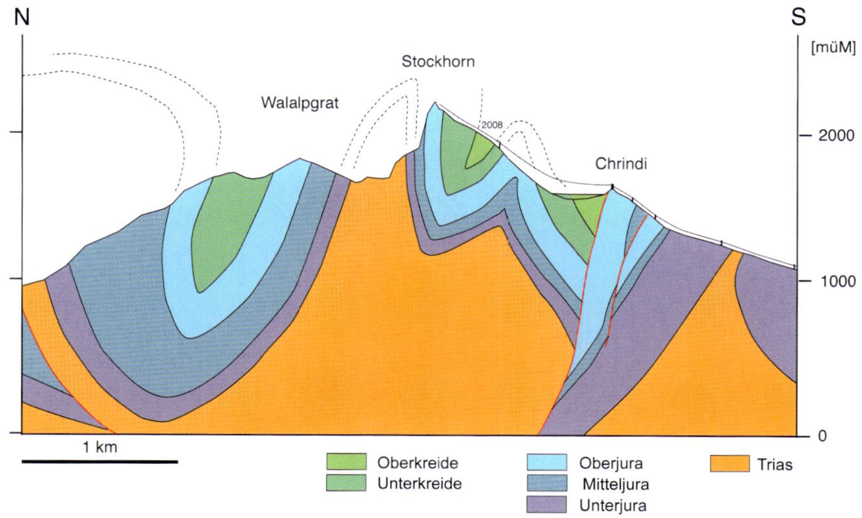

Gebirgsbau mit Falten und Brüchen

Während der alpinen Gebirgsbildung wurde die Stockhornkette zusammen mit grossen Teilen der Voralpen zwischen Thunersee und Lac Léman (Genfersee) als zusammenhängender Block über ca. 200 km nach NNW, auf den europäischen Kontinentalrand geschoben. Diese etwa 2 km mächtige geologischen, Decke hat die direkte Verbindung zu ihrem Herkunftsgebiet (ihrer kristallinen Unterlage) verloren. Infolge grossräumigen Abtrags ist sie nur noch als Relikt, als sogenannte «Klippe» erhalten, und wird deshalb als Penninische Klippen-Decke bezeichnet (Préalpes médianes). Vergleichbare Klippen können von der Zentralschweiz (Mythen, Stanserhorn) bis nach Savoyen über mehr als 250 km verfolgt werden. Bewegt wurde die Klippen-Decke auf einem Abscherhorizont aus weichen, *evaporiti-*

5

schen Gesteinen der Trias. Während des Transportes wurde sie zusammengestaucht, wodurch Falten und Brüche entstanden (Abb. 4).

Eine grossräumige, enge *Antiklinale* verläuft nördlich des Stockhorns in E-W Richtung. Zum Südschenkel dieser Falte gehören die vertikal einfallenden Kalke des Stockhorngipfels (Abb. 1), zum Nordschenkel die ebenfalls vertikal einfallenden Kalke des Walalpgrates. Die ältesten Gesteine im Kern dieser Falte sind Trias-Sedimente, welche von der Baachegg nach Osten und Westen ziehen. Die Triasgesteine wurden aufgrund ihrer Fliessfähigkeit im Kern der Antiklinale in grosser Mächtigkeit angehäuft (Abb. 4).

Zwischen Stockhorn und Chrindi bilden die Kalkschichten der Jura- und Kreidezeit ein kleinräumiges Faltenpaar (*Synklinale* und *Antiklinale*). Bei Chrindi selbst stossen diese Schichten längs eines Bruchs an den Nordschenkel einer Antiklinale, welche zwischen Chrindi und Erlenbach Triasgesteine an die Oberfläche bringt. Auch in dieser Antiklinale sind im Kern die Triasgesteine in grosser Mächtigkeit angehäuft.

Nördlich des Walalpgrats findet sich eine weitere Synklinale, die nordwärts auf einen Schichtstapel aus Trias-, Unter- und Mitteljuraschichten aufgeschoben wurde.

Wir erkennen diese Falten am einfachsten anhand der massigen Oberjurakalke, wie z. B. die steilstehenden Schichten des Stockhorns oder des Chrindi, die sich beide als markante Rippen nach Ost und West fortsetzen. Einen guten Einblick in diese Falten gewinnt man vom Stockhorn in Blickrichtung Westen auf den Oberstockesee (Abb. 5).

Auf Seen- und Gipfelwanderung

Der empfohlene Weg führt von Chrindi (1) am Hinderstockesee vorbei zum Oberstockesee und von dort auf das Stockhorn. Von

Abb. 5: *Blick vom Stockhorn nach Westen auf den Oberstockesee. Schichtumbiegungen zeigen grössere Falten. Der Oberstockesee liegt in einer Mulde (Synklinale) aus Kreidegesteinen. Angrenzend nach links erkennt man eine Antiklinale, in deren Kern die ältesten Gesteine des Mitteljuras aufgeschlossen sind. mJ: Mitteljura, oJ: Oberjura, uK: Unterkreide, oK: Oberkreide, Pa: Paläogen.*

Abb. 6: *Karstkarren bei Chrindi, entstanden durch Kalklösung.*

6

der Bergstation hat man Zugang zum Stollen und den Stockhornaugen, mit Ausblick aufs Aaretal und den Thunersee. Ein kurzer Aufstieg zum Stockhorngipfel ermöglicht eine spektakuläre Rundumsicht von den 3 000ern und 4000ern des Berner Oberlandes bis in das Mittelland und hin zum Jura. Für den Abstieg bestehen zwei alternative Vorschläge, oder es kann die Stockhornbahn benutzt werden.

Wanderung Chrindi – Oberstockesee – Stockhorn

Wir umwandern den Hinderstockesee im Süden und folgen dem Weg zuerst durch Felsen aus eindrücklich verkarsteten Oberjurakalken (Moléson-Formation, Abb. 6, (2)). Anschliessend queren wir einen steilen, grasbewachsenen Hang, in welchem stellenweise rote Mergel der Couches-Rouges-Gruppe auffallen (3). Der folgende runde Rücken besteht nicht aus Festgesteinen sondern aus Ablagerungen eines Lokalgletschers (4). Schliesslich folgt ein kurzer Aufstieg durch den Wald; bei der nächsten Verzweigung folgen wir dem Weg Richtung Oberstockesee. Dabei durchqueren wir den ebenen Boden der Schwaderei, der mit auffallenden Trichtern durchsetzt ist (5). Diese Schlucklöcher sind wie die Schratten das Ergebnis von Kalklösung (Karstbildung). Bei den Gesteinen handelt es sich um Sandkalke des Mitteljuras (Staldengraben-Formation). In diesen Gesteinen findet man sehr oft Spurenfossilien, sogenannten Zoophycus.

Vom Pass bei P.1734 gewinnt man einen schönen Blick auf den Oberstockesee (6). Nach dem Berggasthaus Oberstockenalp steigt der Weg steil über plattige Kalke der Sciernes d'Albeuve-Formation an. In der Lücke bei P. 2008 (7) sind Kalke und Mergel der Couches Rouges-Gruppe aufgeschlossen: Diese Kreidegesteine befinden sich in einer engen Synklinale zwischen den massigen Kalken der Moléson-Formation, welche im Süden die Felswände Richtung Hinderstockesee und im Norden jene des Stockhorngipfels aufbauen (vgl. Abb. 4). Von hier aus sind es noch 150 Höhenmeter zum Panoramarestaurant Stockhorn.

Am Zugang zur Terrasse befindet sich der Eingang des 70 m langen Stockhornstollens (8). Darin treffen wir auf eine wunderbare Calcit-Stufe, welche von Strahlern drei Kilometer westlich des Stockhorns geborgen wurde. Die Calcit-Kristalle weisen 6 ungleichseitige Dreiecke mit stumpfen und spitzen Kanten auf, sogenannte Skalenoeder. Die Kristalle entstanden, als sich bei der Faltung der Gesteinsschichten durch Zerbrechen Klüfte bildeten, worin zirkulierendes Wasser Calcit ($CaCO_3$) ausfällen konnte. Dieser war zuvor anderweitig gelöst worden, z. B. durch Drucklösung infolge der Deformation. In der Felsnische hinter der Kristallstufe erkennt man vollständig ausgefüllte, ca. 1 cm dicke Adern, die durch dieselben Prozesse gebildet wurden. Nur fehlte hier der nötige Hohlraum für das ungehinderte Wachstum von Kristallstufen.

Die Stollenwand besteht aus Kalken der Moléson-Formation. Es handelt sich dabei um sogenannte *Resedimente*, also um Gestein, deren Bestandteile wie *Ooide*, *Kotpillen* oder Muschelbruchstücke zusammengespült wurden. Anschliessend wurden die losen Partikel durch chemische Ausfällung von Calcit in den Porenräumen zementiert, sodass heute ein festes Gestein vorliegt.

Wir werfen einen Blick durch die Stockhornaugen

Von den Stockhornaugen zuhinterst im Stollen gewinnt man eine einmalige Aussicht auf Mittelland und Alpen. Vom rechten Auge hat man einen Tiefblick auf den Thunersee sowie die Berge des Berner Oberlandes und der Zentralschweiz (Abb. 7): Im Hintergrund erkennt man die vorwiegend aus Kalken aufgebauten Helvetischen Decken (Schrattenfluh, Hohgant, Sigriswiler Rothorn). Diese Decken wurden von Süden her auf die Molasse-Sedimente des Alpenvorlands geschoben. Die Molasse aus Sandsteinen, Nagelfluhen und Mergeln wurde vor ca. 30 Mio. Jahren durch die Urflüsse aus den Alpen geschüttet (vgl. Touren 4, 7, 8). Nahe der Alpen (zwischen Sigriswil und Steffisburg) wurden die Molasseschichten durch die Einwirkung der alpinen Decken aufgestellt, während sie im Mittelland flach lagern. Eine Ausnahme bildet das Gewölbe, welches man an der Falkenfluh erkennen kann.

Unten im Vordergrund verlaufen die Gesteine der Klippen-Decke längs des Glütschbachtals. Wie erläutert, wurden sie von Süden über die späteren helvetischen Decken auf das Alpenvorland geschoben.

Das Becken des Thunersees wurde von den eiszeitlichen Gletschern tief ausgeräumt – die Felsoberfläche liegt etwa auf Meereshöhe. Dieser Trog umfasste auch das nördlich angrenzende, weniger tiefe Aaretal. Mit dem Abschmelzen der Gletscher vor ca. 12 000 Jahren wurde der Trog aufgefüllt. Toteismassen im Bereich des Thunersees verhinderten, dass auch dieser vollständig aufgefüllt wurde.

Von der Plattform vor dem linken Stockhornauge (Abb. 7b) erlebt man einen imposanten Tiefblick (nur für Schwindelfreie geeignet). Ganz im Hintergrund erkennt man das vorwiegend aus Kalken aufgebaute Juragebirge. Die links und im Vordergrund unten erkennbaren Gurnigel- und Klippen-Decken wurden von Süden hierher überschoben.

Das Amsoldinger Plateau ist von Grundmoräne bedeckt, die von den Gletschern während der letzten Vereisung vor 30 000–12 000 Jahren abgelagert wurden. Dabei entstanden auch die Buckel (sogenannte Drumlins) und dazwischen die kleinen Seen. Im Untergrund verbergen sich tiefe Rinnen (Canyons), die mit mehreren Hundert Meter mächtigen Glazialsedimenten verfüllt sind.

7

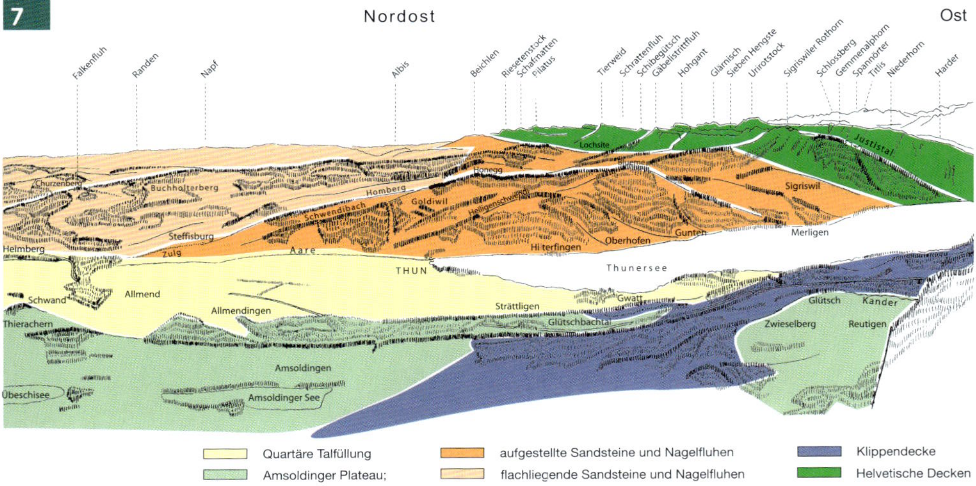

8

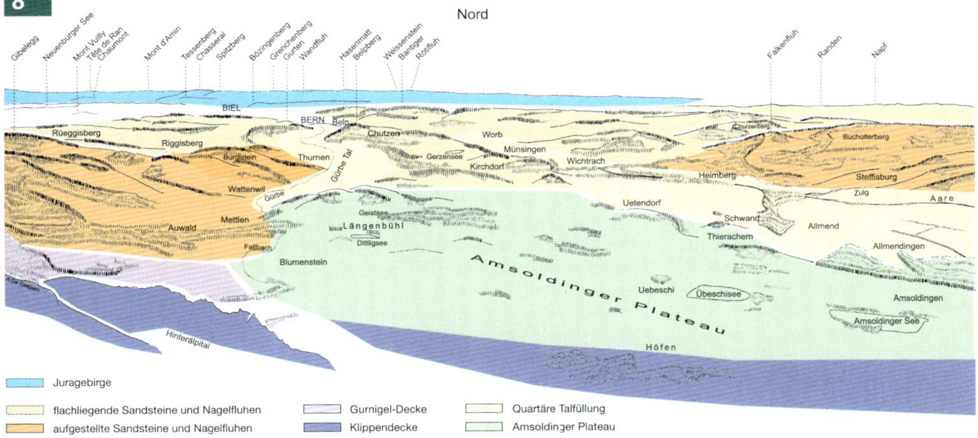

Abstieg Stockhorn–Chrindi

Variante 1: Direkter Abstieg über Chummli und Oberbärgli zur Mittelstation Chrindi.

Abb. 7: *Blick aus dem östlichen Auge auf den Thunersee und die Alpen der Zentralschweiz. (Diese Abbildung finden Sie in grösserem Format auch auf der Innenseite des vorderen Umschlags.)*

Abb. 8: *Blick aus dem westlichen Auge auf das Mittelland und das Juragebirge. (Diese Abbildung finden Sie in grösserem Format auch auf der Innenseite des vorderen Umschlags.)*

Variante 2: Abstieg über Oberstocke, rund um den Oberstockesee und nach einem kleinen Aufstieg von 100 Höhenmetern südlich um das Cheibehore. Beim Abstieg zum Hinderstockesee (9) quert man glaziale Sedimente, welche Kristallin-Findlinge enthalten, die aus dem Wallis stammen. Sie wurden vor der letzten Eiszeit, vor mehr als 125 000 Jahren, von Gletschern abgelagert, welche über den Sanetschpass ins Simmental flossen. Abschliessend den See auf der Südseite umrunden, um das Restaurant und die Mittelstation Chrindi zu erreichen.

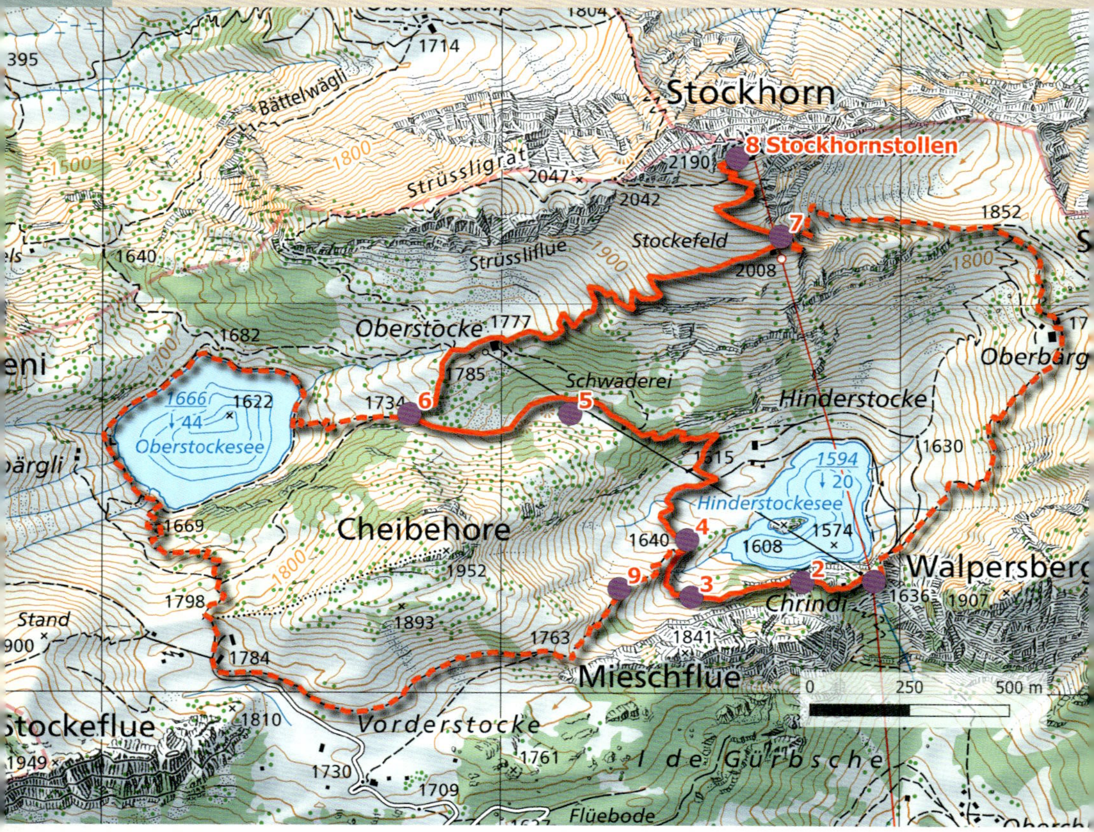

TOURENINFO

- **Weglänge:** *4 km*
- **Höhendifferenz:** *600 m*
- **Ausgangspunkt:** *Chrindi, Mittelstation Stockhornbahn (mit der Bahn oder dem Auto nach Erlenbach, von Erlenbach mit der Stockhornbahn zur Mittelstation)*
- **Endpunkt:** *Stockhorn*
- **Zeitbedarf**

	Aufstieg	Abstieg
Chrindi–Hinderstockesee–Oberstocke	50 min	40 min
Oberstocke–Stockhorn	1 h 10 min	40 min
Chrindi–Oberbärgli–Stockhorn	1 h 30 min	1 h 10 min
Chrindi–Vorderstocke–Oberstocke	40 min	40 min

- **Jahreszeit:** *Juli–Oktober*
- **Einkehrmöglichkeiten:** *Restaurants Chrindi, Stockhorn, Berggasthaus Oberstockenalp*
- **Charakterisierung:** *Bergwanderung auf zum Teil steilen Bergwegen durch steiles Gelände. Bergschuhe Pflicht.*

LITERATUR

(1) Pfiffner, O. A. (2024)

14 | Fossile Blockgletscher im Diemtigtal – die stillen Zeugen von vergangenem Permafrost

CORNELIA BRÖNNIMANN

1

Abb. 1: *Am Bodenallmi-Blockgletscher in der Bildmitte lassen sich die für fossile Blockgletscher typischen Merkmale gut erkennen: Eine steile Front, Absenkungen im Inneren infolge des Schmelzens des Eises und die dadurch entstandenen Kämme. Er bildete sich aus den Schuttablagerungen von den Felswänden der Wässerigi Flue oberhalb davon und bewegte sich in Richtung Aufnahmestandort.*

Moränen oder Blockgletscher?

Die fossilen Blockgletscher im Meniggrund, einem Seitental des Diemtigtals, wurden lange nicht als solche erkannt. Sie reichen bis auf 1 250 m ü. M. hinunter. Als der Geologe Erwin Genge *(1)* in der Mitte des letzten Jahrhunderts die Gegend kartierte, interpretierte er sie als End- und Seitenmoränen des Meniggrund-Gletschers. Durchaus verständlich, da wir auf dieser Höhenlage nicht unbedingt *periglaziale* Formen erwarten. Solche finden sich in der Schweiz gegenwärtig meist deutlich über 2 000 m ü. M. im *Permafrostgebiet*, wo der Untergrund ab einer gewissen Tiefe dauerhaft gefroren ist, sowie im Umfeld von Gletschern (Abb. 2). Insofern sind die Blockgletscher im Meniggrund etwas Aussergewöhnliches.

Auf die neue Sicht der Dinge kam der Geologe Meinrad Thalmann in den 2010er-Jahren, als er für den Geologischen Atlas der Schweiz kartierte. Er erkannte, dass es sich bei den Blockgirlanden im Meniggrund nicht um Moränen handeln konnte. Aber wie und wann sind diese Formen entstanden, und weshalb sind es nicht Moränen?

Wann entstanden die Blockgletscher im Meniggrund?

Während des letzteiszeitlichen Maximums (LGM, Abb. 3), vor rund 22 000 Jahren, lag der Meniggrund mehrere 100 m unter dem Eis. In den darauffolgenden Jahrtausenden zog sich der Meniggrund-Gletscher zurück, bis im Spätglazial das gesamte Einzugsgebiet des Meniggbachs eisfrei wurde. Nach dem Zurückschmelzen des isolierenden Gletschereises war der Untergrund der kalten Luft ausgesetzt. Fortan konnten in diesen Gebieten periglaziale Prozesse («Frostprozesse») ablaufen, sich Permafrost bilden und Blockgletscher entstehen. Periglaziale Prozesse laufen in Gebieten ab, in welchen die mittleren Jahrestemperaturen unter 0 °C liegen und die klimatischen Bedingungen zu einem steten Auftauen und Gefrieren des Bodeneises führen.

Blockgletscher sind typische periglaziale Formen. Vor rund 30 Jahren untersuchten die beiden Geografen Philippe Schöneich und Markus Imhof die Blockgletscher der westlichen Voralpen und erstellten umfangreiche Inventare *(2)*. Sie konnten aufzeigen,

2

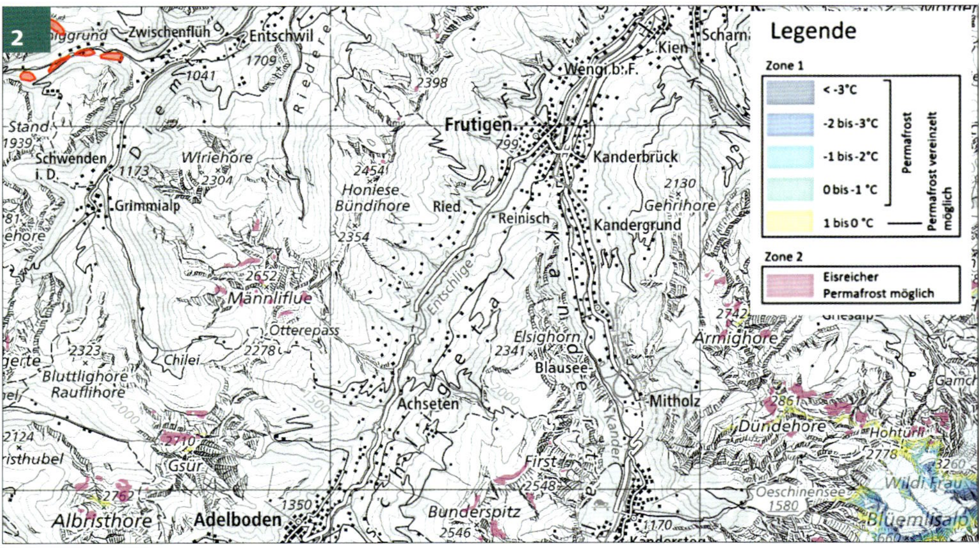

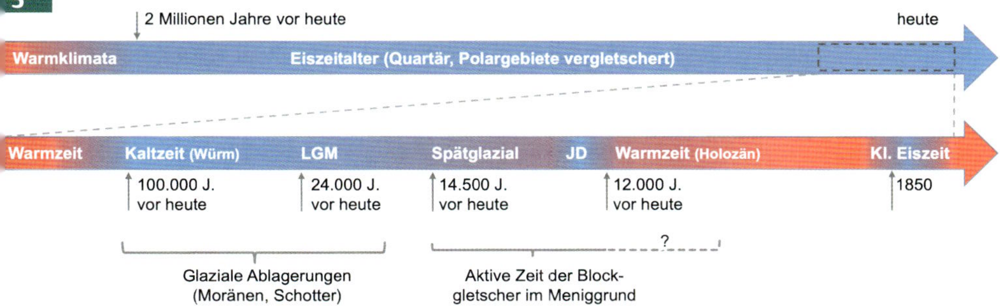

dass diese sich während mehreren Kältephasen im Spätglazial gebildet hatten. Ihre «Kollegen» im Menigrund wurden bisher allerdings noch nicht untersucht. Aus Analogiegründen, aufgrund der Höhenlage und der vergleichbaren mittleren Jahrestemperatur, kann angenommen werden, dass die verschiedenen Blockgletscher im Menigrund ähnlichen Alters sind wie jene der westlichen Voralpen. Unklar ist, ob sie bis zum Ende des Spätglazials (vor etwa 12 000 Jahren) oder noch länger (bis ins Holozän hinein) aktiv waren, d.h. gewachsen sind und – ähnlich wie Gletscher – hangabwärts geflossen und gekrochen sind. Heute liegen aktive Blockgletscher in den Berner Alpen sehr viel höher, z.B. am Furggentältli beim alten Gemmipass auf fast 2 500 m ü. M.

Wie entsteht ein Blockgletscher?

Die Bezeichnung «Blockgletscher» ist etwas irreführend, da ein Blockgletscher selten aus einem schuttbedeckten Gletscher entsteht, sondern meist durch Schuttablagerungen auf ganzjährig beständigen Schneeresten. So entstehen sie typischerweise aus Lawinenschnee und Ablagerungen von Felsstürzen am abgeflachten Hangfuss unterhalb von Felswänden. Der zugeschüttete Schnee wird durch den akkumulierten Blockschutt konserviert und zuerst in Firn und dann in Eis umgeformt. Blockgletscher können zu mehr als der Hälfte aus Eis bestehen. Damit es zur Eisbildung kommt, müssen die durchschnittlichen Jahrestemperaturen unter 0 °C liegen. Das ist in den Alpen heute ab ca. 2 500 m ü. M. der Fall. Aktive Blockgletscher sind also ein eindeutiger Indikator für Permafrost. In der Permafrost- und Bodeneiskarte des Instituts für Schnee- und Lawinenforschung (SLF) ist die Verteilung des heutigen Permafrosts und somit auch der aktiven Blockgletscher dargestellt (Abb. 2).

Auch ein geringer Jahresniederschlag unter 1 000 Millimeter begünstigt die Entstehung von Blockgletschern. Die im Winter entsprechend geringmächtigere Schneede-

Abb. 2: *Permafrost-Hinweiskarte zwischen dem Menigrund und der Blüemplisalp. Die fossilen Blockgletscher im Menigrund sind in Rot abgebildet. Sie liegen deutlich tiefer als die heutigen möglichen Permafrostvorkommen z. B. am Albristhorn, Gsür oder der Männlifue, die oberhalb von rund 2 200 m ü. M. liegen (Quellen: Permafrost and Ground Ice Map, SLF, swisstopo).*

Abb. 3: *Zeitliche Einordnung der Entstehung und der aktiven Phase der Blockgletscher im Menigrund während des Spätglazials. Das Spätglazial war eine Phase langsamer Erwärmung am Ende der Würm-Kaltzeit vor ca. 14 500–12 000 Jahren (Zeitskala nicht massstabsgetreu). LGM: Maximale Ausdehnung der Vereisung in der letzten Kaltzeit. JD: Kälterückfall (Stadial) der Jüngeren Dryaszeit, ca. 12 700–10 700 Jahre vor heute und das Ende der letzten Kaltzeit.*

4

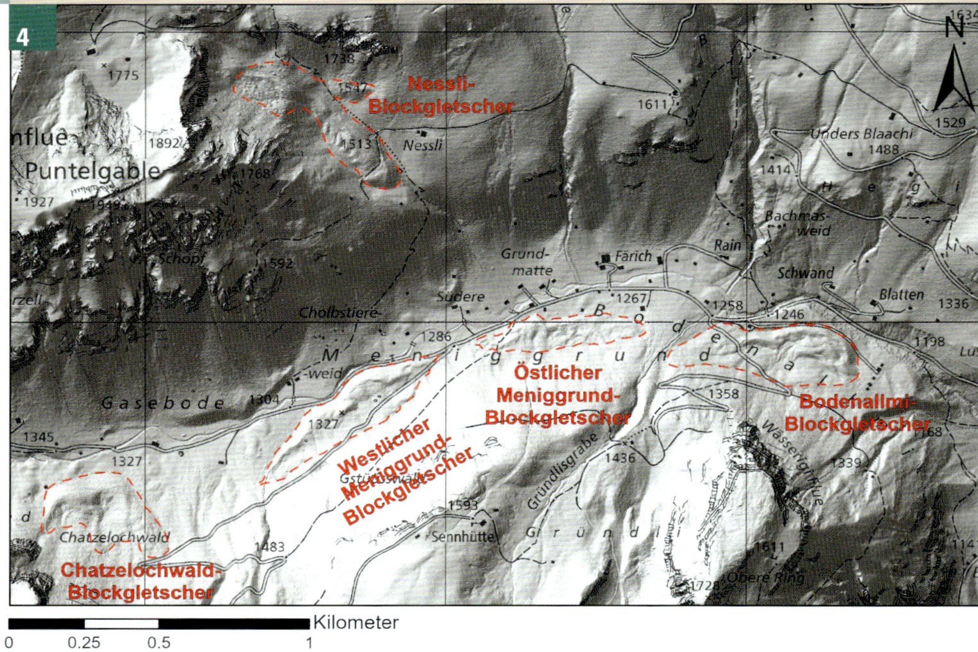

cke führt zu einer stärkeren Auskühlung des Bodens, wodurch das Eis unterhalb des isolierenden Blockschuttes besser erhalten bleibt. Eine Schneedecke, welche sich erst spät im Winter ausbildet, hat eine vergleichbare Wirkung. Spärlicher Sommerregen ist für Blockgletscher ebenfalls vorteilhaft, weil dadurch weniger verhältnismässig warmes Regenwasser in den gefrorenen Untergrund gelangt. Aktuelle Untersuchungen am SLF bestätigen dies: Im schneearmen Albula-Gebiet gibt es viel mehr Blockgletscher als in den schneereichen Glarner Alpen.

Das Aussehen der Blockgletscher, ihre Länge und Kriechgeschwindigkeit (typischerweise zwischen 0,1 und 2 m/Jahr) sind v.a. von der Menge an Lawinenschnee und Schuttmaterial sowie vom Relief abhängig. Je grösser die Felswände im Einzugsgebiet sind und je resistenter das Gestein ist, desto grobblockiger und länger zeigen sich die Blockgletscher in der Regel. Für ihre Entstehung sind also zahlreiche, sich gegenseitig beeinflussende Faktoren mitentscheidend; z.B. kann die Erosionsrate in warmen Zeiten höher sein, was zu mehr Schuttablagerungen auf den Schneeresten führt und das Wachstum von Blockgletschern – trotz höherer Temperaturen – begünstigt.

Wann werden Blockgletscher «fossil»?

Verlieren Blockgletscher infolge einer klimatischen Erwärmung langsam ihr Eis, werden sie inaktiv, d.h., sie bewegen sich nicht mehr, können aber immer noch gefrorenes Material enthalten. Der isolierende Schutt schützt den eisreichen Kern noch lange vor dem Ausschmelzen, auch wenn die durchschnittlichen Jahrestemperaturen bereits im positiven Bereich liegen. Blockgletscher reagieren träge auf Klimaschwankungen und können ein Alter von mehreren Tausend Jahren erreichen, bevor sie inaktiv werden. Wenn das Eis schliesslich vollständig abgeschmolzen ist, verbleiben fossile Blockgletscher. Auch wenn sie sich nicht mehr bewegen, liefern

sie uns heute Anhaltspunkte zu klimatisch kälteren und niederschlagsärmeren Phasen während ihrer aktiven Zeit. Fossile Blockgletscher sind u. a. daran erkennbar, dass sie kontinuierlich von Vegetation überwachsen werden und keine eiskalten Schmelzwässer mehr an ihrer Stirn austreten.

Den fossilen Blockgletschern auf der Spur: Weshalb sie keine Moränen sind!

Auf unserer Wanderung durch den Meniggrund lernen wir insgesamt fünf fossile Blockgletscher kennen (Abb. 4). Wir starten unsere Wanderung bei Blatteschwand, auf ca. 1 250 m ü. M. Beim Aufstieg kann der **Bodenallmi-Blockgletscher** (Abb. 1) gut aus der Ferne (1) und ganz am Ende unserer Wanderung noch aus der Nähe betrachtet werden (5). Er reicht eingangs Meniggrund bis auf 1 240 m ü. M. hinunter, also nochmals tiefer als die meisten fossilen Blockgletscher in den westlichen Voralpen. Am Bodenallmi-Blockgletscher lassen sich gleich mehrere charakteristische Merkmale erkennen: Er befindet sich unterhalb der markanten Felswand Wässerigi Flue, welche die benötigten Sturzblöcke und den Lawinenschnee lieferte. Der ursprüngliche Eisgehalt war in der inneren Zone des Blockgletschers am grössten, weshalb es hier zu grossen Volumenverlusten und zu markanten Absenkungen und Kammbildungen kam. Dabei bildeten sich sogenannte *thermokarstige* Dolinen, über welche wir am Ende unserer Wanderung spazieren können. Der unterste (externe) Kamm ist höher und

Abb. 4: *Übersichtskarte vom Meniggrund, einem Seitental des Diemtigtals, mit den fünf fossilen Blockgletschern unserer Wanderung (Kartengrundlage: Kanton Bern; swisstopo).*
Abb. 5: *Der bewaldete westliche (A) und der beweidete östliche Meniggrund-Blockgletscher (B). Schwarze Pfeile: Fliessstrukturen des Blockgletschers. Inlet: Ausschnitt aus dem digitalen Geländerelief (Kartengrundlage Kanton Bern).*

kontinuierlicher als die kleineren Kämme und Gräben im kollabierten (abgesenkten) inneren Bereich. Der Bodenallmi-Blockgletscher liegt über letzteiszeitlichen Moränen und Schottern, welche an den Böschungen des Menigbachs aufgeschlossen sind (unten in Abb. 1). Da er die Gletschersedimente überfuhr, muss er jünger sein als diese.

Kurz nach dem höchsten Punkt unserer Wanderung (2) lassen sich aus der Ferne zwei weitere, etwas schwächer ausgebildete Blockgletscher im Talgrund, auf ca. 1280 bzw. 1 290 m ü. M., erkennen: Der beweidete östliche und der bewaldete westliche **Meniggrund-Blockgletscher** (Abb. 5). Oberhalb der beiden sind ebenfalls Felswände vorhanden, jedoch deutlich weniger markant, und deren Schutthalden sind heute vollständig mit Vegetation bedeckt. Der westliche Meniggrund-Blockgletscher besteht lediglich aus einem frontalen Kamm. Dahinter lassen sich nur andeutungsweise Absenkstrukturen erkennen – wahrscheinlich, weil er in seinem Inneren einst weniger Eis enthielt. Wir könnten sagen, dass die beiden nur gerade eine «embryonale» Stufe erreicht haben, eine Mischform aus Schuttablagerungen und entstehenden Blockgletschern. Ihre gestreckte Form ist vermutlich mit ein Grund für die frühere Fehlinterpretation als Seitenmoränen. Wie der Bodenallmi-Blockgletscher liegen auch die Meniggrund-Blockgletscher auf älteren Glazialablagerungen, womit die beiden ebenfalls frühestens im Spätglazial entstanden sein können.

Nach kurzem Abstieg können wir einen weiteren fossilen Blockgletscher aus der Nähe betrachten (3) – den **Nessli-Blockgletscher** (Abb. 6). Er wurde mit bedeutend grobblockigerem Schuttmaterial von mehreren Felswänden und Schutthalden gespiesen und floss entlang eines Tälchens, des Nessligrabe. Dies dürfte eine der Ursachen dafür sein, dass er mit über einem halben Kilometer deutlich länger wurde als seine «Kollegen» im Talgrund. Die lobenförmigen Rippenmuster sind entstanden, als der Blockgletscher noch aktiv war und das Schutt-Eis-Gemisch hangabwärts gekrochen und geflossen ist. Diese oberflächlichen Fliessstrukturen sind vor allem im digitalen Geländerelief gut zu erkennen (Abb. 6). Die Front des Nessli-Blockgletschers ist wulstartig und fällt steil ab, was für blockige, eisreiche Blockgletscher typisch ist. Auch er überlagert eine Moräne und kann sich daher erst nach dem Rückzug des Meniggrund-Gletschers – vermutlich im Spätglazial – gebildet haben. Seine Front liegt auf 1 490 m ü. M. an einem Südosthang, was doch eher unüblich ist. In den Voralpen liegen fossile Blockgletscher nämlich meist im Hang- oder Blockschutt am Fuss von Nordhängen. Ein Grund hierfür dürfte seine eingeengte Tallage mit mehreren Zulieferern sein.

Kurz vor dem Talboden (4) erblicken wir auf der gegenüberliegenden Talseite die 30 m hohe Felswand und die markante Schutthalde oberhalb des **Chatzelochwald-Blockgletschers** (Abb. 7). Wegen der Bewaldung kann letzterer nur erahnt werden. Auf dem digitalen Geländerelief hingegen lassen sich die typischen Kämme und Gräben wiederum deutlich erkennen. Wir können uns gut vorstellen, dass dieser Blockgletscher ebenfalls durch Geröll- und Lawinenschnee-Ablagerungen aus den oberhalb liegenden Felswänden und Schutthalden entstanden ist. Auch er überlagert eine Grundmoräne und hat sich somit im Spätglazial gebildet.

Zum Schluss unserer Wanderung betrachten wir den **Bodenallmi-Blockgletscher** noch aus der Nähe (5). So bekommen wir ein besseres Gefühl für die Dimension der Schuttakkumulation von den Felswänden der Wässerigi Flue (Abb. 1); und auch für die Menge an Eis, die abgeschmolzen ist, was zu den karstähnlichen Einsenkungen führte, den sogenannten thermokarstigen Dolinen (Abb. 1).

Abb. 6: *Unser Weg führt entlang der steilen Front des Nessli-Blockgletschers. Inlet: Ausschnitt aus dem digitalen Geländerelief (Kartengrundlage Kanton Bern).*

Abb. 7: *Der bewaldete Chatzelochwald-Blockgletscher (A) mit den Felswänden (B) und der Schutthalde (C) oberhalb davon. Inlet: Ausschnitt aus dem digitalen Geländerelief (Kartengrundlage Kanton Bern).*

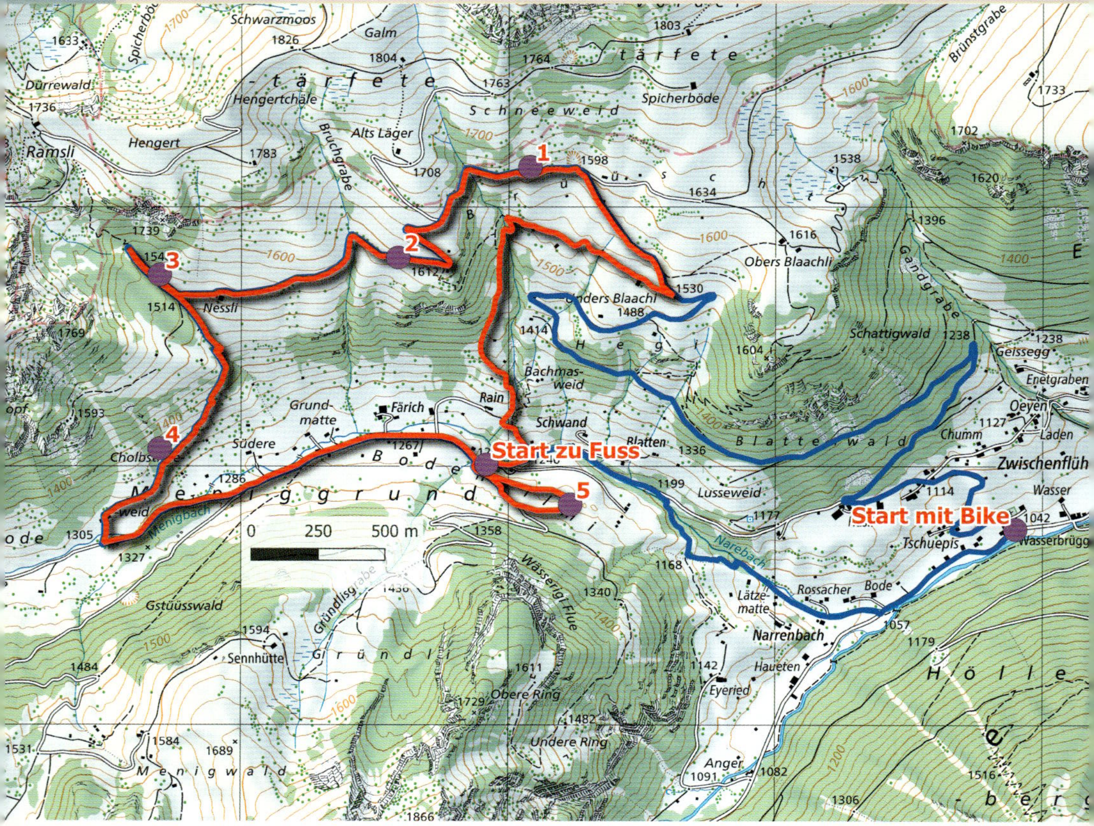

TOURENINFO

- **Ausgangs- und Endpunkt:** *Parkplatz Meniggrund (gebührenpflichtig) oder Postautohaltestelle Zwischenflüh, Anger (Auf/Abstieg über Wanderweg Eyeried).*
- **Wegstrecke:** *9 km vom Parkplatz Meniggrund (plus 4 km ab Postautohaltestelle Zwischenflüh, Anger). Zeitbedarf: 3,5 h*
- **Höhendifferenz Auf- und Abstieg:** *ca. 500 m (plus 200 m ab Postautohaltestelle Zwischenflüh, Anger)*
- **Sicherheit:** *Route verläuft über markierte Wanderwege. Der Umweg über Stopp 1 führt entlang eines Feldweges, auf dem im Sommer Kühe weiden.*
- **Verpflegung:** *Alpkiosk, stuckis-produkte.ch, etwa 250 m östlich unseres Startpunkts der Fusswanderung*
- **Variante Bike:** *Von der Postautohaltestelle Zwischenflüh, Seebergstrasse der Täfertenstrasse folgend direkt zu (**1**). Den Abschnitt von (**3**) bis (**4**) können nur sehr geübte Biker fahren.*

Bikeroute

Fussweg

LITERATUR

(1) Genge, E. (1949)
(2) Schöneich, P. (1992)

15 | Die Kraterlandschaft Gryde–Stübleni

UELI GRUNER

1

Abb. 1: *Lokal symmetrisch aneinandergereihte Krater im Gipskarst.*

2

Einleitung

Stellen Sie sich vor, Sie sind an der Lenk im Simmental in den Ferien und erzählen dort einem Bekannten, dass Sie – ernsthaft! – heute eine Expedition auf den Mond machen. Er wird Ihnen kein Wort glauben. Aber trotzdem hätten Sie eine Spur recht, denn auf der Wanderung von der Bergstation der Gondelbahn Leiterli/Betelberg zur Gryde bzw. zu den Stübleni, bewegen Sie sich in einer mondähnlichen Landschaft, die zumindest im Kanton Bern ihresgleichen sucht.

Unsere Wanderung

Unsere Wanderung führt von der Bergstation Leiterli/Betelberg (1) in rund einer Stunde in angenehmer Steigung hinauf auf den Grat an der Nordseite des kleinen Berggipfels Stübleni – und schon befinden wir uns mitten in der aus Gipskarst bestehenden Kraterlandschaft Gryde (2) (Abb. 1 bis 4). Wir blicken hinab in Richtung Norden, in die mit Dutzenden von Trichtern durchsetzte Gryde und wandern auf dem Grat noch ein paar Hundert Meter weiter nach Nordwesten bis zu einer kleinen Schutzhütte (3).

Dabei müssen wir immer wieder einzelne der bis über zehn Meter tiefen Krater umkurven. Als Rückweg zur Bergstation Leiterli/Betelberg nehmen wir den Wanderweg südlich der Stübleni. Doch vielleicht reicht ja die Zeit noch aus, um einen kurzen Abstecher auf den Gipfel der Stübleni (2 109 m ü. M.) zu machen (4), von wo wir noch einmal einen Blick auf die unzähligen Trichter in diesem Gipsgebiet werfen und den herrlichen Rundblick geniessen können. Via Südseite des Gipsvorkommens gelangen wir in knapp einer Stunde wieder zurück zur Bergstation. Übrigens: Wussten Sie, welche Bedeutung

Abb. 2: *Auf dem Grat zwischen der Schutzhütte (im Vordergrund, mit hellem Dach) und dem kleinen Berggipfel Stübleni (oben) ist ein Krater nach dem andern aufgereiht.*
Abb. 3: *Auf dem Grat schlängelt sich der Wanderweg zwischen den Kratern hindurch.*
Abb. 4: *Einzelne Krater sind bis zu 10 m tief.*

3

4

die Ortsnamen Stübleni und Gryde haben? «Stübleni» kommt von Stuben, d. h., die Krater wurden als kleine Stuben betrachtet, und «Gryde» geht zurück auf den Begriff Chryde, dies, weil das weisse, weiche Gipsgestein grosse Ähnlichkeit mit dem ebenfalls weissen Kalkstein der oberen Kreide (Schreibkreide) aufweist.

Im Gebiet Gryde-Stübleni gibt es Gips für Millionen von Beinbrüchen

Geologisch besteht die bizarre Kraterlandschaft rund um den kleinen Berggipfel Stübleni und der nördlich davon liegenden Gryde aus einem mächtigen Vorkommen von Gipsgestein und Rauwacke, wobei sich die Rauwacke vor allem am Rande der mächtigen Gipsmassen befindet. Die Gesteine entstanden vor etwas mehr als 200 Mio. Jahren während der Triaszeit (Keuper). Doch wie muss man sich die Entstehung von Gips überhaupt vorstellen?

In gelegentlich vom Meer abgetrennten, seichten, warmen Buchten dampfte Meereswasser ein, und durch Übersättigung begann eine Ausfällung von Mineralien wie Gips und Anhydrit, sogenannte *Evaporite*. Dabei bildeten sich über lange Zeiträume hinweg teilweise mächtige Lager der Kalziumsulfate Anhydrit ($CaSO_4$) und Gips ($CaSO_4{*}2H_2O$). Als Folge der späteren Überlagerung durch jüngere Sedimentschichten wurde der wasserhaltige Gips zunächst in sein trockenes

5

6

Pendant, den Anhydrit umgewandelt. Während der Bildung der Alpen wurde der Anhydrit seinerseits bei einem Zutritt von Oberflächen- und Karstwasser dann wieder in Gips zurück gewandelt. Im Gebiet Gryde-Stübleni bestehen die oberflächennahen Gesteine daher hauptsächlich aus Gips. Allerdings sind die Evaporit-Vorkommen teilweise bis gegen 400 m mächtig, weshalb in grösserer Tiefe unter dem Gips immer noch Anhydrit vorkommen dürfte. Dies war auch der Grund, warum sich die Nagra, die Nationale Genossenschaft für die Lagerung radioaktiver Abfälle, in den 1970er-Jahren für das Gebiet Gryde-Stübleni interessierte. Man vermutete dort in tieferen Lagen einen dichten, nicht von Oberflächenwasser tangierten Anhydrit, der sich vielleicht für ein Endlager von schwach aktiven Abfällen eignen würde. Tempi passati!

Das Gipsvorkommen von Gryde-Stübleni zeigt lokal leichte rosa Verfärbungen und führt gebietsweise auch schwarze Tonschmitzen – vermutlich vom nahen Festland eingewehte oder durch Niederschläge eingespülte Verwitterungspartikel. An einigen Stellen enthält der Gips auch dünne Lagen von Dolomit; das Gestein weist dann eine schöne Lamination auf (Abb. 5). Dolomit(stein) besteht aus dem gleichnamigen Mineral Dolomit ($CaMg(CO_3)_2$) – ein Karbonatmineral wie der Kalzit ($CaCO_3$) im Kalkstein. Die beiden Minerale sind sich zwar sehr ähnlich, unterscheiden sich aber in ihrer Zusammensetzung und geringfügig auch in ihren Eigenschaften.

Rauwacke ist ein spezielles und vom Aussehen her eigenartiges Gestein: Es fällt durch sein brekzienartiges, löcheriges Aussehen auf und wird zuweilen auch «Zellendolomit» genannt. Ein Berner Geologieprofessor hat einmal bei der Rauwacke treffend von einer «Kariesfazies im Gebirge» gesprochen. Auf unserem Wanderweg ist die Rauwacke jedoch nur selten anzutreffen (z. B. auf dem Rückweg auf der Südostseite der Stübleni; Abb. 6), weil sie meist unter einer dünnen Lockergesteinsschicht liegt. Die Entstehung der Rauwacke ist nach wie vor nicht ganz geklärt. Gemeinhin wird davon ausgegangen, dass ursprünglich eine Dolomit-Anhydrit-Wechsellagerung sedimentiert wurde. Später, während der Alpenbildung, erfolgten im leicht verformbaren Gips

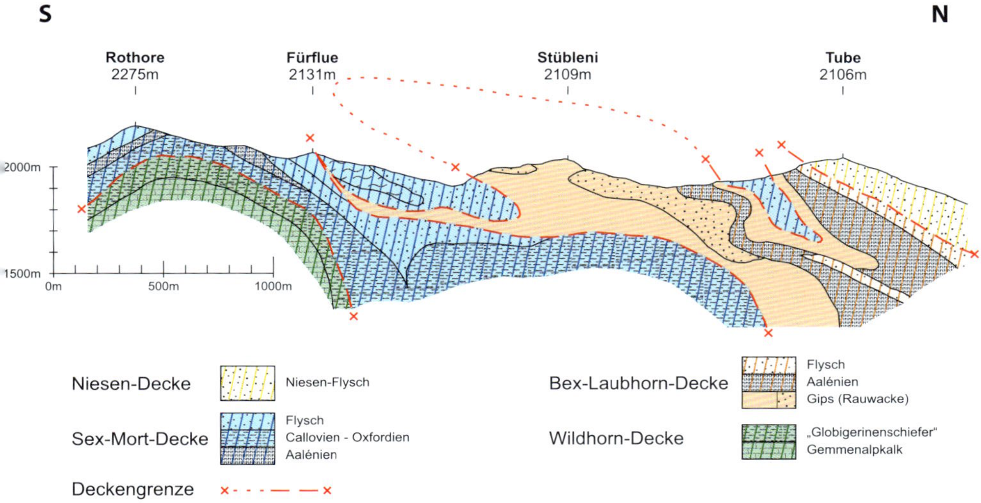

zahlreiche tektonische Abscherungen von ganzen Gesteinseinheiten. Dadurch wurde der Gesteinsmix Gips/Dolomit verändert, d.h., der kompaktere Dolomit wurde zu Bruchstücken verformt. Am Schluss löste sich der weiche Gips durch die Einwirkung von Oberflächenwasser heraus, zurück blieb das zellige Dolomitgestein.

Meeresstrand im Oberland

Vor mehr als 200 Mio. Jahren wurden diese evaporitischen Gesteine in seichten, warmen Meereslagunen abgelagert. Aber wie gelangten sie seither bis hinauf zur Gryde und zu den Stübleni, auf eine Höhe von 2 109 m ü. M.?

Natürlich hängt dies mit der lange dauernden Alpenbildung zusammen. Doch da wird es nun etwas komplizierter: Zu Beginn der Trias, vor etwa 250 Mio. Jahren, begannen sich das heutige Afrika und Europa voneinander zu trennen. Dabei kam es entlang der Bruchzone zur allmählichen Absenkung der Kontinentalränder und zum Eindringen eines zuerst seichten Meeresarmes, der sich später zur Tethys entwickeln sollte (vgl. Einführung). «Unsere» Evaporite wurden dabei ganz im Süden Europas abgelagert, also gerade noch im helvetischen Ablagerungsgebiet. Da es sich damit um die südlichsten helvetischen Einheiten handelt, wurde der Begriff «Ultrahelvetikum» zur Bezeichnung eingeführt. Während der anschliessenden Gebirgsbildung wurden einzelne Teile des Helvetikums übereinander geschoben und verschuppt. Dabei kam das Ultrahelvetikum als Erstes «unter die Räder» und wurde zusammen mit dem südlich im Meeresbecken vorgelagerten Flysch in eine häufig inkohärente, aus grösseren Gesteinsschuppen bestehenden «Einheit» verwandelt. Übergänge zu den Melange-Einheiten (Wildflyschen) sind erkennbar. Tektonisch gehört das Gipsgebiet also zu den Ultrahelvetischen Decken, genauer zur Bex-Laubhorn-Decke (Abb. 7).

Während der Deformationsphasen stellten Anhydrit und Gips einen bevorzugten Abscherhorizont dar – eine Art Schmiermittel – auf dem Gesteinsdecken transportiert

Abb. 5: *Der Gips ist gebietsweise laminiert und weist schwarze Tonschmitzen auf.*
Abb. 6: *Die Rauwacke fällt durch ein brekzienartiges, löcheriges Aussehen auf.*
Abb. 7: *Geologisches Profil zwischen Rothore und Tube (verändert nach GA 1266 Lenk).*

und auch verschuppt oder gestaucht wurden. Im Gebiet Gryde-Stübleni blieb von dieser Bex-Laubhorn-Decke im Wesentlichen eine lokale tektonische Anhäufung von Gips, Anhydrit und Rauwacke erhalten. Die ursprüngliche Mächtigkeit der Evaporite dürfte aus diesem Grund um einiges geringer gewesen sein. Die Bex-Laubhorn-Decke wurde im Rahmen der Alpenbildung intensiv mit einer weiteren ultrahelvetischen Deckeneinheit verfaltet und verschuppt, der Sex-Mort-Decke (Abb. 7). Beide Decken liegen heute über der im nordhelvetischen Ablagerungsraum entstandenen Wildhorn-Decke und werden, wie an der Tube erkennbar, vom Flysch der Niesen-Decke überlagert. Dieser wurde ursprünglich im Wallis-Trog abgelagert, d. h. südlich des Ultrahelvetikums und somit auch südlich des europäischen Kontinentalschelfs.

Wie kam es zu den Kratern von Gryde?

Das weisse Gipsgestein ist relativ weich und somit erosionsanfällig, zudem besitzt es eine mit anderen Gesteinen verglichen sehr hohe Löslichkeit. Entsprechend können Niederschläge oder Wasser im Allgemeinen das Gipsgestein erodieren und auflösen (korrodieren). Damit kommt es gerade entlang von spröden Brüchen auch zu einer Erosion in die Tiefe, wobei das Wasser im Untergrund versickert. Im Laufe der Zeit entstehen so trichterförmige Vertiefungen, sogenannte Lösungsdolinen. Das eingesickerte Wasser fliesst anschliessend unterirdisch weiter und schafft so allmählich ein System von Gipskarst mit Hohlräumen. Ein Teil des Wassers bleibt auch im Gestein selbst gefangen, nämlich, wenn es dabei hilft, trockenen Anhydrit in wasserhaltigen Gips umzuwandeln. Nicht selten stürzen solche Hohlräume auch ein, was anschliessend zu Einsturztrichtern an der Geländeoberfläche führen kann. Die grosse Anzahl solcher Krater in der Gryde ist beeindruckend: Allein auf der Landeskarte sind rund 130 Trichter eingetragen. Zusätzlich gibt es noch unzählige weitere, kleinere Krater oder Vertiefungen (Abb. 2 bis 4). Wahrlich, hier auf der Gryde ist eine in der Schweiz wohl einmalige Kraterlandschaft entstanden.

Überraschende Färbversuche

Ende der 1970er-Jahre wurden im Gebiet Stübleni mehrere Färbversuche gemacht. Ziel war es herauszufinden, wohin das rund ein Quadratkilometer grosse Gipsgebiet entwässert. Wenig südlich der Lenk i. S. gibt es nämlich grosse, genutzte Schwefelquellen, deren Einzugsgebiet damals nicht bekannt war. Die Vermutung lag nahe, dass ihr Ursprung im Gebiet Gryde-Stübleni liegen könnte. Die Resultate fielen indes eindeutig aus: Aus allen vier Einspeisestellen in Trichtern im Gebiet Gryde-Stübleni gelangte das Wasser durchwegs in eine bedeutende, ungenutzte Karstquelle (ca. 3000 l/min) am nördlichen Fuss der Stübleni auf etwa 1800 Meter Höhe. Bei den erwähnten genutzten Schwefelquellen in der Lenk wurde hingegen keine Farbe festgestellt. Die schnellste Fliessgeschwindigkeit im Gipskarst lag bei 40 m pro Stunde, was bedeutet, dass der Gips örtlich stark verkarstet ist und teilweise sogar offene Hohlräume führen dürfte.

Ausklang

Zurück an der Lenk i. S. treffen Sie vielleicht erneut auf Ihren Bekannten und erzählen ihm von Ihrer Expedition auf dem Mond. Wenn er die Bilder auf Ihrem Handy anschaut, wird er Ihnen vermutlich (ein wenig) recht geben müssen: Das sieht ja wahrhaftig aus wie auf dem Mond. Doch wenn Sie ihm erzählen, dass Sie auf Ihrer Wanderung oberhalb des Betelberges auch noch an einem Meeresstrand mit warmen Lagunen verweilten, wird er Ihnen vermutlich kein Wort mehr glauben …

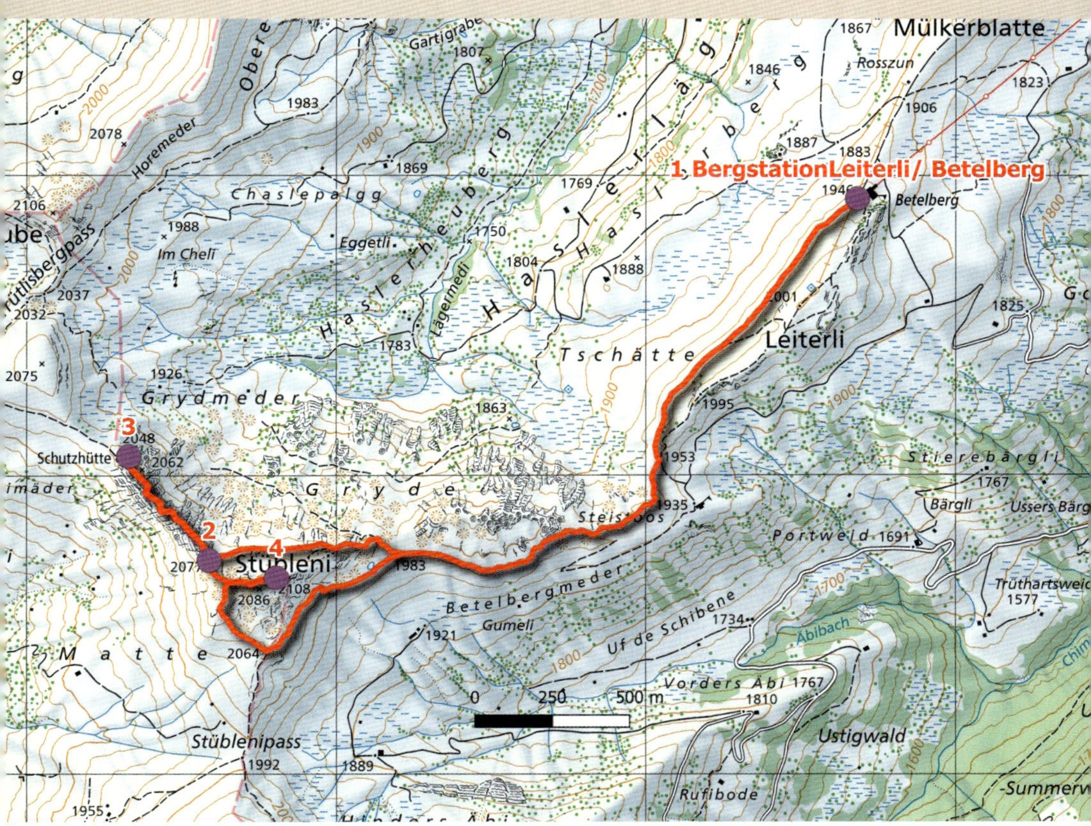

TOURENINFO

- **Ausgangs- und Endpunkt:** *Bergstation Gondelbahn Leiterli/Betelberg (Lenk)*
- **Weglänge:** *ca. 7,5 km (Rundweg; inkl. Abstecher auf die Stübleni)*
- **Höhendifferenz Auf- und Abstieg:** *je ca. 250 m (inkl. Abstecher auf die Stübleni)*
- **Zeitbedarf:** *rund 2 h 10 min reine Wanderzeit (inkl. Abstecher auf die Stübleni; ohne Halts)*
- **Jahreszeit:** *Juni bis anfangs Oktober*
- **Einkehrmöglichkeiten:** *Restaurant Bergstation Leiterli/Betelberg*
- **Charakterisierung der Wanderung:** *Weiss-rot-weisse Bergwanderung (T2)*

16 | Auf Karstexpedition im Siebenhengste-Grünenbergpass-Gebiet

PHILIPP HÄUSELMANN

1

Abb. 1: *Verkarstung und Bodenbildung im Karrenfeld der Siebenhengste.*

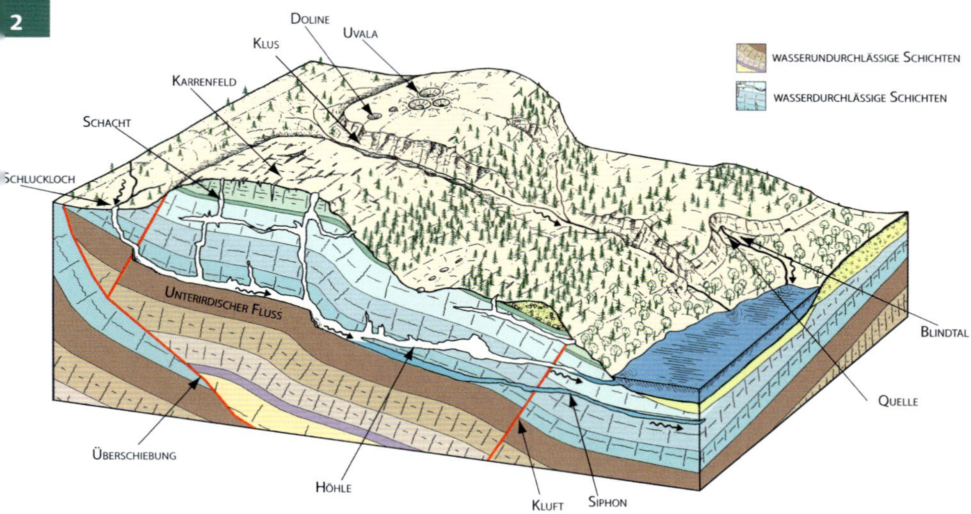

Einführung in den Karst

Karst ist eine typische Landschaftsform, die entsteht, wenn Gesteine (Salz, Gips, aber eben auch Kalk) vom Wasser aufgelöst werden (Abb. 1). Aus diesem Grund verläuft die Entwässerung vor allem unterirdisch über viele Höhlen. Die im Talgrund austretenden Quellen sind dann meistens gross und bedeutend (Abb. 2). Auf unserer Wanderung sehen wir verschiedene Facetten des Karstes: Dolinen, Wasserschwinden, aber auch Karrenfelder und Höhleneingänge. Wir beginnen so zu verstehen, dass der Untergrund komplex und spannend ist und nicht nur aus «Erde und Fels» besteht.

Im Gebiet zwischen Beatenberg und Hohgant befinden sich nicht nur die bekannten St. Beatus-Höhlen, sondern auch eine Vielzahl weiterer grosser und kleiner Höhlen. Hiervon ist das Réseau Siebenhengste-Hohgant mit zurzeit ca. 170 km Länge das schweizweit zweitgrösste Höhlensystem und eines der wissenschaftlich bedeutendsten Systeme der Welt ***(1)***. Durch Engstellen, geflutete Strecken und beängstigend tiefe Schächte natürlich geschützt, ist es aber keine Höhle für den Gelegenheitsbesucher. Aus diesem Grund werden hier auch keine Touren ins System selbst vorgestellt.

Abb. 2: *Blockdiagramm durch eine Karstlandschaft (Quelle: SISKA).*

Über saftige Weiden zu Bachschwinden

Wir starten an der Endstation des Postautos in Habkern. Nach einem Schwenker beim Sporthotel steigen wir gegen die Allmi an. Diese Gegend ist für Viehhaltung sehr geeignet – zwar steil, aber mit genügend Wasser. Grund dafür ist der Untergrund aus Schlieren-Flysch und Habkern-Melange: Dies ist ein Gestein, das als «untermeerischer Hangrutsch» abgelagert wurde und aus einer Abfolge von Sandsteinbänken und tonigen Schichten besteht (vgl. Tour 17). In der Lamme sind diese Gesteine auf der linken Seite aufgeschlossen **(1)**. Noch tonreichere Gesteine treffen wir nach der Kurve an. Hier sind es die «Globigerinenmergel» (Stad-Formation), auf welchen man aufgrund des hohen Tonanteils bei Nässe leicht ausrutscht. Nach dem Eintritt in den Wald überqueren wir einen Bach, der nicht immer fliesst (2): Oberhalb des Wanderweges befinden sich Versickerungsstellen, wo das Wasser in den (hier etwas kalkhaltigeren) Hohgant-Sandstein verschwindet. Diesem kalkigen Sandstein begegnen wir in der Folge beim weiteren Anstieg wie dann auch auf der Chromatte. «Hohgant-Sandstein» ist eine Bezeichnung für eine stratigrafische Einheit, die mehr als bloss reine Sandsteine umfasst. Tatsächlich variiert die Zusammensetzung von 100 % Quarzsandstein bis hin zu reinem Kalk, die Grenzen sind dabei oft fliessend entwickelt. Der Einfachheit halber sprechen wir hier von «Sandstein», auch wenn dies nicht immer die korrekte Ansprache ist. Wegen seines Kalkgehaltes ist er verkarstungsfähig, d. h., dass er vom Regenwasser aufgelöst wird. So bilden sich Höhlen, und ein Grossteil des Abflusses verläuft unterirdisch. Wir sehen die Effekte der Lösung einerseits in den Karrenformen, über die der Wanderweg verläuft, andererseits auch an den zahlreichen Dolinen in der Chromatte (3). Diese vermögen bei starken Niederschlägen allerdings nicht alles Wasser zu schlucken: die Chromatte steht dann unter Wasser, und eine Traversierung wird zu einer nassen Angelegenheit.

Höhlen, Dolinen und Brüche

Kurz vor dem Anstieg zum Schwendli sehen wir rechts eine kleine Hütte (4): Diese ist der einzige Eingang zum «Faustloch», einer 14 Kilometer langen, fast 1000 Meter tiefen Höhle, die mit dem Réseau Siebenhengste-Hohgant zusammengeschlossen ist. Deshalb wird es auch gerne als «das kleinste Hüttli mit dem grössten Keller im Kanton Bern» bezeichnet. Die Höhle ist stark hochwassergefährdet und bleibt sehr erfahrenen Speläologen vorbehalten, aus diesem Grund ist der Eingang verschlossen. In diesem Gebiet versickern auch zahlreiche Bäche im Untergrund. Verantwortlich dafür ist eine Bruchzone, die von den Höhlenforschern so getaufte «Topografenkluft», die vom Kaltbachtal hochzieht und auch verantwortlich ist für die Felswände nördlich oberhalb der Chromatte.

3

Gehen wir nach der Bachüberquerung ca. 200 m geradeaus im Tal weiter, kommen wir ans «Gwitterloch» (5): eine Bachschwinde, die bei einem Grossgewitter 1987 entstand und seither zunehmend wieder mit Schutt aufgefüllt wird. Dies ist eine typische Karsterscheinung. Ein Blick ins Gwitterloch zeigt rechterhand (etwas tiefer als der Rand der Doline) den unter dem Sandstein liegenden Schrattenkalk, linkerhand den entlang der Bruchzone tiefergelegten Hohgant-Sandstein.

Geologisches

Diesen Sandstein sehen wir beim Anstieg zum Schwendli immer wieder. Wie oben erwähnt, wurde er im Eozän vor 36 Mio Jahren nicht als homogene Abfolge, sondern ganz im Gegenteil, als Wechselfolge von Kalk und sandreichen Schichten abgelagert. Wir müssen uns einen subtropischen Strand vorstellen, mit Wäldern an der Küste und einem vorgelagerten Rotalgenriff. Zwischen Strand und Riff lebt eine reichhaltige Tierwelt und auch viele Einzeller mit Kalkschalen (Discocyclinen), die jedoch so gross werden können wie ein Fünfliber. Gut erkennbar sind sie in der sogenannten «Discusschicht»

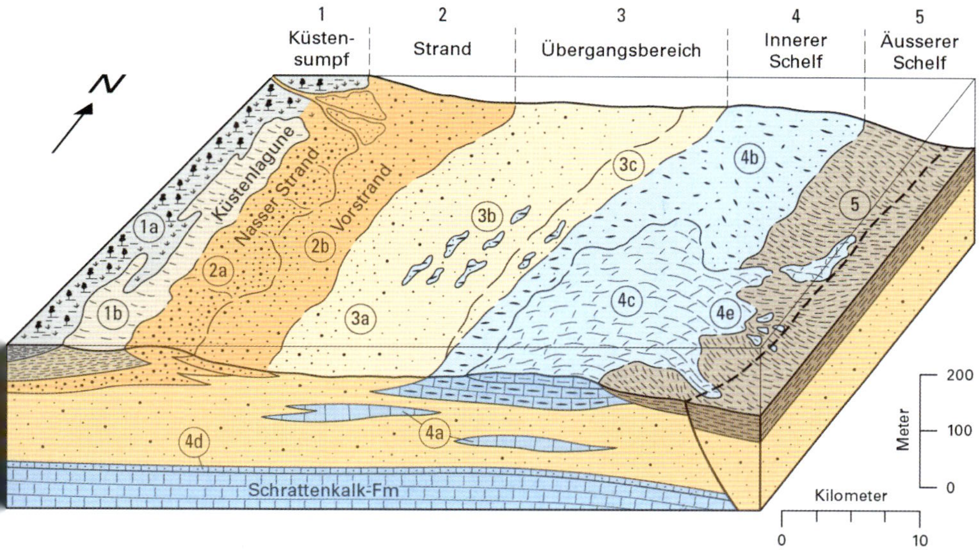

(Abb. 3). Wo Flüsse aus dem Landesinneren Sande schütten, wird diese kalkorganismenreiche Umgebung überdeckt, links und rechts davon geht das Leben ungestört weiter (Abb. 4). Somit wechseln sich kalkreiche und kalkarme Teile innerhalb des Sandsteins ab, wie wir an den auf Schritt und Tritt sich ändernden Gesteinen erkennen können.

Bei der Hütte im Schwendli angekommen, geniessen wir bei gutem Wetter einen hervorragenden Blick auf die Berner Hochalpen (6). Oberhalb der Schwendlihütte existiert mit der «Schwendlipassage» (7) eine weitere Höhle, hier lustigerweise im groben Sandstein. Es ist eine Durchgangshöhle, die durch die kleine Erhebung führt und problemlos begehbar ist, auch wenn der eine Eingang im recht steilen Gelände liegt und die Höhle scharfe Zacken aufweist. Dafür braucht es aber eine Stirnlampe; die Rucksäcke lässt man besser draussen. Oberhalb des Schwendlis erreichen wir moorige Stellen innerhalb des Sandsteins (8, Abb. 5). Das braune Wasser zeigt an, dass es huminsäurereich und somit sehr sauer ist – typisch für Moorböden und hervorragend für die Kalklösung, sobald es in den Untergrund gelangt. Dieses Moorwasser ist einer der Gründe dafür, weshalb so viele Gänge unter den Siebenhengsten existieren.

Abb. 3: *Die sogenannte «Discusschicht» enthält bis zu fünflibergrosse Einzeller, die Discocyclinen!*

Abb. 4: *Modell, das die Ablagerung der verschiedenen «Sandstein»-Arten erklärt. In den Küstensümpfen kommt es zur Ablagerung von organischen Schichten (spätere Kohlen, 1a) und tonigeren Brackwasserschichten (1b). Im Strandbereich lagern sich quarzreiche- (2a und 2b), im Übergangsbereich karbonatreichere Hohgant-Sandsteine ab (3a und 3c), teilweise mit kalkigen Einlagerungen mit Discocyclinen (3b). Im inneren Schelf entstehen Sandkalke (4a), Gemmenalp-Kalke (4b) und Algenknollen-Kalke (4c, «Lithothamnienkalk»). Im äusseren, tieferen Schelfbereich sedimentiert die Stad-Formation (5, «Globigerinenmergel) (verändert nach A. Breitschmid).*

5

Beim Pass oben angekommen (9), erblicken wir dann zum ersten Mal das Karrenfeld: eine hellweisse, gegen Südosten abfallende Platte aus Schrattenkalk der Kreidezeit, zerfurcht und zerschrunden vom Wasser, mit zahllosen Höhleneingängen: eine wundervolle und recht einsame Gegend (Abb. 6). Sie ist im *BLN-Inventar* (1) verzeichnet und auch per Regierungsratsbeschluss geschützt.

Von den ältesten Gletschern und noch älterer Verkarstung …

Wir verlassen den offiziellen Wanderweg und halten uns Richtung Wagenmoos. Es fällt auf, dass ab und zu kleine dunkle oder verschiedenfarbige, teils sogar granitische Gerölle am Boden liegen (10). Diese sind aber (auf dieser Höhe und in dieser Einsamkeit) nicht etwa menschlichen Ursprungs, sondern Zeugen einer uralten Vergletscherung. Untersuchungen der Universität Bern haben gezeigt, dass dieses Material den letzten Rest der Moräne eines Gletschers aus der Region Zermatt-Saas Fee darstellt! Dies heisst nichts anderes, als dass damals weder Rhonetal noch Aaretal existiert hatten und dass die ersten Gletscher der Alpen von Süden nach Norden geflossen waren – eine wahrlich spektakuläre Erkenntnis! Eine Datierung durch den Autor mittels kosmogener Isotope (vgl. Tour 2) ergab für diese Gerölle aus einer Höhle der Siebenhengste ein Einschwemmalter von 1,9 Mio. Jahren. Der Gletscher, der mindestens ebenso alt sein muss, floss also im ältesten Abschnitt des Pleistozäns, welches vor etwa 2,5 Mio. Jahren begann. Beweise für solch alte Vergletscherungen sind extrem selten.

Abb. 5: *Ein Moorsee im Sandstein zeigt saures Wasser an.*
Abb. 6: *Die Siebenhengste von der Haglätsch aus gesehen.*

Bei den Hütten des Wagenmoos endet der Weg, und wir folgen nun weglos der tiefsten Stelle zwischen Hohgant-Sandstein und Schrattenkalk. Die angegebene Wegroute ist nur eine von verschiedenen Möglichkeiten, eigene Orientierungsfähigkeiten sind gefragt! Wir umwandern die Moorflächen und gelangen so an die Gemeindegrenze von Beatenberg und Eriz. Dort ist der Eingangstrichter der «Kerzenstümplihöhle» unübersehbar, eine den lokalen Höhlenforschern

Abb. 7: *Mit Hohgant-Sandstein gefüllte Paläokarströhre im Schrattenkalk – Beweis einer alten Verkarstung.*

seit 1965 bekannte Höhle des Gebietes (11). Unweit der Höhle finden sich auch Hinweise darauf, dass der Kalk nicht erst in den letzten Jahrtausenden gelöst wurde, sondern auch schon viel früher (Paläokarst): Wir erkennen eine Röhre im Kalk, die komplett mit Hohgant-Sandstein gefüllt ist (12, Abb. 7).

Das Gebiet muss also bereits vor der Ablagerung des Hohgant-Sandsteins vor 36 Mio. Jahren verkarstet gewesen sein. Da der Schrattenkalk ein Alter von 110 Mio. Jahren besitzt, liegt in dieser Grenze zwischen Sandstein und Kalkstein eine Schichtlücke von 74 Mio. Jahren, mehr als genug Zeit also für eine Verkarstung. Wer mag und gut zu Fuss ist, kann von hier aus einen Abstecher zur «Gipfelregion» der Siebenhengste machen. Trittsicherheit und gutes Schuhwerk ist vonnöten, als Belohnung winken wunderbare Karrenflächen sowie mit etwas Glück eine Steinbockkolonie, die in der Gipfelregion haust. Alternativ oder als Ergänzung können diejenigen, die gerne in Gänge kriechen, das auf der Landeskarte verzeichnete «Tropfloch» (13) besuchen *(2)*. Früher hiess es einmal Tropfsteinhöhle (auch Seefeldhöhle), aber wegen zu vielen Besuchern gibt es nun keine intakten Tropfsteine mehr. Es ist ein Labyrinth im kalkhaltigen Sandstein und kann (sofern man sich nicht verklemmt) auf eigene Gefahr begangen resp. bekrochen werden – nur bitte nicht mit Schnüren, und bitte ohne Abfall liegenzulassen! Die Schweizerische Gesellschaft für Höhlenforschung SGH hat einen Ehrenkodex für Besuche erlassen *(3)*.

Abstieg nach Habkern

Vom Tropfloch steigen wir über das Seefeld zum Grünenbergpass ab. Hier treffen wir wieder auf sumpfige Stellen auf dem Sandstein und an das saure Milieu angepasste Kräuter und Gräser. Diese geben dem Alpkäse seinen speziellen Geschmack – und das ist kein Witz: Wissenschaftliche Untersuchungen haben bewiesen, dass der Käsegeschmack direkt vom Futter der Kühe abhängt!

Vom Grünenbergpass wandern wir wieder via Trogen- und Blossmoos hinunter nach Habkern. Im Blossmoos (14) tritt wegen der Hohgant-Sundlauenen-Verwerfung wieder Schrattenkalk an die Oberfläche – und logischerweise findet sich unter der Oberfläche wiederum ein grosses Labyrinth, die «Zone Profonde» der Siebenhengste … dort wird aktiv und intensiv geforscht.

In Habkern können wir uns im Dorfkern im Restaurant Bären oder im kleinen Laden gleich auf der anderen Strassenseite verpflegen, unmittelbar daneben befindet sich auch die Postautohaltestelle.

Abstieg ins Eriz

Alternativ kann man vom Grünenbergpass aus kürzer gegen das Eriz absteigen. Wer will, kann unterwegs die grosse Bachschwinde des «Aven Courtois» bewundern (15). Auch vor dem Fallweidli sieht man Dolinen als Zeugen dafür, dass hier Wasser im Untergrund versickert. Hier verlassen wir dann aber auch den Schrattenkalk und steigen wortwörtlich der Erdgeschichte nach in die Tiefe: Jede neue Schicht ist älter als die vorhergehende, bis wir den geologischen Alpenrand überschreiten und uns in den Molasse-Gesteinen befinden. Dieser Übergang ist leider kaum zu sehen und nur für das geübte Auge in einem nördlich unseres Weges liegenden Graben aufgeschlossen. Was wir aber vor allem sehen, sind viele Sturzblöcke, daneben aber auch teils kristalline erratische Blöcke (16), die die lokalen Gletscher ins Tal verfrachtet haben, und einige undeutliche Moränenwälle, die von der jüngsten Erdgeschichte zeugen.

In Eriz Säge können wir uns im Restaurant noch erfrischen, bevor wir das Postauto nach Thun besteigen.

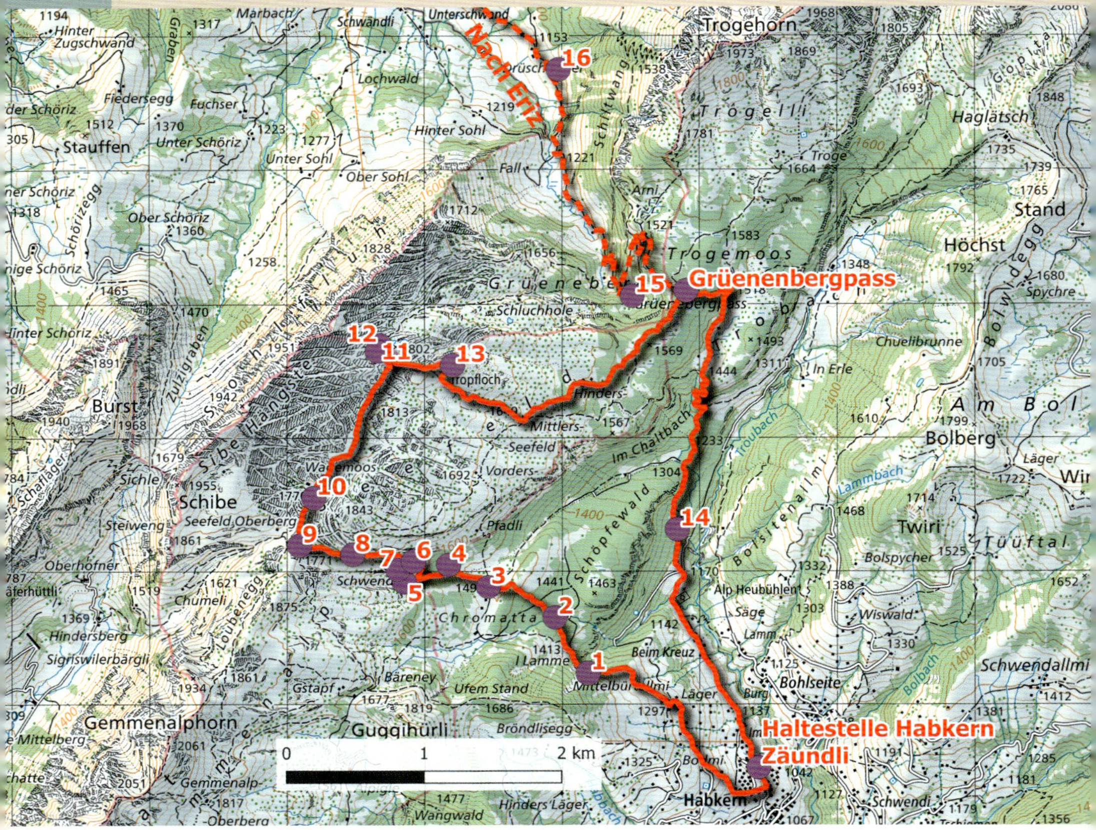

TOURENINFO

- **Wegstrecke:** *13,5 km*
- **Höhendifferenz:** *je 850 m*
- **Reine Wanderzeit:** *ca. 5,5–6 h*
- **Ausgangs- Endpunkt:** *Postautohaltestelle Zäundli Habkern*
- **Endpunkt Variante:** *Postautohaltestelle Säge, Eriz*
- **Einkehrmöglichkeiten:** *Mehrere Möglichkeiten in Habkern und Eriz, dazwischen keine.*
- **Sicherheit:** *Bergwanderwege; bis Karrenfeld Siebenhengste und ab Tropfloch gut markiert, dazwischen nur Wegspur, deshalb Vorsicht bei Nebel: hier benötigt man Orientierungssinn – oder eine entsprechende App. Auf dem Karrenfeld und im Sandstein liegen tiefe Schächte: Vorsicht! Trittsicherheit auf dem Karrenfeld: Verletzungsgefahr wegen des scharfkantigen Kalks.*

LITERATUR

(1) *Häuselmann, Ph. (2021)*
(2) *BLN-Inventar*
(3) *https://sghbern.ch*
(4) *www.speleo.ch/*

17 Im Wanderschritt durch die Subduktionszone in Beatenberg

ANDREAS BAYER

1

Abb. 1: *Blick zurück zur Leimere. Links oben die Leimern-Kalkmergel, rechts der Leimern-Flysch des Sörenberg-Melange. Die grünen Weiden wachsen bereits vorwiegend auf den Mergeln der Stad-Formation.*

Rätselhafte Flysche

Die Alpen bestehen aus übereinandergeschobenen und verfalteten Krustenfragmenten (Decken) von sehr unterschiedlicher Grösse. Im Kanton Bern liegen die penninischen Sedimentdecken ganz oben in der Deckenabfolge. Sie stammen aus dem Gebiet des ehemaligen Piemont-Ozeans und des Wallis-Trogs, zwischen welchen der Briançonnais-Mikrokontinent lag.

Die Bedeckung dieser Schwelle aus Plattform- und Abhangsedimenten wurde während der Kollision mit dem Kleinkontinent «Adria» von seiner Grundgebirgs-Unterlage abgeschert und mit anderen Decken des penninischen Raums nach Norden geschoben (vgl. Einführung). Die penninischen Sedimentdecken erreichten und überfuhren gegen Ende des Eozäns – vor etwa 35 Mio. Jahren – das Helvetikum, das den Südrand und Schelf Europas gebildet hatte. Die Grenze zwischen diesen beiden Grosseinheiten erkennt man anhand von mächtigen Flyschserien und sogenannten Melange-Zonen, die als Gleitbahn für die grossräumige Überschiebung fungierten. Schliesslich wurde auch das Helvetikum von der Kollision erfasst und in Form der Helvetischen Decken nach Norden geschoben. Die bereits darauf liegenden Flysche und penninischen Einheiten wurden dabei mitbewegt und mitverfaltet.

Unsere Geotour führt ins Gebiet der helvetischen Randkette, die zur Drusberg-Decke gehört. In der Region Beatenberg–Habkern–Sörenberg wird sie durch Flysch- und Melange-Serien überlagert und bildet zusammen mit ihnen eine grosse, geneigte Synklinalstruktur, die «Habkern-Mulde». Wir erwandern den Übergang von einer penninischen Flysch-Decke durch die Überschiebungszone bis in den stabilen helvetischen Ablagerungsraum.

Flysch

«Flysch» bezeichnet ursprünglich «fliessende» schiefrige Gesteinsserien, die zu Hang-

2

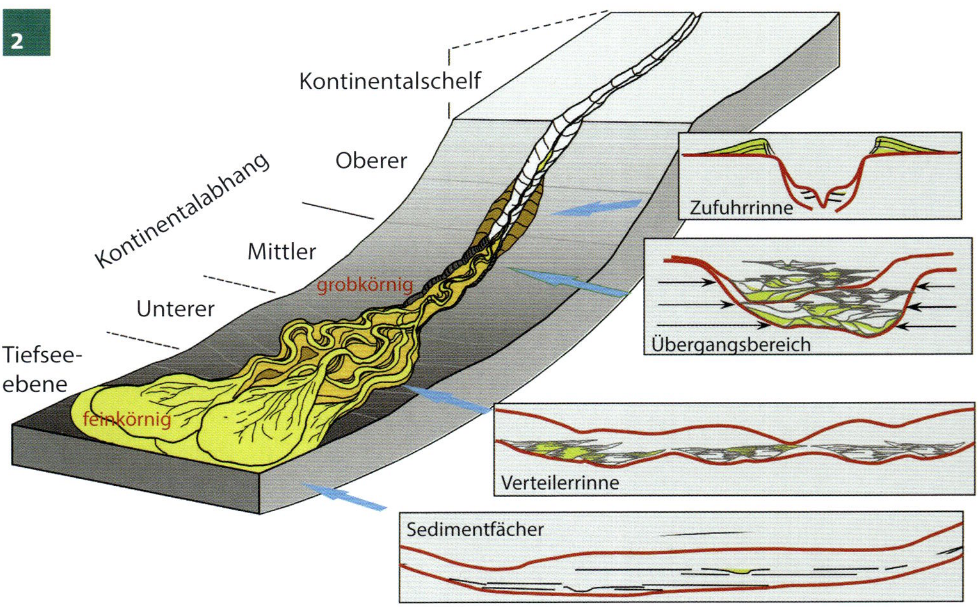

rutschungen neigen. Der Begriff stammt aus dem Simmental, wird heute aber weltweit in der Geologie verwendet. Bei Flyschen handelt es sich vorwiegend um Wechsellagerungen von Sandsteinbänken mit tonreichen, feinkörnigen Lagen. Ihre Akkumulationsrate ist hoch und trotzdem kann sich die Ablagerung über Millionen von Jahren hinziehen, weshalb mitunter sehr mächtige, monotone Gesteinsabfolgen resultieren.

Flysche bestehen aus erodiertem, festländischem Material, das im Flachwasser des Schelfbereichs vorübergehend abgelagert wird und von dort periodisch über den Kontinentalabhang in die Tiefsee abgleitet. Auslöser, wie zum Beispiel Erdbeben, verursachen dabei oft lawinenartige, sedimentreiche *Trübeströme*, die in fächerartigen Anhäufungen als *Turbidite* abgelagert werden (Abb. 2). Im oberen Kontinentalabhang befinden sich Zufuhrrinnen, durch welche die Sedimente geschüttet werden. Im mittleren Kontinentalabhang werden grobe Sande und Gerölle abgelagert, im unteren Kontinentalabhang und in der Tiefseeebene feinkörnigere Sandsteine, die sich über weite Abstände verfolgen lassen. Die Tonfraktion eines Trübestroms bleibt lange in der Schwebe und lagert sich erst spät nach einem Abgang ab. Auch während Ruhephasen zwischen einzelnen Trübeströmen wird weiterhin im Meerwasser schwebendes Material abgelagert, das vor allem aus feinen Organismenresten und Tonpartikeln besteht.

Der Begriff Flysch wird leider sehr inkonsequent gehandhabt, da Trübestrom-Ablagerungen auch anderweitig entstehen können. Wichtig ist, dass Flysche im eigentlichen Sinne an Kontinentalabhängen abgelagert werden, die häufig im Zusammenhang mit einer *Subduktions-Zone* und einem Tiefseegraben stehen. Deshalb treten sie in Gebirgen auch immer im Grenzbereich zwischen zwei überschobenen Grosseinheiten auf.

Abb. 2: *Modell eines Turbiditfächers am Rande eine Kontinentalschelfs (abgeändert nach Huang (2018)).*

Melanges

Melanges treten meist an der Basis von Grosseinheiten und einzelnen Decken auf. Sie sind häufig mit Subduktionszonen und Akkretionskeilen assoziiert. Es sind tektonische Einheiten, die chaotisch aufgebaut sind und denen eine einheitliche Schichtung fehlt. Sie wurden deshalb früher als «Wildflysch» bezeichnet. Sie bestehen oft aus einem intensiv deformierten Flysch als Grundmasse, der mit ganz verschiedenartigen Gesteinspaketen der umgebenden tektonischen Einheiten vermischt ist («Exoten»). Solche Pakete können bis zu mehrere Kilometer lang sein. Melanges können auch Schuttströme oder grosse bis riesige Gesteinsblöcke («Olistholithe») enthalten, die in untermeerischen Rutschungen in den Flysch gelangten. Melanges definieren immer die Gleitfläche an der Basis einer sich überschiebenden Decke, in unserem Fall einer Flysch-Decke.

Aussicht auf das Penninikum

Von der Postautohaltestelle Waldegg wandern wir bis zur Weide bei Mittelhag (1). Hier geniessen wir den Ausblick über den Thunersee hin zu den grossen Gebirgsketten des Penninikums, die auf dem Helvetikum liegen. Die Gesteine der Stockhorn-Kette gehören zur Klippen-Decke (Préalpes Medianes), die vom Briançonnais-Mikrokontinent im Norden des Piemont-Ozeans stammt (vgl. Touren 12 und 13). Die unterliegende Niesenkette hingegen ist Teil einer Flysch-Decke, die nördlich der Briançonnais-Schwelle im kleineren Wallis-Trog abgelagert wurde.

Diese penninischen Einheiten finden wir im Gebiet von Beatenberg-Habkern allerdings nirgends mehr – sie würden über unseren Köpfen durchziehen, wurden hier aber bereits abgetragen.

Erste Aufschlüsse im Flysch

Der Forststrasse entlang wandern wir durch feuchte, artenreiche Wiesen in Richtung Alpigle, bis wir auf die ersten guten Aufschlüsse des oberkretazischen Schlieren-Flyschs stossen (2). Der sumpfige Untergrund verrät tonige Sedimente des Flyschs und der Stad-Formation («Globigerinenmergel»).

Der Schlieren-Flysch, der vermutlich nördlich der Briançonnais-Schwelle abgelagert wurde, ist hier nur mässig deformiert (Abb. 3), was erstaunt, denn wir befinden uns nur wenige Meter über der Überschiebung der Schlieren-Decke auf das Helvetikum. Die hervorwitternden Sandsteinlagen sind meist 5–30 cm mächtig. Sie wurden durch Trübeströme in einem submarinen Schuttfächer abgelagert (vgl. Abb. 2). Die tonreichen Lagen gehören zum Teil noch zu den Turbiditen, wurden aber auch später, durch langsam absinkende Tonpartikel und feine Organismenreste (Plankton) zwischen einzelnen Trübeströmen gebildet. Die Sandsteine wurden also lawinenartig, rasch, abgelagert, in den Tonlagen stecken hingegen Ruhephasen zwischen zwei solchen Ereignissen. An der Unterseite der mächtigeren Sandsteinbänke finden sich auffällige Strukturen wie *Erosions- und Sohlmarken*, die durch turbulentes Fliessen in den Turbiditen zustande kamen (z. B. an der Unterseite der stärker herausstehenden Bank in Abb. 3). In den einzelnen Turbiditen nimmt die

3

4

Korngrösse nach oben ab und es lassen sich oft charakteristische parallele Feinschichtungen sowie Strömungsrippeln oder -falten erkennen (2024 lagen am Wegrand einige grosse Blöcke, die solche Strukturen sehr schön zeigen).

Im Sörenberg-Melange

Etwa 100 m weiter liegt ein weiterer Aufschluss von Schlieren-Flysch, wiederum erkennbar an seinen dünnen Sandsteinbänken. Er ist hier aber deutlich stärker deformiert. Die Deformation des Schlieren-Flyschs nimmt nach unten (rechts) stark zu, und an der Basis des Aufschlusses ist er völlig zerschert (Abb. 4). Hier beginnt das Sörenberg-Melange, die Überschiebungszone der Schlieren-Decke (3).

Ein weiterer Schritt und wir befinden uns im Sörenberg-Melange, welches hier aus Gesteinspaketen unterschiedlicher Zusammensetzung und *paläogeografischer* Herkunft besteht (Abb. 4 und 5). Das Melange beginnt mit einem etwa 15 m mächtigen Paket von sandigen Mergeln der eozänen Stad-Formation (Abb. 4). Es stellt eine tektonische Schuppe des unterliegenden Helvetikums dar. Gleich daneben stehen oberkretazische Leimern-Kalkmergel an, die sowohl altersmässig als auch vom Gesteinstyp stark an die Couches Rouges der Klippen-Decke erinnern (vgl. Touren 12–13). Aufgrund dieser Ähnlichkeit wird bis heute diskutiert, ob diese Schuppen Olistholithe der Briançonnais-Schwelle oder tektonische Schürflinge vom südlichsten Rand des Helvetikums darstellen. Ihre korrekte Interpretation ist für paläogeografische Rekonstruktionen also sehr wichtig! Danach folgt eozäner Leimern-Flysch, der hier die Hauptmasse des Sörenberg-Melanges bildet.

Die Leimern-Kalkmergel bestehen aus weisslich-grauem, aber auch rötlichem, mergeligem Kalk, der in Meerestiefen von 200–500 m abgelagert wurde. Der Flysch selbst stammt wahrscheinlich aus ähnlicher Wassertiefe. Da das Sörenberg-Melange als Gleitbahn für die Schlieren-Decke diente, wurde das ursprüngliche Gesteinspaket zerrissen und die Bruchstücke übereinandergeschoben (Abb. 5 und 6).

Unter diesen Leimern-Kalkmergeln folgt eine weitere Schuppe aus beigen und rötlichen Leimern-Kalkmergeln. Sie werden durch eine Überschiebungszone mit eozänem Leimern-Flysch und gleichaltrigen Mergeln getrennt (Abb. 6).

Abb. 3: *Schlieren-Flysch am Strässchen Waldegg-Alpigle mit Wechsellagerungen von hervorstehenden bräunlichen Sandsteinbänken und dunklen, tonreichen Schichten* (2).

Abb. 4: *Schlieren-Flysch und Überschiebungszone der Schlieren-Decke* (3).

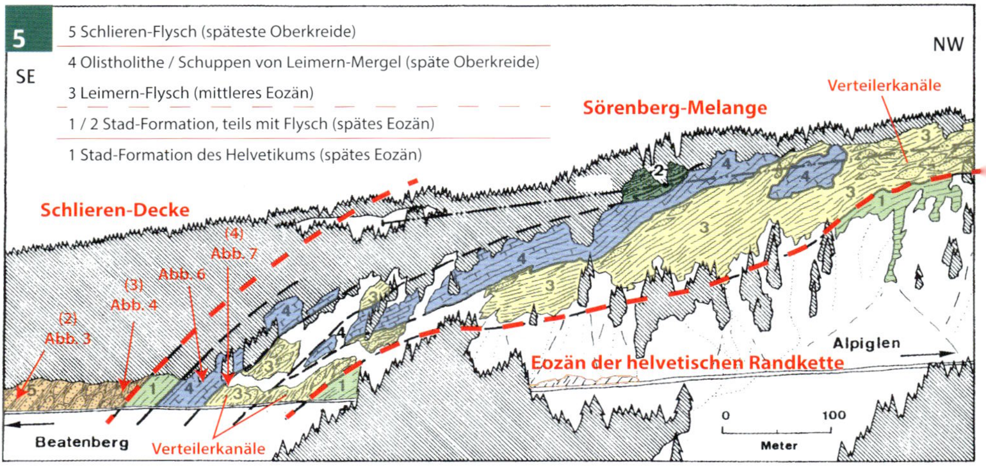
5
SE
NW
5 Schlieren-Flysch (späteste Oberkreide)
4 Olistholithe / Schuppen von Leimern-Mergel (späte Oberkreide)
3 Leimern-Flysch (mittleres Eozän)
1 / 2 Stad-Formation, teils mit Flysch (spätes Eozän)
1 Stad-Formation des Helvetikums (spätes Eozän)
Sörenberg-Melange
Verteilerkanäle
Schlieren-Decke
(2) Abb. 3
(3) Abb. 4
Abb. 6
(4) Abb. 7
Alpiglen
Eozän der helvetischen Randkette
Beatenberg
Verteilerkanäle
0 100 Meter

6
Schuppe von Leimern-Kalkmergel (Oberkreide)
Schuppe von Mergeln des Leimern-Flysches (Eozän)
Scherzone von Leimern-Flysch (Eozän)
Schuppe von Leimern-Kalkmergel (Oberkreide)
1 m

An der übernächsten Kurve (4) treffen wir erneut auf eine Scherzone. Sie enthält kleinere, linsenförmige Körper von Leimern-Kalkmergeln. Der Leimern-Flysch unter dieser Scherzone ist chaotisch verfaltet (Abb. 7). Diese Falten entstanden vermutlich, als der Leimern-Flysch noch wenig verfestigt war.

Vom submarinen Schuttfächer hinein ins Helvetikum

Bevor wir den Leimern-Flysch ganz verlassen, richten wir den Blick in die Höhe auf dessen NW-Ende (5) (Abb. 6). Der Felsabsturz unter dem Wald besteht aus einem grossen Paket von Leimern-Kalkmergel. Dieses Paket erstreckt sich über mehrere hundert Meter (vgl. Abb. 1 und 5).

Im darunter liegenden Leimern-Flysch sehen wir Linsen von massiven, mehrere Meter mächtigen Sandsteinkörpern (Abb. 8). Es handelt sich um Verteilerrinnen, wie sie im mittleren Teil eines Flyschfächers auftreten (Abb. 2).

Auf unserem weiteren Weg überqueren wir die kaum aufgeschlossene Grenze in die helvetische Drusberg-Decke, die hier mit den bereits bekannten Mergeln der Stad-Formation beginnt (Abb. 1 und 5). Wir sind also bisher von der Schlieren-Flyschdecke

Abb. 5: *SW-Ansicht des Sörenberg-Melange an der Leimere. Links die Schlieren-Decke mit dem Schlieren-Flysch (5), darunter (nach rechts) folgt das Sörenberg-Melange mit Schuppen der Stad-Formation (1), Leimern-Kalkmergeln (4) und Leimern-Flysch (3). Das Melange liegt der Stad-Formation (1) der Helvetischen Randkette auf (angepasst nach Bayer 1982).*

Abb. 6: *Scherzone mit eozänem Leimern-Flysch und -Mergel gleichen Alters innerhalb der höchsten Schuppe von Leimern-Kalkmergeln (vgl. Abb. 5).*

Abb. 7: *Chaotisch verfalteter Leimern-Flysch (4).*

8

9

durch die Überschiebungszone des Sörenberg-Melanges bis in den helvetischen Kontinentalrand gewandert. Diesen werden wir nun auf unserem Weiterweg erkunden.

Kurz bevor wir Alpigle erreichen, ragen am Strässchen und vor dem Stall unter den Stadschiefern liegende, ältere Kalkbänke des Helvetikums aus dem Gras (6). Es handelt sich um sogenannten Gemmenalp-Kalk (Niederhorn-Formation), der Grossforaminiferen (Discocyclinen, vgl. Abb. 3, Tour 16), Algenknollen oder -lagen (Onkoide, Lithothamnien, Abb. 9) sowie Überreste anderer Organismen enthält. Diese Lebensgemeinschaft ist typisch für Meerestiefen bis max. 200 m mit wenig Sedimenteintrag und geringen Strömungen. Wir sind also aus dem tiefmarinen Ablagerungsraum der Stad-Formation in einen flachen Meeresbereich hinein gewandert (vgl. Abb. 4, Tour 16).

Diese Schichten bedecken im Gebiet des Gemmenalphorns grosse Teile der Randkette. Wir werden ihnen auf unserer Wanderung nach Gemmenalp-Oberberg noch mehrfach begegnen.

Vom Meer an den sandigen Meeresstrand

Als Nächstes treffen wir aber auf den noch älteren Hohgant-Sandstein, dessen Liefergebiet vermutlich in den Vogesen und im Schwarzwald zu suchen ist (7). Er wurde im Übergangsbereich zwischen innerem Schelf und Strand abgelagert ((1), vgl. Abb. 4, Tour 16). Der Kalkgehalt und das Verwitterungs-

Abb. 8: *Verteilerrinnen im Leimern-Flysch. Da sie aus massiven Sandsteinen bestehen, wittern sie deutlich aus den weicheren Mergeln hervor.*

Abb. 9: *Algenknollen und -lagen, sogenannte Onkoide und Lithothamnien, im Gemmenalp-Kalk.*

Abb. 10: *Filigrane Verwitterung des Hohgant-Sandsteins, bedingt durch den variierenden Kalkgehalt.*

10

verhalten des Sandsteins variieren stark, sodass die Verwitterung teils filigrane Skulpturen aus dem Sandstein gearbeitet hat (Abb. 10).

Ab der Bäreney wandern wir für längere Zeit auf dem wieder zu Sand verfallenden Hohgant-Sandstein. Besonders erosionsresistente, kalkarme Sandsteine bilden markante Geländestufen (8, 9), die oft von quarzliebenden, gelblich grünen Flechten bewachsen sind.

Wenig später fallen hellgraue, deutlich verkarstete Oberflächen auf (10). Wir sind zurück im Gemmenalp-Kalk, der auch hier wieder reichlich Organismenreste enthält.

Nach der Loubenegg bis vor Gemmenalp-Oberberg verläuft der Weg durch eine grossartige Landschaft, die zunehmend von zerklüfteten Felspartien durchsetzt wird. Sie ist durch das Verwitterungsverhalten des Hohgant-Sandsteins in Flächen und Felsabsätze gegliedert.

Grosser Aufwand für wenig Kohle

In Brackwasserschichten des Hohgant-Sandsteins finden sich mehrere kleine Kohlevorkommen *(1)*, die in einem Küstensumpf abgelagert wurden (vgl. Abb. 4 in Tour 16). Auch im Gemmenalp-Gebiet wurde ab 1759 für fast genau 100 Jahre an mehreren Stellen Braunkohle abgebaut. Die noch existierenden Stollen liegen unweit unserer Route, sind aber einsturzgefährdet und sollten nicht mehr begangen werden (Einträge auf der geol. Karte). Die Mächtigkeit der Flöze betrug maximal 20–40 cm, insgesamt wurden aber immerhin 500 t Braunkohle abgebaut.

Bei den Alphütten der Gemmenalp sind wir – wie es der Name vermuten lässt – zurück im Gemmenalp-Kalk. Dem Fahrsträsschen entlang wandern wir über die Leimere Richtung Waldegg und stossen am Wegrand wieder auf Pakete von Leimern-Kalkmergel im Leimern-Flysch des Sörenberg-Melange (11). Weitere gute Aufschlüsse finden wir auch in einem aufgegebenen Steinbruch am rechten Wegrand (12).

Dem Skilifttrassee entlang wandern wir durch sumpfiges Gelände, das – wie wir wissen – sehr charakteristisch für den Schlieren-Flysch und die Stad-Formation ist. Nahe der Bushaltestelle Waldegg gäbe es noch Gelegenheit sich zu stärken, sonst dauert es nicht lange, bis uns der Bus mitnimmt.

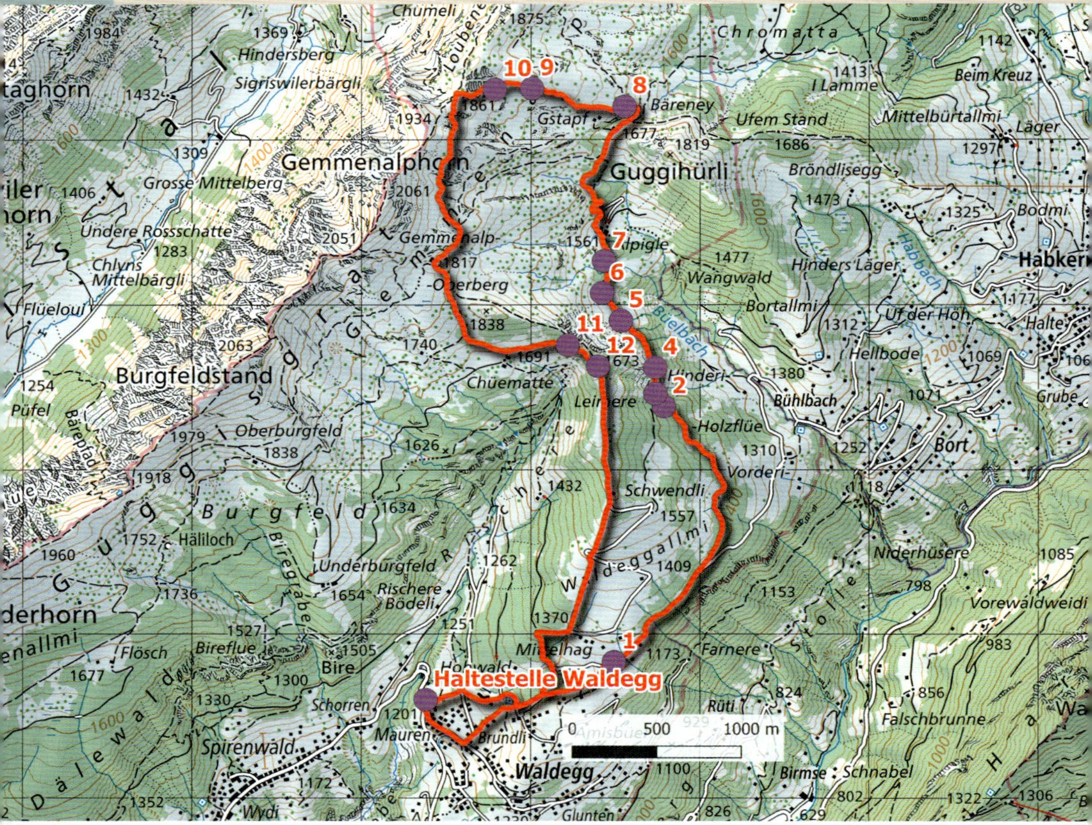

TOURENINFO

- **Wegstrecke:** *12,8 km*
- **Wanderdauer:** *ca. 4 h ohne Pausen*
- **Höhendifferenz:** *Auf- und Abstieg ca. 660 m*
- **Ausgangs- und Endpunkt:** *Postautohaltestelle Beatenberg-Waldegg mit Verbindung von und nach Interlaken West. Parkplatz bei Beatenberg Waldegg oder oberhalb beim Skilift Hohwald.*
- **Tourencharakter:** *Einfache Bergwanderung, von der Loubenegg bis Oberberg gibt es Abschnitte über blockiges Terrain, die Trittsicherheit erfordern.*
- **Spezielles:** *Die Kohlestollen sollten nicht begangen werden, Niederbrüche sind möglich. Man kann aber von aussen reinschauen.*
- **Verpflegungsmöglichkeiten:** *In Beatenberg Waldegg, im Dorf Beatenberg oder in Interlaken.*

LITERATUR

(1) Wenger, U. & Kündig, R. (2007)

18 Vom Hasliberg ins Gental – Erzkügelchen und Schlittenfahrten

ROGER WIDMER

1

Abb. 1: *Blick von der Seilbahnstation Planplatten in Richtung Balmeregghoren.*

Die heutige Geotour führt uns in die historisch nahe Vergangenheit. Von 1357 bis 1807 wurde im Grenzgebiet zwischen Bern und Obwalden Eisenerz abgebaut, welches das Alte Bern für Kanonenkugeln benötigte. Dieses Erz, der «Planplatte-Eisenoolith», besteht aus kleinen, eisenreichen Kügelchen, den sogenannten Eisenooiden. Der in der geologischen Literatur auch als «Callovien-Eisenerz» bekannte Erzkörper erreicht in der Gegend der Planplatte seine höchste Mächtigkeit und war deshalb abbauwürdig – zumindest zu gewissen Zeiten. Unsere Wanderung durch die Axen-Decke des Helvetikums führt uns zu verschiedenen historischen Abbaustellen und lässt die damalige Zeit greifbar werden.

Höllischer Schlittenritt

Der Ausgangspunkt unserer Expedition ins Reich des Eisens beginnt bei der Bergstation Planplatten (1). Von hier aus starten wir in Richtung Balmeregghoren (Abb. 1). Bereits 60 m nach der ersten Weggabelung stossen wir auf Spuren des ehemaligen Bergbaus. Ganz unscheinbar befindet sich rechts vom Wegrand ein ehemaliges Erzdepot aus rostbraunen Erzbrocken im grünen Gras (2). Es scheint, als lägen hier bloss ein paar gewöhnliche Steine – bis wir einen Magneten zur Hand nehmen: Die Steine sind teilweise stark magnetisch! Hier wurde das weiter NE bei den «Erzgrueben» abgebaute Eisenerz für den Weitertransport zwischendeponiert, wobei einige Brocken liegengeblieben sind.

Der Transport ins Gental hinunter erfolgte auf halsbrecherische Art und Weise auf Schlitten – auch ohne Schnee! Das Gelände ist stellenweise so steil, dass die Bergmänner grosse Mühe hatten, die schwerbeladenen Schlitten unter Kontrolle zu halten (Abb. 2). Man stelle sich vor, wie die «Schlittler» die steile Brünigsflue unterhalb unseres Standorts zu überwinden hatten. In der Literatur wird denn auch von zahlreichen schweren Unfällen berichtet *(1)*. Kamen die Bergmänner gesund im Tal an, mussten die Schlitten entladen und wieder den steilen Berg hinauf transportiert werden. Dafür gab es «Hilfsräder», auf welchen die Schlitten den Berg hinaufgezogen wurden. Für diesen Erztransport wurden im steilen Gelände spezielle Erzwege angelegt, wovon noch heute Spuren zu sehen sind.

2

Magnetisches Gestein

Der schmale Weg führt uns nun nach etwa 550 m zur ersten Abbaustelle (3). Bei den «Erzgrueben» wurde im Tagbau – also unter freiem Himmel und nicht in einem Stollen – Eisenerz abgebaut (Abb. 3).

Die ehemaligen Abbaustellen gewähren uns einen Blick auf den noch heute hier anstehenden Planplatte-Eisenoolith, dem Eisen-führenden Gestein der mitteljurassischen Erzegg-Formation. Er stand von 1357 bis 1807, also 450 Jahre lang, mehrmals im

3

Mittelpunkt des Bergbaus in der Region Planplatten–Balmeregghoren–Erzegg.

Das Gestein sieht auf den ersten Blick unscheinbar aus, alles ist rostig-braun, aber es braucht nicht viel Glück oder geologische Kenntnisse, um das Erz zu finden, ein starker Magnet reicht dafür aus (Abb. 4).

Während das Erz ursprünglich aus Eisenhydroxiden und dem unmagnetischen Eisenoxid Hämatit (Fe_2O_3) bestand, bildete sich durch die Überlagerung durch andere Gesteinsschichten und infolge der alpinen Gebirgsbildung auch das magnetische Eisenoxid Magnetit (Fe_3O_4). Dieses ist der Grund für den starken Magnetismus der Gesteine. Allerdings verändert sich der Chemismus und die Farbe des Eisenooliths im Laufe der Wanderung, was sich an dessen Farbe und der sich ändernden Mineralogie zeigt. Nach den Abbaustellen am Balmeregghoren beginnt das Erz seinen Magnetismus zu verlieren und die Farbe wechselt von rostig-braun ins Grüne. Die Eisenoxide werden zunehmend durch einen Eisen-reichen Chlorit – den sogenannten Chamosit – ersetzt.

4

Eisenoolith, versteinerte Fischeier oder Eisenerz?

Wir treffen den Begriff Eisenoolith auch auf der Tour ins Urbachtal (Tour 21). In rein karbonatischen Gesteinen treten vergleichbare Gesteine als Kalk-Oolithe auf (vgl.

Abb. 2: *Erzschlittler am Gonzen in der Schweiz (Holzstich nach einer Zeichnung von Emil Rittmeyer).*
Abb. 3: *Blick zurück in Richtung Planplatten. Der Weg führt an noch heute gut sichtbaren Tagbauten im Gebiet «Erzgrueben» vorbei.*
Abb. 4: *Anhaftender Magnet auf magnetischem Eisenerz im Tagbau der «Erzgrueben».*

Tour 1). Der Name leitet sich aus dem Griechischen für Ei «*oon*» und Stein «*lithos*» ab, und tatsächlich erinnern die Kügelchen etwas an versteinerten Kaviar, also an Fischeier. Wie auch die Kalk-Oolithe sind Eisen-Oolithe Sedimentgesteine, welche aus kleinen Kügelchen («Ooide») bestehen, die durch einen Zement zusammengehalten werden. Die einzelnen Kügelchen sind konzentrisch-schalig oder radial-faserig aufgebaut und besitzen eine Grösse von < 0,5–2 mm (Abb. 5).

Die Entstehung von Eisen-Ooiden ist noch nicht sehr gut verstanden und höchstens ansatzweise mit derjenigen von Kalk-Ooiden vergleichbar. Rezente Ooide scheinen sich eher im weichen Sediment zu bilden, resp. im Kontaktbereich zwischen Meerwasser und Sedimentoberfläche und nicht als sich bewegende und rollende Partikel wie im Falle von Kalk-Ooiden. Bedingung für die Bildung von Oolith-Horizonten sind markante Strömungen, zum Beispiel durch Gezeiten oder Sturmereignisse. Diese führen dazu, dass die Ooide in tiefere Meeresbereiche umgelagert werden, wo sie sich akkumulieren können. Wichtig ist auch eine

5

6

7

sehr geringe Sedimentationsrate, es steckt also meist viel Zeit in solchen Horizonten.

Auch die Herkunft des Eisens ist nicht eindeutig. Häufig werden Verwitterungsprozesse auf dem Festland als Ursache vermutet. Dabei werden eisenoxidreiche-Partikel abgeschwemmt und in küstennahe Meeresbereiche transportiert und dort abgelagert. Erst im Sediment selbst findet dann das Wachstum der Ooide statt.

Durch Kontakt mit Luftsauerstoff und Feuchtigkeit wird der Eisenoolith heute oberflächlich oxidiert und hydratisiert, also in Rost umgewandelt. Häufig bildet sich dabei ein hauchdünner Überzug aus Eisenhydroxiden (z. B. Goethit (α-$Fe^{3+}O(OH)$), welche auf frischen Bruchflächen in unterschiedlichen Farbtönen schillern (Abb. 6).

Mit einem magnetischen Stück Eisenoolith im Rucksack begeben wir uns wieder auf Wanderschaft. Der «Panoramaweg» führt entlang der Bergflanke durch schwarze, schiefrige Mergel und Tonsteine, in denen man mit etwas Glück kleine Schätze wie Ammoniten, Belemniten oder Pyrit finden kann. Natürlich heisst es «Augen auf den Weg gerichtet», Sicherheit geht vor (Abb. 7).

Verfaltete Eisenerze

Der Anstieg zum Einschnitt nördlich des Balmeregghoren verlangt nun etwas mehr Kraft. Dort angekommen befindet sich einer der besten Aufschlüsse gleich unterhalb der Skiliftstation (4). Die Stelle ist leicht zu finden und auch hier haftet der Magnet am rostig-braunen Gestein. Das Erz ist schön ausgebildet und die einzelnen Ooide sind – trotz Alpenbildung – noch immer gut von blossem Auge zu erkennen.

Weiter geht es hinauf zum Gipfel des Balmeregghoren, wo es sich lohnt, kurz zu verweilen und die fantastische Rundsicht zu geniessen (5). Aus geologischen Gründen lohnt es sich, auch einen Blick zurück zu der Stelle zu werfen, wo vorher der Aufstieg begonnen hat. Deutlich ist die liegende Falte

Abb. 5: *Stark verwitterter Eisenoolith von der «Erzgrueben». Durchmesser eines Ooids ca. 1–2 mm.*

Abb. 6: *Chamositischer Eisenoolith mit bunt schillerndem Überzug aus Goethit.*

Abb. 7: *Der Panoramaweg schlängelt sich entlang des steilen Abhangs des Gentals.*

Abb. 8: *Gut sichtbare Falte südwestlich des Balmeregghoren.*

9

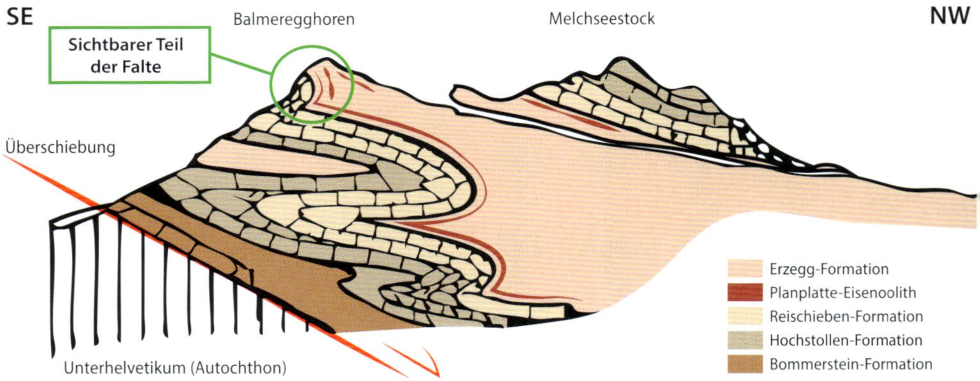

aus massivem Kalkstein zu erkennen, über welche unser Weg führte. Diese Falte lässt sich von Planplatten bis Spycherflüö verfolgen, ihre Gesteine bilden heute das Balmeregghoren und die Ärzegg (Erzegg). Hier sind auf eindrückliche Weise die Kräfte zu erkennen, die bei der Bildung der Alpen auf die Gesteine eingewirkt haben. Die Erosion hat dann später die Falte so freigelegt, dass wir sie heute gut an der gebogenen Fläche erkennen können (Abb. 8/9).

Auf der Ostseite des Balmeregghoren führt der Weg an mehreren Abbaustellen vorbei (6). Wir folgen dem Fahrweg und gelangen nach etwa 300 m zu einer Fossilienfundstelle (7). Dort befinden sich im schwarzen Tonschiefer zahlreiche «Knubbel» eingebettet. Wenn diese vorsichtig aufgeschlagen werden, entpuppt sich mancher davon als kleiner Ammonit. Für Kinder sicher eine freudige Überraschung und Belohnung für die lange Wanderung (Abb. 10).

Hier kann der Grat bequem überschritten werden, um zum Fussweg in Richtung Schweiffi zu gelangen. Dieser schlängelt hier einen flachen Hang hinunter und macht dann bei einem Felsband eine letzte Biegung nach rechts (Abb. 11). Wir folgen einem kleinen Trampelpfad dem Felsband entlang, um zum einzigen hier noch erhaltenen Stollen zu gelangen (8).

Der ca. 5 m lange Stollen wurde direkt im ungefähr 1 m mächtigen Erzband vorgetrieben und folgt diesem mit einem Fallen von ca. 35 Grad in die Tiefe. Wer sich einmal als Bergmann fühlen möchte, kann den kleinen Stollen auf allen Vieren kriechend «befahren», wie die Bergleute sagen. Es müssen früher noch weitere Stollen vorhanden gewesen sei, und in der historischen Literatur ist sogar von einem Stollenunglück zu lesen. Im Jahr 1656 soll ein Bergmann von herabfallenden Steinen erschlagen worden sein.

Kanonenkugeln als Zahlungsmittel ...?

Dem Kanton Bern war sehr am Eisenerz der Planplatten–Erzegg gelegen, um nicht bei der Beschaffung von Kanonenkugeln vom Ausland abhängig zu sein. Deshalb wurde

10

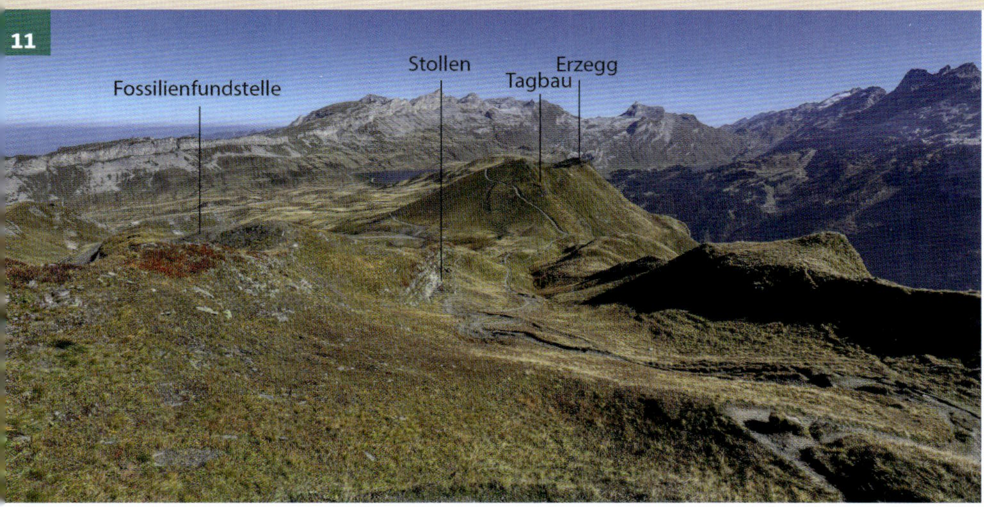

der unverhältnismässig aufwendige Abbau des Eisenerzes über Jahrhunderte hinweg aufrechterhalten *(2)*. Dazu musste das Erz auf Schlitten über abenteuerliche Wege von der Planplatten über die Alp Schlafenbielen, Arni und Färrichstetten hinunter ins Mühlethal transportiert werden. Das Erz vom Balmeregghorn und der Erzegg wurde über das Wüost hinunter zu einem Röstofen bei der Gentalhütte transportiert. Das Eisenerz der Planplatten–Erzegg besass eine schlechte Qualität. Es bildete viel Schlacken und das daraus verhüttete Eisen war spröd. Die Erze mussten deshalb zuerst in einem speziellen Röstofen, im Gental sowie im Mühletal, geröstet werden, um schädliche Stoffe wie Schwefel und Phosphor aus dem Erz auszutreiben *(1)*. Vom Röstofen aus wurde das geröstete Erz mit Pferdewagen und Schlitten hinunter zum Hüttenwerk im Mühlethal befördert.

Die letzte schriftlich überlieferte Schmelze fand im Jahr 1807 statt. Danach wurde der Bergbau wegen der schlechten Qualität des Eisens, den hohen Gestehungskosten und wegen der unwirtlichen Lage der Erzlagerstätte für immer eingestellt.

Ein kurzer Aufstieg führt uns an einer weiteren Abbaustelle vorbei, wo wir auf Eisenoolith mit Chamosit-Ooiden treffen (9). Der Magnetit-Anteil ist gering, wie ein Magnet-Test zeigt. Weiter folgt unser Weg dem Grat der Ärzegg (10), der hier durch den Eisenoolith gebildet wird. Auf einer Länge von etwa 760 m wurden zahlreiche Abbaustellen erschlossen; mit dem nun geschultem Auge entdecken wir sie mühelos.

Wir lassen nun das Bergbaugebiet hinter uns und folgen dem Weg hinunter zum Tannensee, der zum Verweilen und Abkühlen unserer heissgelaufenen Füsse einlädt. Danach geht es zügig hinunter zur Engstlenalp, wo uns beim Hotel Engstlenalp ein kühler Eisbecher erwartet. Das Hotel lädt mit seinem nostalgischen Ambiente zum Verweilen ein, und am darauffolgenden Tag könnte uns die nächste Geotour in die Welt der helvetischen Axen-Decke entführen (Tour 19).

Abb. 9: *Geologisches Profil durch das Balmeregghoren und den Melchseestock (angepasst nach Tröhler 1963).*
Abb. 10: *Einer der aufgeschlagenen «Knubbel» entpuppte sich als kleiner Ammonit.*
Abb. 11: *Blick hinunter zum Schweiffi und der Erzegg. Rechts ist der Jochpass nach Engelberg zu sehen (vgl. Tour 19).*

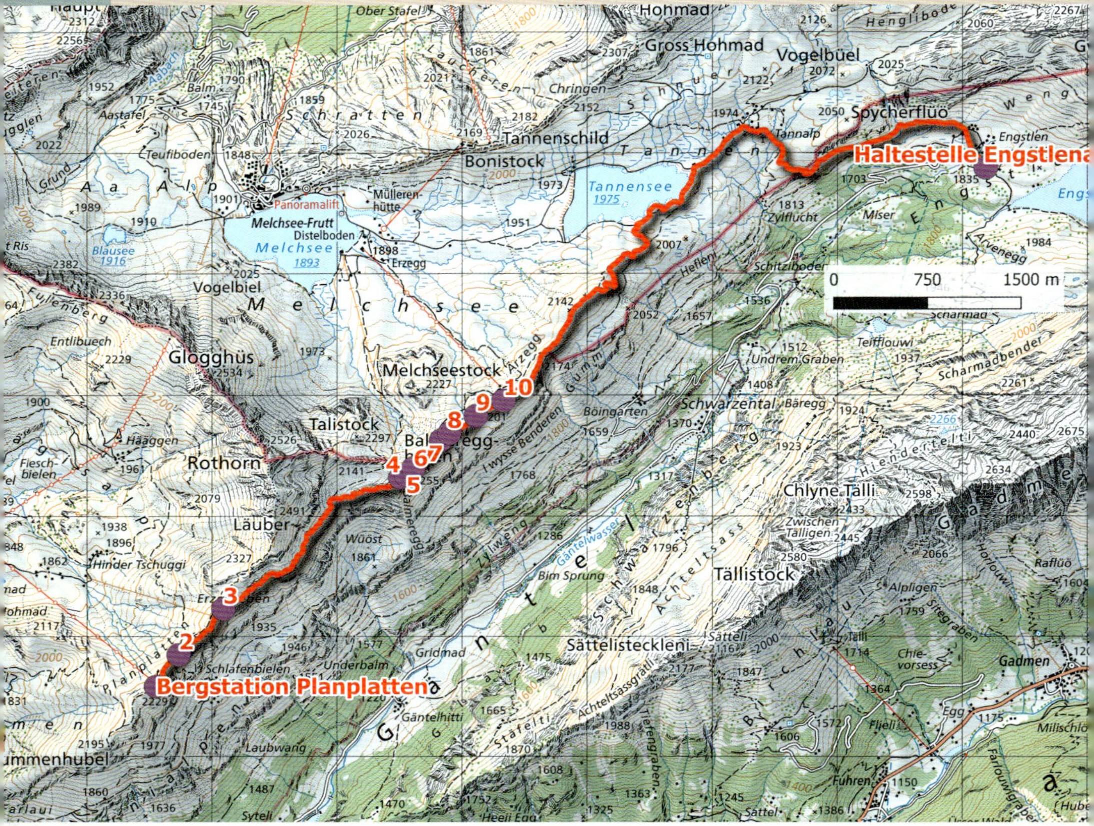

TOURENINFO

- **Anreise:** *Nach Meiringen oder Hasliberg mit ÖV oder PW. Gondelbahnen von Meiringen nach Hasliberg und von Hasliberg nach Planplatten.*
- **Rückreise:** *Von Engstlenalp mit Engstlenalp-Bus nach Meiringen. Wer nach Hasliberg zurück muss, nimmt die Gondelbahn.*
  Achtung: Engstlenalp-Bus nur Sommerbetrieb, Fahrplan konsultieren (www.engstlenalp-bus.ch).
- **Tourencharakter:** *Alpine Bergwanderung, die Trittsicherheit verlangt. Gutes Wetter ist Voraussetzung.*
- **Wegstrecke:** *Wegdauer ca. 3 1/2 Std, Wegstrecke 10,7 km, Aufstieg 310 m, Abstieg 705 m*
- **Verpflegungsmöglichkeiten:** *Panoramarestaurant Alpen Tower (Planplatten); Berggasthaus Tannalp (Übernachtung möglich); Hotel Engstlenalp (Übernachtung möglich)*

LITERATUR

(1) *Zahn, U. (2001)*
(2) *Wenger, U. (2016)*

19 Der Jochpass – ein geologisches Schnipsel Ostschweiz im Kanton Bern

CHRISTIAN GISLER

1

Abb. 1: *Jochpass von Süden. Das grosse Gebäude rechts ist das Berghuis Jochpass (2). Auf dem nach rechts ansteigenden Grat befinden sich im untersten Teil die Wegpunkte (3) bis (6).*

2

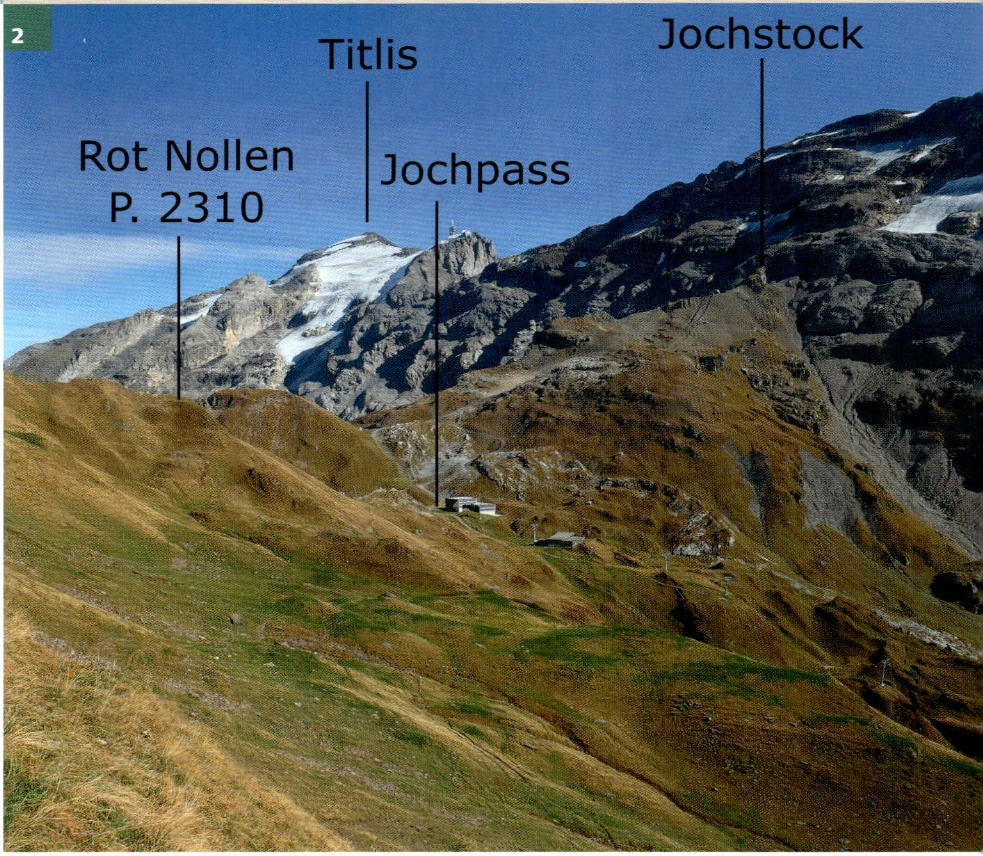

Unsere geologische Tour am Jochpass führt uns in das Innere des helvetischen Deckenstapels, der aus mächtigen, übereinandergestapelten Sedimentabfolgen besteht (vgl. Einführung). Wir durchwandern einen kleinen Teil der Axen-Decke, die sich vom Kandertal bis nach Glarus erstreckt. Dabei lernen wir die ältesten Gesteine der hiesigen Axen-Decke und die «Schuppentektonik» kennen.

Ausgangspunkt unserer Wanderung ist die Engstlenalp (1 835 m ü. M.) zuhinterst im Gental – oder Gäntel, wie es heute auf der Landeskarte bezeichnet wird (1). Die Route führt uns vom Jochpass (2 208 m ü. M.) hinüber zur Tannalp (1 975 m ü. M.) im Kanton Obwalden und zurück zur Engstlenalp (GA 1210 Innertkirchen).

Schuppen und Falten: Die tektonische Situation am Jochpass

Die generelle geologische Situation am Jochpass ist grundsätzlich einfach und bereits anhand der Vegetationsverteilung erkennbar (Abb. 2). Oberhalb des Jochstocks bauen die weitgehend vegetationsfreien *autochthonen* bis *parautochthonen* Sedimente (vgl. Tour 21) die südöstliche Talflanke des Gentals auf. Diese Gesteine wurden auf dem *kristallinen Grundgebirge* des Aarmassivs abgelagert und bei der Bildung der Alpen nicht oder nur geringfügig verschoben. Etwas unterhalb des Jochstocks verläuft der Kontakt zur überliegenden Axen-Decke, die deutlich von Vegetation bedeckt ist (Abb. 2). Die

3

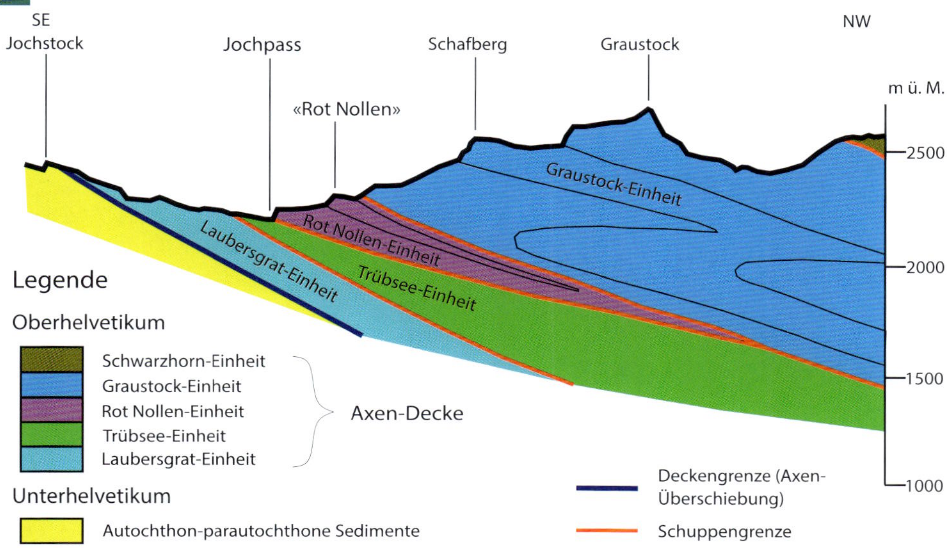

Axen-Decke ist eine aus Sedimentgesteinen bestehende Überschiebungsdecke, die bei der Bildung der Alpen von ihrer kristallinen Unterlage südlich des Aarmassivs abgeschert und über Dutzende Kilometer an ihre heutige Position überschoben wurde.

Doch das vermeintlich einfache geologische Bild täuscht: Ein tektonisches Übersichtsprofil vom Jochstock zum Graustock vermittelt eine im Detail deutlich komplexere Situation (Abb. 3). Wir erkennen in der Axen-Decke zwar enge Faltenstrukturen, aber sie besteht hier hauptsächlich aus übereinandergestapelten, keil- oder brettartigen Strukturen («Einheiten»). Grund für die Komplexität sind zwei unterschiedliche Deformationsstrukturen: Während der nach Norden gerichteten Überschiebung wurde die Axen-Decke zwar einerseits verfaltet, gleichzeitig aber auch teilweise entlang von Bruch- und Scherzonen in einzelne Fragmente zerlegt; die Geologen sprechen von *tektonischen Schuppen*.

Hier besteht die Axen-Decke also aus einer Abfolge von mehreren dünnen, langgezogenen Schuppen, die mässig steil nach Nordwesten einfallen. Wegen des Faltenbaus begegnen wir sowohl *normal* gelagerten Gesteinsserien (die ältesten Schichten liegen zuunterst), als auch *verkehrt* liegenden (die jüngsten Schichten liegen zuunterst, vgl. Einführung). Auf dieser Wanderung verbeissen wir uns aber nicht in komplexe Details, sondern beschäftigen uns mit den grundlegenden Merkmalen des tektonischen Baus.

Abb. 2: *Jochpass und Titlis. Die (par)autochthonen Einheiten bilden die vegetationslosen Hänge im Hintergrund, die bewachsenen Partien gehören zur Axen-Decke.*

Abb. 3: *Tektonisches Übersichtsprofil Jochstock-Graustock. Eingezeichnet sind die als «Einheiten» bezeichneten Schuppen und einige interne Faltenstrukturen.*

Die Gesteine zeigen die erdgeschichtliche Entwicklung

Die helvetischen Decken bestehen teilweise aus kontinentalen, hauptsächlich aber aus marinen Sedimentgesteinen. Ein stratigrafisches Sammelprofil hilft uns bei der Ori-

4

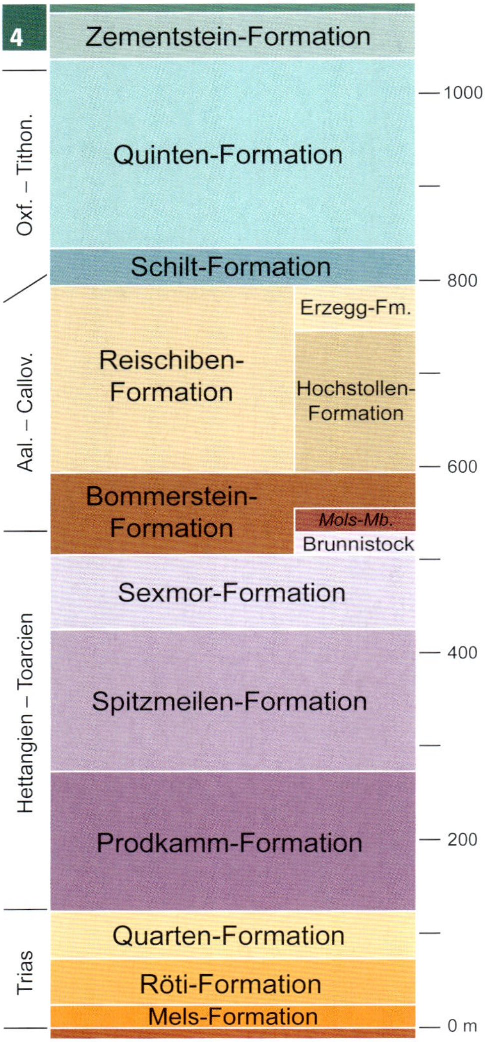

entierung (Abb. 4). Wir beginnen unsere Betrachtungen in der mittleren Trias, vor etwa 230 Mio. Jahren. Zu dieser Zeit begann der alte Superkontinent Pangäa, der damals alle grösseren Landmassen der Erde vereinigte, auseinanderzubrechen (siehe Einführung). *Pangäa* zerfiel im Gebiet des heutigen Europas in die Blöcke *Eurasien* (Teil des grösseren *Laurasia*) und Afrika (Teil des grösseren *Gondwana*).

Die ältesten Gesteine unserer Wanderung sind die roten Quartenschiefer (orange Farbe im Profil – Quarten-Formation). Sie wurden vor etwa 220 Mio. Jahren, noch unter festländischen Bedingungen, am zukünftigen Südrand *Europas* abgelagert.

20 Mio. Jahre später, zu Beginn der Jurazeit, drang von Osten her ein Meeresarm des Tethys-Meeres vor. Damit wurde eine lange Periode mit marinen Ablagerungsverhältnissen eingeleitet. Im Unteren und Mittleren Jura («Lias» und «Dogger», violett und braun) herrschten meist flachmarine Verhältnisse mit starkem Landeinfluss. Dies äusserte sich in rasch ändernden Ablagerungsverhältnissen und einem hohen Anteil an Sand und Tonmineralen als Erosionsprodukte des Festlandes in den Sedimenten.

Im Oberen Jura («Malm», blau), vor etwa 160 Mio. Jahren, änderten sich die Verhältnisse. Das Tethysmeer überflutete endgültig das ganze vormalige Festland, Schüttungen vom Land gelangten kaum noch bis hierher. Während vieler Millionen Jahre wurde nun eine mächtige Folge von reinen marinen Kalken auf dem Schelf des sich entwickelnden Südrands Eurasiens abgelagert. Diese Quinten-Kalke sind die jüngsten Gesteine, die wir auf unserer Wanderung antreffen.

Von der Engstlenalp zum Jochpass

Wir beginnen unsere Wanderung an der Bushaltestelle Engstlenalp (1) und erreichen nach etwa einer Viertelstunde den Engstlensee. Südöstlich des Sees steigen die (par)autochthonen Sedimentgesteine des Aarmassivs in die Höhe, die auch den 3238 m hohen Titlis im Hintergrund aufbauen.

Abb. 4: *Ausschnitt des stratigrafischen Profils der Axen-Decke (Quelle: swisstopo, strati.ch).*
Abb. 5: *Übersicht vom Berghuis Jochpass (2), Blick Richtung NW. Rote Linien zeigen Schuppengrenzen, blaue Formationsgrenzen. Rote Zahlen bezeichnen die Wegpunkte.*

5

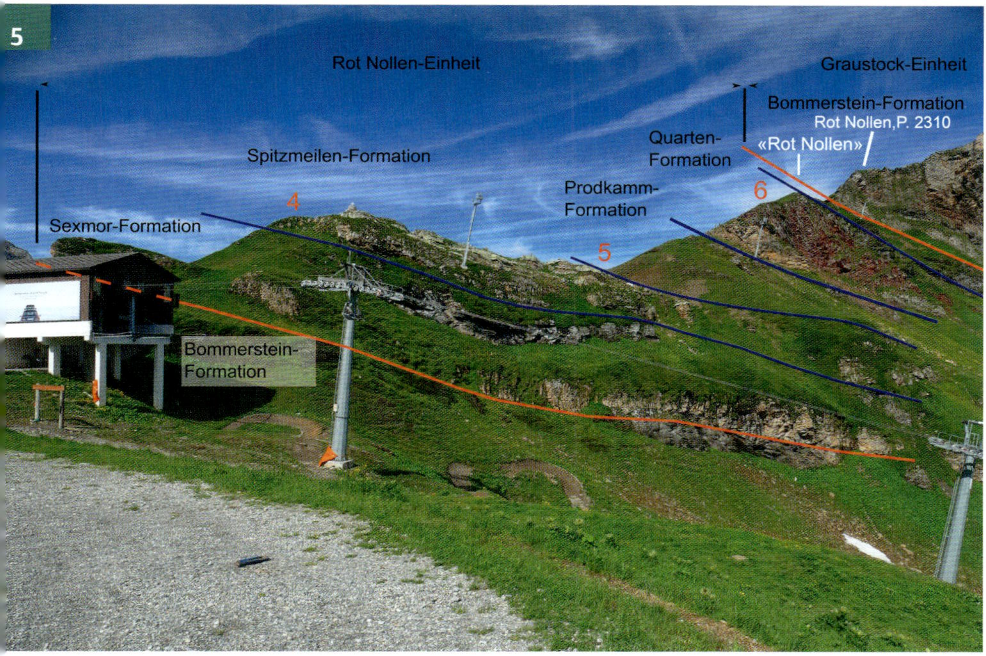

(Abb. 2). Unsere Wanderroute verläuft hingegen vollständig in der Axen-Decke (den autochthonen Sedimenten begegnen wir auf Tour 21). Etwa 10 Minuten später müssen wir entscheiden, ob wir *per pedes* oder per Sessellift (Zeitersparnis ca. 45 Min) zum Jochpass und dem gleichnamigen «Bärghus» aufsteigen (2).

Bärghuis Jochpass, Aussicht mit Einsichten

Vom Bärghuis aus ist die Abfolge vom Jochpass bis zum Rot Nollen vor allem vormittags gut einsehbar (Abb. 5 und 3). Auf der topografischen Karte wird die falsche Kuppe als Rot Nollen bezeichnet, die richtige aus roten Quartenschiefern liegt gerade unterhalb davon (wir beziehen uns auf letztere). Die Aussicht gewährt uns Einblick in die Rot Nollen- und Graustock-Einheiten und somit in den Schuppenbau und in Formationsabfolgen in diesem Gebiet. Bei Betrachtung von Abb. 4 und 5 erkennen wir, dass die Formationen innerhalb der Rot Nollen Einheit nach oben älter werden, hier liegt also ein Verkehrtschenkel vor.

Aufstieg zum Rot Nollen, ein geologischer Abstecher in die Ostschweiz

Wir schauen uns nun die Rot-Nollen-Einheit von Nahem an und steigen dazu vom Jochpass auf dem blau-weiss markierten Weg über den in Abb. 5 ersichtlichen Gratrücken bis zum «Rot Nollen» auf (Abb. 6). Da die Rot-Nollen-Einheit hier verkehrt liegt, gelangen wir in zunehmend ältere Gesteinsschichten. Wenige Meter nach Beginn des Weges auf dem Jochpass treffen wir auf Gesteine des Unterjuras. Deren auffällig lagiger Aufbau rührt von einem unregelmässigen Wechsel von grau bis braun anwitterndem Kalk, sandigem Kalk und Sandstein her (3, Sexmor-Formation, Abb. 7).

6

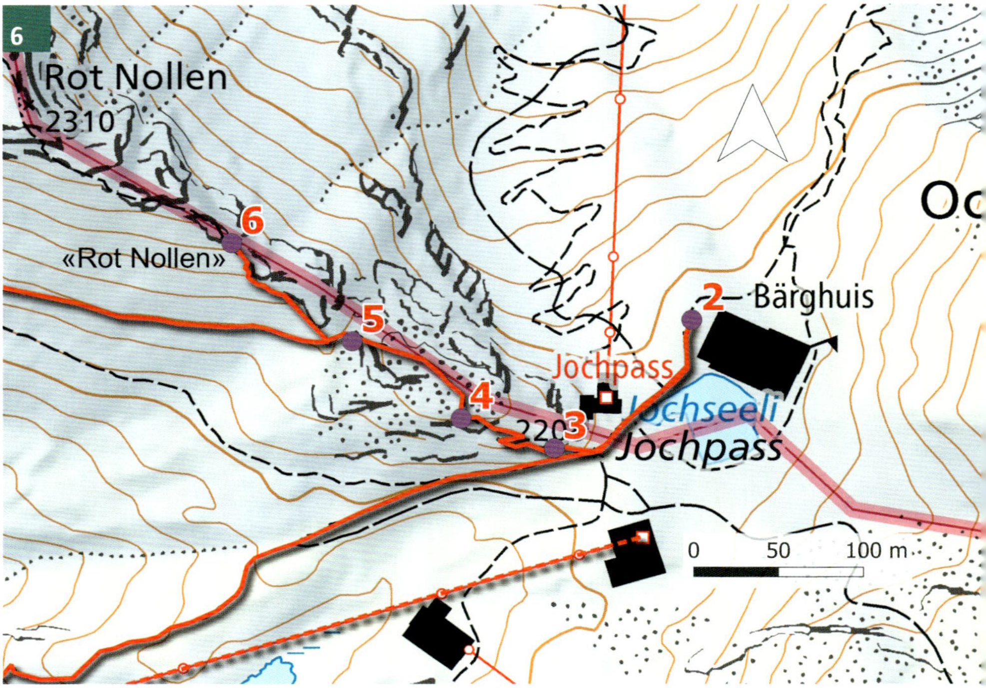
Rot Nollen
2310
6
«Rot Nollen»
5
4
3
2203
2
Bärghuis
Jochpass
Jochseeli
Jochpass
0
50
100 m

7

Kurz darauf gelangen wir auf ein Plateau (4) aus harten und verwitterungsresistenten, weissgrauen Quarzsandsteinen («Quarzit») und rostbraun anwitternden Kalksandsteinen (Spitzmeilen-Formation, Abb. 8). In letzteren lassen sich mit etwas Glück Fossiltrümmer wie Muschelschalen entdecken.

Die beim Schlussaufstieg folgenden, weichen Tonschiefer der Prodkamm-Formation bewirken eine ganz andere Morphologie als die harten Sandsteine zuvor (5).

Die bisher betrachteten, sehr unterschiedlichen Gesteine wurden alle im Unterjura abgelagert. Sie bezeugen wechselnde Ablagerungsbedingungen im noch festlandnahen Meeresarm der Tethys.

Darüber folgen die auffälligen roten Quartenschiefer, die wir bereits vom Berghuis aus gesehen haben (6, Abb. 9). Es handelt sich um die ältesten Gesteine der Axen-Decke im Kanton Bern. Sie entstanden vor etwa 220 Mio. Jahren, in der späten Trias, unter noch festländischen, trockenen und warmen Bedingungen. Die intensive rote Färbung wird durch die Einlagerung von Eisen(hydr)oxiden verursacht. In den Glarner Alpen und im Sarganserland sind diese Gesteins-Formationen viel verbreiteter und bauen ganze Berge und Täler auf. Die dortigen Gipfel des Spitzmeilen, Prodkamms oder Sächsmoor (früher Sexmoor) sind für die Namen der uns nun bekannten Formationen verantwortlich.

Abb. 6: *Detail der Exkursionsroute im Gebiet Jochpass mit den Lokalitäten (2) bis (6) (Quelle: swisstopo)*
Abb. 7: *Unregelmässiger Wechsel von Kalk, sandigem Kalk und Sandstein (3, Sexmor-Formation).*
Abb. 8: *Verwitterungsresistente Sandsteine der Spitzmeilen Formation bilden ein Plateau rund 20 m über dem Jochpass.*

9

Querung «Rot Nollen»-Schaftal – Schüttungen im landnahen Meer

Vom «Rot Nollen» steigen wir nach (5) zurück und wählen den hangparallelen Weg, der zum rot-weiss markierten Wanderweg in Richtung Tannalp führt. Dabei wechseln wir in die Graustock-Einheit. Wir erreichen bald eine erste Geländerippe aus rostbraun anwitternden Sandsteinen, Mergeln und Tonschiefern (7). Sie gehören zur mitteljurassischen Bommerstein-Formation. Ihre auffallend rostbraune Farbe war massgebend für die Bezeichnung einiger markanter Berge, wie z. B. dem Rothorn zwischen der Melchsee-Frutt und dem Hasliberg, dem Engelberger Rotstock oder dem Uri Rotstock. Auch bei diesen Gesteinen wird die Farbe durch einen erhöhten Anteil an Eisen-haltigen Mineralien verursacht.

Bei einer weiteren Geländerippe (P. 2323) erreichen wir rau anwitternde, leicht *spätig*-sandige Kalke in regelmässigem Wechsel mit dünnen, mergligen Kalken (8, Hochstollen-Formation). Sie begleiten uns auf dem anschliessenden kurzen Abstieg. Diese mitteljurassischen Gesteine wurden bei ähnlichen Bedingungen abgelagert wie die unterjurassischen, die wir bereits kennengelernt haben. Verwitterung und Erosion eines nahen Festlandgebiets führten zu Schüttungen von Sand, Ton und Eisen-haltigen Mineralien in das nun bereits tiefere Meeresbecken, in welchen sich mächtige Sedimentabfolgen bildeten.

Unterwegs zur Tannalp – Im Reich der monotonen, hellgrauen Kalke

Nach Querung des Schaftals begleitet uns ein hellgrau anwitternder Kalk (9, Quinten-Formation). Dieses als Quinten-Kalk bezeichnete Gestein wurde im Oberjura vor etwa 150 Mio. Jahren in einem maximal wenige Hundert Meter tiefen Meer als Kalkschlamm abgelagert. Zu dieser Zeit überflutete die Tethys weite Landstriche des ehemaligen Festlandes, weshalb der Verwitterungsschutt

diesen Ablagerungsraum nicht mehr erreichte und reine Kalke entstanden. Im frischen Bruch ist der Kalk sehr feinkörnig (Mikrit) und zeigt eine dunkelgraue Farbe, die durch einen geringen Anteil an organischer Substanz verursacht wird. Dies deutet auf sauerstoffarme, lebensfeindliche Verhältnisse auf dem Meeresgrund hin, weshalb man im Gestein nur äusserst selten Fossilien findet. Der Quinten-Kalk erreicht eine Mächtigkeit von etwa 200 m und tritt morphologisch markant in Erscheinung. Er baut auch den Graustock auf, den wir im Hintergrund sehen (Abb. 10). In flacherem Gelände können Karrenfelder entstehen, auf unserer Wanderstrecke sind sie allerdings wenig ausgeprägt. Grund ist eine stellenweise dünne Bedeckung mit Moräne, die einen spärlichen Grasbewuchs ermöglicht.

Abb. 9: *Roter Quartenschiefer am «Rot Nollen».*
Abb. 10: *Blick nach Osten. Im Hintergrund die Pyramide des Graustocks. Mit Ausnahme der beiden Gipfelkuppen links oben im Bild wird der Untergrund von teils verkarstetem Quinten-Kalk aufgebaut.*

Rund ein Kilometer östlich der Tannalp endet der Quinten-Kalk abrupt. Bis zur Alp besteht der Untergrund wieder aus mitteljurassischen Gesteinen (hauptsächlich Bommerstein-Formation), die zur Bildung von Vernässungen, Sümpfen und Torfmooren neigen.

Tannalp-Engstlenalp, Abschluss unserer Rundtour

Etwa einen Kilometer nach der Tannalp verlassen wir das Hochplateau von Tannen und erreichen den sogenannten Geisstritt, eine Steilstufe aus mitteljurassischen Gesteinen (Hochstollen-Formation). Eine knappe halbe Stunde später erreichen wir den Ausgangspunkt der Exkursion und lassen die Wanderung im historischen Hotel Engstlenalp ausklingen.

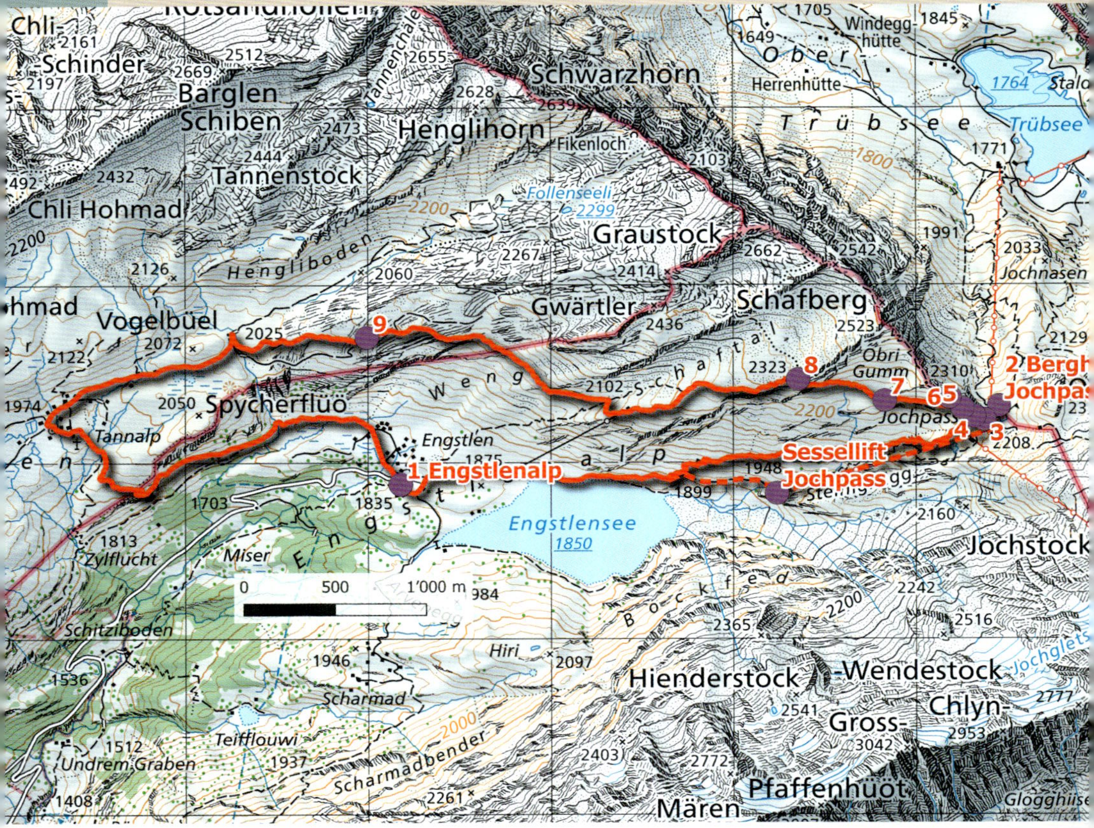

TOURENINFO

- **Start- und Endort:** *Engstlenalp. Zufahrt mit PW zur Engstlenalp ist gebührenpflichtig. Busverbindung von Mitte Juni bis Ende Oktober ab Meiringen oder Innertkirchen (Achtung bloss 3–4 Fahrten pro Tag).*
- **Marschzeit:** *ohne Pausen und geologische Halte 6 h, Distanz 13 km, etwa 45 min kürzer bei Gebrauch des Sessellifts auf den Jochpass.*
- **Höhendifferenz:** *740 m Aufstieg, 740 m Abstieg.*
- **Wegcharakter:** *Alpine Wanderung auf teils etwas schmalen Wegen, Schwierigkeitsgrad T2.*
- **Einkehrmöglichkeiten:** *Engstlenalp:* *Hotel Engstlenalp (Übernachtungsmöglichkeit), Rossbodenhütte;* **Jochpass:** *Bärghuis Jochpass (Übernachtungsmöglichkeit);* **Tannalp:** *Gasthaus Tannalp (Übernachtungsmöglichkeit)*

LITERATUR

(1) Arbenz, P. (1934)
(2) Brunner, B. (2002)

20 Auf den Spuren des Steigletschers

NAKI AKÇAR UND URS SCHALTEGGER

1

Abb. 1: *Blick auf Gwächtenhorn, Tierberge, Bockberg und Steisee.*

Von der kleinen Eiszeit bis ins Erdaltertum

Die Kleine Eiszeit dauerte in den Zentralalpen von etwa 1250 bis 1860 und war von vielen Klimaschwankungen geprägt *(1)*. Während dieser Zeit erlebten die Alpenregionen Europas stärkere Wetterextreme und deutlich kältere Winter, wahrscheinlich war es die kälteste Periode der letzten 8 000 Jahre. Diese Kälteperiode führte nicht nur zu einem Rückgang der Temperaturen, sondern auch zu erheblichen Veränderungen in der alpinen Landschaft. Die alpinen Gletscher wuchsen während dieser Zeit deutlich, und die Ausdehnung ihrer Eismassen hinterliess dauerhafte Spuren. Selbst heute noch sind die Spuren der Kleinen Eiszeit in den Alpen sichtbar, und sie sind wichtige Zeugen der historischen Klimaentwicklung.

Beispiele wie der Steigletscher und der Steilimigletscher in den Berner Alpen belegen eindrucksvoll, wie die Gletscher die alpinen Täler seit der Kleinen Eiszeit verändert und geformt haben (Abb. 1 und 2). Vom Berghotel Steigletscher aus eröffnet sich uns ein atemberaubendes Alpenpanaroma dieser glazialen, alpinen Landschaft.

Unsere leichte Wanderung nahe des Steisees führt uns auf eine Zeitreise. Zuerst gehen wir zurück in die jüngere geologische Vergangenheit der letzten 200 Jahre und sehen uns an, welche Merkmale die Gletscher seit der letzten Eiszeit hinterlassen haben. Wir treffen aber auch auf eine viel ältere Geschichte, die uns von Bergketten erzählt, die sich vor Hunderten Millionen von Jahren gebildet haben und wieder abgetragen worden sind.

Vielerorts findet man schöne Plätze mit grossartiger Aussicht, welche sich für ein Picknick mit der Familie eignen (Abb. 2).

Abb. 2: *Exkursionsgebiet mit den Stopps 1 bis 5.*
Abb. 3: *Äusserste Endmoräne des Steigletschers von 1850.*

Wo der Steigletscher um 1850 endete

Wir begeben uns auf die Suche nach der grössten Ausdehnung des Steigletschers während der kleinen Eiszeit *(2)*. Wie auch heute noch, floss der Steigletscher damals aus seinem Einzugsgebiet ungefähr nach Norden. Dabei überfuhr er zweimal den alten Fahrweg auf den Sustenpass, bevor die neue Sustenstrasse erbaut wurde *(3)*. Auf der rechten Seite des Tals wurde der Steigletscher von der Sustenhorn-Westflanke und der direkt anschliessenden, mächtigen spätglazialen Seitenmoräne (am linken Bildrand in Abb. 2) begrenzt und konnte sich dorthin nicht weiter ausdehnen. Er nutzte hingegen die grössere Bewegungsfreiheit auf der anderen Talseite. Einzig die östliche Bergflanke des Bockbergs stand ihm im südlichen Teil des Gebiets im Wege (Abb. 1 und 2).

Wir starten unsere Tour beim Hotel Steingletscher und brauchen bis zum ersten Haltepunkt – einem markanten Block (Abb. 4) – bloss etwa 100 m talaufwärts der Strasse zu folgen (1). Nur wenige Meter weiter entdecken wir linkerhand die Endmoräne von 1850, das dazugehörige ehemalige Gletschertor befand sich im Bereich der heutigen Strasse (Abb. 3). Diese Moräne stellt die äusserste und älteste des Endmoränensystems dar, das aus sechs Moränenwällen besteht. Mithilfe von topografischen Karten aus dem 19. und dem Anfang des 20. Jahrhunderts sowie durch Radiokarbon- und Oberflächendatierungen konnte die Entstehung der ältesten und jüngsten Moränenwälle auf die Jahre 1850 und 1920 zurückgeführt werden. Die äusserste Moräne von 1850 ist durch grosse Findlinge entlang der Kammlinie gekennzeichnet (Abb. 3). Diese Wälle dokumentieren also die Rückzugsgeschichte des Gletschers seit dem Ende der kleinen Eiszeit.

Ein weiter Blick zurück in die geologische Vergangenheit

Wie ein Wächter steht ein Block (Abb. 4) mit spektakulären Strukturen entlang der Strasse am selben Ort (1). Es handelt sich um einen Amphibolit-Migmatit Block (sog. Schollenamphibolit), der vermutlich aus der Sustenhorn-Kette stammt und vom Steigletscher hierhin getragen wurde. Die dunklen Lagen bestehen vor allem aus dem Mineral Amphibol (Hornblende), die hellen vor allem aus dem Mineral Plagioklas (ein Feldspat). Diese hellen Partien waren einmal im Zustand einer 800 – 900 °C heissen, zähflüssigen Gesteinsschmelze. Sie war imstande, sich langsam – über Zehntausende von Jahren – zwischen den dunklen und noch festen Partien zu bewegen, und es bildeten sich dadurch die hellen Schmelzadern und die etwas grösseren, hellen Schmelztaschen (Abb. 4).

Dieser Block erzählt uns eine uralte und langwährende Geschichte: vor etwa 500 bis 600 Millionen Jahren dehnte sich der sogenannte Iapetus-Ozean aus, auf dessen Meeresgrund sich basaltische Laven und Sedimente ablagerten (vgl. Einführung). Diese Gesteine wurden im Laufe der geologischen Geschichte durch plattentektonische Vorgänge in Tiefen von 30 – 40 km versenkt und dadurch bei hohem Druck und Temperatur verändert (man nennt dies eine «Gesteinsmetamorphose»). Aus den ehemaligen massigen, ozeanischen Basalten entwickelten sich dabei lagige Amphibolite. Die Temperatur im Erdinnern erreichte schliesslich 800–900° C, sodass gewisse Teile dieses Gesteinsstapels zu schmelzen begannen. Diese ehemaligen und schon längst wieder erstarrten Schmelzen entsprechen den hellen Teilen dieses Blockes. Die dunklen Anteile blieben jedoch fest, weil die Temperatur noch nicht ausreichte, um diese ebenfalls in einen flüssigen Zustand zu überführen. Obwohl heute alles kalter Stein ist, sehen die Geologen vormals koexistierende aufgeschmolzene und feste Anteile und nennen ein solches Gestein einen «Migmatit».

Nach wenigen Wanderminuten erreichen wir einen weiteren Gesteinsblock entlang der Strasse (Abb. 5) (2), einen Gneis, der eine offensichtliche Parallelstruktur (Schieferung) aufweist. Er besitzt feinkörnige helle Lagen, welche von den Mineralien Quarz, Kalifeldspat und Plagioklas gebildet werden, getrennt durch dunklere Lagen, die aus dem Dunkelglimmer Biotit bestehen. Einzelne helle Adern und Lagen sind etwas dicker (etwa 1 cm) und grobkörniger – erneut ehemalige Gesteinsschmelzen, wie im obigen Beispiel. Es handelt sich bei diesem Gestein ebenfalls um einen Migmatit, also um ein Gestein, dass aus einem festen Anteil (die feinkörnigen hellen und dunklen Lagen) und einer Schmelze (die grobkörnigeren hellen Lagen und Adern) bestand. Wir können das Gestein einen «migmatischen Gneis» nennen, weil er eine deutliche Schieferung aufweist. Die meisten der weissen Schmelzadern verlaufen parallel zur Schieferung, einige wenige haben diese Ausrichtung verlassen und verlaufen quer zur Schieferung. Nach einem bekannten Vorkommen bei Erstfeld im Urner Reusstal wird diese Gesteinsserie «Erstfeld-Gneis» genannt.

Auch dieses Gestein besitzt eine lange Geschichte: Im Kambrium, vor 540 Mio. Jahren, wurde es als sandiges Sediment an einem Kontinentalabhang im Meer abgelagert. Es enthielt viele Mineralien, die von den Bergen im Hinterland stammten und durch Flüsse zum Meer transportiert worden waren. Neben Quarz, Feldspat, Hornblende und vielen andern Mineralien befand sich auch das Mineral Zirkon (Abb. 6), dessen Alter anhand der *Uran-Blei-Methode* bestimmt werden kann. Man findet in diesen ehemaligen Sedimenten 2,4 Milliarden Jahre alte Zirkonkristalle, die durch die Abtragung von uralten Kontinentalkernen in Westafrika oder Amazonien in die ursprünglichen Sedimente eingebracht wurden. Damals lagen diese alten Kontinente nahe beisammen, es gab noch keinen Atlantik dazwischen! Nach der Ablagerung als Sediment wurde auch dieses Gestein während der Kollision von Kontinentalplatten in die Tiefe versenkt und unter hohen Temperaturen teilweise aufgeschmolzen. Ob dies während einer Gebirgsbildung im Ordovizium vor etwa 480–450 Mio. Jahren geschah oder während der sogenannten «variszischen» Gebirgsbildung vor etwa 350–300 Mio. Jahren oder vielleicht sogar während beiden, ist noch nicht abschliessend geklärt.

Abb. 4: *Amphibolit-Migmatit-Block an der Strasse oberhalb des Restaurants Steigletscher* (1).

Abb. 5: *Block eines Erstfeld-Gneises entlang der Fahrstrasse* (2).

Abb. 6: *Etwa 100 Mikrometer langer Zirkon-Kristall eines Erstfeld-Gneises (Raster-Elektronenmikroskop-Bild).*

Auf Besuch beim Gletschertor des Steilimigletschers von 1850

Auch der westliche Nachbar des Steigletschers, der Steilimigletscher, ist während der kleinen Eiszeit vorgestossen. Die Eismassen aus dem Einzugsgebiet des Steigletschers flossen damals teilweise auch über den lan-

7

gen Sattel zwischen dem Vorder Tierberg und Bockberg und vereinigten sich dort mit dem Steilimigletscher. An der Felsnase des Tierbergli bildete sich deshalb im Gletscher eine Mittelmoräne. Die grösste Ausdehnung des Steilimigletscher während der kleinen Eiszeit reichte bis zum heutigen Wasserfall beim Parkplatz (Abb. 7) (3). Die grossen Findlinge auf dem Parkplatz und an den Flanken von Chööbärgli und Schafberg, wie auch die blockige Moräne, sind Zeugen des zirka 80 m mächtigen kleineiszeitlichen Steilimigletschers. Der Farbenkontrast zwischen grün bewachsenen Flanken von Chööbärgli und Schafberg und dem blockigen Moränenschutt ist deutlich zu erkennen. Er wird dadurch verursacht, dass die Böden und die Vegetation innerhalb der Grenzen des kleineiszeitlichen Steilimigletschers deutlich weniger Zeit hatten sich zu entwickeln als die älteren und grün bewachsenen, nacheiszeitlichen Böden ausserhalb (Abb. 7).

Gletscher: Die Künstler der Erosion

Gletscherschliff ist ein Produkt der glazialen Erosion. An der Basis des Gletschers ist das Eis voller kantiger Steinbrocken und auch feinerer Gesteinsbestandteile (Sand, Silt, und Ton). Fliesst der Gletscher über darunterliegende Gesteine, schleift er deren Oberfläche wie ein Schmirgelpapier ab, es entsteht ein «Gletscherschliff». Dabei werden in die Felsoberfläche nicht nur durch grössere Brocken tiefe Kratzspuren eingraviert, sondern sie wird durch feinere Gesteinsbruchstücke regelrecht poliert.

Die auffälligen linearen «Gletscherschrammen» bei den Felsen auf der östlichen Seite des Bachs (4) sind Rillen und Furchen, die bis mehrere Meter lang, ein paar Zentimeter breit und ein paar Millimeter tief sein können (Abb. 8). Sie sind parallel zur Gletscher-Fliessrichtung ausgerichtet, weswegen sie hier klare Indikatoren für die Fliessrichtung des Eises während der kleinen Eiszeit darstellen. Geringe Variationen in der Fliessrichtung führten zu übereinanderliegenden, leicht divergierenden Kratzspuren.

Von hier aus in Richtung Süden eröffnet sich ein ausgezeichneter Blick über das Trogtal und Gletschervorfeld des Steilimigletschers nach dem Ende der kleinen Eiszeit. Richtung Osten erkennen wir den Sattel zwischen Tierbergli und Bockberg, worüber die Eismassen aus dem Einzugsgebiet des Steigletschers während der kleinen Eiszeit geflossen sind (Abb. 2).

Zeugen der Gletscher: Die Geheimnisse der Moränen

Das Chööbärgli (2 134 m ü. M.) liegt zwischen den Trogtälern von Steigletscher und Steilimigletscher (5). Dieser Hügel wird von der linken Seitenmoräne des Steigletschers aus der Kleinen Eiszeit überlagert. Auf dieser Moräne befindet sich ein grosser Findling in der Nähe des «Gipfels» dieses Hügels. Die Ablagerung dieses Findlings durch den Gletscher wurde 2014 von Irene Schimmelpfennig und ihrem Team mittels *Oberflächendatierung* (Methode der kosmogenen Nuklide mit ^{10}Be, vgl. Tour 2) auf die 1830er-Jahre datiert.

Von hier aus erhalten wir einen spektakulären Rundum-Blick über die gesamte Region (5). In Richtung Norden kann man den Moränengürtel und das Zungenbecken des Steigletschers seit seiner maximalen Ausdehnung während der kleinen Eiszeit um 1850 studieren (Abb. 9). Wirklich imposant präsentiert sich die etwa 500 Meter lange und 70–110 Meter hohe rechte Seitenmoräne des Steigletschers im östlichen Teil des Zungenbeckens. Seit diesem Höchststand hat der Steigletscher etwa 3 km an Länge verloren. In Richtung Süden sieht man die Zunge des Steigletschers.

Abb. 7: *Endmoräne des Steilimigletschers von 1850* (3).

Abb. 8: *Aufschluss im Erstfeld-Gneis mit Gletscherschrammen. Der Stock zeigt die Fliessrichtung* (4).

Abb. 9: *Spektakulärer Blick vom Chööbärgli in Richtung Norden* (5).

Vom Chööbärgli aus hat man in südöstlicher Richtung einen spektakulären Blick auf das Gletschervorfeld (Abb. 9), auf die heutige Gletscherfront und auf das Einzugsgebiet des Steigletschers. Seit der Kleinen Eiszeit hat sich der Steigletscher in mehreren Phasen zurückgezogen, unterbrochen von kleineren Vorstössen. Das Endmoränensystem zwischen der maximalen Ausdehnung während der kleinen Eiszeit und dem Nordufer des Steisees markiert die Rückzugsphase zwischen 1850 und 1920. Der herzförmige Steisee im ehemaligen Zungenbecken hat sich 1937 zu bilden begonnen. 1947 befand sich die Gletscherzunge in der Mitte des Steisees und es lösten sich sogar kleine Eisberge von der Zunge. Bis 1970 hatte sich die Gletscherzunge um etwa 450 m zurückgezogen und lag nun südlich des Steisees, inmitten der heutigen Schwemmebene. Ein neuerlicher Vorstoss ab 1970 erreichte seine maximale Ausdehnung zwischen 1986 und 1993. Seitdem hat der Steigletscher deutlich an Länge, Breite und Mächtigkeit verloren. Nach 2010 zog er sich von der Schwemmebene über den ersten Felsriegel östlich der Chööbärgli zurück, 2019 erreichte er noch den zweiten Felsriegel am Südrand des Tierbergli, ca. 500 m südlich des ersten Riegels. In Richtung Südwesten ist das Zungenbecken des Steilimigletschers zwischen der maximalen Ausdehnung der kleinen Eiszeit von 1850 und dem jüngeren Vorstoss der 1980er-Jahren zu sehen.

Zurück ins Jahr 1986: Die Entstehung einer Moräne

Wir machen in der gegenwärtigen Schwemmebene am Südufer des Steisees Halt (6). Das Schmelzwasser des Steigletschers fliesst in mehreren Rinnen durch die Schwemmebene in den See, wo sich ein kleines Delta gebildet hat. Wie oben beschrieben, befand sich der Gletscher 1986 in einer Vorstossphase und das Gletschertor lag auf der heutigen Schwemmebene (Abb. 10). Während dieses Vorstosses bildete der Steigletscher eine ca. 35 m lange und einige Meter hohe Moräne in Ufernähe, die SW-NE ausgerichtet ist (Abb. 11, ebenfalls sichtbar auf Abb. 10). Auf dieser bescheidenen Moräne liegen ein paar kleine Findlinge.

Während seines Rückzugs von der maximalen Ausdehnung in den späten 1880er- und frühen 1890er-Jahren, wurden im Eis eingeschlossene Sedimente durch das Schmelzwasser ins Vorfeld des Gletschers geschüttet und die heutige Schwemmebene wurde gebildet. Die angelieferte Sedimentmenge, vor allem Sand und Kies, war aber begrenzt, die Schwemmlandebene wuchs dementsprechend nicht weiter an und der See blieb unversehrt bestehen. In den vergangenen drei Jahrzehnten haben die Schwankungen des Schmelzwasserabflusses zur Bildung von fünf Terrassenstufen in der Schwemmebene geführt, welche durch die fluviale Erosion und Aufarbeitung der glazialen Ablagerungen entstanden sind. Diese Terrassen spiegeln die Entwicklung des Talbodens der Schwemmebene seit 1989 wider. Die älteste Terrasse, deren Oberfläche hauptsächlich aus Kies und Sand besteht, liegt etwa 3 m höher als die jüngste. Das Überschwemmungsgebiet des Schmelzwassers des Steigletschers entspricht der zweitjüngsten Terrasse. In den letzten Jahren hat sich ein kleines Delta bei der Mündung des Flusses in den Steisee ausgebildet, die momentan jüngste Terrasse.

Von der Moräne in Richtung Norden erschliesst sich ein schöner Blick auf den See und das Zungenbecken (Abb. 11). In Richtung Osten sieht man die kolossale rechte Seitenmoräne der kleinen Eiszeit. An den steilen Flanken dieser Moräne wittern viele grosse Findlinge heraus. Von der Moräne aus in Richtung Süden eröffnet sich ein ausgezeichneter Blick über die gegenwärtige

Schwemmebene, das Trogtal, die zwei Felsriegel, den Steigletscher und das gesamte Einzugsgebiet (vgl. Abb. 2).

Hiermit schliessen wir unsere Zeitreise über Jahrhunderte bis hin zu Hunderten von Millionen Jahren ab. Auf unserer Wanderung haben wir erfahren, wie die Gletscher seit der letzten Eiszeit die Landschaft geformt haben und haben einen Eindruck der langen geologischen Geschichte gewonnen, welche die Gesteine durchlaufen haben. Die besuchte Region des Steisees ist ein ideales Archiv dieser langen und vielfältigen Geschichte. Wer sich auch für die Vegetation dieser periglazialen Landschaft interessiert, findet in einer kleinen Broschüre *(4)* ortsspezifische Angaben.

Abb. 10: *Zunge des Steigletschers 1995.*
Abb. 11: *Moräne von 1986, der Steigletscher hat sich weit zurückgezogen* (6).

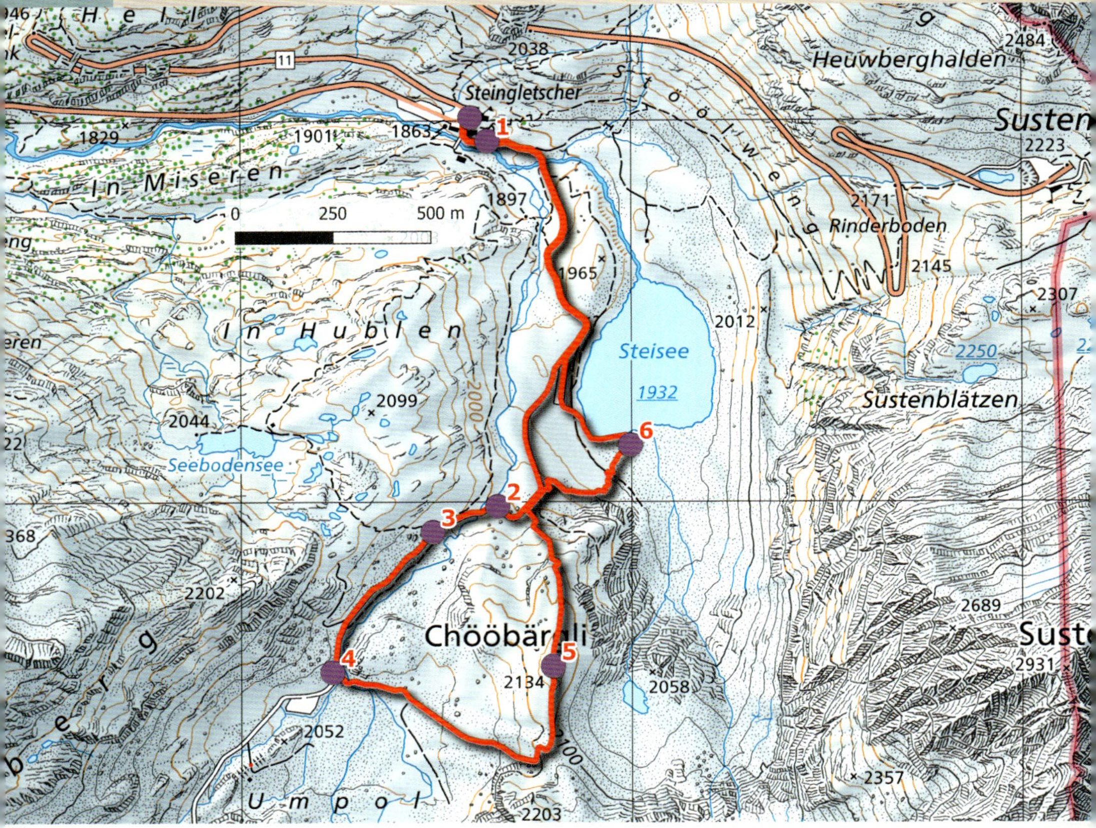

TOURENINFO

- **Zugang:** *Mit Bus ab Meiringen oder Innertkirchen bis Haltestelle Steingletscher.*
- **Ausgangs- und Endpunkt:** *Berghotel Steingletscher, Parkplätze an der Passstrasse oder nach 850 m entlang der Tour. Die Bergstrasse ist gegen eine Gebühr befahrbar.*
- **Wanderlänge:** *hin und zurück 5,1 km*
- **Wanderzeit:** *reine Wanderzeit ca. 1 h 40 min.*
- **Höhendifferenz:** *Auf- und Abstieg je ca. 300 m*
- **Jahreszeit:** *Juni bis Oktober*
- **Einkehrmöglichkeit:** *Berg Hotel Steingletscher. Viele schöne Picknick-Plätze bei (3) bis (6)*
- **Charakterisierung der Wanderung:** *Bergwanderung auf einer Strasse, danach teilweise durch alpines Gelände auf nicht markierten Wegen.*

LITERATUR

(1) Pfister, Chr. (2010)
(2) GLAMOS
(3) Alean, J. (2017)
(4) ARGE Gletscherpfad Steinalp

21 | Urbachtal – ein Blick in die Vorgeschichte der Alpen – und eine alte Eisenmine

JÜRGEN ABRECHT

1

Abb. 1: *Westseite des Urbachtals mit Gstellihorn links und Grossem Engelhorn. Helle, nackte, kalkige Sedimente über dem von Wald oder Wiesen überwachsenen kristallinen Grundgebirge.*

Was es zu entdecken gibt

Die Alpen sind kein Faltengebirge, wie man es sich früher vorstellte, sondern ein hochkomplexes Deckengebirge, in welchem die Gesteine aber teilweise stark verfaltet wurden. Im Gegensatz zu den Decken selbst, die oftmals nur durch Kartierarbeit sichtbar gemacht werden können, sind die Falten aber besonders in den Sedimentschichten des Mesozoikums und des Paläogens gut erkennbar. In den Berner Alpen wurden diese Sedimente von der Trias- bis zur Paläogenzeit auf einem uralten Kontinentalsockel abgelagert, dem sogenannten «Grundgebirge». Während der Alpenbildung wurden Teile dieser Sedimente vor etwa 35–30 Mio. Jahren von ihrem Grundgebirge abgeschert und als kleinere Schuppen oder grössere Decken in unterschiedlichem Ausmass nach Norden überschoben (vgl. Einführung und Tour 19).

Im landschaftlich grossartigen und stillen Urbachtal können wir hingegen noch Sedimentabfolgen beobachten, welche nicht vom Grundgebirge abgeschoben wurden. Wir bezeichnen diese als «*autochthon*», also als «vor Ort verblieben». Auf ähnliche Situationen treffen wir bei den Touren 26 und 29, die sich ebenfalls im Grenzgebiet zwischen Grundgebirge und den darüberliegenden Sedimentabfolgen und -decken bewegen.

Auf unserer heutigen Geotour können wir einige der Sedimentgesteine in hervorragenden Aufschlüssen bewundern. Wir werden aber auch auf das Grundgebirge des Aarmassivs treffen, und damit auf geologische Prozesse und Gebirgsbildungen, die sich vor Hunderten Millionen Jahren, lange vor der Alpenbildung, abspielten.

Als Einstieg etwas Aussichtsgeologie

Unsere Wanderung beginnt am Taleingang bei Pfengli ((1), Parkiermöglichkeit), von wo wir zu Fuss (oder per Auto) der Strasse folgen, wo sich uns nach ca. 1,7 km bei einer Ausweichstelle das in Abbildung 2

2

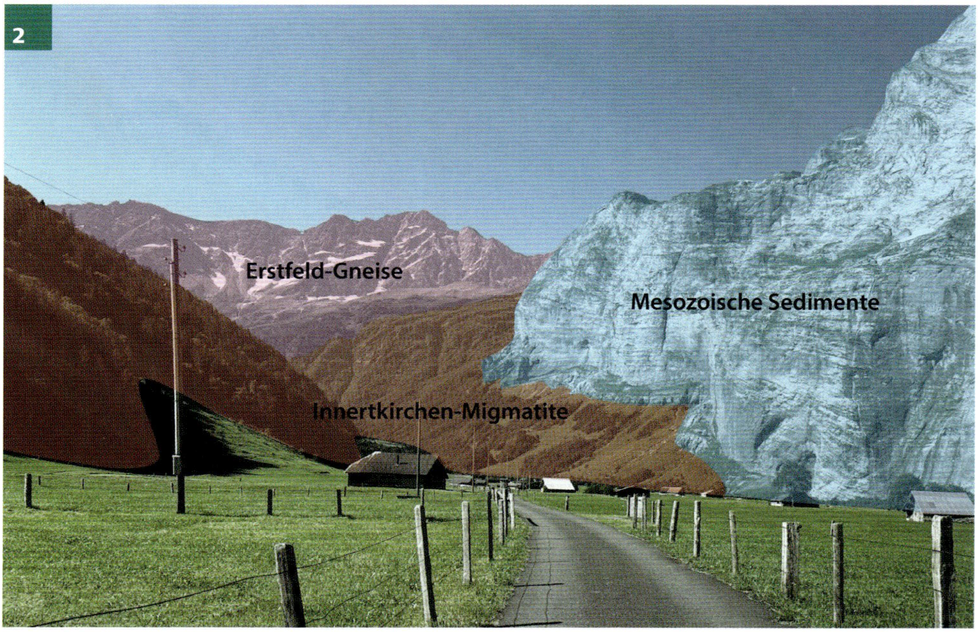

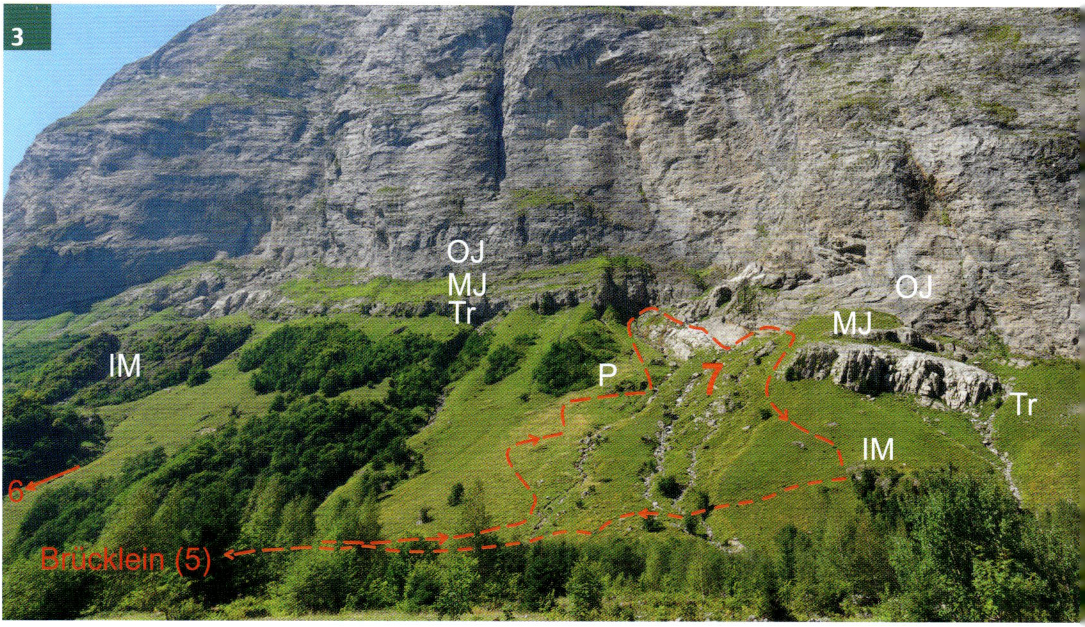

dargestellte, eindrückliche geologische Panorama bietet (2). Den Hintergrund in dunkelgrauer Farbe bilden die sogenannten Erstfeld-Gneise des *kristallinen Grundgebirges*. Dazu gehören auch die mehrheitlich unter Grasbedeckung liegenden, sogenannten Innertkirchen-*Migmatite* (rosa und braun eingefärbt). Rechts im Vordergrund, scharf abgegrenzt vom Grundgebirge, sehen wir steile Felswände aus bloss wenig bewachsenen, hellgrauen Kalksteinen, welche die Sedimentbedeckung des Grundgebirges darstellen (siehe auch GA 130 Guttannen).

Ein Marsch mit Blick auf das Grundgebirge und seine Bedeckung

Am Ende der asphaltierten Strasse beim Parkplatz Mürvorsess (3) machen wir Halt, und überblicken die linke Talseite mit der riesigen, teilweise fast senkrechen SE-Wand der Engelhörner (Abb. 3). In der flacheren, bewachsenen Böschung ragen einzelne bewaldete Felsrücken aus Innertkirchen-*Migmatit (IM)* des Grundgebirges hervor. Darüber, am Fuss der Steilwand, fällt ein helles Band von einigen Metern Mächtigkeit auf – der Röti-Dolomit aus der Trias (Tr). Darauf folgen die geringmächtigen, dunkleren Gesteine des Mittleren Juras (MJ). Sie sind überlagert von den hell anwitternden, sehr mächtigen Quinten-Kalken des Oberen Juras (OJ) und den Öhrli-Kalken der Unterkreide, die sich von hier aus aber bloss schwer unterscheiden lassen.

Abb. 2: *Blick von (2) gegen Südwesten. Das kristalline Grundgebirge, bestehend aus «Erstfeld-Gneisen» und Innertkirchen-Migmatiten, und rechts deren mesozoische Sedimentbedeckung aus kalkigen Sedimenten unterhalb Gstellihorn und Engelhörnern.*

Abb. 3: *Blick von (3) auf das Grundgebirge (IM: Innertkirchen-Migmatit) und die darauf abgelagerten, teilweise verfalteten Sedimentserien der Trias (Tr), des Mittleren (MJ) und des Oberen Juras (OJ).*

Dem Grundgebirge auf der Spur

Wir nähern uns dem Grundgebirge und inspizieren als Erstes einen nahen Findling aus dem Gauligebiet (in Weide (4)). Es ist ein teilweise aufgeschmolzener Erstfeld-Gneis, ein sogenannter «Migmatit», der helle, homogene Partien (die aufgeschmolzenen Teile), und etwas dunklere Relikte von nicht oder nur wenig aufgeschmolzenen Gneisanteilen aufweist (Abb. 4, siehe Touren 20 und 26). Wir wandern wenige Minuten bis zum

Brücklein bei P. 908. Auf dessen Westseite finden wir am Ufer oder im Bach zahlreiche Blöcke und Gerölle aus vorwiegend migmatitischen Erstfeld-Gneisen, untergeordnet auch Aaregranite und Innertkirchen-Migmatite (5). Letztere wären zwar in den bewaldeten Buckeln am Hang aufgeschlossen, sind dort aber verwittert und flechtenbewachsen. Glattgeschliffene kleinere Blöcke (Abb. 5) lassen sich aber in der meist trockenen Bachrunse oberhalb des Brückleins finden (6). Die Innertkirchen-Migmatite entstanden bei hohen Temperaturen von >650 °C und etwa 12–15 km tief in der Erdkruste. Dabei kam es zu einer weitgehenden Aufschmelzung von sandig-tonigen, selten auch mergeligen Ausgangsgesteinen. Die Migmatite sind charakterisiert durch homogene, helle, grünlich-graue Gesteinspartien mit zahlreichen dunkleren Flecken (Abb. 5, vgl. Tour 26). Diese granitähnlichen Partien entsprechen der wiedererstarrten Gesteinsschmelze und die Flecken den bei der Aufschmelzung neu entstandenen Aggregaten von Cordierit. Dies ist ein typisches Mineral, das in sandig-tonigen Gesteinen unter Hochtemperatur-Bedingungen entsteht und hier später in ein feines, glimmerhaltiges, als Pinit bezeichnetes Gemenge umgewandelt wurde. Die dunkleren grau-braunen Partien besitzen meist eine Gneisstruktur mit Schieferung und oft mit Falten. Sie entsprechen den nicht aufgeschmolzenen Anteilen des Ausgangsgesteines, das um die Schmelze abgereichert wurde.

Durch *radiometrische Altersbestimmungen* an Zirkon-Mineralen wissen wir heute, dass diese Gesteine eine lange und komplexe Geschichte hinter sich haben. Vermutlich vor über 500 Mio. Jahren bildeten sich in einem Meeresbecken tonig-sandige Gesteinsserien, deren Bestandteile aus uralten, der Erosion unterworfenen Gebirgen stammen. Viele Zirkone weisen denn auch Kerne auf, die über eine Milliarde Jahre alt sind. Die Aufschmelzung der Gesteine erfolgte während der *variszischen Gebirgsbildung*, vor ungefähr 350–300 Mio. Jahren (siehe Einführung und Touren 20 und 26).

Ein kleiner Schritt – ein grosser Zeitsprung

Wir steigen nun steil gegen die Steilwand bei (7) hoch und betrachten die von unten schon gesehene Gesteinsabfolge aus der Nähe (Abb. 6).

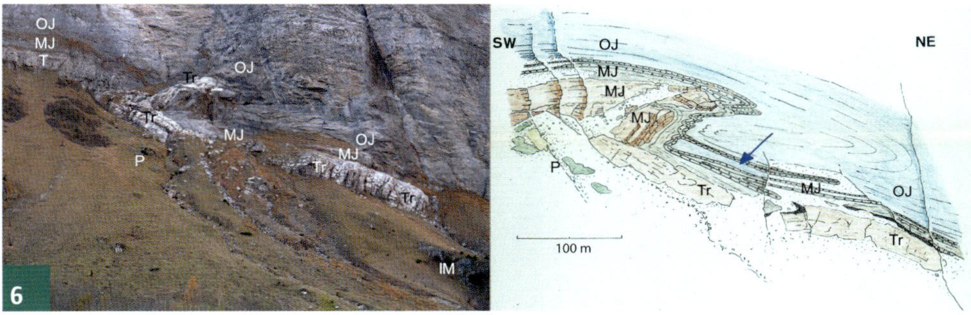

Die Oberfläche der Innertkirchen-Migmatite bildet eine nur wenige Meter breite, rötlich-violett verfärbte Zone (permische Verwitterungsoberfläche, P). Nach Abschluss der variszischen Gebirgsbildung vor etwa 300 Mio. Jahren war das Hochgebirge während des Perms für fast 50 Mio. Jahre der Erosion ausgesetzt. Dabei wurde es zu einer aus Grundgebirge bestehenden, wüstenartigen und leicht gewellten Oberfläche (Peneplain) abgetragen. Die rötliche Verfärbung der Migmatite und der sich daraus entwickelnde aufgelockerte *Grus* sind die Folge dieser festländischen Verwitterung unter den heiss-trockenen Klimabedingungen des Perms. Nach oben geht der Horizont in einen teils Glimmer-reichen Sandstein über, mit teils gröberen Komponenten wie Quarzgeröllen. Dabei handelt es sich um einen Sandstein der Mels-Formation, die der untersten Trias angehört. Bei zunehmend warm-feuchtem Klima zu Beginn der Trias verfrachteten Flüsse den Verwitterungsschutt von den verbliebenen Hochzonen in Form von Quarz-reichen Kiesen und Sanden in die Tiefebenen und Küstenregionen. Im Urbachtal entspricht unser nur dünner Mels-Sandstein mit Quarzgeröllen diesen Ablagerungen. Andernorts wird das Gestein «Buntsandstein» genannt und kann sehr mächtig werden (z. B. im süddeutschen Raum oder im Elsass). Zwischen dem Ende der variszischen Gebirgsbildung und dem Beginn der Ablagerung der Trias-Sedimente klafft somit eine zeitliche Lücke von rund 50 Mio. Jahren, die wir hier mit einem Schritt überbrückt haben.

Was nach der Perm-Zeit geschah, wird durch die Sedimente darüber (Trias, Jura) widergespiegelt. Diese und ihre Geschichte werden wir uns am Aufschluss ob der Sandey (9) nochmals vor Augen führen.

Abb. 4: *(links) Migmatitischer Erstfeld-Gneis.*
Abb. 5: *(rechts) Innertkirchen-Migmatit mit Pinitflecken.*
Abb. 6: *Ansicht der Überlagerung des Grundgebirges durch die autochthonen Sedimente bei* (7). *Rechts die geologische Deutung nach E. Büchi (1980). Beachte die Verfaltung und Zerscherung aus der Zeit der alpinen Gebirgsbildung. Sie hat zur Verdoppelung von Schichten geführt (blauer Pfeil). Von unten (alt) nach oben (jung): IM: Migmatite des Grundgebirges (Innertkirchen-Migmatit); P: Permisch-triassische Verwitterungsoberfläche; Tr: Trias: Sandstein und hellbeige-anwitternder, grauer Dolomit; MJ: Dunkle Schiefer und Kalke, Konglomerat (Mittlerer Jura): OJ Dunkelgrauer Quinten-Kalk (Oberer Jura)*

7

8

9

Kurzer Aufstieg auf dem Meeresboden

Wir wandern (oder fahren) zurück zu (1) und wandern auf dem Schotterweg Richtung Sandey (8). Dort wenden wir bei einem alleinstehenden Baum den Blick auf den Hang vor uns, der eine wenig tiefe, meist trockene Runse aufweist (Abb. 7).

Wir steigen über eine Wegspur auf der N-Seite der Runse auf und queren auf Höhe der ersten Felsaufschlüsse in die weglose Runse. Aufsteigend durchqueren wir folgende Gesteinsabfolge: (A) hell anwitternde Dolomite der Trias (Röti-Formation bzw. «Röti-Dolomit») Unterjura (Lias) fehlt, es folgt direkt der Mittlere Jura (Dogger) mit: (B) dunkelgrauem bis schwarzem, schiefriger Tonstein, (C) spätigem Kalk (der sog. Echinodermenkalk), der teilweise stark durch gelblich anwitternde Dolomitbruchstücke durchsetzt und brekziös ausgebildet ist (Abb. 8), teilweise finden sich auch schwarz anwitternde kieselige Konkretionen, (D) ein bis 6 m mächtiger oolithischer Kalk mit rötlicher bis gelblicher Anwitterung, (E) Blegi-Eisenoolith mit ca. 2–3 m Mächtigkeit und bunten Anwitterungsfarben (9, Abb. 9), Oberjura (Malm), (F) scharf abgegrenzt folgen die gelb-orange anwitternden Schilt-Schichten, und 10–15 m darüber, (G), der hellgrau anwitternde Quinten-Kalk (Quinten-Formation) mit dem sehr ähnlich aussehenden Öhrli-Kalk (Unterkreide). Das Grundgebirge ist hier unter dem grasbewachsenen unteren Hangteil verborgen.

Der an der Wandbasis (E) aufgeschlossene, lokal stark eisenhaltige Blegi-Oolith ist aus kleinen eisenreichen Kügelchen zusammengesetzt, sog. Ooiden (Abb. 9; hier aufpassen vor Steinschlag). Sie bestehen aus Eisen(hydr-)oxiden und Chamosit, ein grünes eisenreiches Mineral der Chloritgruppe (vgl. Tour 18). Der variable Eisengehalt kann lokal bis über 30 % betragen. Tatsächlich wurde hier das eisenhaltige Gestein im 18. Jahrhundert abgebaut, wovon noch Schrämmspuren und Bohrlöcher zeugen. Die ehemaligen Sondierstollen sind nicht mehr erkennbar. Das Erz wurde in einem Schmelzofen nahe bei Innertkirchen verhüttet *(1, 2)*.

Was erzählt uns diese Gesteinsabfolge?

Mit diesen ab der mittleren Triaszeit (vor ca. 240 Mio. Jahren) in einem seichten, tropischen Meer auf der Erosionsfläche des variszischen Gebirges abgelagerten Gesteinen begann sich der Zerfall des Superkontinents *Pangäa* abzuzeichnen (vgl. Einführung). Die Erdkruste zwischen dem heutigen Europa und Afrika wurde gedehnt und ausgedünnt, und von Osten drang aus dem Tethys-Ozean zunehmend Wasser ein und überflutete das Land. In diesem neu entstehenden, sehr flachen, tropischen Meer wurde der Rötidolomit abgelagert.

Bemerkenswert ist, dass während des Frühen Juras in unserem Gebiet keine Sedimente abgelagert wurden, was auf das damalige Vorhandensein einer kontinentalen Hochzone («Alemannisches Land») zurückgeführt wird, auf welcher nicht abgelagert, sondern noch erodiert wurde.

Die Gesteine des Mittleren Juras stehen mit dem endgültigen Auseinanderbrechen von Pangäa im Zusammenhang: Am europäischen Kontinentalrand entwickelte sich ein gegen Süden zunehmend tieferes Schelfmeer. Die mitteljurassischen Gesteine wurden noch relativ landnah abgelagert, denn sie enthalten viel vom Festland her eingetragenes Material. Das infolge des zunehmend tropischen Klimas vermehrt aus den Festlandgesteinen gelöste Eisen führte mancherorts zu dessen Anreicherung und Dunkelfärbung dieser Gesteine (vgl. Tour 18).

Die hellen, sehr feinkörnigen (mikritischen) jurassischen Quinten-Kalke und die nur schlecht davon abgrenzbaren Öhrli-Kalk der Unterkreide wurden zunehmend landfern, auf einer Karbonatplattform abgelagert, der Eintrag vom Festland ging stark zurück. Im Urbachtal bauen diese Sedimente die vor uns aufragende, mächtige Wand der Engelhörner auf. Die Schichtfolge zeigt somit die Entwicklung über rund 220 Mio. Jahre von einer kontinentalen Plattform in der Trias zu einer Schelfplattform im Jura und der Kreide im Ablagerungsbereich des Helvetikums (vgl. Touren 12, 19, 24 und 27).

So beenden wir hier unseren Ausflug in die voralpine Geschichte und geniessen entweder unser Picknick vor Ort mit Aussicht über das Urbachtal oder dann in Innertkirchen mit Aussicht auf den Verkehr.

Abb. 7: *In der Sandey. Blick gegen Westen. In der Runse bis zur Basis der Felswand Gesteine der Trias und des Mittleren Juras, darüber Quinten-Kalk («Alpenkalk») des Oberen Juras und schwierig davon abzutrennende Öhrli-Kalke der Unterkreide.*

Abb. 8: *Als Dolomitbrekzie ausgebildeter Echinodermenkalk.*

Abb. 9: *Die dunkle, eisenhaltige Schicht des Blegi-Ooliths (Doppelpfeil) über Schiefer (grau) und gelb anwitterndem oolithischen Kalk. Darüber der Quinten-Kalk (grau).*

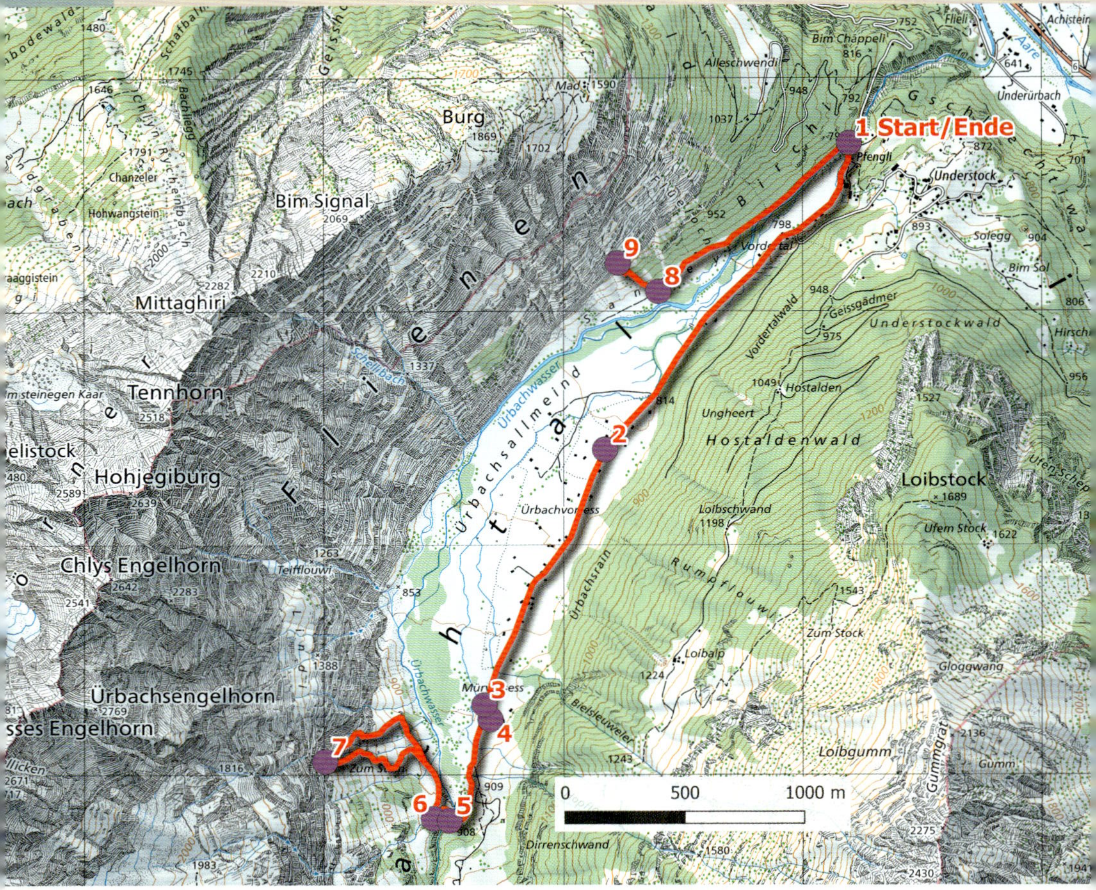

TOURENINFO

- **Strecke:** *Zu Fuss ab Innertkirchen (Postauto Grimseltor). Über markierten Wanderweg bis (1) (Wegstrecke 2 km, 175 m Aufstieg; 1 h). Bis (Mürvorsess): 3 km auf asphaltierter Strasse, 90 m Aufstieg. Auf unbefestigtem Fahrweg, dann Fussweg bis (5). Über (6) nach (7) über wegloses Gelände 250 m Aufstieg (T2–T3; Achtung: manchmal Herdenschutzhunde). Bei nassen Verhältnissen nicht empfehlenswert. Zurück zu (1), über unbefestigten Fahrweg bis Sandey (8), 1,1 km, 90 m Aufstieg bis (9).*
- **Zeitbedarf:** *Innertkirchen bis (1): ca. 1 h; Wanderung ohne Halte (1)–(9): ca. 3–4 h*
- **Alternative:** *Strecke bis Mürvorsess (3) kann auch mit PW oder E-Bike gemacht werden.*
- **Übernachtungs- und Verpflegungsmöglichkeiten:** *in Innertkirchen*

LITERATUR

(1) SGHB
(2) Fehlmann et al. (1962)

22 Deformierte Gesteine und heisse Quellen auf der Grimsel

JÜRGEN ABRECHT UND THOMAS BURRI

1

Abb. 1: *Granitland Grimsel: Blick über den Unteraargletscher zur Lauteraarhornkette. Der 1850er-Stand der «Kleinen Eiszeit» ist nordseitig (rechts) gut anhand der unbewachsenen, hellen Felswände erkennbar. Die steilstehende Intrusionsgrenze des Aaregranits zu den dunkleren Gneisen und Schiefern liegt gut sichtbar etwas rechts des Zusammenflusses des Finsteraar- und Lauteraargletschers.*

Aus der Tiefe an die Oberfläche

Die Grimsel ist Granit-Land! *(1)* Dies verraten die gewaltigen, vom Gletscher überschliffenen Wände, mit ihren typischen, abgerundeten Formen, die erst ganz oben, oberhalb der Gletscher-Schliffgrenze, in zackige und zerschrundete Gipfel und Grate übergehen (Abb. 1).

Diese Formen sind Ausdruck der über weite Strecken sehr homogenen, granitischen Gesteine. Bruchstrukturen und Scherzonen zergliedern die Landschaft, nicht aber Grossstrukturen wie gebankte sedimentäre Gesteinsabfolgen, Falten oder Deckenüberschiebungen. Ab und zu gibt es an den Grenzen von grösseren Granitkörpern komplexe Zonen mit vielfältigerem und abwechslungsreicherem Gesteinsinhalt. Häufig hat sich die alpine Deformation in diesen Zonen in Form äusserst stark deformierter Gesteine konzentriert.

Granit oder Gneis?

Vom Grimselpass wandern wir zuerst 400 m der Strasse entlang zurück ins Bernbiet. Dabei bleiben wir in sicherer Distanz zur Strasse, nicht bloss die Motorradfahrer*innen kommen hier flott daher. Bald gelangen wir in einen sehr hellen Granit (1), Geologen sprechen von Aplit, und kurz darauf in den Grimsel-Granodiorit (2). Beide Gesteine stammen aus der gleichen Küche und besitzen dasselbe Alter von etwa 300 Mio. Jahren. Beide enthalten grau-glasartigen Quarz, weiss-grünliche Feldspäte und den dunklen Glimmer-Biotit als Hauptbestandteile. Häufig erkennt man im Granodiorit auch gelblichen Titanit.

Granite zeichnen sich durch eine Korngrösse von mm – cm aus und die Minerale sind richtungslos angeordnet – die Gesteine wirken daher massig (Abb. 2 oben). Der hier anstehende, feinkörnigere und biotitarme

2

Aplit («aplitische Randfazies») entspricht gut einem ursprünglich massigen Granit (Abb. 2 unten).

Der grünlich-graue, grobkörnigere Granodiorit weist hingegen häufig eine steil nach S einfallende *Schieferung* auf (Abb. 2 Mitte). In dieser Ausprägung müsste das Gestein eigentlich granodioritischer Gneis genannt werden. Die Schieferung ist Ausdruck der Deformation während der Alpen-

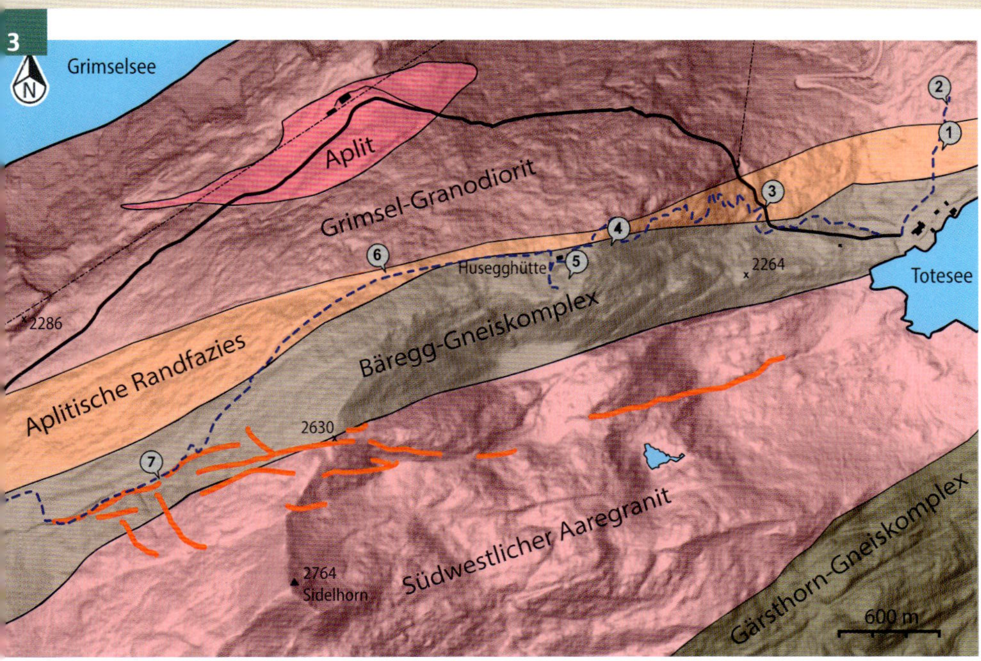

bildung, die hier vor etwa 20–10 Mio. Jahren erfolgte. Diese Vorgänge liefen in einer Tiefe von rund 10–15 km und bei Temperaturen von maximal 450 °C ab, also bei gemässigten *Metamorphose*-Bedingungen.

Die Gesteinszusammensetzung beeinflusste die Art der Deformation und das jetzige Aussehen der Gesteine. In glimmerreicheren Granodioriten entwickelte sich eine Schieferung, da Glimmer sich leicht einregeln lassen. Im glimmerarmen Aplit blieb der Charakter eines massigen Gesteins hingegen erhalten.

Abb. 2: *Oben: Massiger Granit ohne erkennbare Schieferung;*
Mitte: Grimsel-Granodiorit mit deutlicher Schieferung (hier horizontal);
Unten: massiger Aplit der Randfazies.
Abb. 3: *Vereinfachte geologische Karte mit Exkursionsroute (blau-violett gestrichelt) und Nummern der Haltepunkte (nur E-Teil). Dicke rote Linien bezeichnen Brüche mit Hydrothermalbrekzien.*

Die schwache Metamorphose ist für die oft grünliche Farbe der Gesteine verantwortlich; sie führte zu einem teilweisen Ersatz der ursprünglichen Feldspäte und Biotite durch die grünen Minerale Epidot und Chlorit.

Diese Gesteine gehören zu einer Abfolge von granitischen *Intrusionen*, die vor etwa 300 Mio. Jahren als glutheisse Magmen in die Erdkruste des damaligen Variszischen Gebirges eindrangen und in einigen Kilometern Tiefe in grossen Magmakammern erstarrten (vgl. Einführung). Im Gebiet der Grimsel sind dies der Zentrale Aaregranit und der Grimsel-Granodiorit, aber auch kleinere Körper wie der Mittagflue-Granit. Diese erstarrten Magmakammern oder *Plutone* bilden das Rückgrat des langestreckten Aarmassivs. Die Granitintrusionen erfolgten gegen Ende einer langen Gebirgsbildungsphase, die von etwa 350 bis 300 Mio. Jahren andauerte. Durch die sog. Variszische Gebirgsbildung entstand der Riesenkontinent Pangäa.

Bäregg-Gneiskomplex: Ein doch nicht so einfaches Bild

Zurück auf dem Pass folgen wir der Strasse nach Oberaar, bevor wir den Wanderweg links hinauf nehmen (3). Wir befinden uns hier in dem noch nicht ganz verstandenen Bäregg-Gneiskomplex, in welchem teilweise unser Weg verläuft. Der Komplex ist eingeklemmt zwischen Grimsel-Granodiorit/Aplit im Norden und dem ebenfalls variszischen, südwestlichen Aaregranit im Süden (Abb. 3). Mangels Altersdatierungen ist unklar, wie alt die Gesteine des Gneiskomplexes wirklich sind. Wahrscheinlich handelt es sich vorwiegend um metamorphe variszische Grundgebirgseinheiten.

Im Bäregg-Gneiskomplex hat sich teilweise die Deformation sehr stark konzentriert, sowohl in plastischer als auch spröder Form. Schon wenige 10er-Meter nach dem Pass entdecken wir grobkörnige, massige Gesteine mit auffällig «striemigen» Bereichen (Abb. 4). Dabei handelt es sich um granitische Gesteine, die von kleinräumigen alpinen *Scherzonen* durchschnitten werden. Die Deformation führte nicht zu spröden, kohäsionslosen Brüchen, sondern sie erfolgte plastisch – durch Um- und Neukristallisation von bestehenden Mineralen. Die Korngrösse nahm dabei stark ab, zudem wurden grössere Körner oftmals stark in die Länge gezogen. Solche plastisch sehr stark deformierte, kohäsive Gesteine werden als *Mylonite* bezeichnet (vgl. Tour 29).

Durch die starke Deformation entsteht in den Mylonit-Zonen oft eine deutliche Schieferung, im Extremfall bilden sich sehr feingebänderte Gesteine aus, die an sedimentäre Feinschichtungen erinnern (Abb. 9). Wir werden ihnen noch häufiger begegnen.

Die stärkste Deformation erfolgte oftmals entlang des Kontaktbereichs von unterschiedlich zusammengesetzten Einheiten. Da die Mylonite zwar nicht zerfallen, aber von der Erosion bevorzugt angegriffen werden, lassen sich solche Zonen in der Landschaft sehr gut ausmachen (Abb. 5). Als Rinnen, Couloirs und Scharten prägen sie die Landschaft.

Abb. 4: *Grobkörniger grauer Granit, der entlang von mylonitischen Scherzonen zu einem sehr feinkörnigen, schieferartigen Gestein deformiert wird. Grössere, helle Feldspäte sind stark ausgelängt. Strasse nach Oberaar.*
Abb. 5: *Aussicht auf das Tourengebiet vom Trubel des Grimselpass'. Markante Rinnen sind durch die leichtere Erodierbarkeit der Mylonit-Scherzonen entstanden. Typischerweise entlang von Einheitsgrenzen (weiss durchgezogen) mit deutlich unterschiedlichen Gesteinseigenschaften, teilweise aber auch innerhalb einer Einheit (rot gestrichelt). Die Grenze zwischen Aplit und Grimsel-Granodiorit (weiss gestrichelt) manifestiert sich nicht morphologisch, d. h. es bestehen keine wesentlichen Unterschiede in den Gesteinseigenschaften.*
Abb. 6: *Erläuterung im Text*

5

Magmengeschichten

Es lohnt sich, die Gesteine im Aufstieg zur Husegghütte (5) genau anzuschauen. Wir befinden uns meist in der Zone der «Aplitischen Randfazies» (Abb. 3 und 5) und stossen Schritt auf Tritt auf Phänomene, wie sie typisch sind für Magmaufstiegszonen. Einige besondere Phänomene wollen wir kurz studieren. In Abb. 6 erkennen wir links einen dunkleren, grobkörnigen Granit, der rechts an hellen Aplit grenzt. Die unscharfen Grenzen deuten darauf hin, dass der dunklere Granit noch nicht erstarrt war, als der Aplit eindrang. Beide Gesteine werden von einem dunklen, basaltischen Gang durchschlagen. Die lobenartig ausgebuchteten Grenzen zum dunklen Granit zeigen, dass dieser noch

6

nicht erstarrt war, als der Gang eindrang. Durch Magmabewegung im Aplit wurde der Gang abgerissen.

Abb. 7 zeigt inmitten der hellen Aplite zwei grosse auffällige Schollen. Diese bestehen aus einem leicht bräunlich anwitternden Granit und einem dunklen, vermutlich dioritischen Anteil. Solche Gesteine sind typisch für zwei sich mischende Magmen, bei denen aber keine vollkommene Homogenisierung erfolgte. Sie sind charakteristisch für den tiefen Bereich eines Plutons – wie sie in

Abb. 7 und 8: *Erläuterungen im Text.*
Abb. 9: *Schiefrige Mylonite im Kontakt zwischen Aplitischer Randfazies (r. u.) und Bäregg-Gneiskomplex (l. o.). Aufgrund der leichteren Erodierbarkeit der Mylonite bildet sich eine deutliche Runse.*
Abb. 10: *Als Mylonit ausgebildete Scherzone. Feingebändertes Gestein entstand durch intensive Deformation eines ursprünglichen Gneises oder Granits.*

10

die Aplite gelangten, ob als Gänge oder Schollen, bleibt unklar.

Im helleren Aplit in Abb. 8 «schwimmen» dunklere Schollen eines granitischen Gesteins. Vermutlich handelt es sich um den bereits etwas erstarrten Grimsel-Granodiorit, der bei der Intrusion des Aplits randlich ausgebrochen und mit diesem aufgestiegen ist. Die Auslängung und ähnliche Einregelung der Schollen deuten auf Fliessvorgänge im Aplit-Magma hin.

Aus Graniten werden Schiefer

Dass deformierte Gesteine wie z. B. Mylonite leichter erodiert werden als andere Gesteine, erkennen wir an der markanten Runse links unseres Weges ((4), Abb. 9). Dort befindet sich der Kontakt zwischen Aplit und Gneiskomplex, der hier als markante Scherzone ausgebildet ist. Die Mylonite wurden hier durch die Verwitterung stark verschiefert und wirken «aufgeblättert» (Abb. 10).

Die eindrucksvollsten Mylonite liegen südlich der Husegghütte, nahe der Seelein (5). Es sind sehr stark geschieferte Gesteine des Bäregg-Gneiskomplex' oder der Aplite – eine Bestimmung des Ursprungsgesteins ist nicht mehr möglich. So sehen also extrem gequälte Gesteine aus! Läuft man quer durch die Scherzone, nimmt der Grad der Deformation jedoch ab und die Ausgangsgesteine werden wieder erkennbar.

Wir folgen dem Weg und bald erhalten wir eine unglaubliche Aussicht in das Trogtal des Unteraargletschers bis hin zu den Lauteraarhörnern ((6), Abb. 1). Der steile Intrusionskontakt des hellen Aaregranits gegen die dunklen Grundgebirgs-Gneise ist rechts des Zusammenflusses der Schreckhorn- und Lauteraargletscher gut erkennbar.

Wir folgen dem schönen Weg, bis wir an eine leicht sumpfige Fläche gelangen (7). Hier wechseln wir thematisch von der plastischen zur spröden Deformation und deren Auswirkungen.

Erdbeben und heisse Wässer

Heisse Wässer an der Grimsel? Ja! In den 1990er-Jahren stiess man unter dem Grimselpass im Transitgas-Stollen der 1970er-Jahre auf fast 30 °C warme Wässer. Untersuchungen ergaben, dass diese ein Alter von rund 30 000 Jahren aufweisen und über 100 °C erreichen, sofern sie sich nicht mit kaltem Oberflächenwasser vermischen. Die aktuell austretenden Thermalwässer stammen aus einer Tiefe von mehreren Kilometern. Ob Gletsch dringen sie – mit kaltem Oberflächenwasser verdünnt und entsprechend abgekühlt – bis an die Oberfläche.

Die Zirkulation dieser Hydrothermalwässer ist an spröd deformierte, zerbrochene Gesteinszonen («spröde Scherzonen») gebunden. Eine solche, heute inaktive Zone mit stark zerbrochenem Gestein, eine sogenannte Hydrothermalbrekzie, können wir an der Oberfläche bei (7) studieren. Hier nehmen wir uns Zeit, unweit des Wanderwegs verschiedene Phänomene zu studieren *(2)*. Die Aufschlüsse gehören zu einer dm- bis mehrere m breiten Zone, die sich über 4,4 km vom Triebteseewli über den Totesee bis gegen Gletsch erstreckt (vgl. Abb. 3). Sie verläuft im Westen mehrheitlich innerhalb des Bäregg-Gneiskomplexes, gegen Osten dann innerhalb des Südwestlichen Aaregranits (rot gestrichelte Linie in Abb. 5). Das Alter der Brekzie – und damit das Alter der hydrothermalen Zirkulation – wird aufgrund von Altersbestimmungen an Feldspäten auf etwas über 3 Mio. Jahre geschätzt.

Die Bruchzonen verlaufen teilweise parallel zu den etwa 20–12 Mio. Jahre alten Mylonit-Scherzonen (siehe Halt (5)), was auf eine «Reaktivierung» dieser Zonen oder auf ähnliche Bewegungsrichtungen hinweist. Bei nun deutlich tieferen Temperaturen und Drücken deformierten die Gesteine allerdings nicht mehr plastisch, sondern zerbrachen spröde. Die Forschenden vermuten, dass Erdbeben bei der Entstehung eine wichtige Rolle gespielt haben.

Die miteinander verbundenen Hohlräume (Poren) in der Bruchzone liegen im Mikro- bis Zentimeterbereich, die resultierende Durchlässigkeit ist sehr gering. Trotzdem dienten sie als Transportwege für die oben erwähnten mineralisierten Hydrothermalwässer, welche die Brekzie durchströmten und veränderten. Ihren Ursprung fanden sie wohl als Regen- und Schmelzwässer, die durch Brüche und feinste Spalten von der Oberfläche in mehrere Kilometer Tiefe sickerten und dort aufgeheizt wurden. Entlang von Störungszonen können solche Wässer in der Tiefe über längere Distanzen zirkulieren und, wie bei Gletsch, als warme Quelle an die Oberfläche gelangen.

Die Wände der Hohlräume sind durch Mineralausfällungen bedeckt – meist mikrokristalliner Quarz/Chalcedon nebst anderen Mineralien (Abb. 11). Sie bildeten sich durch Ausfällung aus den Hydrothermalwässern durch die gleichen Prozesse, wie sie z.B. für die spektakulären Kluftmineralien vom Zinggenstock, verantwortlich waren (siehe Tour 23), nur später und bei tieferen Temperaturen.

Nach einer Erfrischung (8) geniessen wir die imposante Gondelfahrt über den Chessiturm und Grimselsee zum Hospiz.

«Granit als Unterlage aller geologischen Bildung, als das älteste der bekannten Gesteine und als Kern aller Gebirge»
J. W. von Goethe

Zum Schluss wandern wir wenige Minuten der Strasse entlang, bis wir zur Staumauer gelangen (9). Auf uns wartet eine Überraschung in Form einer grossen Gesteinsscholle, die aus dem benachbarten, hochmetamorphen Gneiskomplex stammt (Abb. 12). Sie «schwimmt» im offensichtlich jüngeren Grimsel-Granodiorit! Diese Scholle beweist, dass der Granodiorit in ein bereits existierendes Grundgebirge eingedrungen ist und dort Brocken aus dem Verband gerissen hat.

Also nichts mit ältestem Gestein und Unterlage für alles andere. Tatsächlich entstehen Granite auch heute noch jeden Tag in aktiven Gebirgen.

Auch ein Goethe kann sich schliesslich einmal irren!

Abb. 11: *Links: Die hydrothermale Brekzie bei Halt (7). Rechts: Mikrokristalliner Quarz überwächst Quarzkristalle in Hohlräumen der Brekzie (Breite des Balkens 0,1 mm, Abbildung B. Hofmann).*

Abb. 12: *Scholle von «alten» hochmetamorphen Gneisen im «jüngeren» Grimsel-Granodiorit. Der Aufschluss ist heute leider teilweise zerstört.*

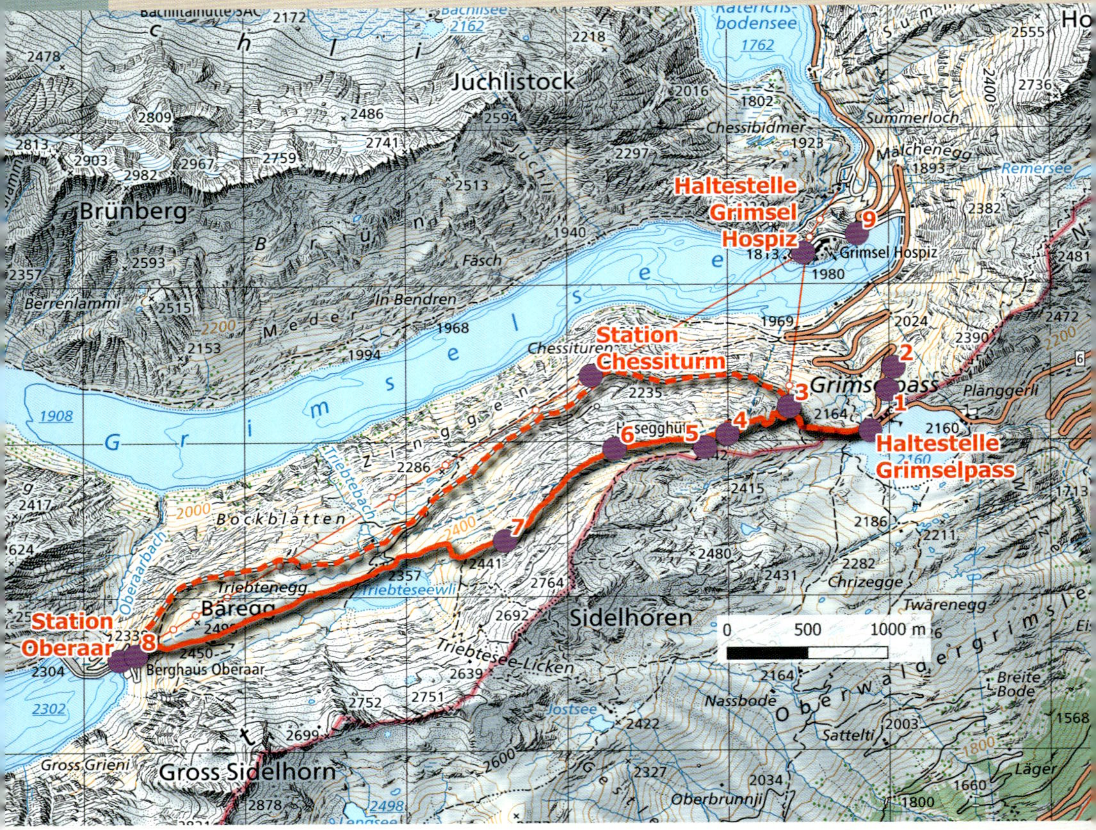

Toreninfo

- **Startpunkt:** *Grimselpass, Endpunkt Berghaus Oberaar.*
- **Anfahrt:** *Postauto (ab Meiringen BE oder Oberwald VS) bis Grimselpass*
  Alternative: PW bis Grimsel Hospiz (Parkplatz, aber man verpasst dabei die grandiose Rückfahrt mit der Luftseilbahn).
- **Rückfahrt:** *Luftseilbahn Oberaar–Grimsel Hospiz (Information und Tickets direkt im Internet), dann Postauto nach Meiringen oder Oberwald. Wer den PW auf dem Grimselpass parkiert, folgt vom Berghaus Oberaar am besten der Fahrstrasse, teilweise mit etwas Verkehr.*
- **Postautoverbindungen:** *Fahrplan konsultieren!*
- **Wegstrecken:** *Grimselpass bis Berghaus Oberaar 6,1 km, Aufstieg 480 m, Abstieg 305 m; Wegvariante über Bäregg zusätzlich 50 m Aufstieg*
  Alternativer Rückweg Oberaar–Grimsel 5,5 km, Aufstieg 80 m, Abstieg 260 m
- **Wegcharakter:** *Einfache Bergwanderung entlang markierter Bergwege (Ausnahme Alternative über Bäregg) mit einigen anstrengenden Aufstiegen. Voraussetzung sind sichere Wetterverhältnisse.*
- **Wandersaison:** *Von Juli bis Oktober (abhängig vom Schnee).*
- **Verpflegung:** *auf der Passhöhe oder im Berghaus Oberaar*

LITERATUR

(1) *Labhart, T.P. (2007)* **(2)** *Herwegh et al. (2017*

23 Zerrklüfte und Strahler am Zinggenstock

THILO ARLT

1

Abb. 1: *Rauchquarz frisch geborgen aus der Kluft von 1719 am Zinggenstock. Fund bei der «Nachlese» von 2020.*

Der Zinggenstock ist das Matterhorn unter den Strahlerbergen im Kanton Bern. Nicht nur seine ästhetische Form macht ihn bemerkenswert – von der Grimselpass-Strasse ähnelt er einem Zuckerhut – an kaum einem anderen Berg liegen Freud und Leid, Grosserfolge und Tragödien so nahe beisammen wie am Zinggenstock (Abb. 2).

Der Zinggenstock ist kein freistehender Berg, sondern er bildet zusammen mit dem Vorderen und Hinteren Zinggenstock den Abschluss eines markanten Gebirgsgrats zwischen Scheuchzerhorn und Grimselsee. Wie vor Jahrhunderten zieht er noch heute jedes Jahr zahlreiche Kristallsucher an; die Strahler.

Die bedeutendsten Fundstellen an den Zinggenstöcken liegen im Grimsel Granodiorit, der den südwestlichen Teil dominiert, während der Nordwesten vorwiegend aus Zentralem Aaregranit besteht. Untergeordnet finden sich auch Ganggesteine wie *Aplite* oder *Lamprophyre* (vgl. Tour 22). Wichtiger als der exakte Gesteinstyp sind für den Strahler jedoch strukturelle Beobachtungen, z. B. die Zerscherung des Gesteins entlang von *Scher-* oder *Mylonitzonen* oder der nahezu horizontale «Satz», der schon den Strahlern des 18. Jahrhundert als Kluftanzeichen be-

Abb. 2: *Der Vordere Zinggenstock von der Oberaar-Strasse aus gesehen.*

kannt war. Erkennt man dazu noch eine Auslaugung des Nebengesteins, eine Wölbung oder ein nahezu horizontal liegendes Quarzband, so wird sich der Strahler die Situation genauer ansehen.

Die Zerrklüfte

Die Strahler sind auf der Suche nach den sogenannten Zerrklüften, offenen Hohlräumen, die sich meist am Rand der erwähnten Quarzbänder befinden. Sie sind im Rahmen der alpinen Gebirgsbildung in ca. 10–15 km Tiefe entstanden und waren mit einem heissen und unter Druck stehenden Fluid (Wasser, Gase und gelöste Bestandteile) gefüllt. Dieses Fluid konnte das Nebengestein auslaugen und reicherte sich dadurch mit gelösten Stoffen an. Geringfügig unterschiedliche Bedingungen in den Zerrklüften führten dann zur Auskristallisation vor allem von Quarz und Feldspäten, aber auch von anderen Kluftmineralien.

Wie Josef Mullis 1996 durch Untersuchungen an Fluid-Einschlüssen in Quarzen des «Berner Kluftsystems» (siehe unten) zeigen konnte, begann das Kristallwachstum vor ca. 21 Mio. Jahren, bei Temperaturen um 450 °C *(1)*. Fortschritte bei der Altersdatierung von Mineralien, insbesondere von Monazit, ermöglichen es heute, die Kristallbildung mit *tektonischen* Ereignissen (Deformationsphasen) zu verbinden: Die ältere «Handegg-Phase» ist für die Bildung der Scherzonen und der horizontalen Zerrklüfte sowie für die erste Kristallwachstumsphase am Zinggenstock verantwortlich. In der späteren «Oberaar-Phase» wuchsen die Kristalle in diesen horizontalen Klüften in mehreren Stadien bei 385–330 °C weiter und es bildeten sich z. T. Phantomquarze und Mineralien wie z. B. Monazit. Im Oberaargebiet entstanden zudem zeitgleich senkrechte Zerrklüfte.

Das Kristallwachstum von Quarz war vor ca. 13 Mio. Jahren weitgehend abgeschlossen. Jüngere Mineralien wie Zeolithe oder Sekundärmineralien konnten sich jedoch auch bei tieferen Temperaturen noch bilden.

Die Strahler und das Strahlen

Strahler gibt es im Kanton Bern und speziell im Haslital wahrscheinlich, seit es dort Alpenbewohner gibt. Für die lokale Bevölkerung war das Strahlen und der Verkauf der Kristalle ein willkommener Zusatzverdienst. Erstmals erwähnt Johannes Stumpf den damaligen Kristallreichtum des Grimselgebiets: «Jch selbs hab auff der Grimsel etlich stuck funden Anno domini 1544». Handschriften belegen das Strahlen im Haslital seit mindestens 1650, aber erst mit der Entdeckung einer Jahrhundertkluft («Kristallhöhle») am Zinggenstock im Jahre 1719 gelangte es zu grösserer Bedeutung. Beharrliche und glückliche Finder der Kluft waren die Brüder Moor aus dem Haslital. Angesteckt vom Kristallfieber unterstützte sie der damalige Pfarrer Frisching mit Darlehen, wofür er als Rückzahlung «manch schönes Stück» entgegennehmen durfte. Die Erfolge der Brüder Moor lösten im Haslital einen regelrechten Kristallrausch aus, aber auch Neid und Missgunst gehörten schon damals zur Strahlerei: So wurde bereits im Winter 1720 die zugemauerte Kluft am Zinggenstock aufgebrochen und zahlreiche Kristalle gestohlen. Als der Preis aufgrund der grossen Zahl an geborgenen Kristallen einzubrechen drohte, wurde kurzerhand ein Strahlverbot erlassen. Erst nach dem Tod von Pfarrer Frisching und dem erfolgreichen Verkauf seiner umfangreichen Kristallsammlung durch seine Ehefrau wurde das Verbot wieder aufgehoben.

Bereits Mitte des 18. Jahrhunderts gingen die Kristallfunde und -verkäufe so weit zurück, dass die Strahlerei als «Gewerbe» im Berner Oberland kaum mehr Bedeutung besass *(2)*.

3

4

Berühmte Funde am Zinggenstock

Die «Kristallhöhle» von 1719

1719 wurde im Kanton Bern Strahlergeschichte geschrieben, als das Strahlerkonsortium Moor einen regelrechten Kristallschatz auf der Nordseite des Zinggenstocks entdeckte. Er gilt bis heute als grösster Fund des Kantons Bern. Unterschiedliche Quellen berichten von 20–150 Tonnen Kristallen und von Einzelkristallen mit einem Gewicht von 125 kg und mehr, welche damals geborgen worden seien. Einzig drei grosse und wasserklare Kristalle im Naturhistorischen Museum in Bern zeugen noch von diesem Fund. Sie wurden vom Staat Bern als Ausgleichsmassnahme kassiert, nachdem die Strahler «irrtümlich» vergessen hatten, den Grossfund steuerlich anzumelden *(3)*. Der grösste Teil des Kristallfunds wurde in den Schleifereien Italiens zu Prunkgegenständen verschliffen, vom Rest scheint heute jede Spur zu fehlen. In der Literatur des 20. Jahrhunderts wurde diese historische Fundstelle in einer Höhe von ca. 2 240 m ü. M. vermutet und als «Moorsches Wärch» beschrieben, doch die örtlichen Gegebenheiten stimmten nicht mit den zahlreichen historischen Beschreibungen überein. Aus diesem Grund hat sich der Autor dieser Zeilen seit 2012 in den Bibliotheken, Kunstmuseen und im Gelände auf die Suche begeben, um die richtige Lage der «Kristallhöhle» aufzufinden. Tatsächlich gelang es, unter anderem mithilfe eines Gemäldes von Caspar Wolf von 1775, exakt 300 Jahre nach dem bedeutenden Fund die Lage der Kristallhöhle wiederzuentdecken *(4)*. Sie liegt am nördlichen Wandfuss des Zinggenstocks und wurde während der «kleinen Eiszeit» im 19. Jahrhundert durch die Seitenmoräne des vorstossenden Unteraargletschers verschüttet (Abb. 3 und 4). Nach der Wiederentdeckung gelang es, aus einigen Seitenklüften noch einige Rauchquarzkristalle (Abb. 1), Bleiglanz und rosa Fluoritoktaeder zu bergen.

Abb. 3: *Am Eingang zur Kristallhöhle von 1719.*

Abb. 4: *Die Kristallhöhle von 1719. Zustand 2020 mit dem neu geöffneten Eingang Ost.*

Amethystkehle und andere Fundstellen

Der Freiburger (D) Forscher Johann Königsberger, der systematisch die alpinen Zerrklüfte untersuchte, schaffte es zwar nicht, die Kluft von 1719 zu finden, er beschrieb jedoch 1901 die Amethystfunde an der «Amethystkehle», zudem einige weitere Fundstellen von Bergkristall und rosa Fluorit, die wir unten als Exkursionsziel vorschlagen *(5)*. Neben zahlreichen weiteren Fundstellen hat Hans Anton Stalder 1964 die Lage der Amethystkehle im Gipfelbereich des Zinggenstocks dokumentiert und in Publikationen die Zerrklüfte des Grimselgebiets eingehend beschrieben *(6)*. 2007 wurden zudem aussergewöhnliche Milaritfunde durch Beni Werner im mittleren Bereich des Zinggenstocks gemacht *(7)*.

Die Rufibach-Kluft 1965–1994

1965 sollte der Zinggenstock noch einmal Berühmtheit erlangen: Damals gelang den beiden Brüdern Ernst und Hans Rufibach die Entdeckung und Erschliessung eines sehr ergiebigen Kluftsystems. Tausende transparente und hochglänzende Rauchquarzkristalle – z. T. in grossen Gruppen – zusammen mit rosa Fluorit und selten auch Phenakit-Kristallen wurden fachgerecht geborgen. Die Kristallgruppen mussten mühsam aus dem Eis geschmolzen werden, durch das auftauende Eis bildeten die teilweise losen und verkeilten Granitblöcke an der Kluftdecke eine ständige Gefahr. Dank der Erfahrung und Sorgfalt der Strahler konnten die mühsamen Arbeiten in der engen und nassen Kluft trotzdem gemeistert werden. Tragischerweise verunfallten Hans Rufibach und vier weitere Personen beim Abtransport

5

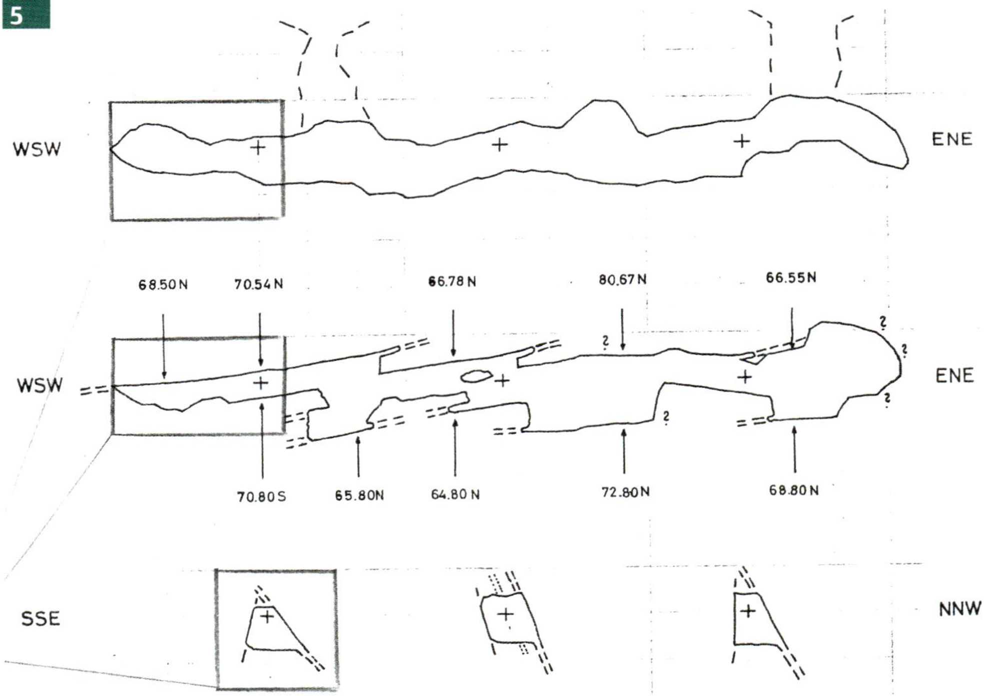

einer grossen Kristallgruppe tödlich. Diese Tragödie, aber auch weitere Erfahrungen mit Einbruch und Diebstahl beschreibt Ernst Rufibach zur Jahrtausendwende in seinen Memoiren «Leben und Leiden eines Strahlers und Bergführers» *(8)*.

Die Berner Kluft 1969–1995

Weniger berühmt, aber angesichts der Halden und Abbaustellen ebenfalls bedeutend, waren die Arbeiten und Funde an einem Kluftsystem – nach den Strahlern «Kluft Burgdorfer/Jossen» genannt – auf der Südseite des Zinggenstocks (Abb. 5). Zwischen 1969 und 1978 wurden eine grosse Menge dunkler Rauchquarze und Phantomquarze geborgen. Anstelle von Fluorit traten hier Eisenkarbonate wie Ankerit auf. 1974 hatte einer der Finder, Hansrudolf Burgdorfer, einen schweren Unfall, da er nach einer Sprengung zu früh die Abbaustelle betrat und an den Abgasen beinahe erstickt wäre. Dank sofortiger Hilfe durch seine Strahlerkollegen wurde er gerettet, fiel dann aber für die weiteren Arbeiten «total aus». 1975–1995 beutete die «Arbeitsgruppe Zinggenstock 2» im selben Kluftsystem zwei weitere grosse Rauchquarzklüfte und 60 m westlich eine Amethystkluft (1981–1991) erfolgreich aus.

Tourbeschreibung

Die vorgeschlagene Wanderung ab dem Berghaus Oberaar zweigt kurz nach der Oberaar-Staumauer rechts vom offiziellen Wanderweg ab (1). Ein schmaler Pfad führt anfangs steil den Hang hinauf direkt gegen den Vorderen Zinggenstock. Schon bei Höhenmeter 2420 (2) lässt sich direkt neben dem Weg eine ausgebeutete Zerrkluft studieren. Die Natur hat sich die Arbeitsstelle längst zurückerobert. Der Pfad führt

schlecht markiert bis auf die Kuppe bei Punkt 2624 m (3). Hier endet der Weg und wir können die phantastische Aussicht geniessen (Abb. 6). Die beiden folgenden Varianten sind nur für Personen empfohlen, die gewohnt sind, sich in weglosem und unbefestigtem Terrain zu bewegen. Die übrigen kehren hier um.

(Variante a): Etwas absteigen und ein grobes Blockfeld queren, um am Wandfuss des Vorderen Zinggenstocks entlang nach NW bis zur Gedenktafel der Rufibach-Kluft zu gelangen (4). Hier steht man an einem der berühmtesten Strahlerorte des Haslitals. Kurz vor der Rufibach-Kluft quert man die berühmte Amethystkehle (5).

(Variante b): Über das oben erwähnte Blockfeld absteigen, bis auf ca. 2 500 – 2 520 m ü. M. zahlreiche Quarzbänder erreicht werden (6). Diese Fundstelle hat Johann Königsberger beschrieben. Er erwähnt Rauchquarz mit rotem Fluorit (heute im Naturhistorischen Museum Bern). Wie immer gilt auch hier: Die Funderwartungen möglichst niedrig halten! Das Strahlen im Naturschutzgebiet Grimsel ist ohne Sonderbewilligung auf kleines Werkzeug beschränkt.

Die sagenumwobene Fundstelle von 1719 ist nur sehr umständlich erreichbar. Personen ohne Terrainerfahrung raten wir ausdrücklich von einem Besuch ab.

Abb. 5: *Seitenansicht, Aufsicht und Querprofile des Berner Kluftsystems (Kluft Jossen & Burgdorfer) am Zinggenstock, 2 740 m ü. M. Eingerahmt: Im Museum Freiburg nachgebauter Kluftsektor.*

Abb. 6: *Der Gipfelbereich des Vorderen Zinggenstocks. Blick von der Kuppe auf 2624 m Höhe* (3).

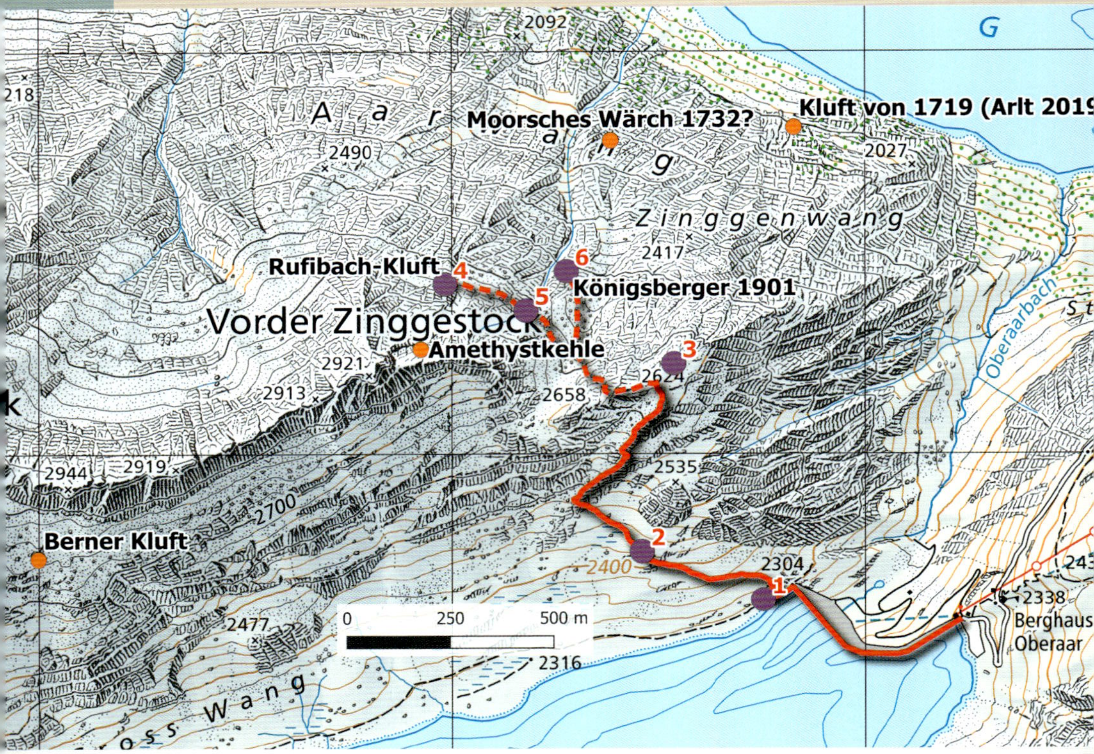

TOURENINFO

- **Weglänge:** *Hin und zurück je 1,6 km, Varianten je ca. 0,6 km zusätzlich*
- **Höhendifferenz:** *Auf- und Abstieg: Je ca. 350 m (Rundweg), Varianten je ca. 100–200 m zusätzlich*
- **Ausgangs- und Endpunkt:** *Staumauer Oberaarsee (erreichbar ab Grimsel zu Fuss (Postbus bis Grimsel, danach ca. 5,6 km/200 m bergauf) oder Auto (Einbahnzirkulation ab Grimsel).*
- **Zeitbedarf:** *(reine Wanderstrecke ohne Halte) 1 h 40 min (Varianten zusätzlich)*
- **Jahreszeit:** *Juli bis September*
- **Einkehrmöglichkeit:** *Berghaus Oberaar*
- **Tourencharakter:** *Bergwanderung durch alpines Gelände auf nicht gekennzeichneten Wegen. Hauptroute ohne besondere Schwierigkeiten, Varianten nur für sichere Bergwanderer, die sich in weglosem Gelände zurechtfinden.*

LITERATUR

(1) *Mullis, J. (1993)*
(2) *Willi, A. (1885)*
(3) *Burri, T. et al. (2015)*
(4) *Arlt, T. et al. (2020)*
(5) *Königsberger, J. (1901)*
(6) *Stalder, H.A. et al. (1973)*
(7) *Werner. B. (2007)*
(8) *Rufibach, E. (2000)*

24 Am Fuss des Mättenbergs – von Gletscherbewegungen, farbigen Gesteinen, Alpengeologie und fehlender Zeit

URSULA MENKVELD-GFELLER UND JAN WILLEM MENKVELD

1

Abb. 1: *Blick von der Gletscherschlucht auf den Mättenberg.*

Vom Eiger zum Wetterhorn

Unsere Bergwanderung verläuft in der Gebirgskette von Eiger–Mättenberg–Wetterhorn und deren Nordabstürzen (Abb. 1). Diese Berge gehören zum kristallinen Grundgebirge des Aarmassivs und seinen darauf abgelagerten Sedimenten. *Paläogeografisch* befinden wir uns somit im Helvetikum, dem ehemaligen südlichen Schelf von Eurasien im Piemont-Ozean (vgl. Einführung). Die gewaltigen Felswände bestehen vorwiegend aus massiven grauen Quinten-Kalken des Oberen Juras und Öhrli-Kalken der Unteren Kreide (Quinten-, resp. Öhrli-Formation). Teilweise sehen sich die beiden Kalke hier derart ähnlich, dass sie selbst für Experten schwierig zu unterscheiden sind. Diese Kalkserien wurden während der Alpenbildung nicht oder nur wenig vom kristallinen Untergrund abgeschoben, wir sprechen daher von autochthonen, respektive parautochthonen Einheiten. Sie wurden in der Umgebung von Grindelwald während der Heraushebung des Aarmassivs in grosse Falten gelegt und dabei steil aufgerichtet oder sogar überkippt (Abb. 2). Den Kern der Falten bildet – wie am Wetterhorn – häufig das Grundgebirge, welches hier eine Deckenstruktur mit geringem Überschiebungsbetrag formt (Parautochthon, das lateral nach W in die Doldenhorn-Decke übergeht).

Eine wichtige Grenze liegt an der grossen Scheidegg, am Fuss des Wetterhorns: Die Gesteinsserien nördlich der Grossen Scheidegg gehören bereits zur helvetischen Axen-Decke, welche schon vor dem Herausheben des Aar-Massivs weit nach Norden, auf die heutigen (par)autochthonen Serien, überschoben worden war. Während der späteren Hebung und Überschiebung des Aar-

2

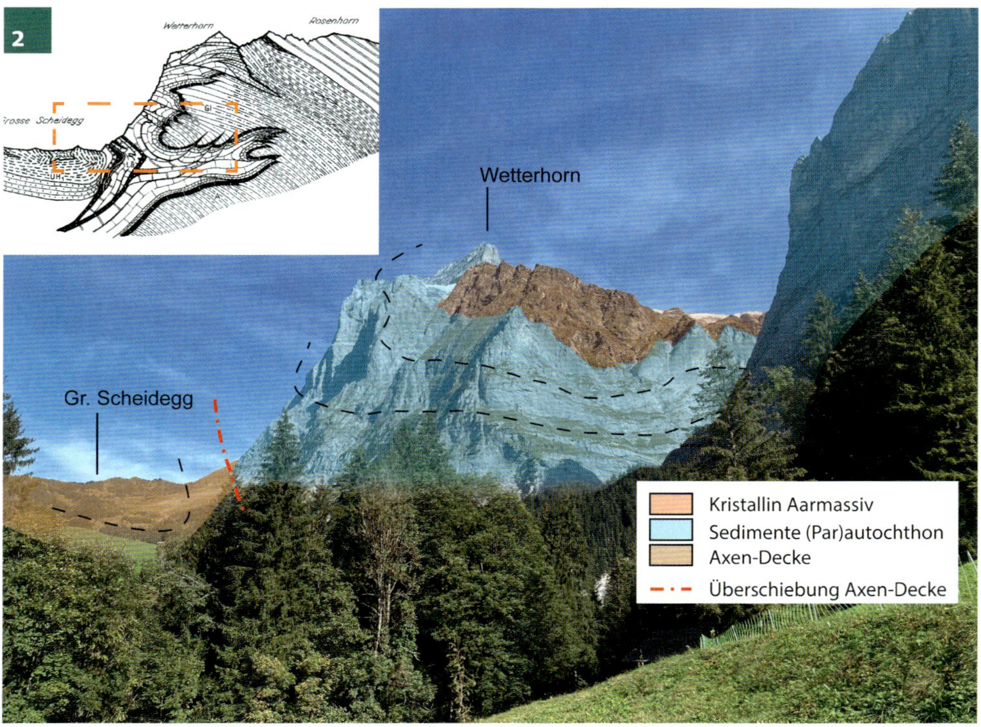

massivs wurde die Axen-Decke passiv mitverfaltet, ebenso deren ehemals flach nach Süden einfallende Überschiebungsfläche (Abb. 2).

Unsere Wanderung mitten durch die parautochthonen Schichtabfolgen führt uns durch Gesteine von der Unteren Kreide bis ins Paläogen (Känozoikum) und zu lokalen Besonderheiten wie dem Grindelwald-Marmor.

Verkarstung in der Zeit der späten Kreide und des Paläogens

Ausgangspunkt unserer Wanderung ist die Bushaltestelle «Gletscherschlucht» (1). Eis und Schmelzwasser des Unteren Grindelwaldgletschers schufen hier eine bis zu 300 m tiefe Schlucht, ursprünglich wohl als subglaziale Rinne an der Sohle des Gletschers. Am Ende der kleinen Eiszeit stiessen beide Grindelwaldgletscher nochmals kräftig vor, hier lag die Zunge vor etwa 160 Jahren noch 500 m westlich unseres Standorts, im heutigen Golfplatzgelände, auf gerade Mal 975 m ü. M.!

Wir folgen dem markierten Wanderweg rechts am Gasthaus Gletscherschlucht vorbei durch moosüberwachsenes Bergsturz-

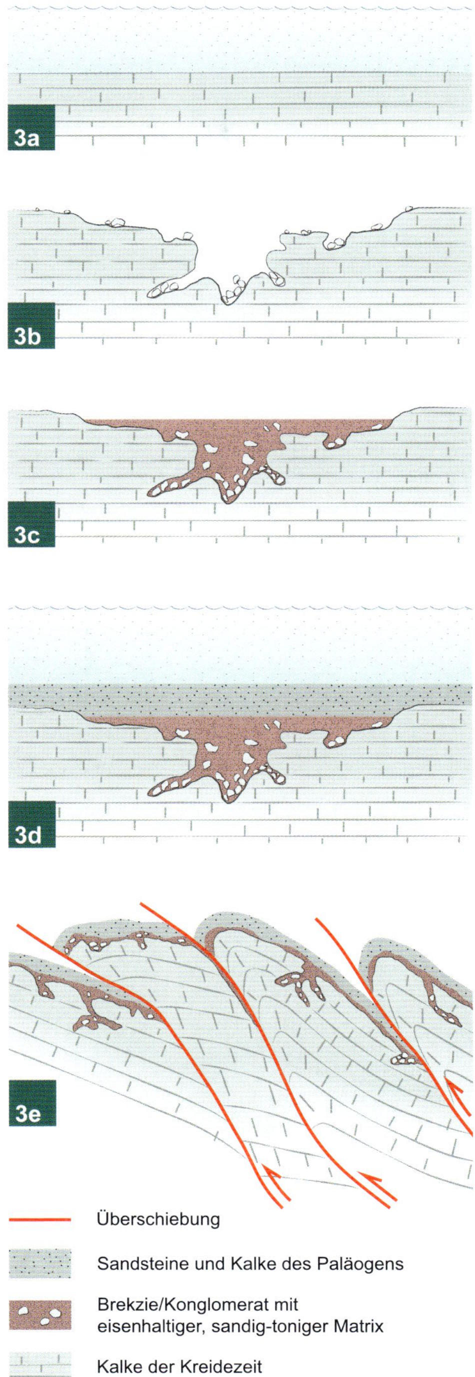

Abb. 2: *Blick in Richtung Grosse Scheidegg – Richtung Nordosten – mit dem imposanten Felsbollwerk des Wetterhorns, mit geologisch-tektonischer Zuordnung (Inlet: GA 1229 Grindelwald).*

Abb. 3: *Entstehung des «Siderolithikums»: a) Ablagerung mariner Kalke in der Jura- und Kreidezeit, b) Ende Kreidezeit/anfangs Paläogen: Festlandperiode mit Verkarstung bzw. Zerklüftung der Gesteinsoberfläche, c) im Eozän: Auffüllen der Spalten und Risse mit sandigem, tonigem, eisenhaltigem Material sowie Bruchstücken der Kalke, d) Ablagerung neuer mariner Sedimente, e) Alpenbildung und Marmorisierung (Grafik: Irene Herwegh).*

4

material hinauf in Richtung Marmorbruch. In den Felsen am Weg sind durch Farb- und Verwitterungsunterschiede grosse *Karsttaschen* von «Siderolithikum» im Öhrli-Kalk zu erkennen. Eisenreiche Gesteine werden in der Geologie oft als «siderolithisch» (*sideros*: Eisen, *lithos*: Gestein) bezeichnet. Beim hiesigen Siderolithikum handelt es sich um Karstfüllungen in Kalksteinen des Späten Juras und der Kreide (Abb. 3). Der Karst zeugt von einer langen feuchtwarmen Festlandperiode, während der die damals an der Oberfläche anstehenden Kalksteine partiell aufgelöst und tief zerklüftet wurden. Im Eozän wurden Bruchstücke dieser Kalke zusammen mit Quarzsand, Tonmineralien und Eisenhydroxiden kleinräumig in die Karstspalten gespült und verfüllten diese langsam. Dabei verleiht das Eisenoxid Hämatit (Fe_2O_3) den siderolithischen Gesteinen stellenweise eine charakteristische rostrote Verfärbung.

Zwischen der Ablagerung des Öhrli-Kalks vor ca. 120 Mio. Jahren und derjenigen des Siderolithikums vor ca. 40 Mio. Jahren besteht eine Zeitlücke von rund 80 Millionen Jahren – ein klassischer *Hiatus*! Was während dieser Zeit passierte, ist geologisch nicht überliefert (vgl. Tour 22). Während der alpinen Gebirgsbildung wurde das Siderolithikum durch eine schwache Metamorphose im Gefüge und mineralogisch verändert. Kalkreiche Komponenten wurden durch Rekristallisation marmorisiert, die Tonminerale und Sande zu einem schiefrigen Gestein umgeformt, welches Schichtsilikate wie Chlorit und Hellglimmer enthält *(1)*.

Wir biegen Richtung Schlucht ab und treffen entlang des Wegs mehrfach auf Öhrli-Kalke mit Gletscherschliff (2). Diese abgerundeten Oberflächen entstanden durch die schleifende Wirkung von Sand, Kies und Geröll, die an der Gletscherbasis über die Gesteinsoberfläche schrammten. Teils erkennen wir auch hier bunte siderolithische Infiltrationen (Abb. 4)

Von der Brücke entdecken wir in der Schlucht typische Kolke und Strudellöcher, dann führt der Weg durch Öhrli-Kalk an einem ehemaligen Marmor-Abbaustollen vorbei (3) zum eigentlichen Steinbruch des Grindelwald-Marmors (4), (Abb. 5).

Marmorabbau in zwei Phasen

Der siderolithische Grindelwald-Marmor ist wirklich ein Marmor, also ein metamorpher Kalkstein, was für diesen bloss schwach metamorphen Teil des Helvetikums bemerkenswert ist *(2)*. Er besitzt ein *brekziöses* Gefüge aus marmorisierten Kalkbruchstücken in grauen, weissen, gelblichen oder rosa Farben sowie einer intensiv grün, rot oder violett gefärbten Zwischenmasse. Die

5

6

Abb. 4: *Gletscherschliff und siderolithische Infiltrationen im Öhrli-Kalk.*
Abb. 5: *Ehemaliger Marmorbruch mit Abbaukanten.*
Abb. 6: *Grindelwald-Marmor, gesägt und poliert, Marmorbruch Grindelwald (Sammlung Funk, Naturhistorisches Museum Bern NMBE).*

Bruchstücke bestehen aus lokalem Quinten-, Öhrli- oder Tschingel-Kalk (Helvetische Kieselkalk-Formation). Die bunten Farben waren sicher für die Berühmtheit und Nutzung des Gesteins mitverantwortlich, doch lokale Unterschiede in Festigkeit und Härte waren ungünstig für den Abbau und die Bearbeitung.

Die Ausmasse des ehemaligen Steinbruchs sind bescheiden, er misst gerade Mal 20 × 25 Meter! Insgesamt wurden bloss einige 100 m^2 Marmor in Blöcken ausgebrochen, wovon nur etwa ein Drittel wirklich verwertbar war *(2)*. Der Abbau erfolgte mittels Schroten: Mit Pickeln wurden Kerben für die Lage der Schrotgräben und somit die Grösse der gewünschten Quader vorgezeichnet. Jeder Schrotgraben wurde als tiefe Rinne in den Felsen gehauen. War ein zusammenhängender Gesteinsblock durch Schrotgräben allseitig freigelegt, wurde er an

7

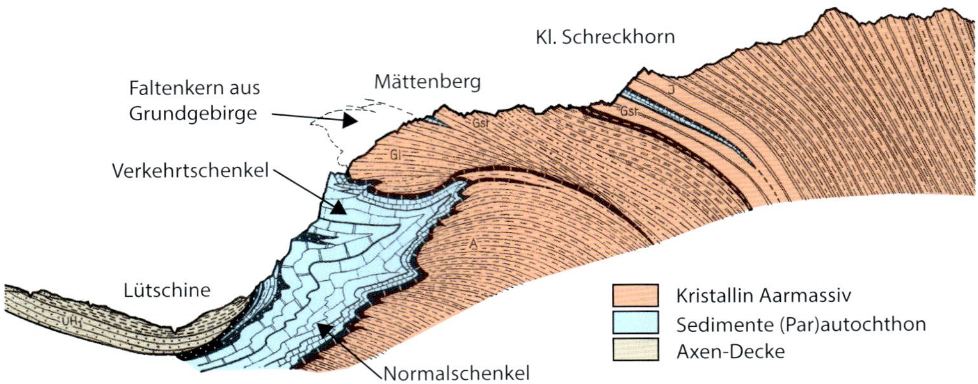

seiner Basisfläche durch das Eintreiben von Keilreihen losgelöst. Das wichtigste Werkzeug beim Abbau war also der Schrotpickel, der mit seinem langen, dünnen Stiel ein federndes Schlagen erlaubte.

Der Grindelwald-Marmor wurde bereits 1730 entdeckt und schon vor 1740 unter Leitung des Steinhauers J. F. Calame intensiv abgebaut. Im Winter wurden die Blöcke auf Schlitten nach Unterseen gebracht und von dort nach Bern verschifft. Der mannigfaltige Grindelwald-Marmor wurde zur Herstellung prächtiger Werkstücke, so Kommodenabdeckungen, Kamineinfassungen, Türumrahmungen und Säulen, aber auch Grabsteinen, verwendet. In Bern war es vor allem die Werkstatt Funk, welche den Marmor verarbeitete (Abb. 6), *(2)*. So finden sich z. B. im Schloss Jegenstorf noch heute zahlreiche Zeugen dieses Handwerks (vgl. Tour 9).

Nach 1760 begann der Untere Grindelwaldgletscher rasch vorzustossen und überdeckte den Marmorbruch bereits 1762 vollständig. Für über 100 Jahre verschwand der Steinbruch unter dem Gletscher und auch aus dem Bewusstsein der Anwohner. Erst 1867 trat durch das Abschmelzen des Gletschereises der Steinbruch überraschend wieder zutage *(3)*. Der Abbau wurde erneut aufgenommen, das Areal dabei deutlich erweitert, wobei die besten Blöcke nun in einem neuen Stollen (3) gebrochen wurden. Infolge zunehmender Konkurrenz aus dem In- und Ausland wurde der Marmorabbau 1903 eingestellt.

Von Kalken und Kalken

Wir folgen dem Wanderweg gegen die Pfingstegg, vorbei an Öhrli-Kalken und überwachsenem Bergsturzmaterial. Ein kurzer Abstecher (5–6) in Richtung Băregg erlaubt die Sicht auf den Unteren Grindelwaldgletscher und die gegenüberliegende Flanke der

Abb. 7: *Geologisches Profil durch den Mättenberg und das kleine Schreckhorn. Es ist gut sichtbar, wie ein Teil des Grundgebirges (rötlich) den Kern einer liegenden Falte bildet und die Kalkserien (blau) rund herum gewickelt werden und deshalb einen Normal- und Verkehrtschenkel bilden (nach GA 1229 Grindelwald).*

Abb. 8: *Öhrli-Formation mit zwei sich kreuzenden Schieferungen. Die hier nicht erkennbare Schichtung würde steil stehen.*

Abb. 9: *Blick auf die heute nicht mehr zugängliche, gletscherpolierte Fläche von Siderolithikum bei der Breitlouwina (Bild von 1995).*

Ostegg: Anhand ihrer unterschiedlichen Verwitterung lassen sich die Kalke des Parautochthons gut vom Grundgebirge unterscheiden, welches hier aus Gneisen und Migmatiten besteht (vgl. Touren 21 und 26). Die schlecht unterscheidbaren Öhrli- und Quinten-Kalke bauen die Flanken der Ostegg wie auch des Mättenbergs auf. Der Mättenberg-Gipfel wie auch der Talhintergrund ab der Bäregg bestehen hingegen bereits aus den älteren kristallinen Gesteinen des Aarmassivs. Das Grundgebirge des Mättenberg-Gipfels bildet den Kern einer liegenden Falte, die Kalkserien sind rund herum gefaltet (Abb. 7, siehe auch Abb. 2).

Beim Weiterwandern können wir die Öhrli-Kalke genauer studieren: Die ursprüngliche sedimentäre Schichtung ist meist kaum zu erkennen: Das Gestein weist hingegen eine ausgeprägte Schieferung auf, die infolge der starken Deformation durch Faltung und Überschiebungen entstanden ist. Durch austretendes kalkhaltiges Wasser konnten sich zudem verschiedenenorts Quelltuffe bilden.

Vor dem letzten Aufstieg zur Pfingstegg verändert sich die Öhrli-Formation (7): Kalkschichten wechseln sich ab mit merge-

ligen Zwischenlagerungen. Lokal sind zwei sich kreuzende Schieferungen zu erkennen, welche während zwei verschiedenen Deformationsphasen entstanden sein müssen (Abb. 8).

Mättenberg-Traverse

Zwischen der Pfingstegg und dem Chalet Milchbach sollte die dem Steinschlag ausgesetzte Mättenberg-Flanke rasch durchquert werden.

Der Tunnel Breitlouwina (8) führt zu unserer Sicherheit (Steinschlaggefahr, Weg nicht verlassen!) unter einer grossen gletscherpolierten Fläche hindurch, wodurch wir wunderschöne Aufschlüsse des Siderolithikums leider verpassen. Der stark verkarstete hellgraue Öhrli-Kalk ist dort mit farbenprächtigem Grindelwald-Marmor verfüllt, der vorwiegend eckige Komponenten der Frühen Kreide enthält (Abb. 9).

Auch im Tunnel ist stellenweise die Marmorisierung der Öhrli-Kalke gut erkennbar. Das erste Fenster erlaubt einen Blick auf grünlichgefärbte Öhrli-Kalke mit siderolithischen Partien. Beim zweiten, kleineren Fenster ist an der Tunneldecke eine siderolithische Tasche zu sehen. An den Fensterflanken tritt im frischen Gestein eine deutliche Schieferung auf, kalzitische Klüfte sind durch Eisen rötlich verfärbt.

Richtung Milchbach führt der Weg nun durch Bergsturzmaterial und Gehängeschutt. Nur in den Runsen tritt Öhrli-Kalk zutage, stellenweise mit noch erkennbarer sedimentärer Schichtung. Vom Milchbach (9) aus können wir noch einmal die Aussicht auf die steilen Wände des Parautochthons des Wetterhorns geniessen. Nordöstlich anschliessend folgt die Grosse Scheidegg mit Ablagerungen der Mittleren Jura-Zeit der Axen-Decke (Abb. 2).

Der Abstieg Richtung Sulz und Mättenbergbrücke verläuft durch einen verzauberten Bergsturzwald, begleitet vom Rauschen der Schwarzen Lütschine. Beim Durchqueren der Breitlouwina (10) finden wir bunte siderolithische Blöcke im Bach.

Weiter folgen wir der Schwarzen Lütschine. Ihr Name stammt von den dunkelbraunen bis schwarzen eisenhaltigen Gesteinen aus dem Mittleren Jura, die hier auch das Flussbett säumen und als Erosionsprodukt für die dunkle Färbung des milchig-trüben Wassers verantwortlich sind. An der Mättenbergbrücke endet unsere Wanderung bei der Bushaltestelle.

Abb. 10: *Siderolithischer Block mit Kalkkomponenten unterschiedlicher Grösse sowie typischer rötlich gefärbter Grundmasse.*

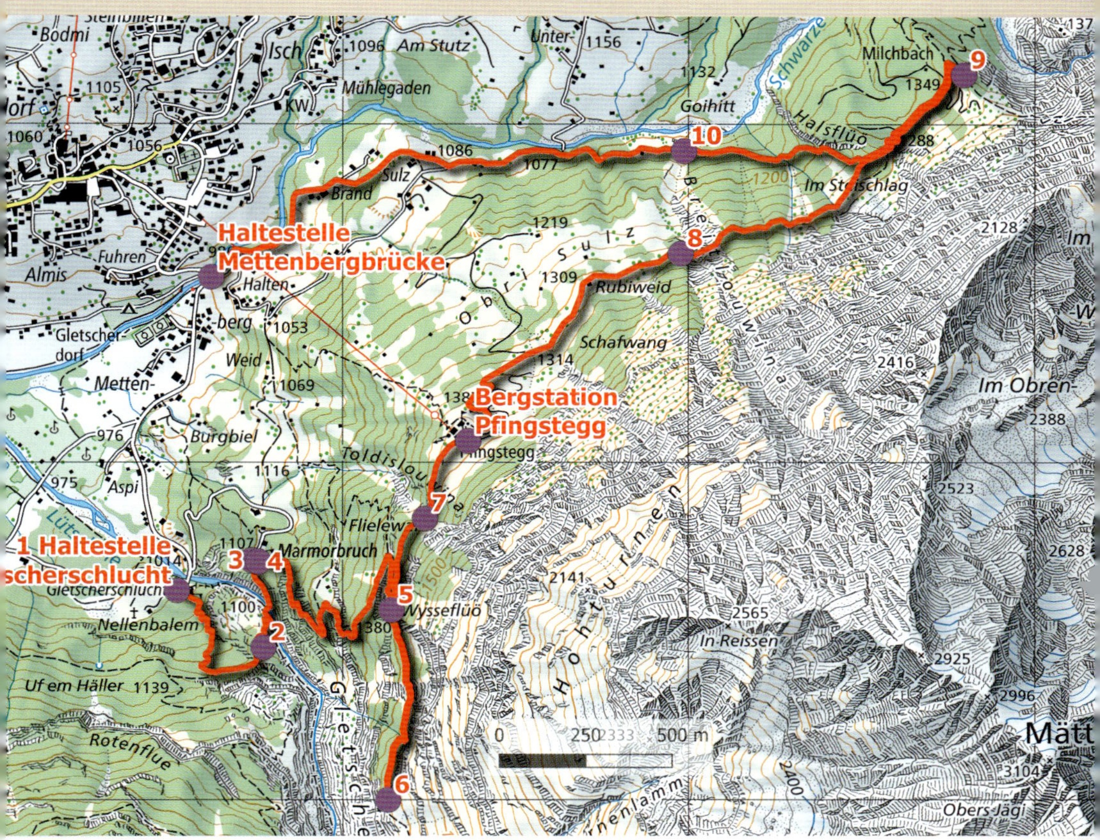

TOURENINFO

- **Weglänge:** *8,8 km*
- **Höhendifferenz:** *Auf- und Abstieg je ca. 740 m*
- **Ausgangs- bzw. Endpunkte:** *Bushaltestellen Gletscherschlucht bzw. Mettenbergbrücke*
- **Zeitbedarf:** *(reine Wanderstrecke ohne Halte) 3,5 Std.*
- **Jahreszeit:** *Ein Grossteil des Weges ist nur zwischen Mitte Mai und Anfang Oktober zugänglich, aktuelle Angaben finden sich auf www.pfingstegg.ch.*
- **Einkehrmöglichkeiten:** *Restaurants Gletscherschlucht, Marmorbruch und Pfingstegg.*
- **Tourencharakter:** *Bergwanderung auf gekennzeichneten Wanderwegen.*

25 Der prä(?)historische Bergsturz von Burglauenen und der Untergang von Schillingsdorf

HANS RUDOLF KEUSEN UND THOMAS SCHEUNER

1

Abb. 1: *Die grosse, 200 m hohe Ausbruchswand bei der «Burg». Die glatte Wand liegt in einem markanten Kluftsystem, welches die Ablösung der Felsmassen unter hohem Wasserdruck begünstigte (Standort an der Strasse nach Hintisberg, Pkt. 1266).*

Burglauenen

Der Name Lauenen (Schweizerdeutsch für Lawine) kommt in der Schweiz in sehr vielen Ortsnamen vor und wird als Ort mit Bergstürzen, Erdschlipfen und Lawinen in Zusammenhang gebracht. Der Mensch hat sich seit jeher mit den Naturereignissen in seiner Umgebung befasst, gezwungenermassen, denn diese Vorgänge beeinflussten schon immer direkt unser Dasein.

Im Falle von Burglauenen genügt ein aufmerksamer Blick auf die Morphologie der Landschaft, sei es vom Gegenhang aus (Abb. 2) oder auf die Landeskarte (Abb. 3), um zu erkennen, dass hier einiges an Material heruntergekommen ist. Der Weiler Burglauenen steht auf einem gut abgrenzbaren Schuttkegel, der bis an die Schwarze Lütschine reicht. Er versperrt das Tal der Lütschine und ist Grund für die hundert Meter hohe Steilstufe beim Stalden, welche die Kantonsstrasse in zwei Haarnadelkurven überwindet.

Östlich des Bahnhofs Burglauenen erstreckt sich eine etwa 1,5 km lange Verlandungsebene bis Schwendi. Es ist offensichtlich, dass hier ein grosser Bergsturz das Tal der Lütschine verschüttete und den Fluss zurückstaute.

Der Blick hinauf zur möglichen Quelle dieser Schuttmassen lässt bei der «Burg» eine zirka 200 m hohe, dunkle, ziemlich glatte Felswand und darunter eine grosse Ausbruchnische erkennen. All diese Beobachtungen der Geländemorphologie deuten auf ein grosses Bergsturzereignis hin, ähnlich dem Bergsturz von Randa im Jahre 1991.

Abb. 2: *Blick vom Gegenhang auf den Weiler Burglauenen, welcher auf dem grossen Schuttkegel eines von der «Burg» abgegangenen Bergsturzes steht (1). Ganz oben die «Burg» mit der grossen Ausbruchswand. Weiss, die Abgrenzung des Bergsturz-Schuttkegels.*

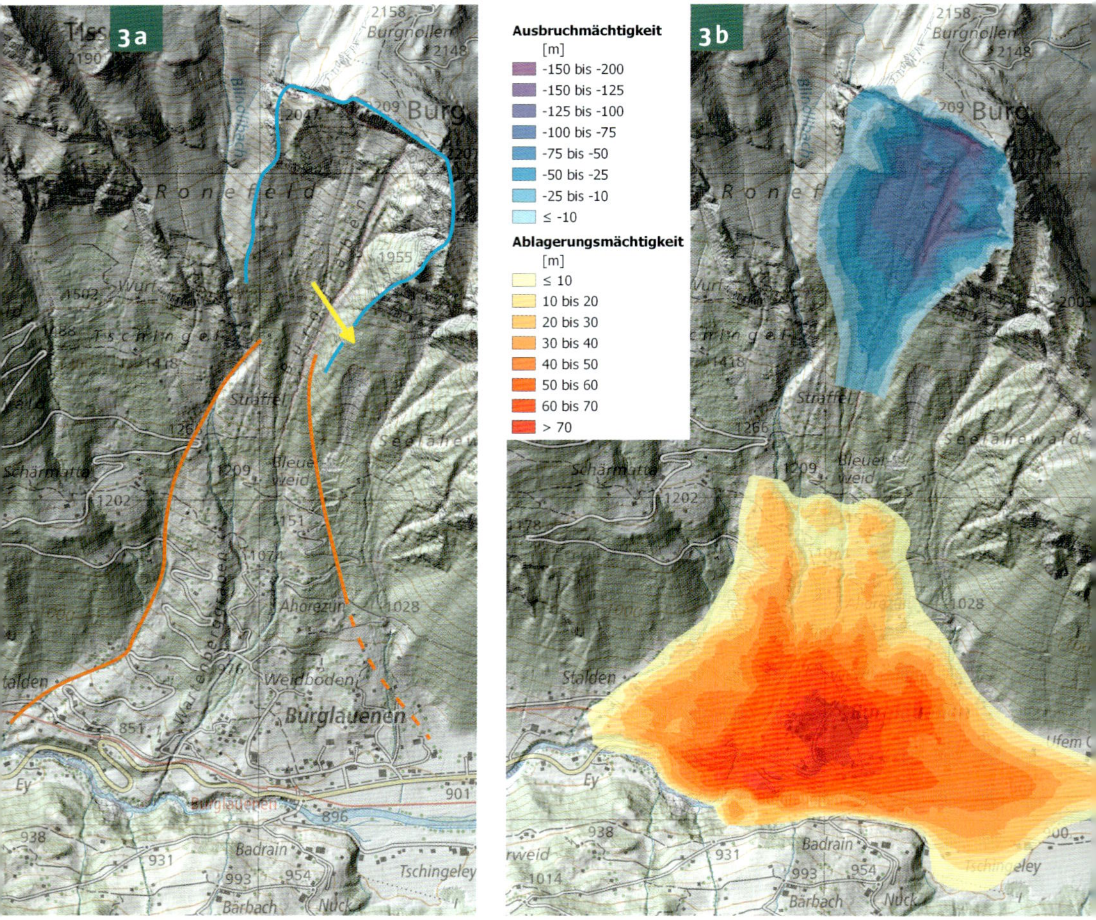

Abb. 3a: *Reliefbild mit Ausbruchnische bei der Burg und dem grossen Schuttkegel bei Burglauenen. Dieser staute die Schwarze Lütschine zurück und schuf die Voraussetzungen für einen grossen See östlich Burglauenen und dessen Verlandung. Pfeil: Instabile Rutschmasse im Hänislehen, die seit 1995 systematisch überwacht wird.*

Abb. 3b: *Differenzmodell des Bergsturzes Burglauenen mit Ausbruch (blau) und Ablagerung (rot). Im Raum des Bahnhofs Burglauenen erreichen die Schuttmassen eine Mächtigkeit von über 80 m (Kartengrundlage swisstopo).*

Abb. 4: *Querprofil des Bergsturzes in Fallrichtung. Das Pauschalgefälle zwischen Ausbruch und Front der Ablagerung beträgt 31 °.*

Abb. 5: *Geologisches Längsprofil in der Talachse. Das Profil veranschaulicht den massiven Rückstau der Schwarzen Lütschine und die Bildung eines grossen, heute verfüllten Sees (gelb). Die Lütschine vermochte die Blockade nicht zu durchbrechen und fliesst noch heute über den Schuttkegel hinweg. In Bohrungen wurden 1996 beim Bahnhof Burglauenen Verlandungssedimente und Holz als Zeugen des früheren Sees angetroffen.*

4

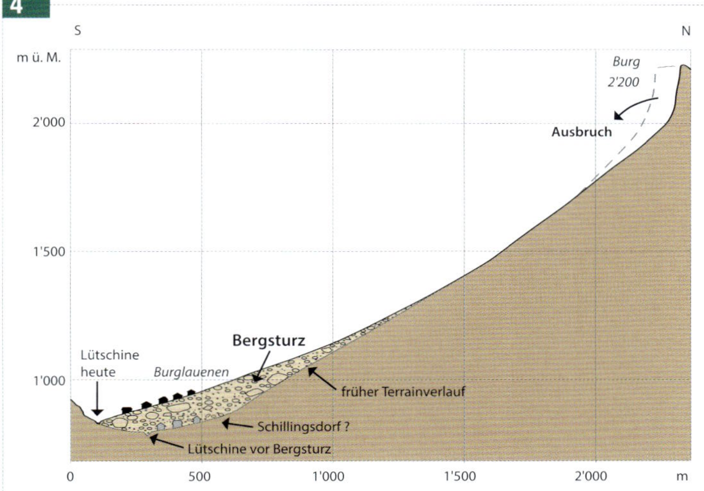

5

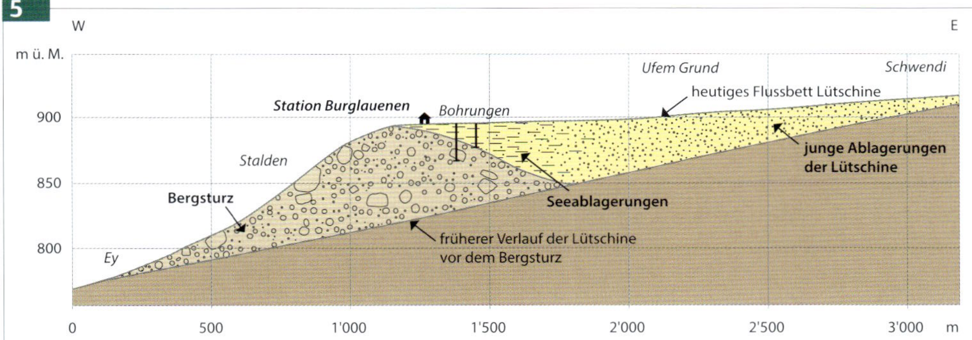

Modellhafte Erfassung des Bergsturzes

Das Volumen des Bergsturzes wurde mittels eines Differenzmodells zwischen der heutigen und der rekonstruierten früheren Oberfläche modelliert (Abb. 3). Die grössten Mächtigkeiten der Schuttmasse von 80 m liegen beim Bahnhof Burglauenen, d. h. im Zentrum der Sturzbahn und ihrem Anbranden am Gegenhang. Das Gesamtvolumen der abgelagerten Sturzmasse liegt bei ungefähr 34 Mio. m^3, was unter Berücksichtigung eines *Auflockerungsfaktors* einem Ausbruchvolumen von 19–21 Mio. m^3 kompaktem Fels entspricht. Diese Masse entspricht gut dem unter der Burg fehlenden und aus dem Differenzmodell berechneten Volumen von 17 Mio. m^3 Fels (Abb. 3).

Die geologischen Profile der Abb. 4 und 5 veranschaulichen die Topografie der Landschaft vor und nach dem Bergsturz. Das Längsprofil in der Talachse (Abb. 5) zeigt eindrücklich, welch massive morphologische Wirkung der Bergsturz hatte: Die Schwarze Lütschine wurde durch die grossen Schuttmassen komplett blockiert und es entstand talaufwärts ein grosser See. Dieser wurde im Laufe der Zeit durch eingeschwemmtes Flussmaterial aufgefüllt und verlandete. Die heutigen Flurnamen «beim See», «Seeblatten» und «beim Seegaden» erinnern an die Existenz zumindest eines Überrestes des grossen Sees, als das Tal bereits bewohnt war. Zudem wurden in Bohrungen bei Burglauenen feinkörnige Seeablagerungen festgestellt, ein klarer geologischer Hinweis auf diesen See (Abb. 5).

Geologische Charakterisierung des Bergsturzes

Der Ausbruch des Bergsturzes liegt in den mitteljurassischen Bommerstein- und Hochstollen Formationen. Erstere besteht aus grauen, eisenhaltigen Sandsteinen mit Lagen von Sandkalk und Tonschiefern. Die Formation ist oft von weit durchtrennenden Klüften durchsetzt und berüchtigt für ihre Instabilität, Sturzereignisse mit grossen Volumen sind häufig (Abb. 1). Im Gelände kann der Eisensandstein an den grossen Blöcken bei Burglauenen studiert werden (2 und 3).

Vergleich der Bergstürze Randa und Burglauenen

Ein Vergleich des gut dokumentierten Bergsturzes von Randa 1991 mit dem rekonstruierten Bergsturz von Burglauenen ergibt auffallende Ähnlichkeiten. Ursache beider Grossereignisse sind die nach dem Gletscherrückzug verbleibenden, übersteilen Bergflanken mit talparallelen, steilen Kluftsystemen. Auf diesen Klüften konnten sich hohe *Bergwasserdrücke* aufbauen, welche die Bergstürze schliesslich auslösten. Beide Bergstürze verschütteten die Talflüsse und führten zu einem Rückstau mit Seebildung. Beiderorts vermochten es die Talflüsse nicht, die grobblockigen Schuttmassen zu durchbrechen und zu erodieren. Aus diesem Grund hinterliessen die Bergstürze Randa und Burglauenen im Tal markante Steilstufen und veränderten den Verlauf der Talflüsse.

Dynamik des Bergsturzes von Burglauenen

Das relativ kleine *Pauschalgefälle* von 31° des Bergsturzes Burglauenen deutet auf ein einziges, grosses Ereignis hin. Bei Randa, mit ähnlich grossen Gesamtkubaturen, erfolgten hingegen während zwei Phasen kleinere Teilstürze von jeweils ca. 100 000 m^3, mit einem entsprechend grossen *Pauschalgefälle* von 35°. Wäre auch bei Randa ein einzelner spontaner Totalabsturz erfolgt, hätte eine wesentlich grössere Reichweite zu deutlich grösseren Schäden geführt.

Das Alter des Bergsturzes Burglauenen

Für den Ausbau der Wasserfassung des Kraftwerks Lütschental wurden 1996 oberhalb des Bahnhofs Burglauenen Bohrungen abgeteuft. Dabei stiess man in 10 m Tiefe auf feinkörnige Verlandungssedimente mit Baumstämmen. Dies wäre eigentlich ein Glücksfall für eine Holzdatierung gewesen, wären nicht die Bohrkisten wegen eines Missverständnisses entsorgt worden. So fehlt leider eine wissenschaftliche Datierung der Seebildungen.

Das Alter des Bergsturzes Burglauenen schätzen wir auf 2000 bis 5000 Jahre vor heute. D.h., der Bergsturz könnte sich während einer Warmzeit im Klimaoptimum der Römerzeit oder des Mittelholozäns (Funde Ötzi und Schnidejoch) ereignet haben. Der See existierte über eine unbekannte Zeit, dürfte aber relativ rasch durch die Geschiebemassen der Lütschine aufgefüllt und verlandet sein.

Abb. 6: *Der Geologe Hans Rudolf Keusen orientiert die Einwohner von Burglauenen über die von der Rutschung im Hänislehen ausgehende Gefahr für das Dorf und die getroffenen Schutzmassnahmen. Die Besprechung fand beim obersten Haus in Burglauenen im Schutz eines riesigen Blocks des früheren Bergsturzes statt.*

6

Naturkatastrophen in der Sagenwelt

Die Schweiz besitzt einen reichhaltigen Sagenschatz. Viele Sagen beschreiben Naturkatastrophen und klimatische Besonderheiten – Ereignisse, welche massgeblich für das Leben der Menschen waren. Allein im Kanton Bern ergab die Auswertung von insgesamt 82 Sagen, dass davon 20 klimatische Auffälligkeiten wie «goldene Zeiten der Alpen ohne Eis» oder «Gletschervorstösse» sowie 38 Naturkatastrophen thematisieren. Bei den Bewohnern von Burglauenen ist die «Sage vom einkehrenden Zwerg» bekannt, welche den Untergang des Weilers Schillingsdorf beschreibt.

Der einkehrende Zwerg

Da, wo jetzt Burglauenen ist, stand in alter Zeit ein Dorf namens Schillingsdorf, das von bösen Leuten bewohnt war. An einem Abend bei stürmischem Regenwetter ging ein Zwerg im Dorf umher und bat um Herberge. Er wurde abgewiesen, bis er endlich bei einem Hause, wo arme Leute wohnten, mitleidig aufgenommen wurde. Den Leuten in diesem Hause zeigte der Zwerg an, dass in derselben Nacht Schillingsdorf untergehen und nur ihr Haus als einziges stehenbleibe. Um Mitternacht fing es fürchterlich an zu krachen. Ein Teil des Berges, der schon früher abgespalten war, riss sich los. Eine ungeheure Schuttlawine rollte unter entsetzlichem Donnern dem Dorfe zu. Dieses wurde verschüttet und zertrümmert, und nur wenige Menschen kamen lebend davon. Das Haus, in das der Zwerg aufgenommen worden war, soll dadurch gerettet worden sein, dass ein Felsblock, welcher dem Schutt vorangekommen war, sich gerade hinter dem Haus festlagerte und den Schutt hinter sich aufhielt oder neben sich abwies. Man sieht noch heute deutlich Spuren eines solchen Bergsturzes. Auch der Fels, welcher Retter jenes Hauses gewesen sein soll, scheint noch jetzt als Zeuge dazustehen. Ein dort stehendes Haus wird noch jetzt mächtig von einem Felsen beschirmt.

Auch wenn es sich um eine Sage handelt, es ist durchaus plausibel, dass in den Warmzeiten nach der letzten Eiszeit die Südhänge des Lütschinentals bewohnt waren. Das in der Sage beschriebene Ereignis kann heute geologisch und morphologisch nachkonstruiert werden. Damit beruht die Sage wohl auf einer wahren Begebenheit. Dass diese möglicherweise über Tausende Jahre durch Weitererzählen überliefert wurde, kann durch die Schwere dieser Katastrophe nachvollzogen werden. Es ist aber auch denkbar, dass die Sage von einem als Spätfolge abgegangenen zerstörerischen Murgang erzählt. Ein solches Ereignis könnte erst viel später erfolgt und überliefert worden sein.

Eine weitere Sage aus dem Gebiet Grindelwald, welche die von einem Gletschersee ausgehende Gefährdung der Siedlungen beschreibt, zeigt ebenfalls die Nähe von Sagen zur Realität: in den Jahren 2005 bis 2010 bedrohte ein Gletschersee am Unteren Grindelwaldgletscher die Siedlungen. Genau dieses Naturphänomen beleuchtet die «Sage vom Martinsdruck» **(1)**. Es muss vermutet werden, dass bereits in einer früheren Warmzeit im Mittleren Holozän ein solcher Gletschersee die damaligen Einwohner von Grindelwald verängstigt hatte.

7

Die Sage und die heutige Realität

Auch heute kommen der Berg oberhalb Burglauenen und die Bewohner des Weilers nicht zur Ruhe: 1995 versetzte eine grosse Rutschung im Hänislehen (Abb. 3) oberhalb von Burglauenen und ein damit verbundener, bis zum Schulhaus vordringender Murgang die Bevölkerung in Angst und Schrecken. Einige Millionen Kubikmeter Erdmasse sind in Bewegung. Drohte dem Dorf eine Katastrophe wie damals Schillingsdorf? Nach umfangreichen Abklärungen und der Einrichtung einer Überwachung der Rutschmasse konnte der Geologe die Bevölkerung aber beruhigen (Abb. 7). Das Rutschgebiet wird bis heute systematisch überwacht.

Wanderung

Die Spuren des Bergsturzes können an verschiedenen Orten im Gelände beobachtet werden. In einer kleinen Exkursion ab dem Bahnhof Burglauenen sind drei Standorte in ein bis zwei Stunden zu erreichen:

(1) Blick auf den grossen Schuttkegel des Bergsturzes und die Ausbruchnische an der Burg (Abb. 2).

(2) Blick von der Brücke in die Schlucht der Schwarzen Lütschine und auf die Front des Bergsturzes. Sichtbar sind hausgrosse Blöcke des Bergsturzes, welche vom Ausbruchsort an der Burg bis hierher gelangten (Abb. 7).

(3) Grosse Blöcke im Bereich des Schuttkegels. Diese Blöcke aus Eisensandstein des Doggers stammen von späteren Nachstürzen. Häufig wurden neuere Häuser im Schutz solcher Blöcke gebaut, wahrscheinlich, um sie gegen Steinschlag und Murgänge zu schützen.

Weitere mögliche, aber weiter entfernte Exkursionsziele sind das Ronefeld (4) und die Burg selbst (5). Das Ronefeld stellt die obere Gleitbahn des Bergsturzes dar. Von hier ist die 200 m hohe, senkrechte Ausbruchswand unterhalb der Burg besonders eindrücklich (Abb. 1). Die Burg ist ein extrem schöner Aussichtspunkt, mit Blick auf die Viertausender um Grindelwald, aber auch hinunter auf den Bergsturz von Burglauenen. Begehbar ist er auf einem rot-weissen Wanderweg.

Abb. 7: *Grosse Sturzblöcke in der Front der Sturzmasse im Flussbett der Schwarzen Lütschine direkt unterhalb des Bahnhofes Burglauenen.*

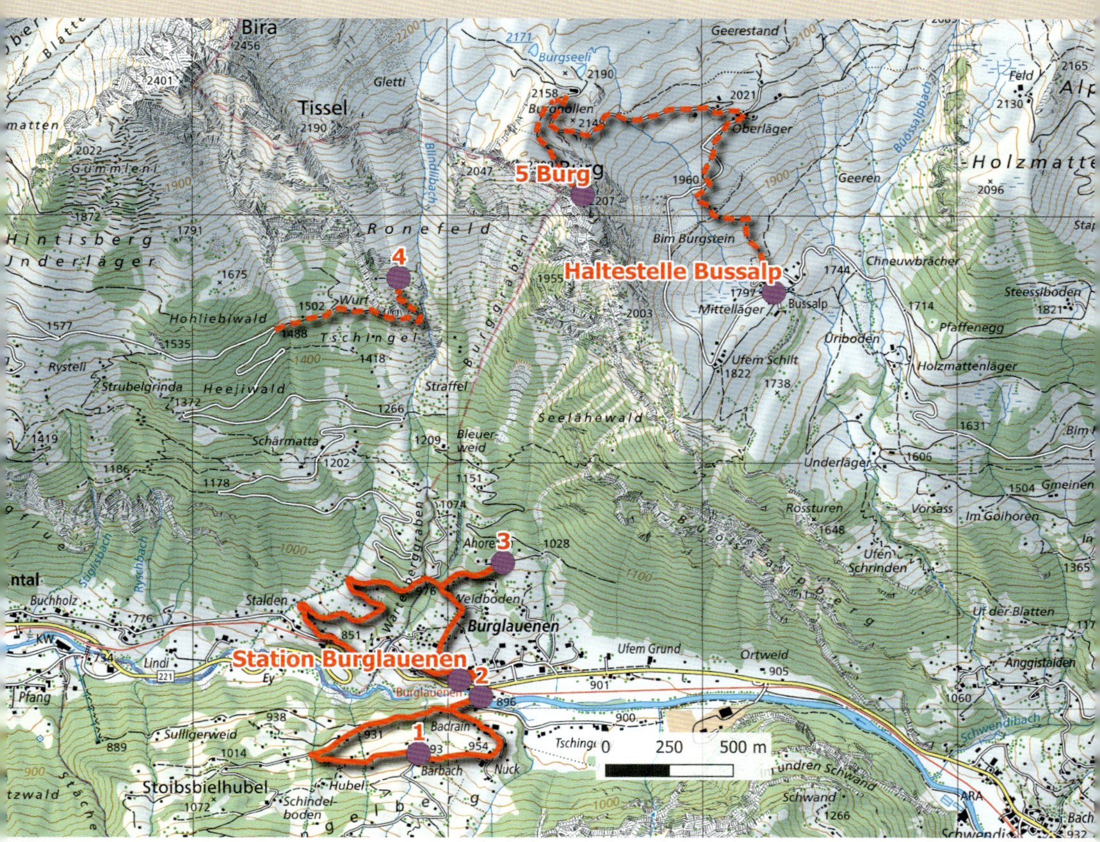

TOURENINFO

- **Weglänge:** *ca. 5 km (Halte 1, 2 und 3).*
- **Höhendifferenz:** *Auf- und Abstieg: je 280 m*
- **Ausgangs- und Endpunkt:** *Bahnhof Burglauenen*
- **Zeitbedarf:** *Reine Wanderzeit 1,5–2 h*
- **Jahreszeit:** *Frühling bis Herbst*
- **Einkehrmöglichkeiten:** *Restaurants Burglauenen und Stalden*
- **Charakterisierung der Wanderung:** *Hauptweg einfache Wanderung auf befestigten Wegen.*
- **Variante (4):** *Zum Ronefeld kommt man von der Hintisbergstrasse (gebührenpflichtig) bei Pkt. 1488, über einen guten, aber nicht offiziellen Weg (T3–4).*
- **Variante (5):** *Zur Burg auf 2200 m ü. M. gelangt man in einer 1,5 h Wanderung (rot-weiss) ab Bussalp, welche von Grindelwald mit einem öffentlichen Bus erreichbar ist.*

LITERATUR

(1) maerchenstiftung.ch; plattformj.ch

26 In Plutos Reich und die verkeilte Jungfrau im Lauterbrunnental

JÜRG MEYER

1

Abb. 1: *Nordwand des Grosshorns. Unterhalb der Mitte sind das graue (Kalksteine) und hellbraune (Rötidolomit) Band des ausgedünnten Jungfraukeils erkennbar.*

Tal der Superlative

Unsere Wanderung führt in Plutos Reich, in die Unterwelt also – oder etwas geologischer formuliert – in die tiefere Erdkruste, wo selbst Gesteine aufschmelzen. Die Aussicht auf die Jungfrau gewährt uns bei Kaffee und Kuchen geologische Einblicke in den berühmten Jungfraukeil, der beim Bau des Lötschbergtunnels für einige Aufregung sorgte. Und schliesslich entdecken wir Moränenwälle aus mehreren Epochen und erstklassige glazialmorphologische Phänomene. Willkommen im oberen Lauterbrunnental!

Nicht nur geologisch ist das hinterste Lauterbrunnental ein Ort der Superlative – es ist ein Juwel einer ursprünglichen Naturlandschaft – in unmittelbarer Nähe der touristischen Grosszentren des Oberlands. Es ist Teil des Weltnaturerbes und des BLN-Gebiets Berner Hochalpen; der südliche Teil ist ein Pro Natura Schutzgebiet, und die beiden Gletschervorfelder des Tschingel- und Breithorngletschers sind im *IGLES-Inventar* **(1)**. Die Szenerie wird geprägt von der gewaltigen Hochgebirgsmauer zwischen Jungfrau und Tschingelhorn sowie durch die zahlreichen Gletscherbäche (Abb. 2).

Abb. 2: *Hinteres Lauterbrunnental mit der Mauer aus Grundgebirge zwischen Mittaghorn und Lauterbrunner Breithorn. In der Bildmitte der Schmadribachfall, rechts hinauf zieht die gewaltige 1850er-Jahre Oberhornmoräne des Breithorngletschers.*

Die zweitägige Geo-Wanderung führt von Stechelberg via Busenalp hinauf zum Kerzenhotel Obersteinberg, dieser wie aus der Zeit gefallenen, wunderbaren Bergunterkunft. Am zweiten Tag geht es ganz nach hinten an den Fuss der Felsbastion der «Chanzel», dann zum Vorfeld des Breithorngletschers und steil hinab zurück nach Stechelberg.

Unsere Tour verläuft im Grenzbereich zwischen *kristallinem Grundgebirge* des nördlichen Aarmassivs, den darauf abgelagerten *autochthonen* Sedimentabfolgen und der darübergeschobenen Doldenhorn-Decke (vgl.

Touren 21 und 24). Die Sedimente werden vom hellgrau anwitternden «Hochgebirgskalk» dominiert (heute *Quinten-Kalk und Öhrli-Kalk*). Das ergibt einen eindrücklichen Gegensatz zwischen den braun-dunklen Gneiswänden der südlichen Kette und den hell strahlenden Kalksteinfluchten der Nordkette.

1. Tag: Stechelberg–Busenalp (Tanzbödeli) –Obersteinberg

Ein Aufstieg in der Kalksteinwelt

Vom Talboden Stechelbergs aus steigt der Weg zuerst steil an, um die fast 300 m hohe Steilstufe ins höhere Sefinental zu bewältigen – typisch für den glazial angelegten Übergang eines seitlichen Hängetals in das Haupt-Trogtal. Zuerst wandern wir über Gneise des Aarmassivs; wo der Weg flacher wird, säumen dann Rauwacken und Dolomite der Triaszeit den Weg, sie gehören zur *autochthonen* Auflagerung (1).

Der steile Anstieg hoch zur sanften Schüssel der Busenalp quert die hellgrau anwitternden, aber im Bruch dunkelgrauen, massigen Quinten-Kalke (Quinten-Formation, Oberjura) des Autochthons. Auf der Busenalp (2) fallen unruhige Oberflächenformen mit vielen herumliegenden Felsbrocken auf – typische Bergsturzablagerungen. Das Bergsturzmaterial stammt aus einem abgeglittenen Bereich zwischen Spitzhore und Ellstabhore. Nochmals steigt der Weg an bis P. 1978, wo wir bei verdienter Rast den Rundblick auf die gewaltige Hochgebirgsszenerie geniessen. Wer es noch eindrücklicher und mit 360-Grad-Panorama wünscht, erklimmt noch die letzten 140 Höhenmeter hinauf zur spektakulären kleinen Grasplattform des «Tanzbödeli», einem der schönsten Aussichtspunkte weitherum (3). Von hier aus lassen sich die glazialen Landschaftsformen und die Tektonik bestens studieren (s. weiter unten).

Im Abstieg entlang der steilen Flanke nach Obersteinberg sollte man sich auf den ausgesetzten Weg konzentrieren, der anfänglich durch die Deckenüberschiebung der Doldenhorn-Decke auf das Autochthon verläuft. Da der Kontakt zwischen Quinten-Kalk der Doldenhorn-Decke und Quinten-Kalk des Autochthons verläuft, lässt sich keine klare Grenze erkennen. Einzig die sehr plattig ausgewalzten Kalksteine lassen auf eine hohe Deformation im Bereich der Deckenüberschiebung schliessen. Kurz oberhalb Obersteinberg lohnt sich ein Blick auf das System der spätglazialen Moränenzüge, welche um das Berghotel herum die Landschaft kleinräumig gestalten (4). Sie dürften mindestens 10 000 Jahre alt sein. Vorbei an schönen Lesesteinhaufen geht's zum Kerzenhotel.

Diskordanz und Aussichtsgeologie beim Kerzenhotel Obersteinberg

Die Verflachung, auf welcher das Berghotel steht (5), entspricht der Grenze zwischen kristallinem, vor-mesozoischem Grundgebirge und der darüberliegenden, *autochthonen bis parautochthonen* Sedimentgesteinsabfolge. Diese Grenze stellt eine geologische *Diskordanz* dar, mit einer Schichtlücke von rund 50 Mio. Jahren. In der Permzeit (vor 300–250 Mio. Jahren) wurde das in der vorangegangenen Karbonzeit gebildete variszische Gebirge abgetragen und es entstand eine eingeebnete Landschaft mit metamorphen und magmatischen Gesteinen an der Oberfläche. Das nennen wir im Alpenraum das «Grundgebirge». Mit dem Beginn des Auseinanderbrechens des Superkontinents *Pangäa* in der Triaszeit senkte sich die Landoberfläche ab, und von Osten her begann sich Meer darüber auszubreiten. Dies zog automatisch die Ablagerung von Sedimentgesteinen nach sich, zuerst etwas festländischer Sandstein, dann tropische Lagunen- und Flachmeerbildungen wie Gips und

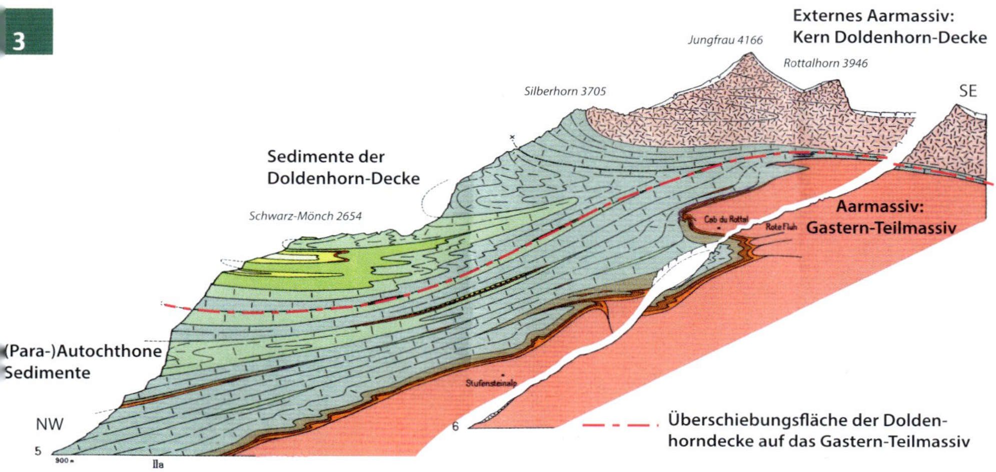

Dolomit (vgl. Tour 15). Letztere sind als auffällige, ockergelbe Rauwacken und etwas hellere Dolomitschichten ausgebildet («Rötidolomit», heute Röti-Formation).

Mit einem kleinen Abstecher entlang des Bergwegs nach SE (6) kann diese Diskordanz mit der darüberliegenden dünnen Ton- und Sandsteinschicht (Mels-Formation), der Rauwacke und dem hellbeigen Rötidolomit erkundet werden. Bis zur Brücke über die kleine Schlucht der Tschingel-Lütschine verläuft der Bergweg immer nahe am Kontakt. Kurz vor dem Abstieg zur Brücke, in der Weg-Einbuchtung, lässt sich der Dolomit und etwas Rauwacke anstehend betrachten (Vorsicht, steiles Gelände).

In der Nachmittagssonne kann von der Terrasse des Berghotels aus an der Westflanke der Jungfraugruppe der tektonische Bau bestaunt und enträtselt werden. An der Basis der mächtigen Felsstufe oberhalb der Stuefesteialp (Mälchstuel) lässt sich der gut erkennbare Leithorizont des rund 20 m mächtigen Rötidolomits erkennen. Er zieht von Stechelberg her ansteigend – von einigen kleinen Falten und Überschiebungen unterbrochen – gegen das Rottal hinauf. Darunter liegt das Grundgebirge des Aarmassivs mit seinen bräunlichen Gesteinsfarben, darüber die hellgrauen marinen Ablagerungsgesteine des Mesozoikums (vorwiegend «Hochgebirgskalk»). Das Ansteigen dieser Grenzfläche entstand durch die späte Anhebung des Aarmassivs. Nun aber genau hinschauen: Gegen das Rottal zu werden die grauen Kalksteinabfolgen immer dünner, sie keilen förmlich aus, und der ganze Gipfelaufbau von Jungfrau und Silberhorn darüber wird wieder von bräunlichen Grundgebirgsgesteinen gebildet wie ganz unten. Dies ist der unter Geologen so berühmte «Jungfrau-Keil». Die Struktur ist in einer wunderbaren geologischen Landschaftszeichnung der beiden Genfer Geologen L.W. Collet und E. Paréjas aus dem Jahr 1931 (Abb. 3) und in Abb. 4 zu sehen. Das ausgedünnte südliche Ende des Sedimentkeils ist in den Nordwänden zwischen Gletscherhorn und Breithorn als schmales Band etwas hellerer Kalksteine in den braunen Gneisen verfolgbar (Abb. 1 und 4). Es konnte bis auf das Niveau des Lötschberg-Tunnels weiterverfolgt werden. Genau betrachtet stellt das Kristallin der Jungfrau also den Kern der Doldenhorn-Decke dar, der untersten helvetischen Decke.

Abb. 3: *Geologische Ansichtszeichnung der Westflanke der Jungfrau mit dem Jungfraukeil aus der Arbeit von Collet & Parejas (1931).*

4

Die Entstehung dieser Struktur ist recht komplex. Hier soll dies genügen: In einer Spätphase der Alpenbildung ab rund 30 Mio. Jahren (Neogen) wurde auch der europäische Kontinentalrand von der Kollision mit der adriatischen Platte erfasst. Dabei wurde das Grundgebirge mitsamt den mesozoischen Sedimentgesteinen in die Tiefe gezogen und durch Überschiebungs- und Faltungsvorgänge zusammengestaucht und zerschert (vgl. Einführung). Dadurch bildeten sich solche keilartigen Strukturen von Sedimentgesteinen im Grundgebirge, wie wir sie hier an der Jungfrau sehen können.

Abb. 4: *Westflanke der Jungfrau mit Jungfraukeil. Die hellen Kalksteinserien keilen nach rechts aus; unter dem hellen Grenzband des Rötidolomits und darüber am Gipfelaufbau folgen die braunen Migmatite des Aarmassivs.*
Abb. 5: *Gemälde des Schweizer Malers Caspar Wolf (1735–1783). Ansicht von der Oberhornmoräne aus gegen Breithorn- und Tschingelgletscher. Vergleiche mit den Gletscherständen in Abb. 6 und 12!*
Abb. 6: *Die markante «Chanzel» und links davon der verbliebene Rest des Wätterlickengletschers. Im Mittelgrund die markante 1850er-Ufermoräne des Tschingelgletschers, welcher vom Einschnitt rechts zufloss. Links daneben eine stärker erodierte und überwachsene postglaziale Moräne.*

2. Tag: Obersteinberg – Oberhornsee – Migmatitaufschluss – Gletschervorfeld Breithorngletscher – Stechelberg

Stellen wir uns beim Blick zur kleinen Brücke über die Tschingellütschine vor: Hier befand sich die Gletscherzunge, als im Jahr 1854 die erste Detailkarte des Gebietes publiziert wurde. Wer zu den Weiden im Oberhorngebiet wollte, musste damals über den Gletscher steigen (Abb. 5) – welch ein Anblick muss das gewesen sein!

Hinein ins Moränengetümmel!

Es lohnt sich, dann bei P. 1872 m (7) einen Moment innezuhalten und die Spuren der kleinen Eiszeit und der grossen Vergletscherungen des Pleistozäns im Gelände zu verfolgen. Der Ort lag um 1850 gerade am Gletscherrand – die rund geschliffenen Felsen

5

6

7

müssen also von früheren Vorstössen stammen. Eindrücklich ist der Blick nach SSW auf die scharfen 1850er-Ufermoränen des Tschingelgletschers und nach SE auf die gewaltige Moräne des Breithorngletschers. Links (östlich) der Tschingelmoräne ist eine kleinere, wesentlich stärker von Vegetation bedeckte Ufermoräne deutlich zu erkennen (Abb. 6). Sie gehört zu einer Serie von *postglazialen* Moränen, welche weiter oben noch besser zu erkennen sein werden. Sie wurden vom Geografen Andreas Wipf *(2)* mit der Radiokarbonmethode auf ein Alter von rund 4500–3300 Jahren vor heute datiert (Atlantikum–Subboreal). Diese Moränen werden teilweise von der 1850er-Moräne geschnitten, was bedeutet, dass der Gletscher im Zeitraum von 3300 Jahren vor heute und dem Jahr 1850 eine geringere Ausdehnung hatte.

Abb. 7: *Postglaziales Moränen-Labyrinth beim Oberhornsee.*
Abb. 8: *Blick an die «Chanzel». Im Vordergrund die Gletscherschliff-Buckel in den Migmatiten des Grundgebirges (10). Darüber folgen die autochthonen mesozoischen Sedimentgesteine; zuunterst das wellenartig verfaltete hellockerbraune Band des Rötidolomits, dann die braunen Kalksteine des Lias und Dogger, schliesslich die hellen Quinten-Kalke.*
Abb. 9: *Ausschnitt aus den gletschergeschliffenen Migmatitaufschlüssen bei (10). Links und rechts Schollen-Diatexite, in der Mitte ein helleres Band von schon recht homogenem Granit.*

Und bei der letzten grossen Eiszeit mit ihrem Gletscherhöchststand vor rund 22000 Jahren? Da hätten wir hier noch rund 500 m Eis über dem Kopf gehabt!

Wir steigen weiter auf zum wunderbar gelegenen Oberhornsee (8). Er wird teilweise unterirdisch genährt, da Wasser durch den durchlässigen Moränenschutt zufliessen kann. Sein Pegelstand variiert stark und die Wasserzufuhr wird heute teilweise künstlich bewerkstelligt, um den touristischen Wert des Orts zu erhalten. So sehr sich der Ort als Pausenplatz eignet, wir wandern noch eine Viertelstunde gegen SW weiter, bis auf den grossen 1850er Moränenkamm (9).

Von hier erkennen wir um den Oberhornsee ein richtiges «Kuddelmuddel» von grasbewachsenen, postglazialen Moränenwällen (Abb. 7). Andreas Wipf hat auch diese Wälle genau kartiert und allein um den See herum gut 15 Stände ausscheiden können. Wie viele erkennen wir?

Von hier aus ist auch der Blick an die «Chanzel» eindrücklich (Abb. 8). An deren Fuss ist das infolge des Gletscherrückgangs freigelegte hellbeige Band des Rötidolomits bestens zu erkennen, das sich von links oben nach rechts unten über den Gletscherbach verfolgen lässt. Man erkennt die internen Verfaltungen, welche zu einer Verdickung führten, und rechts eine Verdoppelung infolge kleinräumiger Überschiebungen.

Kalte Gletscherschliffe in heissen Gesteinen

Bei 2170 m stösst die 1850er-Moräne an gletschergeschliffene Felsen, und schlängelt sich über diese bis zur Verflachung bei 2210 m Höhe durch. Diese glatten Felshöcker sind das geologische Highlight dieser Tour (10). Vorsicht vor Ausrutschern!

Der Aufschluss liegt – wie das meiste vormesozoische Grundgebirge des Lauterbrunnentals – in der Innertkirchen-Migmatit-Formation, einer bis 4 km breiten Zone des Aarmassivs, die sich über 60 km vom Spannort im Reusstal bis ins oberste Gasterntal verfolgen lässt, im Untergrund sogar noch weiter westwärts. Die Formation besteht aus granitähnlichen Migmatiten – hoch meta-

morphen Gesteinen mit Aufschmelzphänomenen – die während der variszischen Gebirgsbildung bei Temperaturen von mehr als 650 °C entstanden (Abb. 9). In einer Art granitischen Grundmasse schwimmen cm- bis mehrere dm grosse Schollen von dunkleren Gesteinen (Abb. 10 und 11).

Die Grundmasse ist recht heterogen, auffällig sind Zonen mit einer grösseren Häufung von grünlichgrauen, bis mehrere cm grossen Flecken. Dabei handelt es sich um «Pinit», das ist sekundär zu Schichtsilikaten wie Hellglimmer, Chlorit oder Biotit umgewandelter Cordierit, ein typisches Mineral in gewissen Hochtemperatur-Metamorphiten (Abb. 11). Cordierit ist ein deutlicher Hinweis darauf, dass die granitartigen Anteile durch weitgehende Aufschmelzung von Ton-haltigen bis -reichen Sedimentgesteinen (vermutlich *Grauwacken*) entstanden sind. Solche magmenartigen Körper mit hohem Schmelzanteil («Diatexite») sind fliessfähig und können in überliegende Gesteinseinheiten eindringen.

Bei den Schollen erkennen wir überwiegend dunkle, mehr oder weniger gebänderte Amphibolite (Abb. 11), Biotitgneise, grünlich-bräunliche *Kalksilikatfelse*, hellere Marmore und Quarzite. Dies sind alles Gesteine mit höherem Schmelzpunkt, weshalb sie einer Aufschmelzung entgangen sind. Ihre Lagen wurden bei der mit der Metamorphose einhergehenden Deformation jedoch auseinandergerissen und liegen zum Teil rotiert in der teilgeschmolzenen Matrix. Manchmal können noch einzelne zusammenhängende Schollen erkannt werden.

Diese gletschergeschliffenen Felsen gehören zu den schönsten Migmatit-Aufschlüssen der Schweiz. Wir können hier einen

Blick in die tiefere kontinentale Kruste werfen – in Plutos Reich sozusagen – und sehen ein Beispiel, wie Granit entstehen kann. Übrigens: Die hie und da sichtbaren kleinen Bohrlöcher stammen vom Geologen Heinz Rutishauser, welcher diese Gesteine anfangs der 1970er-Jahre genau untersuchte und bei diesen Arbeiten an der Äbni Flue tödlich verunglückte.

Zum Vorfeld des Breithorngletschers – noch mehr Glazialphänomene

Zurück am Oberhornsee wählen wir den Weg nach NE entlang des Chummbachs. Linkerhand sind nochmals zwei postglaziale Moränenzüge, vor allem aber eine eindrückliche Rundhöckerlandschaft zu bewundern und dazwischen wunderbare kleine Hochmoore. Von P 2030 geht es mit einem Anstieg von 150 m zum gewaltigen 1850er-Moränenrücken des Breithorngletschers (Oberhornmoräne) und hinab zur Brücke über den Schmadribach. Die kleinen Moränenwälle gleich hinter der Brücke und gegen den Gletscher hin stammen von Gletscherständen der 1970er-Jahre.

12

Im wunderschönen Gletschervorfeld gelangt man mit etwas «Bachhüpfen» bis zum Gletschertor (11, Vorsicht vor Steinschlag vom Eisrand!). Neben der spannenden Flora präsentiert sich im Schutt eine schöne Auswahl unterschiedlicher Gesteinstypen (Abb. 12).

Nun steht der lange, landschaftlich grossartige Abstieg nach Trachsellauenen/Stechelberg an. Bei der Ziegenalp Schwand 1648 m kann man sich erfrischen und oft leckeren Ziegenkäse kaufen. Am kleinen Gegenanstieg nach der Brücke über die kleine Lütschine (1320 m, 12) sind schöne eiszeitliche Gletscherschliffe zu sehen, die, wie wir nun wissen, deutlich älter als 10 000 Jahre sein müssen. Der Abstieg durch den nordseitig-feuchten Wald erlaubt Blicke in die eindrückliche subglaziale Schlucht und ist für Liebhaber von Flechten, Moosen und Farnen ein kleines Paradies.

Geologisch interessant wird es ein letztes Mal – vor dem verdienten Trank in Trachsellauenen – bei den Ruinen der alten Verhüttungsstätte des Blei-Zink-Bergwerks (13). Die alten Bergwerkstollen selbst liegen oberhalb im steilen Wald. Vor allem im 18. Jahrhundert wurden Quarz-Baryt-Gänge mit silberhaltigem Bleiglanz abgebaut – das Blei für Gewehr- und Kanonenkugeln, das Silber für Münzen.

Während der beschaulichen letzten Etappe von Trachsellauenen bis zur Schwarzwäldertorte im Restaurant Stechelberg streifen die Blicke nochmals hoch an die wilden Wände. Wir erkennen rechter Hand erneut das Rötidolomitband, das mit uns zusammen nach Stechelberg absteigt, hinein in das unglaubliche Trogtal von Lauterbrunnen, in welches sich sicher gerade todesmutige Base Jumper stürzen.

Abb. 10: *Schollen-Diatexit mit in der Schmelze rotierten Gneis- und Amphibolitschollen, die teilweise noch ältere Verfaltungen zeigen. Die dunklen Flecken in den granitischen Partien sind Pinite.*

Abb. 11: *Ausschnitt mit einer in situ durch die Schmelze zerbrochenen, aber noch in erkennbar ursprünglichem Zusammenhang erhaltenen Amphibolitscholle.*

Abb. 12: *Im Gletschervorfeld des Breithorngletschers, Stand 2020.*

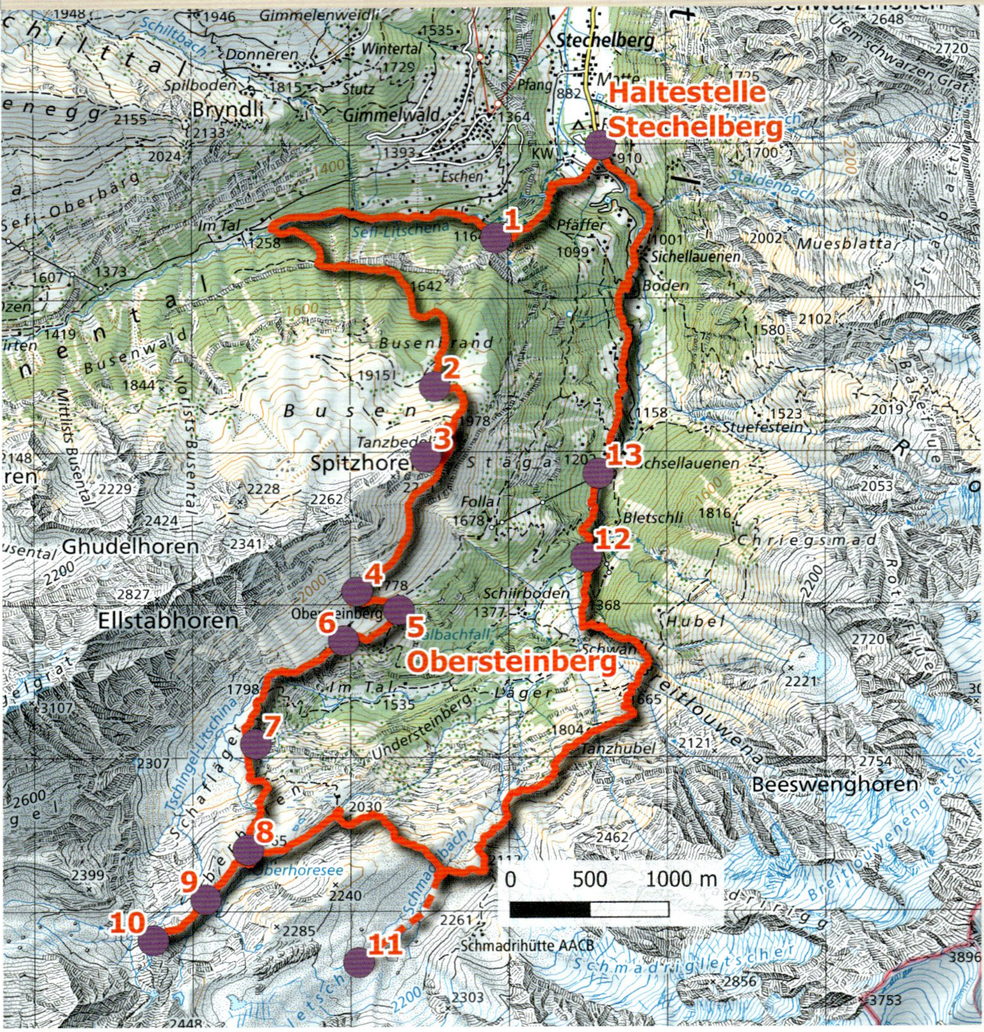

TOURENINFO

Zustieg von Stechelberg (Postbus-Haltestelle) zum Kerzenhotel Obersteinberg:

- **Via Sefinental – Busenalp:** *T3 / 7,5 km / 1150 m auf, 280 m ab / 4 Std*
- **Mit Abstecher zum Tanzbödeli eine knappe Stunde mehr**

Die Rundwanderung:

T3 / 15 km / 685 m auf, 1520 m ab / reine Wanderzeit 6 Std

- **Obersteinberg–Oberhornsee–Migmatitaufschluss:** *T3 / 3,6 km / 475 m auf / 2 Std.*
- **Migmatitaufschluss–Vorfeld Breithorngletscher–Stechelberg:**

T3 / 11 km / 210 m auf, 1520 m ab / 4 Std.

Übernachtung: Kerzenhotel Obersteinberg (stechelberg.ch) oder Berghaus Tschingelhorn (tschingelhorn.ch), Restaurants in Trachsellauenen und Stechelberg.

LITERATUR

(1) *Käsermann, Chr. et al. (2011)*
(2) *Wipf (2001).*

27 In die Tiefe der Doldenhorn-Decke zum schwindenden Gamchigletscher

DANIEL BOLLINGER

1

Abb. 1: *Kurz vor dem Verlassen der Schlucht öffnet sich der Blick zu den flachen Bachschutt-Terrassen im Gamchi, zum Gamchigletscher und zur tief in die Doldenhorn-Decke eingeschnittenen Gamchilücke.*

Die Wanderung führt uns von der Griesalp durch den Deckenstapel des *Helvetikums* in die Tiefe der Doldenhorn-Decke, der *paläogeografisch* nördlichsten helvetischen *Decke* im Berner Oberland. Wir begegnen dabei den Sedimentgesteinen, die am Aufbau der Berggruppen von Doldenhorn, Blüemlisalp und Gspaltenhorn beteiligt sind. Die Gesteine entstanden ab dem Mittleren Jura (ab ca. 174 Mio. Jahren) am Nordrand der Tethys, auf dem *Schelf* des im Norden angrenzenden eurasischen Festlandes, und Ende Eozän (ca. 33 Mio. Jahre), im sich dort entwickelnden tieferen Meerestrog. Die Schelf-Sedimente repräsentieren einerseits flachmarine, teils küstennahe, oft von Wellen und Strömungen beeinflusste Milieus und andererseits tiefere, offenmarine Ruhigwasserbereiche unterhalb der Wellenbasis. Demgegenüber bilden die Sedimente des Meerestroges tiefmarine Milieus ab.

Auf unserer Wanderung sehen wir auch auffällige Geländeformen, die uns Einblick in die nacheiszeitliche Erdgeschichte im obersten Kiental geben. Die zweitägige Wanderung mit Übernachtung in der Gspaltenhornhütte des SAC setzt eine gewisse Trittsicherheit voraus.

Annäherung durch die Schlucht

Von der Griesalp führt der Weg durch Gebirgswald und über Weiden zum Bürgli, wobei er streckenweise dem mit Infotafeln beschilderten Alpwirtschafts- und Naturlehrpfad Kiental folgt. Beim Bürgli treten wir in die Gamchibachschlucht (1) und durchschreiten eine mächtige, zur Gellihorn-Decke gehörende Abfolge von verfalteten Kalkmergeln und Mergelschiefern der Öhrli-Formation (Öhrli-Mergel, untere Kreide), mit lokalen, tektonischen *Einschuppungen* von massigen Quinten-Kalken (Quinten-Formation, oberer Jura).

2

Kurz vor dem Talkessel des Gamchi queren wir die Grenze zwischen Gellihorn- und Doldenhorn-Decke (2) (Abb. 2). Die Gellihorn-Decke liegt hier auf der Doldenhorn-Decke, denn im Laufe der Alpenbildung wurde sie nordwärts auf die Letztere geschoben. Beide Decken entstammen dem Schelfgebiet am Südrand des damaligen eurasischen Kontinents, wobei die Gellihorn-Decke den Bereich direkt südlich der Doldenhorn-Decke einnahm. Wegen der zunehmenden Kompression des ursprünglichen Ablagerungsraums infolge der alpinen Gebirgsbildung wurden grossflächig (Zehner von km2) zusammenhängende Schichtver-

Abb. 2: *Überschiebung (blau) der Gellihorn- auf die Doldenhorn-Decke. Stark verfaltete Öhrli-Mergel der Gellihorn-Decke grenzen direkt an Nordhelvetischen Flysch der Doldenhorn-Decke.*

Abb. 3: *Der Gamchigletscher stirnte um 1873 noch nahezu beim Höchststand der Kleinen Eiszeit (Siegfriedkarte 1:50 000, Stand 1873; swisstopo). Gepunktete Linie auf dem Gletscher: Mittelmoräne, rot: Wegpunkte.*

bände noch im Erdinnern von ihrem Untergrund abgeschert und nach Norden übereinandergeschoben. Die Überschiebungsfläche folgt westwärts direkt der Basis des markanten, meist aus Quinten-Kalk bestehenden Felsbandes hinauf in Richtung Hohtürli. Eingangs Schlucht ist sie vom Weg aus erkennbar (Abb. 2). Im Osten fehlt dieses Felsband, ist ausgedünnt oder in einzelne Linsen zerlegt. Dies als Folge der starken Tektonisierung entlang der Überschiebung.

Ein Stausee im Kiental?

Im Gamchi-Talkessel (3) fallen flache Bachschutt-Terrassen auf (Abb. 1). Sie entstanden nach dem Gletscherrückzug, als sich dort ein See bildete. Dessen Ursache dürfte in einem Ereignis liegen, welches den Abfluss in der Schlucht blockierte, möglicherweise ein Felssturz oder ein *Toteiszapfen*. Die in den Talkessel mündenden Bäche füllten den See zunehmend mit Schutt, bis der See schliesslich auslaufen konnte. Danach haben sich der Gamchibach und seine östlichen Seitenbäche 10–15 m tief in diese Ablagerungen eingefressen und dabei markante Terrassenkanten hinterlassen.

Der Talkessel war in den 1960er-Jahren auch Gegenstand von Untersuchungen für einen Stausee mit einer Staumauer im Bereich der Schlucht. Bohrungen sowie seismische und geoelektrische Sondierungen zeigten, dass der Gamchigletscher während der Eiszeiten den Felsuntergrund im Talkessel beckenförmig bis maximal einige Zehner von Metern tief ausgehobelt hatte. Dementsprechend mächtig ist die nacheiszeitliche Schuttfüllung im Gamchi.

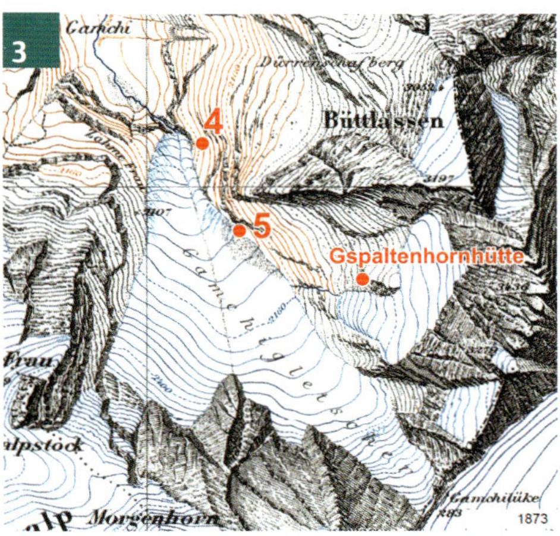

Gletscherdrama

Nun beginnt der Weg anzusteigen und es wird nass, denn auf gut 200 m Länge überziehen kleine Bäche die bergseitige Felswand und lassen zuweilen sehr starken Tropf auf den Weg niedergehen. Wer eine kalte Dusche bevorzugt, verzichtet auf den Griff nach einem der dort während der Hüttensaison verfügbaren Regenschirme. Auf etwa 1 875 m ü. M. quert der Weg einen Bach, der etwa 35 m höher aus einer ergiebigen, einer Überschiebung in der Öhrli-Formation entspringenden Quelle gespeist wird (4).

Bald gelangen wir zur orografisch rechten Seitenmoräne des Gamchigletschers, die sich schmalkantig talaufwärts zieht (5). Ihr linksseitiges Äquivalent erkennen wir auf der anderen Talseite, auf welcher der Verbindungsweg zur Blüemlisalphütte verläuft. Die Seitenmoränen markieren den maximalen Stand des Eises zum Höhepunkt der Kleinen Eiszeit um 1850/60, als der Gletscher im Talgrund westlich der vorhin erwähnten Quelle stirnte (Abb. 3).

Der Gletscher setzte sich während der kleinen Eiszeit (ca. 1300–1860) aus zwei Teilströmen zusammen; ein Ast floss von der Gamchilücke zu, der andere aus dem Raum Blüemlisalpsattel. Wo die beiden Gletscher zusammentrafen, bildete sich eine *Mittelmoräne*, von der in der Talmitte noch eine Nord-Süd verlaufende, dunkle Schuttrippe erkennbar ist. Es ist denkbar, dass darin noch immer Toteisreste enthalten sind.

Heute zeigt der Gamchigletscher das Bild eines stark schwindenden, zerschrundeten und schuttbedeckten Gletschers. Ab 3–4 dm Dicke hemmt der Schutt zwar das Abschmelzen an der Eisoberfläche, verhindert es aber keineswegs. Seine Ausdehnung wie auch seine Mächtigkeit nehmen stetig ab, in den letzten zehn Jahren gar dramatisch. Im Gletscherinventar GLAMOS wird die Längenabnahme zwischen 1883 und 2023 auf 958 m beziffert, wovon etwa 80 % allein auf dieses Jahrtausend entfallen. Durch den fortschreitenden Gletscherschwund bilden sich im Eis zuweilen auch Wassertaschen oder kleinere Seen, die unvermittelt ausbrechen können.

Die auffallende Schuttbedeckung des Gamchigletschers ist teils auf regelmässige Steinschläge, Felsstürze und Lawinen auf die Eisoberfläche, teils wohl auf das seitliche Abflachen der Mittelmoräne zurückzuführen. Für weitere Schuttzufuhr ist gesorgt, denn mit der Klimaerwärmung wird auch der in der schattigen Nordwand des Morgehorns noch vorhandene Permafrost vermehrt auftauen, was zu häufigeren Stein- und Blockschlägen führt.

Beachtenswert ist die verbreitete Erosion und Umlagerung des Moränenschutts durch den Oberflächenwasserabfluss, wodurch sich an den Seitenmoränen Runsen und im Talgrund Bäche bildeten. In den steilen Böschungen der Bäche ist unter der eher dunklen Schuttdecke die hellere *Grundmoräne* zu erkennen.

Der Gamchibach hat sich an der ursprünglichen Gletscherbasis als *subglaziale* Rinne in einer schmalen, tiefen Schlucht im kalkigen Felsuntergrund (Quinten-Kalk) eingefressen. Der Blüemlisalphüttenweg quert diese spektakulär über eine Alubrücke.

Auf Spurensuche im Geröll

Eindrücklich verläuft der Weg nun zuerst über den Moränenkamm, der letzte Wegabschnitt (6) bis zur Gspaltenhornhütte dann über Fels und Schutt. In letzterem finden sich zuweilen *brekziöse* Formen des Quinten-Kalks. Unregelmässig geformte, meist kantige Gesteinstrümmer variabler Grösse liegen in einer meist dunkleren Grundmasse ursprünglichen Kalkschlammes (Abb. 4).

4

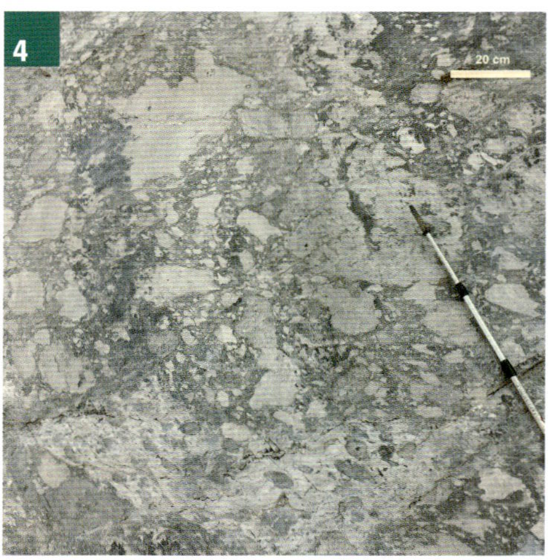

5

Abb. 4: *Kalk der Quinten-Formation in brekziöser Ausbildung.*
Abb. 5: *Bruchstück eines rekristallisierten Korallenstocks (Quinten-Formation).*
Abb. 6: *Faltenbau in der E-Flanke der Wildi Frau. Schwarz: ausgewählte Schichten zur Verdeutlichung der Faltenstruktur. Rot: Überschiebungen. Rote Pfeile: Bewegungsrichtung. Schema oben rechts: Kontur der Wildi Frau mit Abgrenzung von Antiklinale und Synklinale.*

Diese *Brekzien* wurden im damaligen Ablagerungsraum noch während der Entstehung der Sedimente gebildet, beispielsweise infolge kleiner submariner Rutschungen. Dabei kam es zur Fragmentierung und Umlagerung von bereits leicht verfestigten Schichten und zur Durchmischung dieser Trümmer mit anderem, noch unverfestigtem Sediment. Die Quinten-Formation ist eher fossilarm; in diesem Bereich finden wir jedoch hin und wieder Korallen (Abb. 5). Am Fuss des Felssporns, auf dem die Gspaltenhornhütte (7) – unser Etappenziel – seit 1937 thront, begegnen wir den Fundamenten der alten Hütte (Baujahr 1911), welche wegen Felssturzgefahr aufgegeben wurde.

Die Wilde

Den Rucksack entledigt und mit einem Getränk in der Hand geniessen wir die Aussicht von der Gspaltenhornhütte nach Westen. Sofern sie sich nicht in Wolken hüllt, offenbart die Wildi Frau den Bau der Doldenhorn-Decke in ihrem frontalen Teil. Wir erkennen in der Ost-Wand eine nordwärts gerichtete, liegende *Antiklinale* (Abb. 6). Deren Kern besteht aus oberjurassischen Quinten-Kalken, umhüllt von dunkelgrauen, unterkretazischen Öhrli-Mergeln, welche gegen oben kalkiger werden und in die Kalke der Öhrli-Formation überleiten. Im Gipfelbereich fallen die ockerfarbenen Felswände auf, die aus ebenfalls unterkretazischem Helvetischem Kieselkalk und zuoberst aus Sandsteinen und Sandkalken des späten Eozäns bestehen.

In dieser Abfolge werden die Schichten zunehmend jünger (Quinten-Formation: ca. 160–145 Mio. Jahre, Sedimente des Eozäns: um 37 Mio. Jahre). Sie bilden den *Normalschenkel* der liegenden *Antiklinale*, während der *Verkehrtschenkel* ausgedünnt und zerschert vorliegt (Skizze in Abb. 6, vgl. Einführung). Den Helvetischen Kieselkalk erkennen wir nochmals als schmales, grünlichbraunes Band, eingekeilt unterhalb der liegenden Falte, nun im Kern einer flach lie-

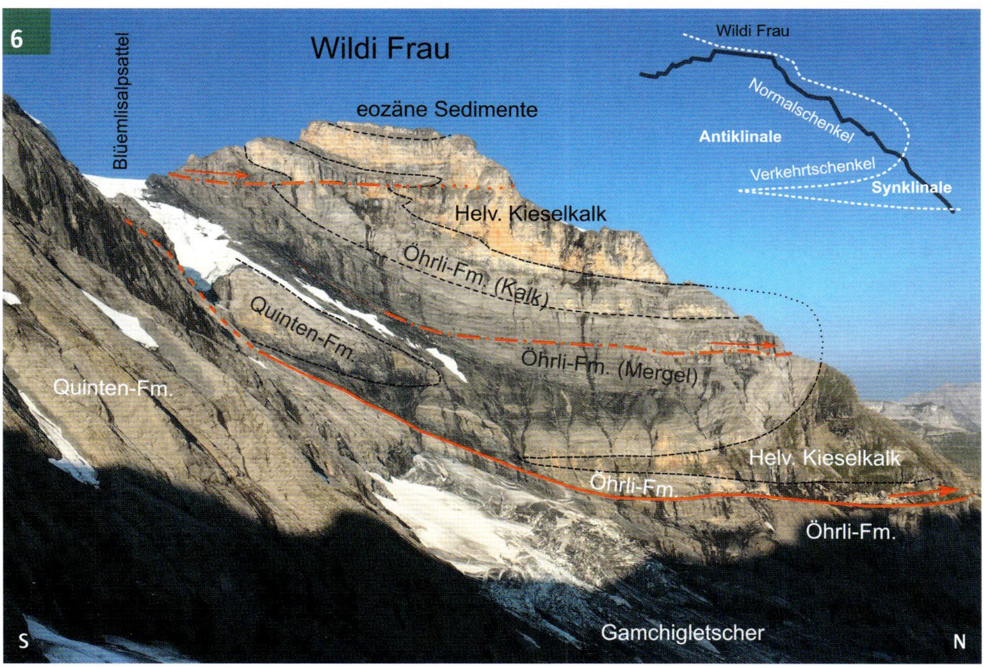

genden *Synklinale*. Darunter finden wir wiederum graue Kalke der Öhrli-Formation, die gegen unten durch eine Überschiebung von darunterliegenden Öhrli-Mergeln abgegrenzt ist. Die grossräumige *Überschiebung* verläuft leicht abfallend talauswärts, bergwärts hingegen zieht sie steiler werdend durch die mächtige Felsflanke hinauf, wo sie östlich des Morgehorns in die Südwand der Blüemlisalpgruppe mündet.

Diese Gesteine sind nicht hier entstanden, sondern viel weiter südlich: Im Laufe der Alpenbildung wurden die Ablagerungen des Tethysraums durch *plattentektonisch* bedingte Kompression noch im Erdinnern gestaucht, als Decken übereinandergeschoben, verfaltet und weit über Meeresniveau hinaus angehoben. Sie entstammen einem Ablagerungsraum, der bis vor etwa 30 Mio. Jahren rund 28 km weiter SSE lag, im Bereich des heutigen Rhonetals.

Deckenpanorama

Seit der Griesalp sind wir stets tiefer in den Deckenstapel gewandert. Überquerten wir nun auch die Gamchilücke, kämen wir noch tiefer in die Doldenhorn-Decke und in noch ältere Schichten. Beim Tschingelpass (2,4 km weiter SSE) wären wir an der Basis der Trias (252 Mio. Jahre) und beim direkt südlich anschliessenden Mutthorn bereits im deutlich älteren *Grundgebirge* des Aarmassivs (Abb. 7).

Wir hingegen nehmen den Weg zur Trogegg (8) und steigen wieder in Richtung höherer tektonischer Einheiten. Wir lassen die Quinten-Kalke im Gebiet der Gspaltenhornhütte hinter uns und nach P. 2330 marschieren wir – leicht ansteigend – bald in Kalken der Öhrli-Formation (ca. 142 Mio. Jahre). Etwa 100 m vor der markanten Wegkehre bei der Trogegg erreichen wir den Grenzbereich zum Helvetischen Kieselkalk (ca. 132 Mio. Jahre), wo fossilreiche Schichten zu entdecken sind. Leider sind die biogenen Überreste in der Doldenhorn-Decke infolge der Gebirgsbildung stark *rekristallisiert* und nicht immer leicht zu identifizieren. Trotzdem lassen sich hier Korallen und Muscheln finden. Bei der Trogegg weitet sich der Blick talauswärts bis zur Niesenkette (Abb. 8), welche zu den penninischen – weiter aus dem Süden stammenden und über dem Helvetikum liegenden – Decken gehört (vgl. Touren 12, 13 und Einführung).

Der weitere Weg verläuft am Fuss der schroffen, zerklüfteten NW-Flanke des Büt-

7

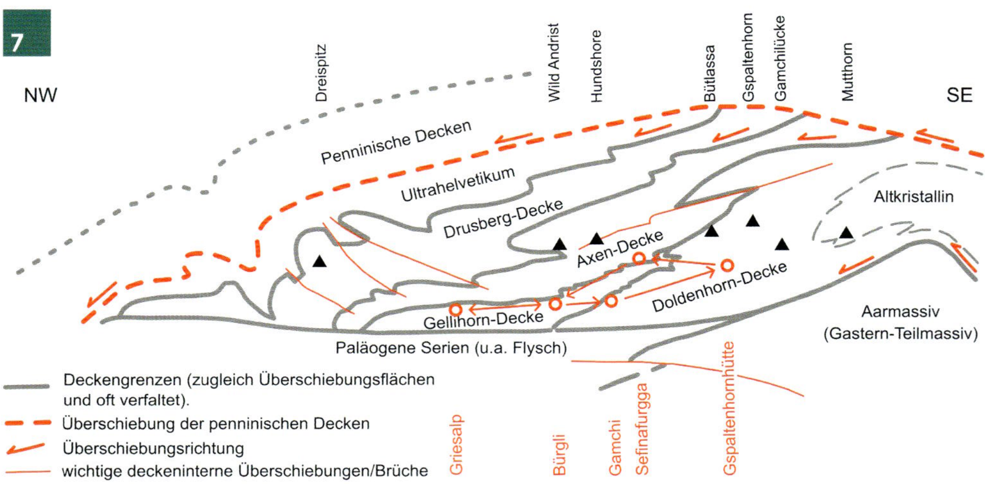

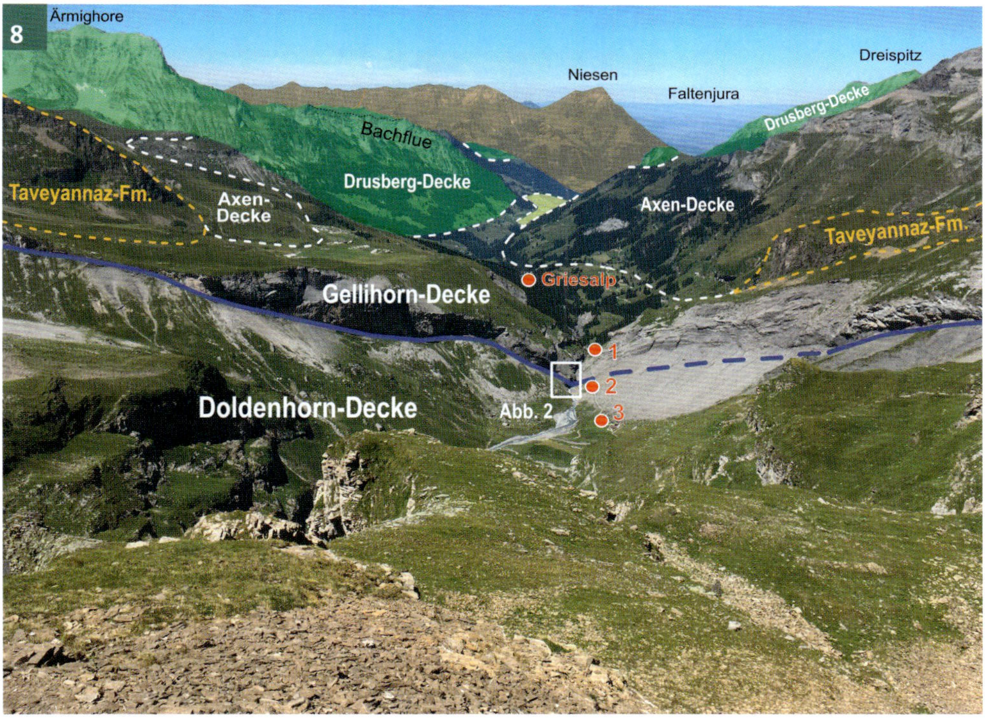

lassa. Rechts dominiert zäher, grünlichbraun anwitternder Helvetischer Kieselkalk, in den weiter oben graue Kalke der Öhrli-Formation eingefaltet sind. Links unterhalb des Weges fallen im Wiesland flach lagernde Sandsteine, sandige Kalke und untergeordnet helle Kalke des späten Eozäns auf (Niederhorn-Formation, vgl. Beiträge 16 und 17).

Abb. 7: *Aufbau des Deckenstapels im Kiental-Querschnitt (sehr schematisch). Rote Punkte: Approximativer Verlauf der Wanderung.*
Abb. 8: *Deckenstapel im Kiental. Grenze zwischen Doldenhorn- und Gellihorn-Decke (blau, vgl. Wegpunkt (2)). Die weiteren helvetischen Einheiten sind beschriftet, sichtbare tektonische Grenzen grob markiert (weiss/orange gestrichelt). Im Hintergrund bräunlich: Penninische Niesen-Decke. Unter dem Helvetikum liegende Einheiten gelbgrün. Rot: Wegpunkte.*

Solche Sandsteine bilden auch den Felsbuckel direkt oberhalb des Wegs (9). Diese Gesteine sind zuweilen fossilreich (*Grossforaminiferen, Algenknollen*), aber die Fossilien leider meist kaum zu erkennen. Sie wurden in flachem Meer, teils im Küstenbereich gebildet.

Der Weg beginnt anzusteigen. Über eine kurze Leiter verlassen wir die Doldenhorn-Decke und gelangen in die darüberliegende, tektonisch zerscherte und ausgedünnte Gellihorn-Decke. Die Tektonisierung zeigt sich im Auftreten verschiedenartiger Gesteine, die teils linsenförmig in Pakete aufgelöst und ineinander verschuppt sind, was im obersten Teil des steilen Anstiegs gut zu erkennen ist (10). Sie sind umgeben von paläogenen Mergel- und *Flysch*-Schiefern, welche auch den Untergrund der von schiefrigem Schutt erfüllten Geländemulde südlich davon bilden (Abb. 9).

Vulkanismus und ein Hauch von Tiefsee

Bei P. 2626 (11) erreichen wir den Kontakt zwischen der Gellihorn-Decke und dem Sandstein der Taveyannaz-Formation (Abb. 9), dem augenfälligsten Gestein der *Nordhelvetischen Flysch*-Gruppe. Das hier grobbankig bis massig ausgebildete Gestein bildet eine grosse, nach Nordwesten abtauchende, starre Gesteinsplatte, welche der darunterliegenden Decke auflagert, aber an deren Verfaltung nicht beteiligt ist. Unklar ist, ob diese ein eigenständiges tektonisches Element darstellt, das zwischen der Gellihorn- und der noch höheren Axen-Decke liegt.

Die Sandsteine der Taveyannaz-Formation (ca. 34 Mio. Jahre) wurden zusammen mit anderen *Flyschablagerungen* in ein Meeresbecken («*Flyschtrog*») sedimentiert, welches sich im Vorfeld der von SSE herannahenden alpinen Deckenfront bildete. Besonderes Merkmal der Sandsteine ist die Dominanz kleinster vulkanischer (andesitischer) Gesteinstrümmer, ein eindeutiger Hinweis für vulkanische Aktivität zu dieser Zeit. Das Vulkangebiet muss weit südlich gelegen haben und der Transport der vulkanischen Komponenten über grosse Distanzen erfolgt sein. Die Sandsteine wittern grünlich- bis rötlichbraun(grau) an und sind typischerweise gefleckt.

Die Sandsteinbänke werden oft durch schwarze Schiefer («Dachschiefer») voneinander getrennt. Die Schiefer können tektonisch bedingt auch fehlen, dafür aber lokal angehäuft auftreten. Sandsteine wie Schiefer sind das Produkt von submarinen Trübeströmen (*Turbidite*, vgl. Beitrag 17), durch welche teils noch wenig verfestigte Sedimente, u. a. aus flacheren Schelfbereichen, mobilisiert und im Flyschtrog erneut sedimentiert wurden. Die Sandsteine entsprechen dem grobkörnigen, «lawinenartig» bewegten und oft in einer submarinen Rinne kanalisierten Teil der Ablagerungen, die Schiefer den feinkörnigen, aus der Suspension sedimentierten Partikeln.

Entlang der Basis der Axen-Decke

Nach der Traverse eines markanten Felsriegels, an dessen Beginn eine Sandstein-Rippe (Taveyannaz-Formation) gequert wird, gelangen wir auf die Sefinafurgga, die Wasserscheide zwischen Lütschine und Kander (12). Etwa 100 m nach dem Felsriegel setzen dunkelbraungraue bis schwarze Schiefer ein (basale Bommerstein-Formation ca. 174 Mio. Jahre). Sie markieren die Basis der Axen-Decke, die von Süden auf die Doldenhorn-

und die Gellihorn-Decke überschoben wurde (Abb. 7). Farblich dominieren dunkle, braungraue bis anthrazitfarbene, eisenhaltige Schichten des Mittleren Jura («Dogger», 174–164 Mio. Jahre), die sich bis zur Hundsflue auftürmen. Weiter nördlich bauen die jüngeren, kalkdominanten Schichten der Schilt-Formation (ca. 163 Mio. Jahre) und die Quinten-Formation das Hundshore auf (Abb. 10). Die Schichten des «Doggers» lassen sich bei guter Sicht gegen NE bis zum Schilthorn verfolgen.

Von P. 2611 führt der Weg über eine steile Holztreppe talwärts. Rechts beeindrucken die schiefrigen, dunkeln Doggerwände, auch Liefergebiet der braunen Schutthalden entlang des Weges. Links begleitet uns der ausgedehnte Rücken des schroff und kantig verwitternden, oft von grünlichen Flechten bewachsenen Sandsteins der Taveyannaz-Formation. Unter diesem finden sich lokal schwarze «Dachschiefer», so ca. 250 m ESE der Alphütten Obere Dürreberg (13).

Beim weiteren Abstieg gelangen wir oberhalb der Alp Uf de Hüble an das W-Ende der Taveyannaz-Platte (14), der wir erstmals bei (11) begegnet sind. Die hier imposante Mächtigkeit des Sandsteins von über 100 m dürfte auf tektonisch bedingte Verschuppungen zurückzuführen sein, ist aber auch ein Indiz, dass wir uns im Nahbereich eines submarinen Canyons befinden könnten, der konzentriert gröberes Material in die Tiefe verfrachtete.

Die herumliegenden Blöcke sind Zeugen wiederholter Felsabbrüche aus der mächtigen Wand.

Weiter steigen wir ab bis zum Bürgli. Auf ein erfrischendes Getränk müssen wir uns noch bis zur Griesalp gedulden, aber der Brunnen neben der Alphütte spendet wenigstens kühles Nass.

Abb. 9: *Tektonischer Kontakt zwischen der Gellihorn-Decke und den Sandsteinen der Taveyannaz-Fm. Rot: Wegpunkte.*

Abb. 10: *Blick auf die Axen-Decke kurz vor der Sefinafurgga: Die dunklen Schichten des mittleren Jura (Dogger) prägen das Landschaftsbild.*

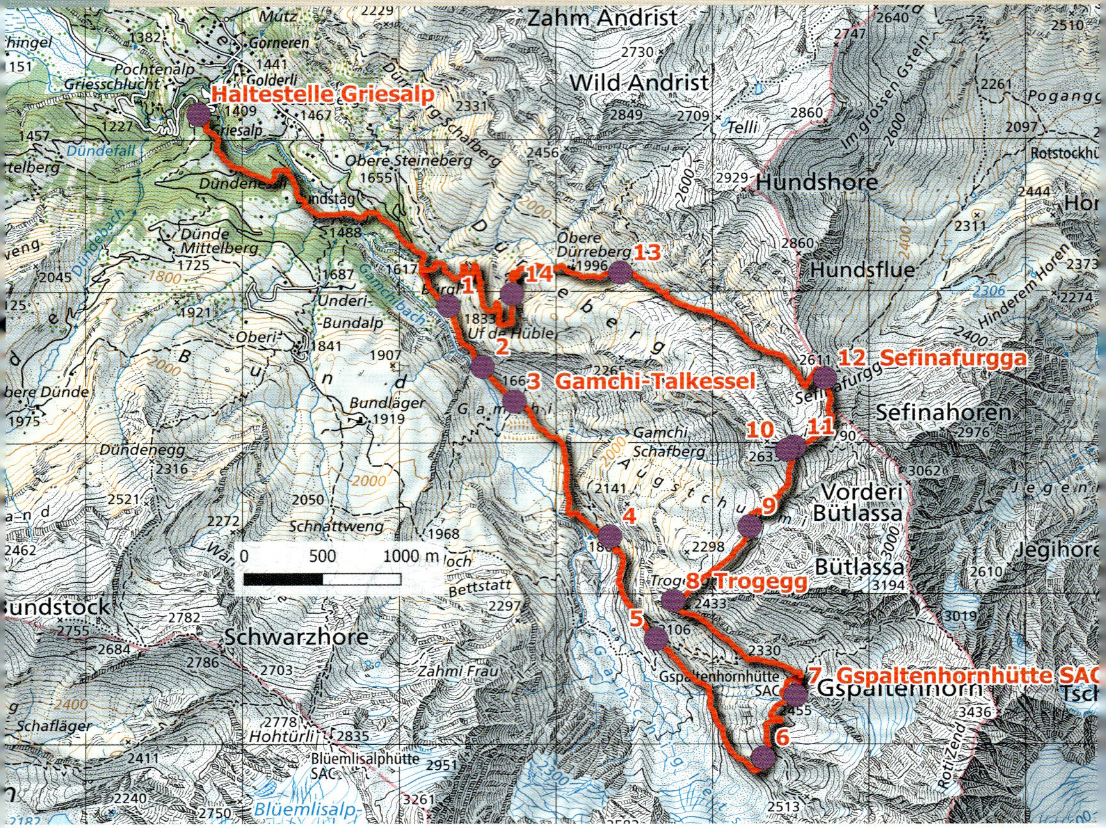

Tourenifo

- **Ausgangs- und Endpunkt:** *Griesalp. Erreichbar mit Postauto ab Reichenbach i. K. oder mit P (sehr steile, schmale und engkurvige Strasse).*
- **Erster Tag:** *Griesalp–Gamchi–Gspaltenhornhütte, 7,9 km, Aufstieg 1 100 m (T3+). Reine Marschzeit über den Moränenweg etwa 3 h 45'. Bei Bedarf kann von P. 2106 direkt zur Hütte aufgestiegen werden (minus 15').*
- **Zweiter Tag:** *Gspaltenhornhütte–Sefinafurgga–Griesalp, 10,2 km, Aufstieg 430 m, Abstieg 1 500 m (T3). Reine Marschzeit etwa 4 h.*
- **Einkehrmöglichkeiten:** *Griesalp, Gspaltenhornhütte.*
- **Charakterisierung der Wanderung:** *Markierter Bergwanderweg; Weg meist gut, im Geröll teils nur Wegspur, an wenigen Stellen etwas exponiert; Trittsicherheit erforderlich.*
- **Jahreszeit:** *Sommer bis Herbst, Öffnungszeiten der Gspaltenhornhütte und Fahrplan des Postautos Reichenbach–Griesalp beachten. Gspaltenhornhütte: Anmeldung für Übernachtung obligatorisch (www.gspaltenhornhuette.ch).*

28 | Kandertal – das Tal der Bergstürze

FLAVIO ANSELMETTI UND WILLY TINNER

1

Abb. 1: *Aussicht vom «Spitze Stei» über die Gleitfläche der grossen Bergstürze. Rund 2000 m tiefer im Tal liegt Kandersteg auf den Bergsturzablagerungen des Kandertals. Rechts ist der Oeschinensee sichtbar.*

Bergstürze einst und heute

Das Kandertal bildet eine tief eingeschnittene Kerbe, die zuhinterst im Gasteretal das kristalline Aarmassiv freilegt, aber sonst zum grössten Teil durch die verschiedenen helvetischen Sediment-Decken aufgebaut wird. Das Kandertal wurde seit der letzten Eiszeit mehrmals von riesigen Bergstürzen betroffen, welche einen grossen Teil des Talbodens zwischen Kandersteg und Frutigen aufbauen (Abb.1). Auch heute noch ist es im Tal nicht ruhig geworden. Das Rutschgebiet rund um den «Spitze Stei» sorgt am Oeschinensee und in Kandersteg für Unruhe, und auch im Westen von Kandersteg sind im Jahr 2023 grössere Felsbrocken zu Boden gedonnert. Die Hauptmasse der riesigen holozänen Bergstürze stammt aus der Doldenhorn-Decke südlich des Oeschinensees beim Äusseren Fisistock, ein weiterer Teil aus der Gellihorn-Decke bei der Bire. Das Bergsturzmaterial bedeckt talabwärts eine sehr lange Strecke von 13 km, mit dem grössten für die Alpen dokumentierten Fahrbahn-Höhenunterschied von 2100 m (Abb. 2). Besonders spektakulär sind die Abrissnische beim Fisistock, die man vom Kandertal oder vom Oeschinensee aus gut sieht, sowie die riesigen herabgestürzten Gesteinsblöcke z.B. beim Blausee. Diese Wanderung führt uns auf eine Spurensuche der Auswirkungen dieser Bergstürze, zuerst aus sicherer Entfernung im Talboden von Frutigen, dann bis zu den Abbruchnischen um den Oeschinensee.

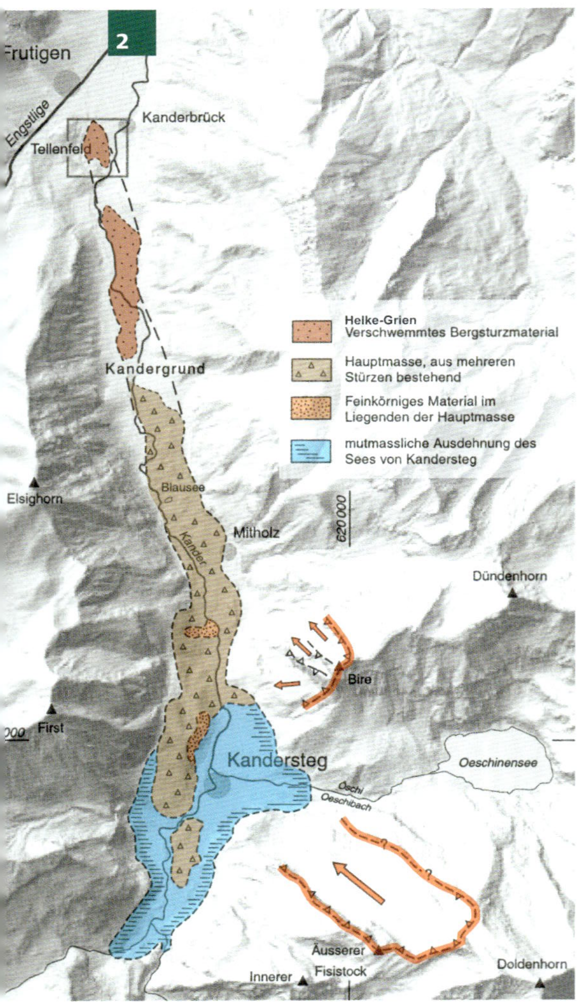

Geologie des Kandertals bei der Tellenburg

Unsere Geotour beginnt auf dem Burghügel der Tellenburg (1), die bereits im 13. Jahrhundert erwähnt wurde. Beim Aufstieg auf den Burghügel und speziell bei der «Rhybrugg» am Fuss des Hügels bestehen die Gesteine aus einer Sandstein-Mergelabfolge, der «Taveyannaz-Formation» (vgl. Tour 27). Dieser Sandstein, auf dem heute die Tellenburg steht, gehört zusammen mit anderen Flyschgesteinen zum etwa 30 Mio. Jahre alten Nordhelvetischen Flysch. Dieser wurde durch Trübeströme in einem Meeresbecken nördlich der entstehenden Alpen auf das noch undeformierte Helvetikum geschüttet. Speziell am charakteristisch grün-gräulichen Taveyannaz Sandstein ist sein grosser Anteil an wiederaufgearbeitetem vulkanischem Material ein Zeichen dafür, dass der Alpenbogen zur Zeit des Oligozäns einen aktiven Vulkanismus besass.

Ganz anders entstanden ist hingegen der tiefe Einschnitt des Kandertals, welches erst viel später, vor allem während den Eiszeiten, durch vorwiegend glaziale Erosion geformt wurde. Die letzte Eiszeit, die ihren Höhepunkt vor ca. 22 000 Jahren erreichte, endete vor 11 700 Jahren. Die maximale Eisdicke über Frutigen und Kandersteg hatte etwa 600 m betragen.

Der Helke-Grien und die verheerenden Spuren eines riesigen Bergsturzes im ehemaligen See bei Frutigen

Von der Tellenburg hat man einen guten Rundblick Richtung Norden, zum Tellenfeld in Frutigen, wo sich über eine grosse Fläche verschwemmtes Bergsturzmaterial in einer Mächtigkeit von 3–6 m abgelagert hat. Dieses muss offensichtlich von einem grossen Bergsturz stammen, der sich talaufwärts, bei Kandersteg ereignet hatte. Das Bergsturzmaterial befindet sich teilweise an der Oberfläche, teilweise unter Verlandungs- und Moorablagerungen (Seekreide, Torf) eines ehemaligen Feuchtgebietes (Abb. 3). Das Bergsturzmaterial wird auch «Helke-Grien» genannt (Grien = Kies oder hier eher Kiesfläche) und bedeckt auf einer Strecke von ca. 4 km zwischen Frutigen und Kandergrund den Boden des Kandertals. Das maximale Alter des Helke-Griens wurde mittels Radiokarbondatierungen von terrestrischen pflanzlichen Makroresten (z. B. Borke, Nussfragmente, Holz direkt unterhalb des Helke-Griens) auf ca. 9100 Jahre geschätzt. Das Minimalalter der ungestörten Stillwasserablagerungen oberhalb des Helke-Griens wurde mit der Radiokarbondatierung von Holz auf 6350–6050 Jahre vor heute datiert. Es ist deshalb wahrscheinlich, dass seither oder vermutlich sogar seit 9100 Jahren, kein Bergsturzmaterial mehr den Raum zwischen Kandergrund und Frutigen erreicht hat.

Abb. 2: *Übersicht über die Verbreitung der Bergsturzablagerungen im Kandertal (verändert nach Tinner 2005).*

Unter dem Helke-Grien wurden beim Bau des Nordportals des Lötschbergbasistunnels Seeablagerungen entdeckt (Abb. 3). Die Seeablagerungen entstanden vermutlich bei der Verlandung eines Altarms der Kander (Abb. 3a) und enthielten Pollen- und Makroreste von Pflanzen, aus denen die Vegetations- und Feuergeschichte abgeleitet werden konnte. In Kombination mit Radiokarbondaten konnte ein verheerendes Bergsturzereignis vor 9600 Jahren rekonstruiert werden. Die Waldvegetation rund um das heutige Frutigen wurde auf mindestens 10 km^2 (Polleneinzugsgebiet) durch eine Luftdruckwelle verwüstet (Abb. 3b), die vom Bergsturz ausgelöst wurde. Funkenschlag beim Bergsturz und später in grossen Mengen herumliegendes Totholz (Brandgut) lösten mehrfach verheerende Waldbrände aus (Abb. 3b). Übrig blieb eine Offenlandvegetation aus Gräsern, Kräutern und Farnen, die sich allmählich zu Strauch- und Waldgemeinschaften entwickelte. Ganz im Gegensatz zu anderen Orten im Oberland und Mittelland herrschten nach der Waldzerstörung Föhrenwälder vor (Abb. 3c), die für Bergsturzgebiete typisch sind. Diese massiv gestörte frühholozäne Vegetationsentwicklung ist für die Schweiz, die Alpen und Europa in ihrer Grösse und Bedeutung einmalig. Wie auch für die heutige prekäre Lage am «Spitze Stei» geht man davon aus, dass das überaus warme frühholozäne Sommerklima (orbitales Einstrahlungsmaximum) den Bergsturz durch Schmelzen des Permafrosts begünstigt haben könnte.

Doch weshalb kam es erst einige Jahrhunderte nach dem Bergsturz zur Ablagerung des Bergsturzmaterials im Helke-Grien? Grund waren vermutlich Bergsturzablagerungen bei Kandersteg, welche die Kander zu einem See aufgestaut hatten (Abb. 2). Vor

3 Frutigen-Tellenfeld: Vegetationsdynamik nach Bergsturz und Ablagerung des «Helke-Grien»

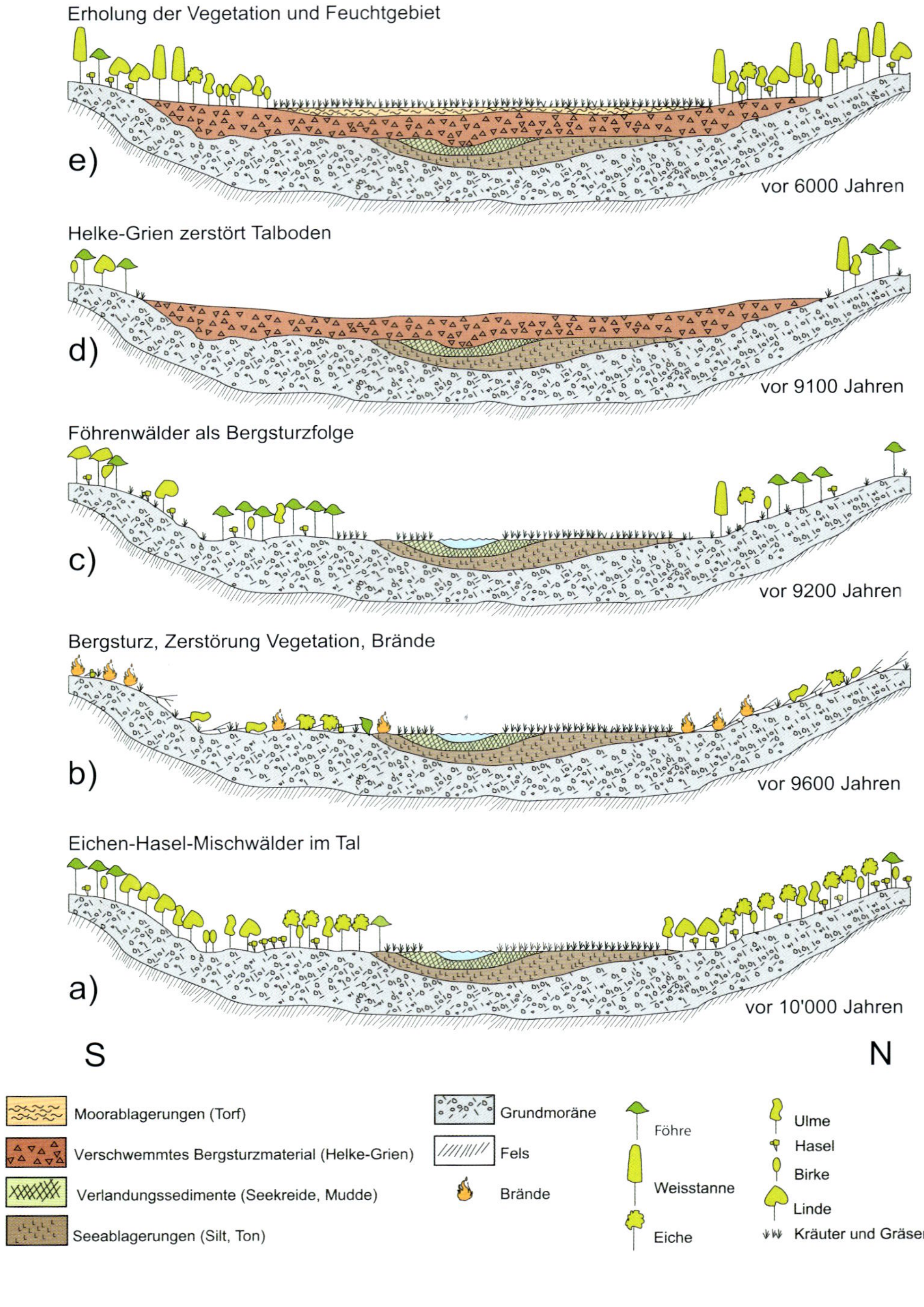

9100 Jahren, ca. 500 Jahre nach dem Bergsturz, entleerte sich der See in Kandersteg katastrophenartig durch einen Dammbruch und verschwemmte das Bergsturzmaterial bis nach Frutigen (Abb. 3d), sodass es (als Helke-Grien) auch den See in Frutigen-Tellenfeld auffüllte. Das Bergsturzmaterial wurde also nicht direkt durch den Bergsturz an dieser Stelle abgelagert, sondern erst später durch ein riesiges, murgangartiges Ereignis. Diese zweite Katastrophe zerstörte den See und sein Umland, erst mit der Zeit entwickelte sich ein Feuchtgebiet auf dem Helke-Grien und die Vegetation erholte sich (Abb. 3e).

Der Weg führt uns nun am westlichen Talrand entlang einem Strässchen gemächlich Richtung Süden. über eine Brücke überqueren wir die Kander und erreichen den Eingang zum Blausee (Eintrittsgebühr).

Blausee: Von Bergstürzen geformt

Der Blausee liegt mit seinem kristallklaren blauen Wasser in einer unregelmässig geformten Landschaft aus riesigen Bergsturzblöcken eingebettet (2). Inmitten dieser Blöcke hat sich nach dem Bergsturz eine Depression gebildet, die unter den Grundwasserspiegel reicht und somit durch das Grundwasser gespiesen wird, was auch die klare blaue Farbe des Sees und die Lichtabsorption erklärt. Während Hobby-Angler Jagd auf Forellen machen, richten wir hingegen unser Augenmerk auf die riesigen Blöcke (Abb.4). Einige wurden mit der sogenannten «Expositionsalter»-Methode datiert (vgl. Tour 2), wozu das Chlor-Isotopenverhältnis auf der Oberfläche der Kalksteinblöcke gemessen wird. Alle diese Blöcke zwischen dem Blausee und dem nächsten Stopp (3) oberhalb Kandersteg zeigen ein Alter von ca. 3200 Jahren, was darauf hinweist, dass der Bergsturz vor 9600 Jahren, der zum Helke-Grien führte, nicht das einzige dramatische Ereignis dieses Ausmasses war. Das Volumen beider Bergstürze wird zusammen auf bis zu 1 km^3 geschätzt, also ca. 30-mal mehr als das Volumen des Goldauer Bergsturzes von 1806. Nur der Flimser Bergsturz vor 9500 Jahren war mit 10 km^3 Schuttmasse deutlich grösser.

Abb. 3: *Landschaftsentwicklung beim Tellenfeld (Frutigen, Schweiz) mit Altersangaben, Vegetationsveränderungen und Entstehung der quartären Ablagerungen.*

Abb. 4: *Bergsturzblöcke beim Blausee.*

Vom Blausee geht das Strässchen weiter und steigt auf der grobblockigen Bergsturzmasse stetig bergan und erreicht den spektakulären Aussichtspunkt «Uf dr Höh» oberhalb von Kandersteg (3).

«Uf dr Höh»: Aussicht auf das Abrissgebiet

Hinter dem Dorf erheben sich das Doldenhorn und die Blüemlisalp, die den noch hinter dem Bergrücken versteckten Oeschinensee überragen (Abb. 5). Unser Aussichtspunkt befindet sich direkt auf den riesigen Bergsturzmassen, die vom Üssere Fisistock vor ca. 3200 und vor ca. 9600 Jahren niederstürzten. Hier bestehen sie im oberen Bereich nicht aus Bergsturzblöcken, sondern aus einer fein zerbrochenen und verriebenen Trümmermasse.

Die weiss verschneite, gleichmässig geneigte Fläche unterhalb des Doldenhorns bildete die Gleitfläche der Bergstürze (rote Umrandung in Abb. 5). Das Doldenhorn entspricht dem nicht abgestürzten Teil und die vertikale Ostwand des Üssere Fisistocks der seitlichen Abrissfläche (orange Umrandung). Links von der grossen Ausbruchsnische erkennt man noch die Reste des Spitze Steis, der in einer Bergflanke liegt, die sich seit 2018 stark bewegt (Abb. 1). Da es immer wieder zu Felsstürzen kommt, wird der Spitze Stei seit 2018 mit viel Aufwand und begleitet von Medienpräsenz überwacht. Durch Felsbewegungen und Starkniederschläge entstehen auch immer wieder Murgänge im Oeschibach, welche Teile des auf dem Alluvialkegel gebauten Dorfs Kandersteg bedrohen. Deshalb wurden verschiedene Dämme gebaut und weitere Schutzmassnahmen getroffen, die im Falle eines grossen Murganges das Dorf entsprechend schützen sollen.

Wir folgen nun dem Wanderweg steil durch die feinkörnige Bergsturzmasse direkt nach Kandersteg hinunter und wandern auf dem Alluvialfächer des Oeschibachs zur Gondelbahn Kandersteg-Oeschinensee. Sportliche Personen wandern zur Bergstation, die anderen lassen sich von der Gondel hochtragen und warten bei einem Kaffee, bis erstere die 480 Höhenmeter geschafft haben. Von der Bergstation geht es mehr oder weniger flach zum Aussichtspunkt «Läger» (4), der oberhalb des Oeschinensees liegt.

Der Oeschinensee und sein Bergsturzamphitheater

Der Weg zum Oeschinensee führte uns am Nordrand des Oeschinen-Bergsturzes vorbei. Er besteht aus rund 37 Mio. m^3 an Bergsturzablagerungen, die vom Doldenhorn abglitten und den Oeschinensee aufgestaut haben. Das Alter des Bergsturzes wurde mit Expositionsaltern an grossen Blöcken

6

auf ca. 2300 Jahre vor heute datiert. Er ist also jünger als die beiden grossen Bergstürze, die den Boden des Kandertals erreichten. Paläoseismische Studien weisen darauf hin, dass womöglich ein starkes Erdbeben vor 2300 Jahren der Auslösemechanismus für zahlreiche Bergstürze im Alpenraum war. Vom Läger (4) erkennt man die steilen, teils senkrechten Wände, die den See umrahmen (Abb. 6). Untersuchungen durch Bohrungen im Seesediment haben ergeben, dass insgesamt elf grössere Bergstürze (im Schnitt alle 200 Jahre) direkt in den See abgingen. Mit Volumen von einigen 10 000 m^3 waren diese aber deutlich kleiner. Einige dieser Bergstürze wurden wahrscheinlich durch Erdbeben ausgelöst, andere durch starke Niederschläge. Im Jahre 1846 überfloss der See den Bergsturzriegel, wohl nach einer Impulswelle, die ein Felssturz ausgelöst hatte. Dies führte zu Hochwasserschäden weiter unten im Kandertal.

Abb. 5: *Aussichtspunkt «Uf dr Höh» (3): Blick auf Kandersteg und zum Doldenhorn, dem Üssere Fisistock und der Blüemlisalp. Die rot umrandete Fläche entspricht der Gleitfläche der holozänen Bergstürze, die orange umrandete der lateralen und hinteren Abrissfläche. In Grün die heute aktive Rutschfläche des Spitze Stei. Die Ortschaft steht gut erkennbar auf dem Schuttfächer des Öschibachs.*
Abb. 6: *Blick vom Endpunkt der Wanderung in das Bergsturz-Amphitheater des Oeschinensees.*

Die steilen Wände der Blüemlisalp

Die steilen Wände unmittelbar über dem Oeschinensee bestehen aus einem sehr verschachtelten, Gleitbrett-artigen Stapel aus teils eng verfalteten Oberjura und Unterkreide-Sedimenten (Abb. 6). Die mächtigen steilen Wänden werden aus Quinten-Kalk und Öhrli-Kalk gebildet, Verflachungen dazwischen bestehen hingegen aus Öhrli-Mergeln und teilweise aus der Helvetischen-Kieselkalk-Formation. Diese komplexe tektonische Abfolge wird nach Norden zuerst von Nordhelvetischem Flysch, den wir bei der Tellenburg bereits kennengelernt haben, und dann von der kleineren Gellihorn-Decke überlagert. Eine analoge Situation lernen wir auch auf Tour 27 kennen.

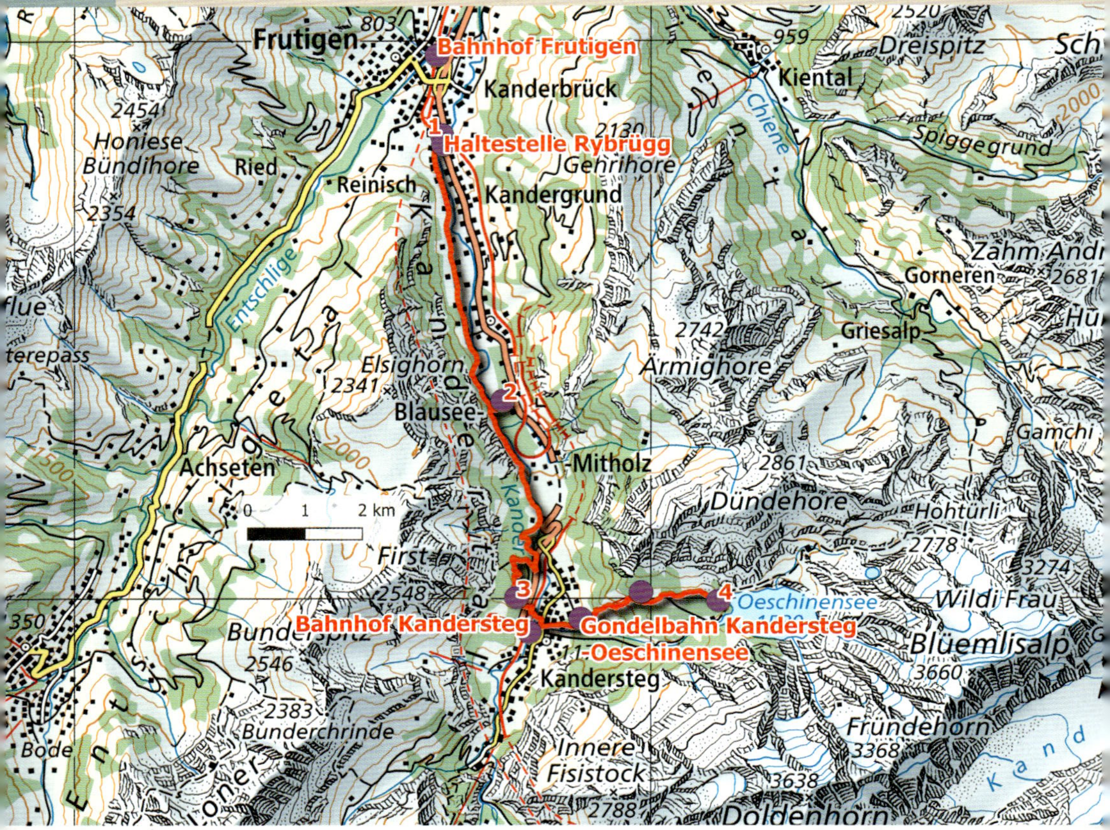

TOURENINFO

- **Ausgangspunkt:** *Bahnhof Frutigen oder Bushaltestelle Frutigen, Rybrügg (zu Fuss ab Bahnhof ca. 20 Minuten)*
- **Endpunkt:** *Bahnhof Kandersteg*
- **Wegdauer:** *Ohne Bus und Gondelbahn ca. 6 Stunden, bei Benutzung der Gondelbahn Kandersteg–Oeschinensee rund 1,5 h weniger.*
- **Weglänge:** *von Tellenburg bis Oeschinensee 16,5 km, bei Benutzung der Gondelbahn rund 2 km kürzer.*
- **Höhendifferenz:** *1125 m, bei Benutzung der Gondelbahn rund 500 Höhenmeter weniger.*
- **Verpflegungsmöglichkeiten:** *In Frutigen, beim Blausee, in Kandersteg und bei der Bergstation Oeschinensee sowie am See selbst.*
- **Tourencharakter:** *Einfache Wanderung auf gut gesicherten Wegen, der Abschnitt von Kandersteg zum Oeschinensee entspricht einer mittelschweren Bergwanderung (T2). Alternativen: Bushaltestellen bei der Tellenburg (Haltestelle Rybrügg), am Blausee und an der Gondelbahn Kandersteg–Oeschinensee. Der Aussichtspunkt «Uf dr Höh» kann vom Bahnhof Kandersteg aus direkt erreicht werden.*

LITERATUR

(1) *Tinner, W. et al. (2005)*

29 Vom Gasteretal zum Lötschepass: Decken und Falten im Wettstreit

JÜRG MEYER

1

Abb. 1: *Blick von P 2095 am Aufstieg zum Lötschenpass auf die nach NW (links) einfallende Diskordanz zwischen Gasterngranit und mesozoischen Sedimenten, also der permischen Landoberfläche. Das helle Gesteinsband ist der Röti-Dolomit.*

Im Falten- und Decken-Wunderland

Unser Touren-Gebiet im Grenzbereich zwischen den helvetischen Decken und dem Grundgebirge des Aarmassivs ist von einem geologisch und geomorphologisch gewaltigen Reichtum (vgl. Touren 21 und 26). In dieser Grenzzone entlang der Südostbegrenzung des Kantons Berns türmt sich von weit her sichtbar die imposante Mauer aus Drei- bis Viertausendern auf.

Die zweitägige alpine Wanderung beschert dreidimensionale Einblicke in den Decken- und Faltenbau. Sie führt aus der kleinen Gellihorn- in die Doldenhorn-Decke und dann in das Grundgebirge des Gastern-Teilmassivs, dem nördlichsten Teil des Aarmassivs (Abb. 2 und 3). Zudem lernen wir spektakuläre Sedimentgesteine und Sedimentstrukturen kennen und treffen auf geomorphologische Leckerbissen.

Dabei werden wir auch zu verstehen beginnen, warum die Alpen kein Falten-, son-

2

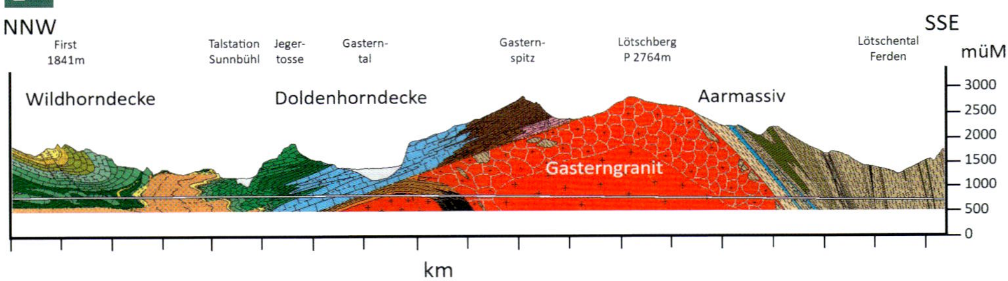

3

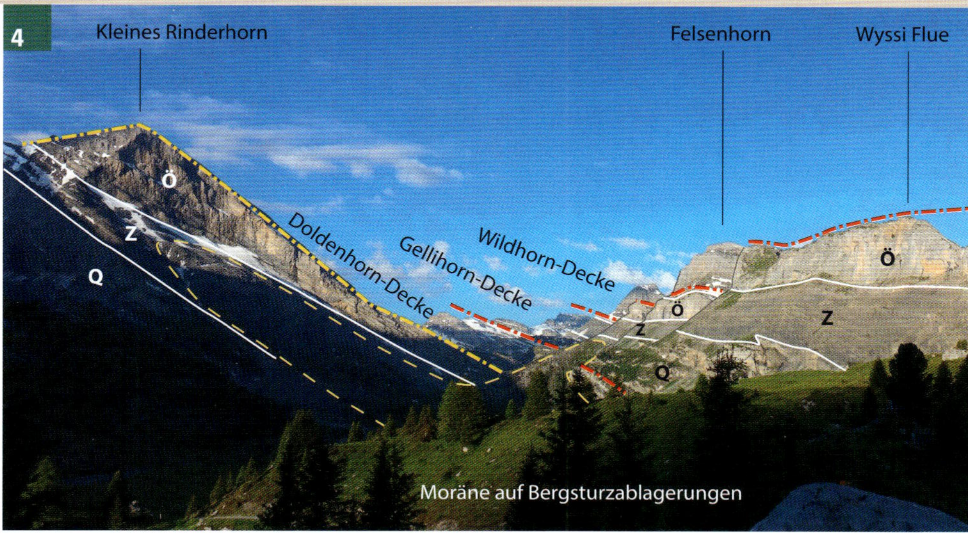

dern ein Deckengebirge sind, und dies, obwohl wir spektakulärste Gesteinsfalten bewundern werden. Diese dürfen aber nicht dazu verleiten, uns die Alpenbildung nach dem veralteten, simplen «Tischdeckenmodell» vorzustellen. Gemäss diesem öffnete sich zwischen den Kontinentalblöcken Europa im Norden und Afrika im Süden ein Meer (Tethys), worin Sedimentgesteine abgelagert wurden. Mit der Annäherung von Afrika an Europa seien diese wie eine Tischdecke zusammengeschoben und aufgefaltet worden.

Abb. 2: *Tektonisches Übersichtsprofil durch das Exkursionsgebiet, entlang der Achse des Lötschberg-Basistunnels (Quelle: swisstopo).*
Abb. 3: *Satellitenbild der Exkursionsregion mit den tektonischen Einheiten. Ba = Balmhorn, Do = Doldenhorn, GT = Gasteretal, Ka = Kandersteg, LP = Lötschenpass, LT = Lötschental, Ri = Rinderhorn, Üg = Üschinengrat.*
Abb. 4: *Blick von Sunnbühl Richtung Gemmi, mit den im Text erwähnten tektonischen und geologischen Einheiten. Weiss: Formationsgrenzen; gelb strichpunktiert: Grenze der Ausbruchnische; feine gelbe Striche: Umgrenzung der Bergsturzablagerung; rot strichpunktiert: Deckengrenzen.*

Die Plattentektonik erzählt eine andere und komplexere Geschichte (vgl. Einführungskapitel!). Vereinfacht gesagt kam es während der Alpenbildung zur Kollision von ozeanischen und kontinentalen Einheiten, die dann in vielen Kilometern Tiefe als alpine Gesteinsdecken übereinandergeschoben wurden. Dabei wurden sie aber auch verfaltet – und es sind diese Falten, die in der Landschaft so prominent in Erscheinung treten, während das Erkennen von Deckengrenzen deutlich schwieriger ist.

1. Tag: Kandersteg – Sunnbühl – Waldhaus – Selden

Das Schulbuch-Trogtal

Wo die Geotour zur Geschichte der Bergstürze im Kandertal endet (vgl. Tour 28), beginnt unsere zweitägige Tour – am Bahnhof von Kandersteg. Mit dem Ortsbus geht's zur Talstation der Sunnbüel-Bahn (1).

Die Bergfahrt bietet tolle Einblicke in das Gasteretal, dieses schulbuchmässig glazial geformte Trogtal mit seinen vertikalen Wänden und dem flachen Talboden. Dort schlängelt sich die Kander durch eine alpine Auenlandschaft.

Deckenbau, Berg- und Eisstürze

Von Sunnbüel wandern wir 10 Min. gegen die Gemmi, bis zu einer schönen Bank links des Wegs (2). Von hier aus lässt sich eindrücklich erkennen, wie die mit rund 35° nach NW einfallenden geologischen Strukturen die Morphologie der Berglandschaft prägen (Abb. 3 und 4): Steile bis vertikale SE-Wände an den Frontseiten der Gesteinsschichten, schräge NW-Flanken parallel zu den Schichtflächen. Das Rinderhorn besteht zuunterst aus Quinten-Kalk (Quinten-Formation, Oberjura, «Q»), dann Zementstein-Formation (Mergel-Kalk-Wechsellagerungen, Oberjura-Unterkreide, «Z») und zuoberst, am Klein Rinderhorn, aus Öhrli-Kalk (Unterkreide, «Ö»). Die Abfolge liegt mit denjenigen am Altels–Balmhorn in der Doldenhorn-Decke. In der Talsenke gegen die Gemmi verläuft die Deckengrenze zur darüberliegenden, geringmächtigen Gellihorn-Decke, die den Üschinengrat und die Wyssi Flue aufbaut. Das Felsenhorn wie auch das Schwarz- und Schneehorn am Horizont im SW liegen dann schon in der überliegenden Wildhorndecke.

Am Klein Rinderhorn erkennen wir eine klassische Bergsturz-Ausbruchnische, deren Ablagerungen darunter, im Arvenwald, an den eingestreuten Riesenblöcken erkennbar ist – eine typische Höcker-Landschaft, mit dazugehörigen kleinen Seelein garniert. Ebenfalls ein Sturzereignis, allerdings eines aus Eis, erfolgte am 11. September 1895. Damals war die mächtige Schichtplatte der NW-Flanke des Altels oben noch von einem instabilen Hängegletscher bedeckt. An diesem denkwürdigen Tag brach ein Grossteil des Gletschers ab und raste in einer zerstörerischen Eislawine über die Alp Spittelmatt und am Gegenhang über den Üschenengrat hinweg – 6 Menschen und 158 Rinder fanden den Tod.

Subglaziale Schlucht und ein Hängetal

Nun folgen wir dem kleinen Weg hinab zum Talboden des Schwarzbachs. Von der Brücke (3) aus sieht man talwärts in die tief eingeschnittene Felsenklamm – eine subglaziale Schlucht, wie sie sich überall dort bildet, wo kleinere Seitengletscher in ein tiefer in das Gebirge hinein erodiertes grösseres Gletschertal münden.

5

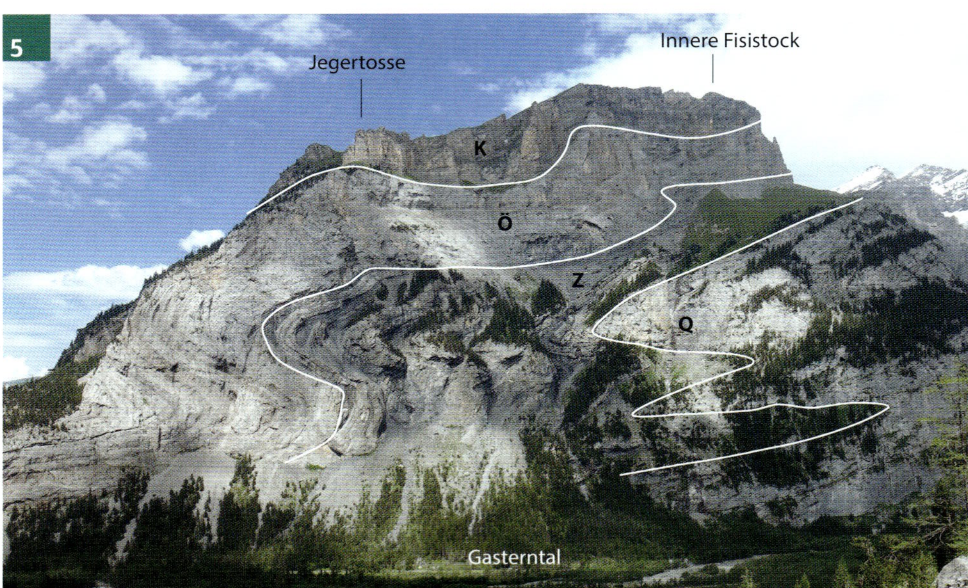

Diese Falten hauen Sie um!

Der Weg schlängelt sich, immer im Öhrli-Kalk der Doldenhorn-Decke, durch steilen Wald hinab ins Gasteretal. Wo er bei P 1474 m aus dem Wald hinaus führt, steigen wir kurz schräg rechts hinauf zu einem grossen Felsblock (4), um dort die umwerfende Aussicht zu geniessen (Abb. 5). Wir blicken hinein in die Deckenstirn der Doldenhorn-Decke, deren Jura- und Kreide-Schichten hier eine Grossfalte bilden. Die rund 100 m mächtigen, homogen geschichteten Öhrli-Kalke («Ö») bilden mit einer deutlichen S-Form das Grundgerüst der Faltenstruktur. Darüber erhebt sich markant der gelbliche Helvetische-Kieselkalk ab. Die Wechsellagerungen aus mergeligen, weichen Schichten und Kalksteinlagen der Zementstein-Formation («Z») bilden ein ziemliches Durcheinander von unregelmässigen Falten, sie scheinen quasi hineingestopft. Rechts unten folgen die massiven Quinten-Kalke («Q»), welche einen komplett anderen Faltenstil zeigen, sie sind in enge Spitzfalten gelegt, und möglicherweise spielen auch Überschiebungen eine Rolle. Fazit: Die Art der sich bildenden Faltenstrukturen hängt stark von den Gesteins-Eigenschaften ab.

Unter uns liegt der flache Talboden des Gasteretals, eine der seltenen, noch gut erhaltenen alpinen Auenlandschaften, welche durch das nationale Aueninventar geschützt ist. Die quartären Schotterfüllungen sind seit dem Rückzug der letzteiszeitlichen Gletscher in den letzten rund 12 000 Jahren abgelagert worden. Darunter verbirgt sich ein vom Gletscher ausgehobeltes, übertieftes Tal, wie die Arbeiter am Lötschbergtunnel am 23. Juli 1908 schmerzlich erleben mussten. Nach einer Sprengung bei km 2,674 unter dem Gasteretal brachen in einem Schwall 7 000 m^3 Kies und Sand in den Tunnel ein, wobei 26 Bergleute umkamen. Dieser tragische Unfall war wohl der schwärzeste Moment im Leben des bekannten Geologen Albert Heim. Er hatte die aushobelnde Wirkung der Gletscher massiv unterschätzt und nicht erwartet, dass der Felsuntergrund des Gasteretals unter der Höhenlage des Tunnels bei 1 200 m liegen könnte.

Abb. 5: *Die Riesenfalten der Doldenhorn-Decke auf der Nordseite eingangs Gasteretal, mit den im Text erwähnten tektonischen und geologischen Einheiten. Weiss; Formations-Grenzen. «Z» umfasst die bloss schwierig zu trennenden Öhrlimergel und Zementstein-schichten.*

Spektakuläre Karstquellen – manchmal

Im Talboden auf der ersten grossen Lichtung etwas nach rechts gehen, um einen guten Blick auf die untersten Felswände des Tatelishorns im Süden zu haben (5). Während der Schneeschmelze oder bei Starkniederschlägen sind in der Felswand auf rund 1 700 m ü. M. mehrere Quellaustritte zu sehen, den grössten links aus einem Karstloch von 4 m Durchmesser (Abb. 6). Das sind die Geltenbachfälle, die mit zu den eindrücklichsten Fels-Karstquellen der Schweizer Alpen gehören. Die Erforschung des dahinterliegenden Höhlensystems begann Ende der 1970er-Jahre. Schon allein der Zugang mitten in der überhängenden Felswand ist eine Herausforderung, und in der Höhle erschweren mehrere Siphons die Begehung. Bis dato wurden über 1 km Höhlengänge erforscht, gegen Süden unter dem unteren Tatelishorn durch. Die unregelmässige Wasserführung wird so erklärt, dass das Karstsystem zwar in die Lockergesteinsfüllungen des Gasterntales mündet, aber nur ein beschränktes Durchlassvermögen besitzt. Bei grosser Wassermenge erfolgt der Austritt daher zusätzlich über die Felswandlöcher, ein natürlicher Überlauf!

Die Quellaustritte stehen im Zusammenhang mit der gleichen Faltenstruktur, die wir auf der anderen Talseite im Quin-

6

ten-Kalk beobachten konnten (Abb. 5). Das Wasser tritt an der Grenze zwischen klüftigem Quinten-Kalk und weniger durchlässigen Mergeln der Zementstein-Formation aus (Abb. 6). Die Achse dieser Grossfalte verläuft fast horizontal gegen ENE: Blicken wir von Kandersteg im Nachmittagslicht an das Blüemlisalphorn, können wir dieselbe Falte sofort erkennen, und auch im Gamchikessel des obersten Kientals tritt sie nochmals zum Vorschein (vgl. Tour 27)!

Mit dem Gasternbus fahren wir von der Brücke 10 Min nördlich von Waldhaus nach Selden, wo wir auch übernachten. Dort kann im Bachbett der Kander eine schöne Auswahl von Gesteinsarten des ganzen Tales bewundert werden.

2. Tag: Von Selden zum Lötschenpass

Es lohnt sich, den Aufstieg über 1 200 Höhenmeter frühmorgens anzugehen, um auf dem Lötschenpass genug Zeit für die vielfältigen geologischen Leckerbissen zu haben – oder um noch am selben Tag ins Lötschental abzusteigen.

Eine permische Landoberfläche

Aussichtshalt bei P. 2095 (6). Gegenüber liegt die gewaltige, 2 000 m hohe, wild zerfurchte und türmchenreiche Wand des Doldenhorns mit ihren bräunlichen Kalksteinserien des Mittleren Juras im unteren Teil und der Quinten-Formation im Gipfelaufbau (Doldenhorn-Decke). Unterhalb des Kanderfirns erkennen wir eine deutliche, mit rund 25° gegen links (NW) einfallende

Grenzfläche zwischen *Grundgebirge* (Gasterngranit) und darüber folgendem Autochthon mit gelblichem Röti-Dolomit der Triaszeit (Abb. 1). Dies ist die ehemals flach liegende permische Landoberfläche, wie sie auf den Touren 21 und 26 im Urbach- und Lauterbrunnental direkt besucht werden. Stellen Sie sich das plastisch vor: Damals, vor 300–250 Mio. Jahren, lag unser Gebiet etwa auf Äquatorhöhe, es war trocken-wüstenhaftes, ebenes Land!

Bis 2170 m ü. M. erfolgt unser Aufstieg im Gasterngranit (siehe unten). Dann überquert unser Weg die gerade erwähnte Grenzfläche – hier leider von Moräne verdeckt – und kurz darauf gelangen wir wieder in die Sedimentgesteine der Doldenhorn-Decke Bei P. 2405 erreichen wir den Rand der flacheren Partie; auf einer *Seitenmoräne* des 1850er-Standes der Kleinen Eiszeit blicken wir in die düster-schuttige Welt des dahinschwindenden Lötschegletschers. Im Publikationsjahr dieses Buches führte der weitere Weg noch über etwas Gletschereis auf die gegenüberliegende gewaltige 1850er-Moräne, in wenigen Jahren wird dies nur noch Schutt des Gletschervorfeldes sein.

Versteinerter Schwartenmagen

Vor dem Steilaufstieg gegen den Kamm der grossen Moräne (7) treffen wir auf braungelbliche Brocken einer auffälligen *Brekzie* (Abb. 7), welche wie Schwartenmagen aussieht (eine sehr grobstückige Wurstart). Es handelt sich um Brekzien des frühen Juras («Lias», Torrenthorn-Formation), mit eckigen Komponenten von hell ockerfarbenem triassischem Röti-Dolomit in einer dunkleren, groben Kalksteinmatrix. Die Gesteine entstanden während der Sedimentation der Kalksteine in einem Becken mit starkem Relief. Letzteres entstand wahrscheinlich während der langsamen Öffnung des Tethys-Ozeans, d.h. beim Auseinanderdriften von Eurasien und Afrika. Lokale Gesteine erzählen globale Geschichten …!

7

Abb. 6: *Blick von Waldhaus auf die Geltenbachquellen, die in einer engen Faltenstruktur austreten.*

Abb. 7: *Die «Schwartenmagen-Brekzie» aus der rechten Ufermoräne des Lötschegletschers. Bildbreite ca. 40 cm*

Tiefengestein Granit und Subvulkanit Rhyolith

Am Ende der Moräne beginnt der steile und mit Stahlseilen gesicherte Aufstieg über die Felsflanke (8). Dieser verläuft nun wieder im kristallinen Grundgebirge, während sich rechts von uns die über 1000 m hohen Wandfluchten des Balmhorns aus verfalteten und verschuppten Kalksteinen und Mergeln der Mittleren Jurazeit aufbauen (Doldenhorn-Decke). Das Gastern-Teilmassiv wird hier vollständig vom Gastern-Granit eingenommen, wie der Zentrale Aaregranit ein variszischer, rund 300 Mio. Jahre alter Granitkörper. Der Biotit-Granit bis Granodiorit wurde alpin bloss sehr wenig beeinflusst. Er wird hier immer wieder von dm- bis m-dicken Gängen von fast weissen, Quarz-reichen *Subvulkaniten* (Rhyolithen) durchsetzt, die sehr feinkörnig sind, aber auch grössere Quarz- und Feldspat-Kristalle enthalten. Diese Gänge müssen zwischen 300–280 Mio. Jahren sehr oberflächennah eingedrungen sein und führten an der Oberfläche evtl. zu Vulkanismus.

Eine Berghütte auf geologischer Schmierseife

Die Lötschenpasshütte (9) steht auf einem hellgrauen, plattigen Kalkstein mit schlieriger Bänderung und marmorartiger, feinkristalliner Textur (Abb. 8). Es handelt sich um ein äusserst stark deformiertes Gestein, einen sogenannten *Mylonit* (genauer Kalkmylonit, vgl. Tour 22), vermutlich entstanden aus Quinten-Kalk der autochthonen Abfolge des Gastern-Teilmassivs. Wir befinden uns hier in der Überschiebungszone der Doldenhorn-Decke, in welcher die Gesteine extrem deformiert wurden. Sie erreichten bei hoher Scherbeanspruchung eine «Superplastizität» und erleichterten als eine Art Schmiermittel die Überschiebungsvorgänge.

Die Aussicht: Spektakulär ist noch untertrieben

Um die Lötschenpasshütte gibt es drei geologische Ausblicke, die es in sich haben. Am auffälligsten ist der Blick auf die Faltenknäuel in der Ostflanke des Ferdenrothorns (Abb. 9). Auch hier lassen sich unterschiedliche Faltenstile erkennen. Die gut geschichteten Kalke und Sandkalke des Unterjuras (Torrenthorn-Formation) sind in regelmässige Rundfalten gelegt. Die rechts davon anschliessenden, jüngeren, dunklen Tonschiefer (Mittlerer Jura, Bommerstein-Fm.) sind förmlich in die Faltenumbiegungen hineingepresst, weil sie sich leicht plastisch verformen liessen. Am besten ist dieser Anblick im Morgenlicht zu sehen.

Die nächste Aussicht ist im Nachmittags-/Abendlicht perfekt sichtbar: An der markanten Bergkette im Osten, zwischen Bietschhorn und Breithorn, ist der primäre *Intrusionskontakt* des hellgrauen, etwa 300 Mio. Jahre alten Aaregranits zu den älteren dunkelbraunen Gneisen und Amphiboliten des Altkristallins eindrücklich sichtbar (Abb. 10). Die Kontaktfläche liegt fast vertikal – wir haben es mit der nordöstlichen Seitengrenze des *Plutons* zu tun!

Für den dritten Aussichts-Leckerbissen gehen wir von der Hütte kurz gegen SSE. Beim Blick zum flachen Stück des Hockenhorngrates östlich des Passes erkennen wir wiederum die permische Landoberfläche mit dem Gastern-Granit unten und darüber der braunen Sandsteinbank der triassischen Mels-Formation. Die planaren Scherzonen im Granit verlaufen sehr steil, die Schicht des Sandsteins ist flach: Wir sehen eine klassi-

Abb. 8: *Kalkmylonit bei der Lötschenpasshütte.*
Abb. 9: *Blick ca. 0,5 km östlich der Lötschenpasshütte auf das Faltenknäuel am Ferdenrothorn. Rechts sieht man die braune untere Bommerstein-Formation über die helleren Kalksteine des mittleren Doggers geschoben. Im Vordergrund Gasterngranit mit Flechten- und Rost-Patina.*
Abb. 10: *Blick im Abendlicht von der Lötschenpasshütte auf die Bietschhorn-Kette. Der steile Intrusionskontakt des Aaregranits ist gut sichtbar.*

9

10

11

sche *Winkeldiskordanz* (Abb. 11). Übrigens, ganz zuoberst auf dem Hockenhorn steht wieder Grundgebirge an, ein Rest des Faltenkerns der Doldenhorn-Decke.

Ein tropischer Sandstrand

Die Sandsteine der Mels-Formation können wir auch in den Felsplatten rund 150 m SE der Hütte von Nahem studieren (10). Diese bilden die ältesten Sedimente über der permischen Landoberfläche. Auf den Schichtflächen finden sich unglaublich gut erhaltene, etwa 250 Mio. Jahre alte fossile Rippelmarken, die in einer meeresnahen, weiten Schwemmfächerlandschaft mit Seen entstanden sind (Abb. 12). Wir können also in hochalpiner Umgebung auf einem tropischen Sandstrand herumspazieren …

Zum Abschluss ein Gesteins-Apéroplättli

Im flachen Passgebiet 150–400 m SW treffen wir teilweise anstehend, meist aber im Schutt, eine Vielzahl von spannenden Sedimentgesteinen an (um 11). Der helle, blockige Hügel nahe P 2684 besteht aus kantigem Röti-Dolomit, welcher hier nicht orangerötlich, sondern hellbeige-grau anwittert (Abb. 13). Mit etwas Glück entdecken wir

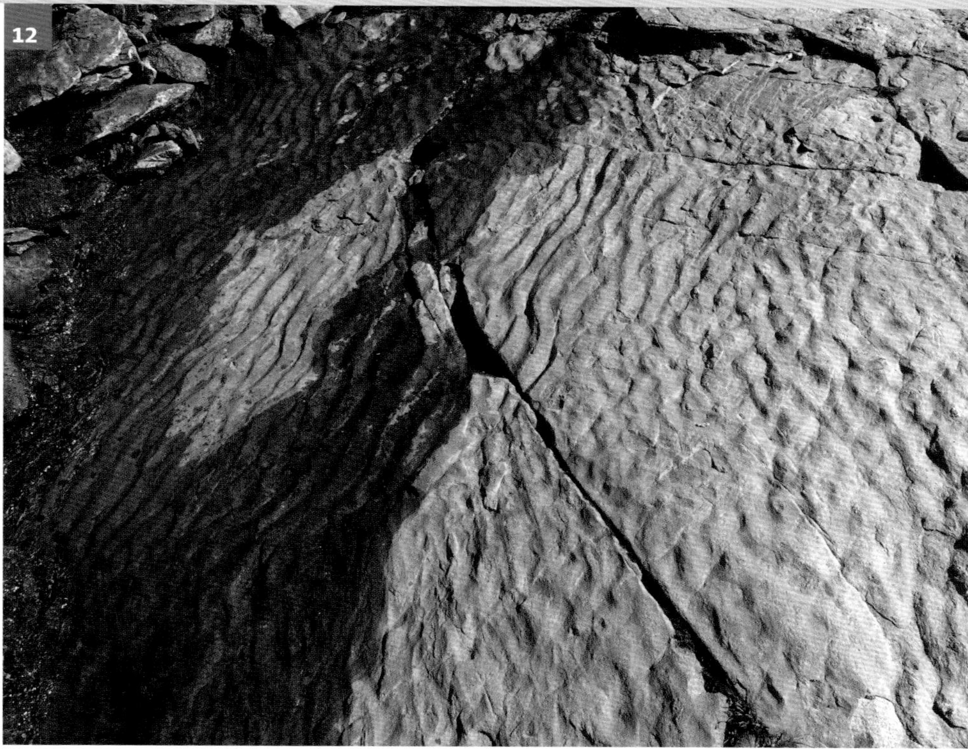

Abb. 11: *Winkeldiskordanz zwischen Grundgebirge und Mels-Formation am Hockengrat.*
Abb. 12: *Rippelmarken in Melser Sandstein.*
Abb. 13: *Typischer Aspekt des Rötidolomits am Hügel westlich der Lötschenpasshütte.*
Abb. 14: *Eisenhaltiger Spatkalk der Torrenthorn-Formation aus dem Schutt um P. 2677, mit fünfeckigen Quer- und gekammerten Längsstielgliedern von Seelilien. Bildbreite ca. 6 cm.*

15

feinlaminierte Algenmatten-Strukturen und braune Hornsteinknollen. Darum herum liegen Brocken von orangebrauner *Rauwacke*, die ebenfalls zur Trias gehört, dann folgen schwarzgraue Tonschiefer des Unterjuras. In der flachen Schotterebene bei P. 2677 m finden sich schöne *Brekzien* und *Spatkalke* des Unterjuras, in denen oft weissliche Stückchen von Seelilienstängeln (Echinodermen-Stielglieder), seltener auch Belemniten zu finden sind (Abb. 14).

Der dunklere Felskopf weiter westlich besteht aus schönen, in die Sedimente eingeschuppten Bänderamphiboliten (Abb. 15). Diese sind charakteristisch für den Lötschentaler-Gneiskomplex, ein hiesiger Teil des Aarmassivs. Wir befinden uns hier in der stark ausgedünnten östlichen Fortsetzung des sogenannten Jungfraukeils, welcher bei Tour 26 im Lauterbrunnental vorgestellt wird.

Abb. 15: *Bänderamphibolit, im Hintergrund das Doldenhorn mit seinen mächtigen Kalkwänden.*

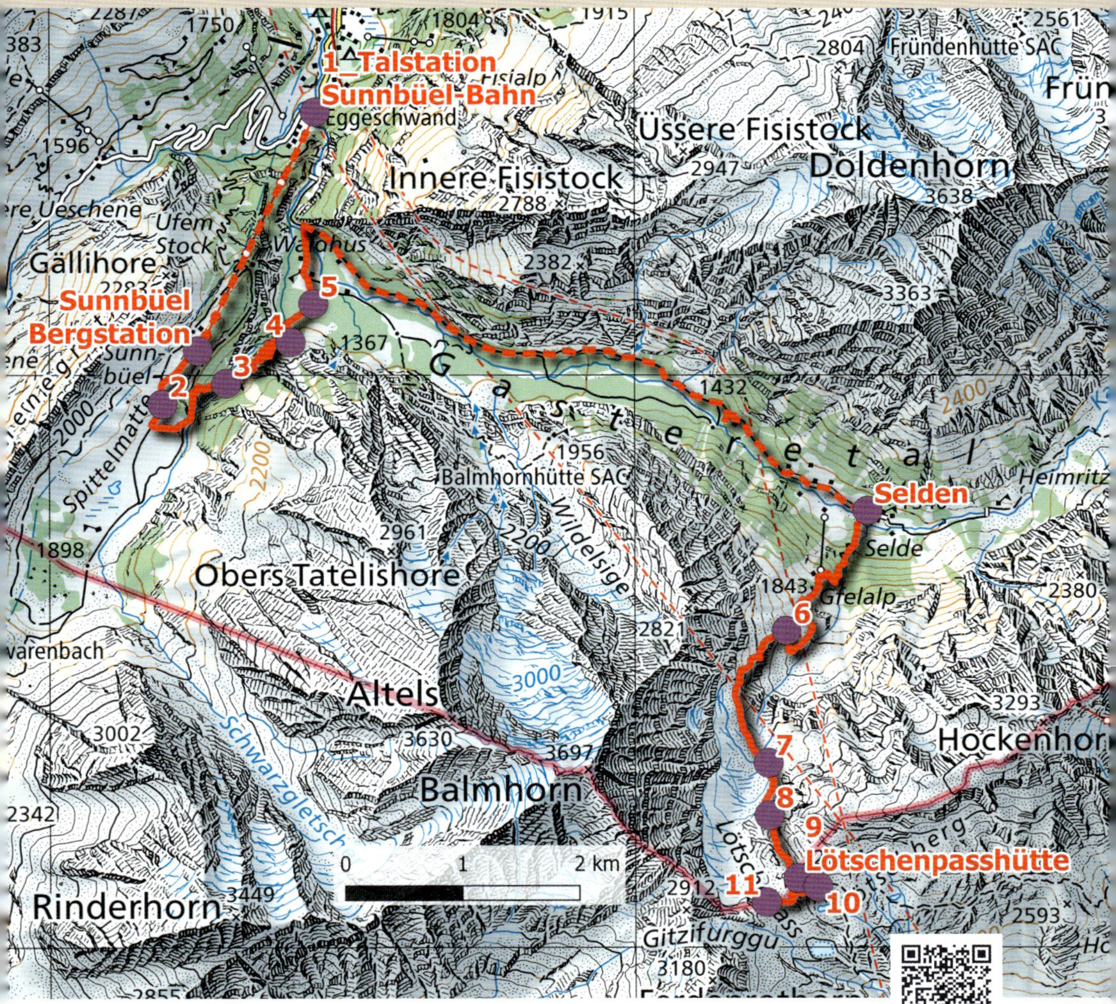

TOURENINFO

- **Startpunkt:** *Bahnhof Kandersteg, resp. Talstation Sunnbüel-Gondelbahn.*
- **Endpunkt:** *Lötschenpasshütte mit Abstiegsmöglichkeiten zur Lauchernalp oder zurück ins Gasteretal. Gondelbahn ab Lauchernalp mit Busverbindung zum Bahnhof Goppenstein.*
- **Tag 1:** *Sunnbühl–Waldhaus im Gasteretal, T3, 5 km, 620 m Abstieg, 1 ¾ Std.*
- **Tag 2:** *Selden–Lötschenpasshütte: T3+, 5,5 km, 1 170 m Aufstieg, 4 Std*
- **Tag 2 oder 3:** *Lötschenpasshütte–Lauchernalp: T2 (im Frühsommer T3), 6,5 km, 810 m Ab-, 90 m Aufstieg, 2,5 Std.*
- **Unterkunft / Verpflegung:** *Selden: Berghotel Steinbock (steinbock-gasterntal.ch) oder Berghotel Gasterntal Horner (gasterntal.ch); Lötschenpass: Lötschenpasshütte (loetschenpass.ch); Lauchernalp oder Wiler im Lötschenpass mehrere Möglichkeiten.*
- **Besonderes:** *Die Fahrpläne für die Bergbahnen und der Gasternbus sollten vorab abgeklärt werden, gerade im Herbst haben sie beschränkte Fahrzeiten.*

Glossar

Ablation: Abschmelzung und Verdunstung an Gletschern und Schneemassen, namentlich an deren Oberflächen.

Akkretionskeil: An der überliegenden Platte von der subduzierenden Platte abgeschabtes und zu einem grossräumigen Keil akkretioniertes Gesteinsmaterial. Diese mehrere 10er km grossen Gebilde können kontinentale Krustenteile wie auch ozeanische Kruste und Tiefseesedimenten enthalten. In Kollisionsgebirgen werden sie zu wichtigen tektonischen Grenzbereichen umgeformt.

Algenknollen: unförmig-rundliche versteinerte Gebilde aus abgestorbenen Rotalgenpopulationen.

Allochthon: → Autochthon

Anatexis: → Migmatit

Anhydrit: Mineral- und Gesteinsname für $CaSO_4$, also für «wasserfreien Gips».

Antiform: → Antiklinale

Antiklinale: (Abb. 5 in Einführung) Falte mit nach unten auseinanderstrebenden Schenkeln (sattelförmig), wobei die älteren Schichten im Kern des Gewölbes liegen. Ist die Altersabfolge unklar, unbekannt oder liegen die jüngeren Schichten im Gewölbekern, spricht man von einer **Antiform**.

Aplit: Helles, meist eher feinkörniges Ganggestein mit granitischer Zusammensetzung.

Auflockerungsfaktor: Der Auflockerungsfaktor beschreibt das Verhältnis des Volumens nach dem Abgang der Fels- und Erdmassen zum Volumen im ursprünglichen Verband. Das abgelagerte Volumen beträgt etwa das 1.6 bis 1.8-fache des Ausbruchvolumens.

Autochthon / Parautochthon / Allochthon: Autochthon ist ein Attribut für Gesteine oder Gesteinspakete, die an Ort und Stelle entstanden und verblieben sind. Für nur geringfügig transportierte, noch in gewisser Verbindung zu ihrem Bildungsort stehende Gesteine oder Gesteinsverbände wird der Begriff parautochthon benutzt. Dagegen sind allochthone Gesteine oder Gesteinsverbände bzw. deren Substanz an ihre heutige Position verfrachtet worden, wie z. B. die alpinen Decken.

Bankung / bankig / gebankt: Deutliche Gliederung einer Gesteinsabfolge durch Schichtfugen. Die einzelnen Bänke können unterschiedliche Dicken aufweisen: >1 m = massig, 30–100 cm = grobbankig, 10–3 cm = mittelbankig, 1–10 cm = dünn- oder feinbankig.

Bergwasserdruck (Porenwasserdruck): Ungerichteter Druck, den eine Wassersäule in einem Fest- oder Lockergestein auf das umgebende Gestein ausübt. Er kann höher als der rein hydrostatische Druck sein. Eine Wassersäule von 10 m erzeugt einen Druck von 1 bar.

Berner Oberländer Kalksteine: Verschiedene dichte, harte, oft dunkle Kalksteine der späten Jura- bis frühen Tertiärzeit aus dem Helvetikum des Berner Oberlands. Dichte Gesteine sind auch für witterungsexponierte Bauteile wie z. B. Gebäudesockel geeignet.

Bioklasten: Bruchstücke von schalen- oder gerüstbildenden Organismen wie z. B. Fragmente von Muschelschalen, Seeigelstacheln oder Seelilienstilglieder. Sie entstammen nicht der Zerstörung anderer Gesteine (→ Klasten).

Brekzie (Breccie): Festgestein, das aus eckigen Gesteinstrümmern besteht. Brekzien sind ähnlich aufgebaut wie Konglomerate, die jedoch im Unterschied zur Brekzie nicht aus eckigen, sondern abgerundeten Gesteinskomponenten bestehen. Brekzien und Konglomerate können durch eine tonige bis sandige Matrix verkittet sein oder auch nur durch einen Kalk- oder Quarzzement zusammengehalten werden. Je nach Entstehungsart unterscheidet man sedimentäre, tektonische oder vulkanische Brekzien.

Decke: Ein von seiner ursprünglichen Unterlage abgelöster und über grosse Distanzen überschobener Gesteinskörper von grösserer (regionaler) Ausdehnung, → Helvetikum → Schuppen

Deckgebirge: Auf dem alten Grundgebirge liegende sedimentäre Abfolgen.

Doline: Meist rundliche, trichterförmige Gebilde in einer Karstoberfläche. Sie bilden sich durch Einsinken des Gesteins über Karst-Hohlräumen.

Drumlin: längliche, meist walfisch-rückenförmige Hügel von bis zu mehreren hundert Metern Länge aus aufgepresstem Material der Grundmoräne und Schottern. Oftmals mit einem Festgesteinskern.

Duktil: dehnbar, streckbar, verformbar. Gesteine, die sich duktil verhalten, werden plastisch deformiert, im Gegensatz zu spröder Deformation, welche zu einem Zerbrechen führt.

Einfallen: → Streichen

Erosions- und Sohlmarken: Sedimentstrukturen, die durch Strömungen in eine noch weiche Sedimentoberfläche erodieren oder durch grundberührende, sich bewegende Objekte. Häufig sind deren Ausfüllungen (Negativform) an der Basis der überlagernden Schichten erhalten.

Evaporite: Gesteine, die durch fast vollständige Verdunstung von Meer-, aber auch Süsswasser entstehen. Beispiele sind Gips/Anhydrit, Calcit ($CaCO_3$), Dolomit ($CaMg(CO_3)_2$) oder Steinsalz (Halit, NaCl).

Extension, extensiv: Prozess, der zu einer Dehnung der Erdkruste oder Lithosphäre führt (auch Dehnungstektonik).

Fallen: → Streichen

Fazies: Eigentlich das «Abbild,», das «Gesicht». Der Begriff beschreibt in der Sedimentologie charakteristische Ablagerungsräume von Sediment-Gesteinen (z. B. Karbonatplattformen, Seebildungen, Tiefseeablagerungen). Lateral können gleichaltrige Gesteine in unterschiedlichen Fazies-Räumen entstanden sein. In der Gesteinsmetamorphose bezeichnet der Begriff einen bestimmten Druck- und Temperatur-Bereich, innerhalb welchem bestimmte Gesteine eine sehr ähnliche mineralogische Zusammensetzung besitzen.

Findlinge *(Erratische Blöcke)*: Grössere ortsfremde Steinblöcke, die vom Gletscher aus ihrem alpinen Ursprungsgebiet zum heutigen Ablageort transportiert wurden.

Fluviatil (f. Prozesse): Erosion, Transport und Ablagerung von Gestein durch Fliessgewässer.

Fluvioglazial: Bezeichnungen für Wirkungen und Ablagerungen der Gletscherschmelzwässer. Fluvioglaziale Bedingungen gehen in Fliessrichtung in fluviatile über.

Flysch: Wechselfolge von herauswitternden sandigen bis feinbrekziösen Lagen mit zurückwitternden feinkörnig-tonigen Lagen. Sie sind an aktive Gebirgsfronten gebunden und entstehen entlang von Meeresabhängen durch untermeerische Sedimentlawinen (→ Turbidite).

Foraminiferen: Einzellige, zumeist gehäusetragende Kleinlebewesen. Die Grösse beträgt meist unter 1 mm. Sie umfassen rund 10 000 rezente und 40 000 fossil bekannte Arten. Sie bewohnen zum weitaus grössten Teil marine Lebensräume von den Küsten bis in die Tiefsee und besiedeln zumeist den Meeresboden (Benthos) oder im Wasser schwebend (planktisch). *Grossforaminiferen* können ausserordentliche Grössen von bis zu 13 Zentimetern erreichen und leben ausschließlich in flachen Gewässern von der Gezeitenzone bis in maximal 130 Meter Tiefe.

Gips: Mineral- und Gesteinsname für $CaSO_4 \cdot H_2O$, also eigentlich ein «wasserhaltiger Anhydrit». Bildung durch Verdunstung von Sulfat-haltigem Meerwasser oder riesigen Inlandseen. In der Schweiz v. a. in Gesteinen der Triaszeit zu finden.

Glazigen: Unmittelbar vom Gletscher- oder Inlandeis abgelagerte Sedimente und geschaffene Formen.

Glaziofluvial, glaziofluviatil: → Fluvioglazial.

Glazialtektonik: Bezeichnung für alle durch die Wirkung von bewegten Eismassen auf den Untergrund erzeugten Deformationserscheinungen.

GLAMOS: Das Schweizerische Gletschermessnetz (GLAMOS – Glacier Monitoring in Switzerland) dokumentiert und beobachtet systematisch die langfristigen Gletscherveränderungen in den Schweizer Alpen. Wird gemeinsam von der ETH Zürich und den Universitäten Freiburg und Zürich betrieben.

Gondwana: Alte, vom späten Proterozoikum bis zum Mesozoikum bestehende Landmasse der (heutigen) Südhalbkugel, aus deren Zerfall Afrika, Teile Südamerikas, der indische Subkontinent, Australien und die Antarktis hervorgingen.

Grauwacken: Grauwacken sind graue bis grüngraue Sandsteine mit einem hohen Anteil an Feldspat, Gesteinsbruchstücken in einer Ton-Matrix.

Grossforaminiferen: → Foraminiferen

Grundgebirge, kristallines: Die unter dem sedimentären Deck(en)-Gebirge liegenden «kristallinen» Gebirgskomplexe. Sie zeichnen sich durch höheres Alter, stärkere und im Typ andere Deformation und/oder höhere Metamorphose aus. Typische Gesteine des Grundgebirges sind Granite und Gneise aber auch Schiefer oder Amphibolite (= kristallinen Gesteine).

Grundmoräne: Meist feinkörnige aber mit Kies und Steinen durchsetzte, unsortierte, glaziale Lockergesteinsablagerung, die an der Basis der Gletscher entsteht. Oft finden sich darin gekritzte oder gar kantengerundete Gerölle.

Grus: Durch Verwitterung entstandenes, zerbröckelndes, körniges Gestein.

Höcker-Landschaft: Aus der Wechselwirkung von Bergsturzablagerungen, Umlagerung und Erosion entstandene, wellig-höckerige Landschaft. Der Begriff wird auch für glazial geschaffene Rundhöcker-Landschaften verwendet.

Helvetikum / Helvetische Decken: → Paläogeogeographischer Bereich. Südlicher Schelfbereiche Eurasiens während dem Mesozoikum. Die darauf abgelagerten und während der Alpenentstehung abgescherten und nach Norden überschobenen Sedimentdecken werden als Helvetische Decken bezeichnet.

Holozän: Gegenwärtiger Zeitabschnitt der Erdgeschichte, auch Nacheiszeitalter genannt. Das Holozän begann mit der Erwärmung der Erde vor etwa 11 700 Jahren.

IGLES-Inventar: Inventar der Gletschervorfelder und alpinen Schwemmebenen der Schweiz (UNA Atelier für Natur und Umwelt AG)

Intrusion: Intrusion bezeichnet meist das Eindringen von fließfähigem, teilweise aufgeschmolzenem Gesteinsmaterial (Magma) in bereits existierende Gesteinskörper. Die scharfe Grenze zwischen einer magmatischen Intrusion und dem umgebenden Gestein (Nebengestein) wird Intrusionskontakt genannt. Zu Intrusionen kann es auch im Zusammenhang mit aufsteigenden Salzsedimenten kommen (Salzdome).

Intrusionskontakt: →Intrusion

Kalkturbidit: Meist durch Sturmereignisse von einer Kalkplattform in einen tieferen Beckenbereich gespültes kalkiges Material.

Kalktuff: Löcherig-grobporiger Kalkstein, der bei Quellen von Kalk-reichem Wasser ausgeschieden wird. Der ausserordentlich leichte und zugleich sehr witterungsresistente Stein ist ein seit römischer Zeit geschätztes Baumaterial.

Kalksilikatfels: Aus unreinen kalkigen Gesteinen (kieselige Kalksteine, Mergel, Kalksandsteine u. a.) durch Kontakt- oder Regionalmetamorphose entstandenes Gestein mit calciumreichen Silikaten als wesentlichen Bestandteilen (z. B. Vesuvian, Epidot, Wollastonit, Calcit, Plagioklas oder Pyroxen.

Kalkstein von St-Triphon: Sehr dichter, dunkelgrauer bis schwarzer Trias-Kalkstein von St-Triphon (VD). An regenexponierten Flächen wittert er hellgrau an, wobei gewellte oder gezackte schwarze Linien aus Tonstein hervortreten – ein typisches Merkmal dieses Gesteins.

Karst: Lösungserscheinung in Kalkstein, Dolomit oder Gips / Anhydrit. Sie erfolgt aufgrund der chemischen Zersetzung der Gesteine entlang von Schwächezonen wie Klüften oder schwächer zementierten Gesteinsbereichen. → Schratten

Klasten, klastisch: klastisch = zerbrechen. Z. B. Gesteinsbruchstücke, die aus der mechanischen Zerstörung anderer Gesteine stammen. Ihre Größe reicht von Blöcken über Kies und Sand bis hin zu Silt und Ton. Klasten können aber auch Bruchstücke von biogenem Material sein (z. B. Muschelschill). Aus solchen Klasten bestehende Gesteine heißen klastische oder detritische Gesteine.

Knauer: Härter zementierte Partie in einem Gestein, dadurch verwitterungsresistenter und knollen- oder fladenförmig herauswitternd.

Konglomerat: Zu Gestein verfestigte Kiese und Kiessande, die gerundete Formen aufweisen. Z. B. die Nagelfluh der Voralpen und des Mittellandes. → Brekzie

Kosmogene Nuklide: → Nuklide

Kotpillen (Koprolithen): Fossile Kotausscheidung von Lebewesen. Sie kommen in vielerlei, meist aber rundlichen Formen vor.

Lakustrin (limnisch): In Seen abgelagert, entstanden oder existierend.

Lamprophyre: Vielfältige Gruppe von meist dunklen und eher feinkörnigen Ganggesteinen (z. B. in den Aarmassiv-Graniten), die chemisch und mineralogisch von den häufigsten magmatischen Gesteinen abweichen.

Laurasia: Die nördliche der beiden großen Landmassen (N-Amerika, Grönland, Europa, Teile Asiens), in die der Superkontinent Pangaea im Mesozoikum zerbrach

Leitgestein: Ein von Gletschern transportiertes Gestein, das einem eng begrenzten Ursprungsgestein zugeordnet werden kann und so die Bestimmung des Fliessweges ehemaliger Gletscher ermöglicht.

LGM: Last Glacial Maximum, oder Höhepunkt der letzten Vergletscherung vor etwa 21 000 Jahren.

Lithosphäre / Lithosphärenplatte: Die Lithosphäre besteht aus der Erdkruste und dem oberen Teil des Erdmantels. Ihre Mächtigkeit variiert sehr stark und beträgt häufig 150 – 200 km. Die Lithosphärenplatten bewegen sich auf dem teilweise aufgeschmolzenen tieferen Erdmantel.

Melange: Tektonisch geschaffene Einheiten, die aus einem Mix aus unterschiedlichen Fragmenten der umgebenden Decken bestehen. In der Regel an Subduktionszonen und grosse Überschiebungen gebunden.

Metamorphose / Metamorphosegrad: Die durch Gebirgsbildungen verursachten Änderungen der Gesteinsstruktur, der Mineralogie und der Gesteinszusammensetzung. Sie entstehen im Erdinnern unter erhöhtem Druck und Temperatur. Die Gesteinsmetamorphose erfolgt in der Regel durch Rekristallisation oder Abbau von bestehenden Körnern und durch Wachstum von neuen Körnern im festen Zustand. Bei hohem Metamorphosegrad kommt es zur teilweisen Aufschmelzung von Gesteinen (→ Migmatit). Die Intensität der metamorphen Umwandlung wird als Metamorphosegrad bezeichnet.

Migmatit: Das Wort Migmatit («Mischgestein») bezeichnet hochmetamorphe Gesteine mit einem granitischen (magmatischen) und einem gneisigen (metamorphen) Anteil. Beide Bereiche können systematisch oder regellos miteinander vermischt sein. Migmatite stellen also einen Gesteinsmix aus magmatischen und metamorphen Anteilen dar. Migmatite sind das Produkt einer teilweisen (partiellen) Aufschmelzung eines Ausgangsgesteins unter hohen Temperaturen von mindestens 650 – 700 °C, wie sie nur im Erdinnern existieren (Ausnahme: Vulkane). Der Vorgang der Aufschmelzung wird Anatexis genannt.

Mittelmoräne: Sich beim Zusammenfluss zweier Gletscher aus deren inwendigen Seitenmoränen bildende Moräne. Die Mittelmoräne verläuft dann gletscherabwärts «inmitten» der Zunge (z. B. Unteraargletscher).

Molasse: Als Molasse werden die Känozoischen (Oligozän, Miozän) Sedimente im Alpenvorland bezeichnet (Konglomerate → Nagelfluh, Sandsteine, Mergel). Es wird zwischen Süsswasser- und Meeresmolasse unterschieden. Als subalpine Molasse bezeichnet man den Teil der Molasseablagerungen am Alpenrand, der noch von der alpinen Gebirgsbildung erfasst wurde und aufgeschoben, steilgestellt oder verfaltet wurde.

Moränenwall: Wallartige Anhäufung von Moränenmaterial an der Seite oder Stirn eines Gletschers.

Mylonit: stark deformiertes Festgestein mit einer deutlichen Flächentextur (Ausdruck der in Ebenen eingeregelten Mineralien) und stark reduzierter Korngrösse infolge → duktiler Verformung.

Mylonitzone: Deformationszone, in welcher duktile (d. h. nicht spröde, sondern plastische) Deformation zu einem gegenüber dem umgebenden Gestein deutlich erhöhten Deformationsgefüge geführt hat.

Nagelfluh: → Konglomerat.

Normal gelagert: Lagerung sedimentärer Gesteine, bei der jüngere über älteren Einheiten liegen.

Nuklide: Nuklide bezeichnen die Atomkerne eines Atoms, also die Anzahl an Protonen und Neutronen. Atome mit gleicher Protonenzahl gehören dem gleichen Element an, unterscheiden sie sich in ihrer Neutronenzahl, spricht man von Isotopen. Kosmogene Nuklide sind durch die Interaktion von kosmischer Strahlung mit der Atmosphäre oder mit Materie entstehen.

Oberflächendatierung: Ermittlung des Zeitraums seit seiner atmosphärischen Exposition (bei Findlingen meist die Freigabe von der Gletscherbedeckung). Ab diesem Zeitpunkt ist das Gestein der kosmischen Strahlung ausgesetzt. Dadurch werden in dessen oberflächennahen Bereichen kosmogene Nuklide gebildet, wie z. B. das Beryllium-Isotop ^{10}Be. Durch die Messung der ^{10}Be-Konzentration kann auf die vergangene Zeit seit der Gletscherabschmelzung geschlossen werden. → kosmogene Nuklide

Obernkirchener Sandstein: Quarzreicher, gelblicher, sehr verwitterungsresistenter Sandstein aus Obernkirchen bei Hannover (Deutschland).

Oenogeologie: oenogeologisch. Beschreibung und Charakterisierung des Geschmacks eines Weins hinsichtlich seiner Herkunft auf einer definierten geologischen Unterlage. Siehe: Atlas der Schweiz, Oenogeologie: Stein und Wein.

Ooide: Ooide sind kugelig-ellipsenförmige, bis erbsengroße Mineralkonkretionen. Sie besitzen einen konzentrischen, schaligen Aufbau, der sich meist um einen andersartigen Kern gebildet hat. Sie bestehen am häufigsten aus Aragonit oder Calcit, es gibt aber auch eisenreiche Ooide.

Orogenese: = Gebirgsbildung

Paläogeographie, paläogeographisch: Rekonstruktion der plattentektonischen Konstellationen in vergangenen geologischen Zeitaltern. Rekonstruiert werden hauptsächlich die Verteilung der Ozeane und Kontinente samt Schelfbereichen. Ebenfalls werden Gebirgsbildungs- und Ablagerungsräume rekonstruiert.

Pangäa: Superkontinent zur Perm- und Triaszeit, der aus der Verschmelzung von Laurussia und Gondwana entstand (siehe Kap. Einführung)

Parautochthon: → **Autochthon**

Pauschalgefälle: Grenzneigung zwischen Ausbruch und Ablagerungsfront. Das Pauschalgefälle ist eine charakteristische Grösse, welche von den Eigenschaften und zum Teil vom Volumen des stürzenden Materials abhängig ist.

Periglazial: Im Zusammenhang mit Kaltphasen entstandene, klein- bis grossräumige Landformen, die ausserhalb des direkten Einwirkungsbereich des Gletscher liegen. Wörtlich übersetzt «Um das Eis herum». Charakteristisch für periglaziale Bedingungen sind Permafrost und eine mittlere Jahrestemperaturen von unter 0 °C. Blockgletscher sind typische periglaziale Formen. Permafrost bezeichnet Boden, Lockergestein oder Festgestein mit einer Temperatur, welche für mindestens zwei Jahre unter 0 °C liegt. Permafrost bildet sich zumeist dort, wo die Jahresdurchschnittstemperatur bei –2 bis –1 °C und der Jahresniederschlag unter 1 000 Millimeter liegt.

Pierre Jaune de Neuchâtel: Gelber, grobkörniger, poröser Kalkstein der Kreidezeit aus der Region Neuchâtel-Hauterive, eigentlich ein Sandstein aus Kalkkörnern. Die Pierre Jaune und viele weitere Sandsteine – auch Berner Sandstein – zeigen Feinschichtungen mit wechselnden Korngrössen. Die Pierre Jaune wird in der Region Neuchâtel-Hauterive nicht mehr abgebaut, für Restaurierungsarbeiten wird die sehr ähnlich aussehende Pierre de Metz (F) verwendet.

Pillows: Wulst- bis kissenartige Gebilde («Kissen») in submarin geförderten Laven (Pillowlaven); oft schlauchförmig, bis 1 m Grösse.

Pillow-Brekzien: Aus oberflächlich beim Abkühlen abgespratzter Pillowlava bestehende Brekzien zwischen den Pillows.

Plattentektonik: Detaillierte Angaben finden sich in Wikipedia oder in vielen grundlegenden Büchern zu Geologie (siehe auch unsere Buchempfehlungen).

Plutone: Tiefengesteinskörper, welche durch Kristallisation von großen, aufsteigenden Magmakörpern in etwa 5 – 10 km in der Erdkruste entstehen. Sie erreichen Durchmesser von einigen wenigen bis zu mehreren 100 Kilometern. Siehe auch → Intrusion.

Postglazial: Nacheiszeitlich.

Radiolarit: Gestein das hauptsächlich aus den Schalen von planktonischen Einzellern – den Radiolarien – besteht. Deren Schalen bestehen aus einer Quarzform, was diese Gesteine äusserst hart macht. Häufig besitzen sie auffällige rote oder grüne Farben. Es handelt sich um typische Gesteine der Tiefsee.

Radiometrische Altersbestimmung: Sie basiert auf dem Zerfall von radioaktiven Atomen (Isotopen) zu deren Tochterelementen. (z. B. Uran → Blei, Kalium → Argon, Samarium → Neodym). Gemessen werden die Verhältnisse der beteiligten Isotopen, wobei das Tochterisotop bei der Entstehung des Gesteins noch nicht vorhanden war. Zur Berechnung des Alters muss die Halbwertszeit (die Zeit, die benötigt wird, bis die Hälfte des Ausgangsisotops durch den radioaktiven Zerfall verschwindet) des Ausgangsisotops bekannt sein. Genauere Angaben finden sich z. B. auf Wikipedia.

Rauwacke: Auch Rauhwacke, Zellenkalk oder Zellendolomit genannt. Beschreibender Begriff für zellig-poröse Kalke oder Dolomite. Deren Hohlräume sind durch sekundäre Auslaugung löslicher Bestandteile (z. B. Gips, Anhydrit) entstanden.

Resediment: Sediment, das durch Aufarbeitung bestehender Sedimente und erneuter Ablagerung entstanden ist. Die ursprünglichen Sedimente können noch wenig verfestigt bis komplett verfestigt sein.

Rückzugsschotter: Die glazial übertieften Tröge werden mit dem Rückzug der Eismassen durch Kies- und Sandmassen aufgefüllt, welche die Gletscherflüsse liefern.

Satz: Bei diesem handelt es sich um einen waagrecht orientierten Riss im Felsen. Der Riss kann als Simse, Absatz oder Bank erkennbar sein.

Säugetierzone: Säugetiervorkommen in bestimmten Schichten, welche bestimmte Lebensbedingungen abbilden. Diese biostratigraphische Einordnung erlaubt die Gliederung einer Gesteinseinheit mit Hilfe des Fossilinhalts.

Schelf: Küstennahe Meeresbereiche (< 200 m Tiefe) an Kontinentalrändern. An der Kante nimmt die Tiefe abrupt zu.

Scherzone: Zone innerhalb eines Gesteins, welche deutlich stärker als das umgebende Gestein deformiert wurde. Eine Scherzone kann spröde oder duktil sein.

Schichtlücke (Hiatus): Zeitabschnitt, in dem keine Sedimentablagerung erfolgte. Die Schichtenabfolge weist also eine Zeitlücke auf.

Schieferung: Bezeichnet eine lagige (planare) Textur des Gesteins. Im Gegensatz zur Schichtung ist die Schieferung durch tektonische Vorgänge hervorgerufen. Die Mineralien (v. a. blättrige wie Glimmer) regeln sich bei der → Metamorphose unter gerichtetem Druck in bestimmten Ebenen ein.

Schratten: = Karren. Karsterscheinungen: Bis m-tiefe Rinnen oder Löcher auf freiliegenden oder Bodenbedeckten Kalksteinoberflächen. Sie sind hauptsächlich die Folge der chemischen Auflösung durch saure Wässer (Lösungsverwitterung).

Schuppen, tektonische: durch Überschiebungen oder Störungen begrenzte keil- oder schuppenartig aufeinander gelegte Gesteinspakete. Die Grenze zu den Decken ist nicht immer eindeutig festgelegt.

Sohlmarken: → Erosionsmarken

Solothurner Stein (Baustein): Weisser bis ockergelber, dichter Oberjura-Kalkstein aus Solothurn – der für Bern wichtigste Jurakalkstein. Teils gut sichtbar sind auffällig grosse konische Schnecken, sogenannte Nerineen.

Spätig: Minerale mit schön ausgeprägten, glatten Spaltflächen, die auf der Gesteinsoberfläche auffällig reflektieren. Häufig handelt es sich um Anhäufungen von gut spaltbaren kalzitischen Fragmenten von Seelilien oder anderen Echinodermen (Spatkalk).

Spurenfossilien: Zeugen der Bewegungs-, Wohn-, Fress-, Ausscheidungstätigkeit etc. von fossilen Lebewesen.

Streichen: Die Orientierung einer Gesteinsfläche wird durch die Streichlinie und ihrer Neigung dargestellt wird. Die Streichlinie ist die Linie, die durch die Verschneidung der Gesteinsfläche mit einer fiktiven horizontalen Fläche gebildet wird. Die Fallrichtung, oder das Einfallen, gibt die Neigung der Schicht gegenüber dieser imaginären Horizontalfläche wieder.

Subalpine Molasse: → Molasse

Subduktionszone: Zone, in der eine Lithosphärenplatte unter eine andere abtaucht. → Plattentektonik, Lithosphäre

Subglazial: Sich unter dem Gletscher befindend. Z. B. entsteht die Grundmoräne an der Basis des Gletschers, also subglazial. Subglazial unter Druck befindliche Fliessgewässer können eine hohe Erosionswirkung entwickeln und zu subglazialen Rinnen führen.

Subvulkanit: Subvulkanit, in geringer Erdtiefe meist als Gang erstarrter Magmatit. Subvulkanite stehen zwischen Vulkaniten und Plutoniten, vereinen also Merkmale von Plutoniten und Vulkaniten. Sie bestehen aus einer feinkörnigen Grundmasse und grösseren darin «schwimmenden» Kristallen (Einsprenglinge).

Synklinale: Falte mit nach oben auseinanderstrebenden Schenkeln (wannen- oder muldenförmig), wobei die jüngeren Schichten im Kern der Mulde liegen. Ist die Altersabfolge unklar, unbekannt oder liegen die älteren Schichten im Kern der Mulde, spricht man von einer **Synform**.

Tektonik, tektonisch: Die Tektonik behandelt die Deformation der Erde (und anderer Planeten) vom atomaren zum Kilometer Massstab bis hin zur Bewegung von Kontinenten. Der Begriff wird teilweise sehr uneinheitlich verwendet, z. B. um die relativen Lagen von alpinen Decken zu beschreiben.

Tektonisierung: Veränderung eines Gebirgskörpers (Deformation) durch tektonische Vorgänge.

Thermokarst: sind karstähnliche Einsenkungen, welche durch Volumenverlust entstehen, wenn das Bodeneis im Permafrostboden wegen Erwärmung zu Auftauprozessen schmilzt.

Torf: Torf ist ein organisches Sediment, das in Mooren entsteht. Es bildet sich aus der Ansammlung nicht oder nur unvollständig zersetzter pflanzlicher Substanz und stellt die erste Stufe der Inkohlung dar. In getrocknetem Zustand ist Torf brennbar.

Toteis, -zapfen, -see: Nach Rückzug eines Gletschers in dessen Vorfeld abgetrennte und verbliebene Reste von Eis. Da während der Anwesenheit des Eises keine Sedimente eingetragen werden können, bilden sich nach dem vollständigen Abschmelzen oft untiefe Seen und Weiher (z. B. Lobsigensee, Inkwilersee).

Trübestrom (Turbidit): An Meeresabhängen untermeerisch abgehende Sedimentlawinen. Sie entstehen oftmals im Zusammenhang mit → Flysch oder Karbonatplattformen. Oftmals werden sie durch Erdbeben oder Stürme ausgelöst.

Tuma(-Landschaft): markante, aus der flachen Umgebung herausragende Hügel mit Kernen aus zerrüttetem Bergsturzmaterial. → Höcker-Landschaft

Turbidit: → Flysch

Überschiebung: Meist flache Aufschiebung. Sie kann in Sedimentgesteinen über viele Kilometer (> 50 km) nahezu horizontal parallel zur Schichtung verlaufen. Überschiebungen bewirken eine Verkürzung und Verdickung der betroffenen Gesteinseinheiten. → Decken.

Übertiefung: Von Übertiefung wird gesprochen, wenn Bereiche im Zustrom tiefer liegen als im Abstrom, so dass ein Fluss eigentlich bergauf über eine Schwelle fliessen müsste. Während ein Fluss keine nennenswerte Übertiefungen ausser gelegentlichen Kolken schaffen kann, können Gletscher im Extremfall mehrere hundert Meter tiefe Becken aushobeln.

Uran-Blei Methode: → Radiometrische Altersbestimmung

Vallorcine-Konglomerat: Ein aus Geröll und Sand bestehendes, stark verfestigtes Gestein des Karbons (vor ca. 300 Mio.J.). Teilweise enthält es auch Kohle. Es ist ein gut erkennbares Leitgestein des Walliser-Gletschers.

Verkehrt gelagert: Lagerung sedimentärer Gesteine, bei der ältere über jüngeren Einheiten liegen. Sie muss durch tektonische Prozesse entstanden sein.

Vorstossschotter: Schotter, die von den Schmelzwässern eines vorstoßenden Gletschers abgelagert und anschließend vom Eis überfahren wurden. Sie sind häufig von Moränensedimenten überdeckt.

Winkeldiskordanz: Bei einer Winkeldiskordanz haben die Schichten unter der Diskordanz eine andere Orientierung als die Schichten darüber. Diskordanz ist in der Stratigraphie der Gegenbegriff zur Konkordanz. → Schichtlücke

Literatur

Hinweise auf die **Geologischen Karten des Geol. Atlas der Schweiz** inklusive zugehörigem Erläuterungstext erfolgen im Text als **GA Blattnummer und -namen** (z.B. GA 1145 Bielersee). Die Karten sind erhältlich bei swisstopo und im Buchhandel.
Online: https://shop.swisstopo.admin.ch/de/karten/geologische-karten

1. T. Burri & J. Abrecht: Durch die Klus von Court

(1) Schlunegger, F. & Garefalakis, P. (2023): Einführung in die Sedimentologie, Schweizerbart.
(2) https://www.m-ici.ch/Les-missions/Valoriser/Carnets-dimages/Les-verriers-de-Moutier

2. C. Blum: Steinerne Zeitzeugen rund um den Montoz

(1) Gerber, E. & Schmalz, L. (1948): Findlinge. Berner Heimatbücher Nr. 34, Verlag Paul Haupt.
(2) Bini, A., Buoncristiani, J.F., Couterrand, S., Ellwanger, D., Felber, M., Florineth, D., Graf, H.R., Keller, O., Kelly, M., Schlüchter, Chr., Schöneich, P. (2009). Die Schweiz während des letzteiszeitlichen Maximums (LGM), Karte 1:500 000. Swisstopo.
(3) Schlüchter, Chr. & Röthlisberger, R. (1995): Die Schweiz vom Paläolithikum bis zum frühen Mittelalter – 100 000 Jahre Gletschergeschichte».
In: Gletscher im ständigen Wandel, Schweiz. Gletscherkommission.

3. W. Finger: Auf kalkigen und sandigen Rebbergböden dem Bielersee entlang

(1) Stein und Wein. Entdeckungsreisen durch die schweizerischen Rebbaugebiete (2018). Verein Stein und Wein, AS-Verlag, Obfelden
(2) https://bielersee-tourismus.ch/rebenweg-2/

4. Chr. Isenschmid: Geologische Spurensuche auf dem Jolimont

(1) Glauser W. (1993): «Wanderung Jolimont – eine Wanderung durch Geschichte und Gegenwart», erhältlich bei den Gemeindeverwaltungen Erlach, Tschugg, Gampelen und Gals für CHF 5.-
(2) Führungen in den unterirdischen Militäranlagen durch den Verein Historische Militäranlagen Freiburg/Bern (www.fort-fribe.ch/fuehrungen)
(3) Schmalz, K.L. (1988): Namensteine und Schalensteine im Kanton Bern
(4) Jaquemet, J., (2014): Jahresheft Verein Historische Militäranlagen Freiburg/Bern

5. B. Gantner: Erkundung einer intensiv genutzten Eiszeitlandschaft. Auf zwei Rädern von Aarberg nach Ins

(1) Wohlfarth, B. et al. (1993): Seen- und Flussgeschichte im Westschweizer Seeland zwischen 5 000 und 12 000 Jahre vor heute, Mitteilungen der Naturforschenden Gesellschaft in Bern, Band 50

(2) Nast, M. (2006): überflutet – überlebt – überlistet, Die Geschichte der Juragewässerkorrektion, Verein Schlossmuseum Nidau, Gassmann Verlag
(3) Pfister, Chr. et al. (2021): Klima und Gesellschaft in Europa, Die letzten tausend Jahre, Haupt Verlag
(4) Schmalz, K.L. (1976): Naturschutztätigkeit im Kanton Bern: 1975. Mitteilungen der Naturforschenden Gesellschaft in Bern, Band 33. 113 p.
(5) Meyer, J. (2024): Das schönste Gestein der Welt. Der Allalin-Gabbro aus den Walliser Hochalpen. Haupt Verlag Bern.
(6) Verein Landschaftserbe Drei-Seen-Land: https://www.landschaftserbe-dsl.ch

6. T. Burri: Glaziallandschaft Oberaargau

(1) Reynard, E. (2021): Landscapes and Landforms of Switzerland, Springer Verlag
(2) Gnägi, Chr. (2011): Eiszeit im Oberaargau; Jahrbuch des Oberaargaus, Bd. 54

7. M. Soom: Die Gisnauflüe bei Burgdorf und ihre Steinbrüche

(1) Wegmüller, P. (2009): Felsen und Höhlen in Burgdorf. Burgdorfer Jahrbuch, S. 75 – 94.
(2) Schweizer, J. (1985): Die Stadt Burgdorf. Die Kunstdenkmäler des Kantons Bern. Birkhäuser Verlag Basel.
(3) Soom, Y. (2009): Die Sandsteinbrüche in Burgdorf. Burgdorfer Jahrbuch, S. 95 – 114.
(4) Roth, A. G. (1967): Vom Heimiswiler Bauhandwerker. In: Heimiswil, Heimatbuch einer bernischen Landgemeinde, S. 193 – 215.
(5) Soom, M. und Wegmüller, P. (2025): Eine Zündholzfabrik und eine Felsenwohnung in der ersten Gisnauflue bei Burgdorf. Burgdorfer Jahrbuch, S. 23 – 38.

8. Chr. Schlüchter & T. Burri: Eine geologische Wanderung über den Napf

(1) Rutsch, R.F. (1968): Herkunft und Bedeutung des Begriffs «Nagelfluh». – Mitt. Natf. Ges. Bern, N.F. 25. Bd.: 69 – 79.
(2) Müller, B. U. (1995): Zerrungstektonik in der flachliegenden Molasse des nördlichen Napfgebietes und ihre Auswirkungen auf die Talgeschichte. – Mitt. Natf. Ges. Luzern 34:159 – 170.
(3) Rutsch, R. F. (1967): Leitgesteine des risseiszeitlichen Rhonegletschers im Oberemmental und Napfgebiet (Kt. Bern und Luzern). – Mitt. Natf. Ges. Bern N.F. 24: 21 – 36.
(4) Schlüchter, Chr. (2014): Das «Änziloch» und die letzte Eiszeit. – Journal UNESCO Biosphäre Entlebuch. Ausgabe 2014: 7, 9 – 10.
(5) Berichte von Renward Cysat, sprachlich modernisiert von Hildegard Gantner-Schlee (2015): Das Wunder von Luthern Bad. – Verlag Kirchen- und Wallfahrtsführer der Schweiz, Malters.

9. K. Zehnder & T.P. Labhart: Geologie in der Stadt Bern

(1) Labhart, T.P. & Zehnder, K. (2018): Steine Berns – eine geologische Entdeckungsreise durch die gebaute Stadt. – Haupt Verlag, Bern. Im Basisband werden die stadtspezifischen Gesteine, ihre Herkunft und Verwendungsarten beschrieben. Der taschenbuchgrosse Exkursionsführer enthält Kurzbeschreibungen zu 113 Objekten, die auf acht Routen erwandert werden können.
(2) Kunstführer durch die Schweiz, Bd. 3 (2006). – Ges. Schweiz. Kunstgeschichte, Bern.
(3) Labhart, T. P. (2002): Steinführer Bundeshaus Bern. – Schweizerische Kunstführer, 72/719. Gesellschaft für Schweizerische Kunstgeschichte, Bern.
(4) Emch U. (2013): Die Berner Nydeggbrücke. – Haupt Verlag, Bern.

10. P. Heitzmann, J. Abrecht, U. Gruner, T. Burri: Der Berner Sandstein von Ostermundigen

(1) Heitzmann, P. (2016): Vom Sandkorn des Berner Sandsteins zu Paul Klee – Betrachtungen zu Geologie und Kunst. Schriftenreihe Deutsche Gesellschaft Geowissenschaften 88, 91 – 105.
(2) Labhart, T. & Zehnder, K. (2018): Steine Berns. Bildband und Exkursionsführer. Haupt, Bern.
(3) Schmalz, K.L. (2003): Die Ostermundigen-Steinbrüche. In: Ostermundigen – Gemeindeentwicklung, Geschichte. Einwohnergemeinde Ostermundigen.

11. U. Gruner: Die Gürbe im Gebirge – der teuerste Wildbach der Schweiz

(1) Salvisberg, M. (2017): Die unzähmbare Gürbe. Überschwemmungen und Hochwasserschutz seit dem 19. Jahrhundert.- Schwabe Verlag, Basel.
(2) Bundesamt für Wasser und Geologie (2004): Gürbetal. Wenn die Sintflut Hänge ins Rutschen bringt. – BWG, 2004

13. O. A. Pfiffner: Die Landschaft des Stockhorngebietes

(1) Pfiffner, O. A. (2024) Landschaften und Geologie der Schweiz. 2. Auflage, Haupt Verlag, Bern, 360 Seiten.

14. C. Brönnimann: Fossile Blockgletscher im Diemtigtal – die stillen Zeugen von vergangenem Permafrost

(1) Genge, E. (1949): Eiszeitliche Ablagerungen im Diemtigtal. Mitt. Naturforsch.Ges. Bern. 6.
(2) Schöneich, P. (1992): Glaciers rocheux fossiles dans les Préalpes Vaudoise, Bull. Soc. Vaud. Sc. Nat., 82.1 (35–55).

16. P. Häuselmann: Auf Karstexpedition im Siebenhengste-Grünenbergpass- Gebiet

(1) Häuselmann, P. (2021): The Karst System Siebenhengste-Hohgant-Schrattenfluh. In: Reynard, E. (ed.): Landscapes and Landforms of Switzerland. Springer.

(2) BLN-Inventar: Bundesinventar der Landschaften und Naturdenkmäler (BLN). Bundesamt für Umwelt BAFU
(3) https://sghbern.ch/wp-content/uploads/2022/05/G06publ_De.pdf (begangen 28.7.23)
(4) www.speleo.ch/

17. A. Bayer: Im Wanderschritt durch die Subduktionszone

(1) Wenger, U. & Kündig, R. (2007): Kohlenabbau auf Beatenberg. Minaria Helvetica 27/a, 17–35.

18. R. Widmer: Erzkügelchen und Schlittenfahrten

(1) Zahn, U. (2001): Eisenbergwerk Mühletal; Ein Beitrag zur Heimatkunde des Oberhasli. Gemeinnütziger Verein Meiringen. IIBSN 3-9520366-7
(2) Wenger, U. (2016): Erzbergbau im Gental. Minaria Helvetica 37.

19. Chr. Gisler: Der Jochpass – ein geologisches Schnipsel Ostschweiz im Kanton Bern

(1) Arbenz, P. (1934): Exkursion Nr. 60: Engelberg – Jochpass – Engstlenalp – Frutt – Melchtal – Sarnen. – Geologischer Führer der Schweiz, H. 10: Centralschweiz (S. 776–789). – Wepf, Basel.
(2) Brunner, B. (2002): Sedimentologie, Stratigraphie und Paläogeographie des Doggers im Gebiet des Graustocks westlich von Engelberg. – Mitt. Natf. Ges. Luzern 37, 51 – 62.

20. N. Akçar & U. Schaltegger: Auf den Spuren des Steigletschers – Eine Zeitreise

(1) Pfister, Chr.: «Kleine Eiszeit», in: Historisches Lexikon der Schweiz (HLS), Version vom 21.05.2010. Online: https://hls-dhs-dss.ch/de/articles/007799/2010-05-2
(2) Schweizerische Gletschermessnetz (GLAMOS). www.glamos.ch
(3) Alean, J. (2017): https://www.swisseduc.ch/glaciers/alps/steigletscher/download-de.html
(4) ARGE Gletscherpfad Steinalp (1996): Führer durch den Gletscherpfad Steinalp am Sustenpass (erhältlich im Hotel Steingletscher; Alpin Center Sustenpass).

21. J. Abrecht: Urbachtal – ein Blick in die Vorgeschichte der Alpen – und eine alte Eisenmine

(1) SGHB, Schweizerische Gesellschaft für historische Bergbauforschung (https://www.sghb.ch/historische-bergwerkforschung/bergwerke/urbachtal/)
(2) Fehlmann, H. & Rickenbach, E. (1962): Die Eisen- und Manganerze der Schweiz. Die eisenhaltigen Doggererze der Schweiz. Beitr. Geol. Schweiz, Geotechn. Serie • XIII. Lfg, 7. Bd.

22. J. Abrecht & T. Burri: Deformierte Gesteine und heisse Quellen

(1) Labhart, T.P. (2007): Granitland Grimsel. Ott Verlag
(2) Herweg, M., Gischig, V. & Spillmann, T. (2017): Der Geothermie auf der Spur. Mitt. Natf. Ges. Bern. Band 74, S.45 –53.

23. T. Arlt: Zerrklüfte und Strahler am Zinggenstock

(1) Mullis, J. (1993): Die Entstehung Alpiner Klüfte. In: Kristall Alpin, extraLapis Nr. 5, S.17 – 32
(2) Willi, A. (1885): Strahler im Hochgebirge. Ein Beitrag zur Heimatkunde des Haslethales. Pauli, Meiringen
(3) Burri, T. & Reisdorf, A.G. (2015): Mineralogische Spurensuche in Bern: Steueroptimierer, Fälscher und Schlitzohren. Lapis, Nr.11, S. 12 – 22.
(4) Arlt, T. & Bolliger, M. (2020): Die Kristallhöhle von 1719 am Zinggenstock. Mitt. Natf. Ges. Bern. Band 77, S.70 – 89.
(5) Königsberger, J. (1901): Kristallhöhlen im Hochgebirge, Jahrbuch SAC 36, Bern, S. 233 – 258.
(6) Stalder, H.A., de Quervain, F., Niggli E., Graeser, S. & Parker, R.L. (1973): Die Mineralfunde der Schweiz. Wepf & Co Verlag, Basel
(7) Werner. B. (2007): Die neue Milarit-Rauchquarzkluft am Zinggenstock. Schweizer Strahler, Nr.2, S. 26 – 32
(8) Rufibach, E. (2000): Freuden und Leiden im Leben eines Strahlers und Bergführers, 165 Seiten, Eigenverlag.

24. U. Menkveld & J.W. Menkveld: Am Fuss des Mättenbergs – von Gletscherbewegungen, farbigen Gesteinen, Alpengeologie und fehlender Zeit

(1) Wieland, B. (1975). Der Marmorbruch in Grindelwald. Henzi, Köniz
(2) Labhart, T.P. (2005): Die Marmore von Grindelwald und Rosenlaui. Heimatvereinigung und Gemeinde Grindelwald.
(3) Fellenberg, E. von (1869): Notizen über den alten Marmorbruch von Grindelwald. SAC Jahrbuch, 538 –544.

25. Keusen, H.R. & Scheuner, T.: Der prä(?)historische Bergsturz von Burglauenen und der Untergang von Schillingsdorf

(1) https://www.maerchenstiftung.ch/de/maerchen_aus_aller_welt/schweizer_maerchen_zum_lesen_und_vorlesen/maerchensuche/7011/der-martinsdruck und https://www.plattformj.ch/artikel/187501/

26. J. Meyer: In Plutos Reich und die verkeilte Jungfrau

(1) Käsermann, Chr. & Wipf, A. (2011): Gletscher der Schweiz, Ott Verlag, Thun.
(2) Wipf, A. (2001): Gletschergeschichtliche Untersuchungen im spät- und postglazialen Bereich des Hinteren Lauterbrunnentals (Berner Oberland, Schweiz). Geogr. Helv. Jg. 56 Heft 2, 133 – 144.

28. W. Tinner & F. Anselmetti: Das Tal der Bergstürze

(1) Tinner, W., Kaltenrieder, P., Soom, M., Zwahlen, P., Schmidhalter, M., Boschetti, A. and Schlüchter, Chr. (2005): Der nacheiszeitliche Bergsturz im Kandertal (Schweiz): Alter und Auswirkungen auf die damalige Umwelt. Eclogae Geol. Helv. 98, 83 – 95.

Abbildungsverzeichnis

Wenn keine Quellen-Angaben zu den Abbildungen vorhanden sind, stammen diese von den Autorinnen und Autoren. Abbildungen aus den **Erläuterungen zum Geol. Atlas der Schweiz** erfolgen in der Bildlegende als **GA Blattnummer und -namen** (z. B. GA 1145 Bielersee).

Burri, Pfiffner, Meyer, Abrecht, Einführung: 1, 10, 16, 20 CSI Alps, Module 4 + 5; https://www.csi-alps.unibe.ch/; **3** map.geo.admin.ch ©swisstopo; **4** Grundlage: Schattiertes Relief Alti3D, ©swisstopo; **5, 6** Burg, Jean-Pierre, ETHZ-Skript zur Strukturgeologievorlesung, 2012; 7 Digitales Höhenmodell ©swisstopo; **8** Tektonische Karte der Schweiz 1:500 000, ©swisstopo; **9, 11** https://dinosaurpictures.org/ancient-earth; **12, 13, 15** Ron Blakey ©2011 Colorado Plateau Geosystems Inc.; Map Series: Paleogeography of Europe ©2012; **14** Abbildung Roger Widmer; **17, 23, 24** Pfiffner O. A., Geologie der Schweiz, Haupt; **18** Westende61 https://www.westend61.de/de/foto/AAEF11378/luftaufnahme-des-aldabra-atolls-seychellen; **19** Foto Christoph Hurni; **21** Ausbildungsunterlagen des Naturhistorischen Museums Bern, Grafik Martin Ryser; **22** NAGRA Technischer Bericht 08-04, Vorschlag geologischer Standortgebiete für das SMA- und das HAA-Lager, Beilagenband, Beilage 2.2-1; **25** Profil von Peter Jordan in Aufranc, J., Jordan, P., Piquerez, A., Hofmann, B., Andres, B. & Burkhalter, R. (2017): Blatt 1125 Chasseral. – Geol. Atlas der Schweiz,1: **25** 000, Erläuterungen. 155; **26** Tiedemann, R., M. Sarnthein, and N. J. Shackleton (1994), Astronomic timescale for the Pliocene Atlantic δ18O and dust flux records of Ocean Drilling Program site 659, Paleoceanography, 9, 619–638: **27** Grundlagen Swissimage und Schattiertes Relief ALTI3D, ©swisstopo; **28** Felsreliefkarte © Amt für Wasser und Abfall des Kantons Bern; **29** Foto Martin Abegglen; **30** Staatsarchiv des Kantons Bern, StABE BB 04.4.1736

1. **Burri & Abrecht, Court: 2** Schlunegger, F. & Garafalakis, P. (2023): Einführung in die Sedimentologie. Mit freundlicher Genehmigung der Schweizerbart'sche Verlagsbuchhandlung (www.schweizerbart.de/97835106 55397); **3** Fig. 2 in GA 1126 Büren a. A., abgeändert nach Gygi, R. A. (2000): Integrated stratigraphy of the Oxfordian and Kimmerdigian (Late Jurassic) in northern Switzerland and adjacent southern Germany. – Mem. Swiss Acad. Sci. 104; **7** Geologischer Atlas der Schweiz 1:25 000, Blatt 1106 Moutier, Erläuterungen

2. **Blum, Montoz: 1, 4, 5** C. Wendl; **2** R. Blum; **3** nach Bini, A., Buoncristiani, J.-F., Couterrand, S., Ellwanger, D., Felber, M., Florineth, D., Graf, H.R., Keller, O., Kelly, M., Schlüchter, Chr. & Schoeneich, P. (2009): Die Schweiz während des letzteiszeitlichen Maximums (LGM), GeoKarten 1:500 000, swisstopo. Und: Schlüchter, Chr., Röthlisberger, C.: «100 000 Jahre Gletschergeschichte», in: Gletscher im ständigen Wandel, 1995, S. 49.

3. **Finger, Bielersee: 1, 3, 4, 5, 8, 9** Fotos T. Burri; **6** Profil U. Gruner im Regionalheft 10, Drei-Seen-Land, im Buch Stein und Wein, AS Verlag)

4. **Isenschmid, Jolimont: 4** T. Burri; **5** DigitalStudio T. Schüpbach; **6** H. Stucki, Freundliche Genehmigung durch Frau Boutracit-Stucki

5. **Gantner, Seeland: 2, 4** Grundlagen ©swisstopo, map.geo.admin.ch, Datenebene Mächtigkeit der Lockergesteine, Swissimage

6. **Burri, Oberaargau: 1, 4, 6** Grundlagen ©swisstopo, Digitales Höhenmodell Alti3D

7. **Soom, Gisnauflüe: 1, 2** P. Wegmüller; **3** J. Soom, Kartengrundlage ©swisstopo; **4** T. Schüpbach, Sammlung NMBE, Coll.-Nr. 5029633; **7** T. Schüpbach, Geschenk Dr. Max Fankhauser, Burgdorf. Sammlung NMBE (Coll. Nr. 5026983); **8** T. Schüpbach, Sammlung NMBE; 11 Kolorierte Lithographie J. R. Huber, um 1846/47.

8. **Schlüchter, Napf:** 6, 7 Geologischer Atlas der Schweiz 1:25 000, Blatt 1148 Sumiswald, Erläuterungen

9. **Zehnder & Labhart, Stadt Bern:** Alle Abbildungen aus: Labhart, T.P. & Zehnder, K. (2018): Steine Berns – eine geologische Entdeckungsreise durch die gebaute Stadt. – Haupt Verlag, Bern.

10. **Heitzmann, Abrecht, Gruner, Burri:** Ostermundigen: **2** Kartengrundlage ©swisstopo; **3** Dünnschliffbilder F. Schlunegger); **7** de Quervain, F. (1945): Die Beziehungen zwischen nutzbaren Gesteinsvorkommen und geologischem Bau des Untergrundes. In: Reinhard, E., Stein und Steinwerk, 25–49. Ilionverlag, Bern; **8** Zentrum Paul Klee und P. Heitzmann, P.

11. **Gruner, Gürbe: 2** Geologischer Atlas der Schweiz 1:25 000, Blatt 1207 Thun, Erläuterungen; **4** Grundlage: Digitales Höhenmodell Alti3D, ©swisstopo

12. **Heinz, Préalpes: 6** Nicol, G. (1956): Geologie der östlichen Stockhorn-Kette (Berner Oberland). – Mitt. Natf. Ges. Bern [N.F.] 13, 153–243; **9** Heinz, R. & Burkhalter, R. (2023): Geol. Atlas der Schweiz 1:25 000, Blatt Thun 1207. Erläuterungen; und Umiker, R. (1952): Geologie der westlichen Stockhornkette (Berner Oberland), mit besonderer Berücksichtigung der Kreidestratigraphie – Diss. Univ. Bern.

13. **Pfiffner, Stockhorn: 2** Kartengrundlage Schattiertes Relief, Alti3D, ©swisstopo; **3, 4** A. De Gasparo und A. Pfiffner angepasst nach A. Pfiffner, Geologie der Schweiz, Haupt

14. **Brönniman, Menniggrund: 2** «Permafrost and Ground Ice Map» des Instituts für Schnee und Lawinenforschung (SLF), Kartengrundlage swisstopo; **4–7** Digitales Terrainmodell LIDAR 50cm, Kanton Bern. Situation: swisstopo.

15. **Gruner, Gryde: 1–3** Fotos Brönnimann, C., Amt für Wald und Naturgefahren des Kantons Bern (AWN), Abt. Naturgefahren (NGA); **7** angepasst nach Geologischer Atlas der Schweiz 1:25 000, Blatt 1266 Lenk, Erläuterungen

16. **Häuselmann, Karst: 1** Foto Jaillet, S.; **2** SISKA, Schweizerisches Institut für Speläologie und Karstforschung, La Chaux-de-Fonds; **3** Foto Achtman, M.; **4** Angepasst nach Breitschmid, A. (1978): Sedimentologische Untersuchungen in der eocaenen Hohgant-Serie im Helvetikum nördlich von Interlaken. – Eclogae geol. Helv. 71(1), 143–157; **5** Foto B. Losson; **7** Foto K. Tompa

17. **Bayer, Flysch: 1, 9, 10** Foto T. Burri; **2** Y. Huang, Y (2018): Sedimentary characteristics of turbidite fan and its implication for hydrocarbon exploration in Lower Congo Basin, Petroleum Res., Vol. 3, Issue 2, Pages 189-196; **5** Bayer, A. (1982): Untersuchungen im Habkern-Mélange («Wildflysch») zwischen Aare und Rhein. – Diss. ETH Zürich Nr. 6950, S. 1–327.

18. **Widmer, Erzkügelchen und Schlittenfahrten: 2** Berlepsch, H. A., (1860): Das Eisenbergwerk in Gonzen. Erzschlittler am Gonzen in der Schweiz, ein Holzstich nach einer Zeichnung von Emil Rittmeyer; **10** bearbeitet nach Tröhler, B., (1966): Die Eisen – und Manganerze der Schweiz. Geologie der Glockhaus-Gruppe. Mit besonderer Berücksichtigung des Eisenoolithes der Erzegg-Planplatte. Beitr. Geol. Schweiz., Geotechn. Serie XIII. Lfg. 10. Band.

19. **Gisler, Jochpass: 4** Stratigraphisches Profil von Strati.ch, ©swisstopo; **6** Grundlage ©swisstopo

20. **Akçar & Schaltegger, Steingletscher: 9** Foto R. Straub, Horw

21. **Abrecht, Urbachtal: 6** rechts: Büchi, E. (1980): Geologie der autochthonen Sedimentbedeckung des Aar-Massivs im Urbachtal bei Innertkirchen. – Lizarb. Univ. Bern (unpubl.).

22. **Burri & Abrecht, Grimsel: 3** Kartengrundlage Schattiertes Relief Alti3D und Geocover, ©swisstopo; **10** rechts: Freundlicherweise von B. Hofmann zur Verfügung gestellt

23. **Arlt, Zinggenstock: 5** J. Mullis

24. **Menkveld, Grindelwald: 2, 7** Geologischer Atlas der Schweiz 1:25 000, Blatt 1229 Grindelwald, Erläuterungen; **3** I. Herwegh, geändert nach Wieland, B. (1975); **6** Sammlung Funk, Naturhistorisches Museum Bern

25. **Keusen, Burglauenen: 3** Kartengrundlage Digitales Höhenmodell Alti3D, ©swisstopo; **6** Foto P. Rubi

26. **Meyer, Lauterbrunnental: 3** Collet, L.W. & Parejas, E. (1931): Géologie de la chaine de la Jungfrau. Beitr. Geol. der Schweiz, N.F. 63. Lfg.; **5** Gemälde Caspar Wolf (1735–1783)

27. **Bollinger, Gamchi: 3** map.geo.admin.ch, Datenebene Zeitreise, Siegfriedkarte

28. **Anselmetti & Tinner, Kandersteg: 1** Foto Chr. Kienholz, Geotest AG; **2** Kartengrundlage Schattiertes Höhenmodel, ©swisstopo

29. **Meyer, Gasterntal: 2** Ziegler, H.J. & Isler, A. (2013): Lötschberg-Basistunnel – zusammenfassender geologischer Schlussbericht. Landesgeologie, swisstopo, Wabern; **3** Aufnahme von Google Earth

Dank

Die Publikation dieses Werkes wurde ermöglicht durch die grosszügige finanzielle Unterstützung der folgenden Institutionen:

Naturforschende Gesellschaft in Bern

Burgergemeinde Bern

Einwohnergemeinde Kandersteg

GEOTEST AG

Geotechnisches Institut AG

Kellerhals + Haefeli AG

TERRE AG Angewandte Erdwissenschaften
www.terreag.ch

1. Auflage: 2025

ISBN 978-3-258-08303-2

Umschlaggestaltung: pooldesign, CH-Zürich
Gestaltung und Satz: tiff.any GmbH & Co. KG, D-Berlin

Alle Rechte vorbehalten.
Copyright © 2025 Haupt Verlag, Bern
Jede Art der Vervielfältigung ohne Genehmigung des Verlags ist unzulässig.
Kein Teil dieses Werkes darf in irgendeiner Weise für das Training von Technologien oder Systemen der künstlichen Intelligenz verwendet oder vervielfältigt werden. Die Verwendung der Inhalte für das Text- und Data-Mining ist untersagt.

Wir drucken mit mineralölfreien Farben und verwenden FSC®-zertifiziertes Papier. FSC® sichert die Nutzung der Wälder gemäß sozialen, ökonomischen und ökologischen Kriterien.
Gedruckt in der Tschechischen Republik

FSC www.fsc.org MIX Papier | Fördert gute Waldnutzung FSC® C014138

Diese Publikation ist in der Deutschen Nationalbibliografie verzeichnet. Mehr Informationen dazu finden Sie unter http://dnb.dnb.de.

Der Haupt Verlag wird vom Bundesamt für Kultur für die Jahre 2021–2025 unterstützt.

Sie möchten nichts mehr verpassen?

Folgen Sie uns auf unseren Social-Media-Kanälen und bleiben Sie via Newsletter auf dem neuesten Stand.

www.haupt.ch/informiert

Wir verlegen mit Freude und großem Engagement unsere Bücher. Daher freuen wir uns immer über Anregungen zum Programm und schätzen Hinweise auf Fehler im Buch, sollten uns welche unterlaufen sein.

Haupt Verlag AG
Falkenplatz 14
3012 Bern
SCHWEIZ
herstellung@haupt.ch

Verantwortlich in der EU (GPSR):
Brockhaus Kommissionsgeschäft GmbH
Kreidlerstr. 9
70806 Kornwestheim
DEUTSCHLAND
haupt@brocom.de

www.haupt.ch

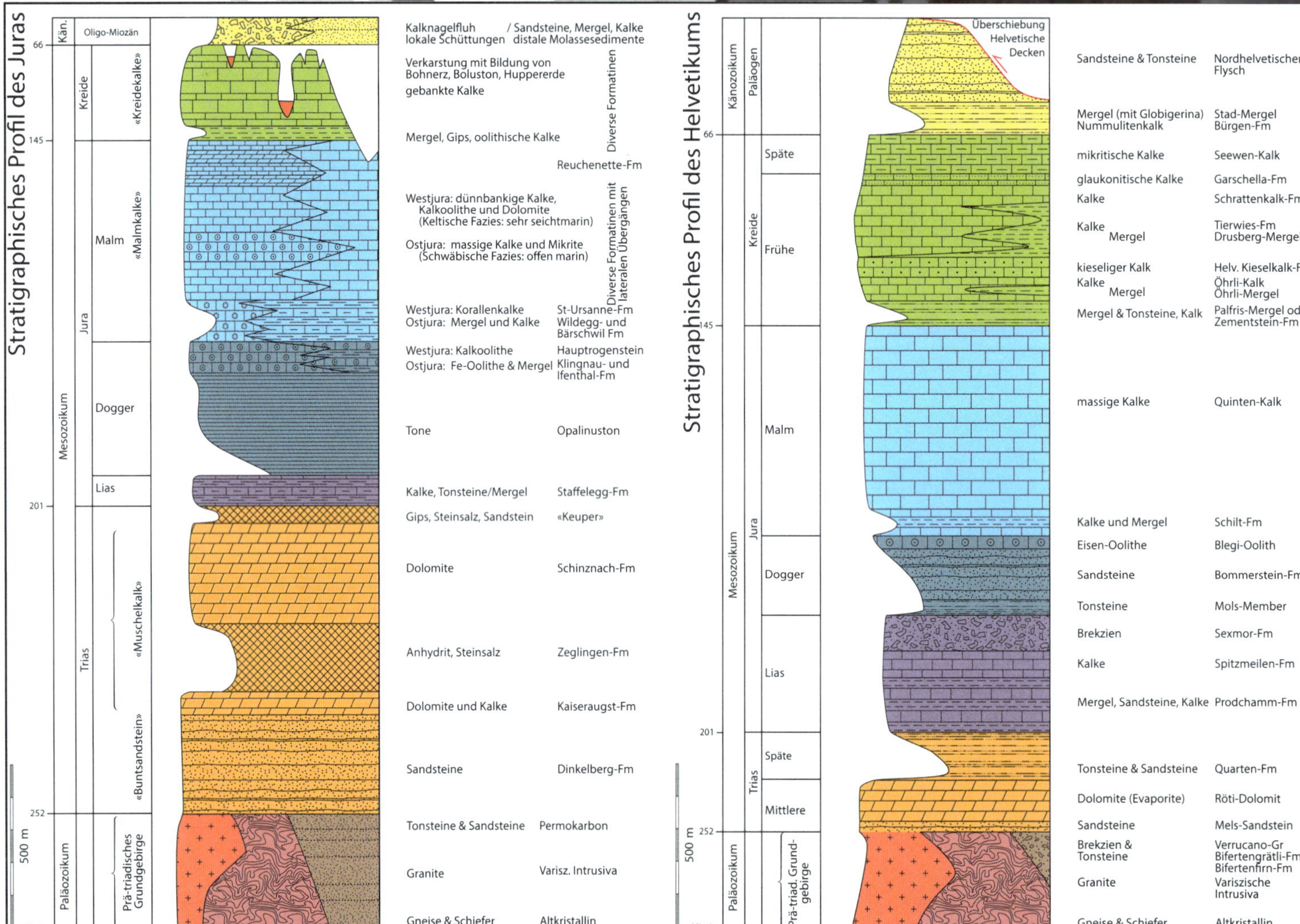

© bearbeitet nach Pfiffner: Geologie der Alpen, UTB/Haupt Verlag